V&R Academic

Regional, innovativ und gesund

Nachhaltige Ernährung als Teil
der Großen Transformation

Herausgegeben von
Steven Engler, Oliver Stengel und Wilfried Bommert

Vandenhoeck & Ruprecht

Mit 26 Abbildungen und 8 Tabellen

Bibliografische Information der Deutschen Nationalbibliothek

Die Deutsche Nationalbibliothek verzeichnet diese Publikation in
der Deutschen Nationalbibliografie; detaillierte bibliografische Daten
sind im Internet über http://dnb.d-nb.de abrufbar.

ISBN 978-3-525-30059-6

Weitere Ausgaben und Online-Angebote sind erhältlich unter: www.v-r.de.

Umschlaggestaltung: Schwab Scantechnik, Göttingen

Satz: textformart, Göttingen | www.text-form-art.de
Druck und Bindung: ⊕ Hubert & Co. KG, Robert-Bosch-Breite 6, D-37079 Göttingen

Gedruckt auf alterungsbeständigem Papier.

Inhalt

Vorwort

Die Erstellung des Sammelbandes »Regional, innovativ und gesund – Nachhaltige Ernährung als Teil der Großen Transformation« liegt den drei Herausgebern persönlich am Herzen. Das Thema beschäftigt uns alle schon seit längerem und aus diesem Interesse keimte die Idee, ein Buch zu entwickeln, das in deutscher Sprache die Herausforderung an nachhaltige Ernährungssysteme aufzeigt. Dessen Ziel sollte es außerdem sein, die Debatte um nachhaltige Ernährung nicht losgelöst von anderen Themen der »Großen Transformation zu einer neuen Nachhaltigkeit« (mehr dazu im weiteren Verlauf des Sammelbandes) zu betrachten, sondern es mit ihnen zu verzahnen. Die großen Herausforderungen des 21. Jahrhunderts, wie der Klimawandel, das globale Bevölkerungswachstum, die zunehmende Ressourcenverknappung, bestimmen die Kulisse, vor der die Themen in diesem Sammelband ausgebreitet werden.

Zudem war es ein weiteres Bestreben der Editoren, verschiedenste Stimmen und Perspektiven zu diesem Thema zu Wort kommen zu lassen, also kein rein wissenschaftlich geprägtes Werk zu veröffentlichen. Im Sinne eines inter- und transdisziplinären Vorgehens setzen sich die Autoren aus vielen wissenschaftlichen Disziplinen wie der Geographie, der Ökonomie, der Sozialwissenschaft, der Physik, der Agrar- und Ernährungswissenschaft etc. aber auch aus Berufen wie Journalisten, Dokumentarfilmern etc. zusammen. Diese Vielfalt führt zu einem reichhaltigen Potpourri an Artikeln zur nachhaltigen Ernährung, die stets dem Schema des Regionalen, des Innovativen und des Gesunden folgen. Ferner sorgt diese transdisziplinäre Zusammensetzung der Autoren für einen erfrischend abwechslungsreichen Schreibstil.

All diese Umstände führen dazu, dass das Werk sowohl für wissenschaftliche als auch nichtwissenschaftliche Bereiche von hohem Interesse ist und die gesellschaftliche Diskussion über die große Transformation des Ernährungssystems nachhaltig bereichern wird. Auch wird die Politik an vielen Stellen des Buches thematisiert und konstruktiv kritisiert.

Dieser Sammelband kam vor allem durch die große Bereitschaft von Menschen zustande, die sich seit Jahren dem Thema »Ernährung« widmen und infolgedessen bereit waren, einen Beitrag zu schreiben. Wir möchten uns deshalb bei allen Autoren des Sammelbandes für eine hochgradig produktive Zusammenarbeit bedanken. Außerdem möchten wir uns beim Kulturwissenschaftlichen Institut Essen (KWI) bedanken, das erhebliche finanzielle, strukturelle wie auch persönliche Ressourcen bereitgestellt hat, um diesen Sammelband zu ermöglichen. Nicht zuletzt danken wir auch Ihnen, dem Leser, für das Interesse am Thema der nachhaltigen Ernährung und hoffen, dass wir Ihren Ansprüchen mit diesem Sammelband gerecht werden.

Steven Engler, Wilfried Bommert und Oliver Stengel

Wilfried Bommert, Steven Engler und Oliver Stengel

Einleitung: Regional, innovativ und gesund

Die Welt wird wieder einmal (oder immer noch) Zeuge einer großen globalen Ernährungskrise. Diese besteht nicht ausschließlich aus der häufig dargestellten Debatte um Unterernährung. Vielmehr handelt es sich um eine komplexe und vielschichtige Problematik. Neben der (1.) Unterernährung setzt sich das globale Ernährungsproblem auch aus (2.) verborgenem Hunger und (3.) der Überernährung zusammen. Folglich sollte man von der globalen Ernährungskrise als einer Form der globalen Fehlernährung sprechen. Addiert man alle Menschen zusammen, die unter den Ausprägungen dieser Fehlernährung leiden, so erhält man Werte von circa 50 % der Weltbevölkerung. Es ist demnach richtig, von einer globalen Ernährungskrise zu sprechen.

Zukünftig wird es große Herausforderungen für Ernährungssysteme geben. Diese gefährden eine Umsetzung des ersten Millennium Development Goals (Ziel 1C), die Anzahl der Personen, die unter Hunger leiden, im Vergleich zum Jahr 1990 zu halbieren,[1] und erschweren demnach die Realisierung der Sustainable Development Goals (mehr Informationen zu den SDGs vgl. Bönisch u. a. in diesem Sammelband).

Eine der großen Herausforderungen ist das globale Bevölkerungswachstum, welches am stärksten in den urbanen Regionen zu spüren sein wird. Im Jahr 2050 wird die Bevölkerungszahl nach neueren Schätzungen der United Nations[2] ca. 9,6 Milliarden betragen. Mindestens 2/3 der künftigen Weltbevölkerung wird dann in Städten leben.[3] Gerade die metropolitanen Räume und die so genannten »Megastädte« erleben ein rasantes Wachstum.[4] Während es im Jahre 1950 nur zwei Städte mit über zehn Millionen Einwohnern gab (New York City und Tokio), wird es bereits im Jahr 2030 41 Städte dieser Größenordnung geben.[5] Aktuell sind es 22. Zusätzlich zur rein räumlichen Situation beinhaltet diese Entwicklung auch einen sozial-ökonomischen Aspekt. Bereits für das Jahr 2020 wird erwartet, dass 75 % der urbanen Bevölkerung in Entwicklungsländern

1 United Nations, The Millennium Development Goals Report 2014, New York 2014, S. 12 ff.
2 United Nations, World Population Prospects: The 2015 Revision, New York 2015. Verfügbar unter: http://esa.un.org/unpd/wpp/DataQuery/ [letzter Zugriff: 20.08.2015].
3 United Nations, World Urbanization Prospects: The 2014 Revision, Highlights, New York 2014. Verfügbar unter: http://esa.un.org/unpd/wup/Highlights/WUP2014-Highlights.pdf [letzter Zugriff: 20.08.2015].
4 FAO, The place of urban and peri-urban agriculture (UPA) in national food security programmes, Rom 2011. Verfügbar unter: http://www.fao.org/docrep/014/i2177e/i2177e00.pdf [letzter Zugriff: 20.08.2015].
5 United Nations, World Urbanization Prospects: The 2014 Revision, New York 2014.

leben[6] und die Anzahl von Slums, Squattersiedlungen etc. weiter steigt.[7] Beides sorgt dafür, dass die Versorgungsinfrastrukturen solcher Städte und Regionen vor weiteren Problemen stehen.[8] Diese zunehmende Urbanisierung wertet automatisch die generelle Bedeutung urbaner und peri-urbaner Landwirtschaft auf.[9]

Die zunehmende Urbanisierung bringt weitere Herausforderungen mit sich, wie z. B. den Flächenverbrauch und die Veränderung der Ernährungsgewohnheiten in Richtung auf den Ernährungsstil der Industrieländer. Bei letzterem gehen Wissenschaftler davon aus, dass die Urbanisierung zu einem höheren Verzehr von Mehlsorten, Fetten und Zucker führt und zusätzlich der »Außer-Haus-Verzehr« zunimmt.[10] Gleichzeitig steigt der Fleischkonsum in urbanen Regionen an.[11] Betrachtet man den Flächenverbrauch, der mit unterschiedlichen Nahrungsmittelprodukten und Ernährungssystemen einhergeht, wird eine weitere und vielleicht die größte Herausforderungen zukünftiger Generationen deutlich: der Flächenbedarf.[12] Das zeigt der Vergleich des Flächenbedarfs von Lebensmitteln pro verzehrfähiger Energie des Produkts (basierend auf den Erträgen in den USA, Fallstudie Bundesstaat New York) nach von Koerber u. a. und Peters u. a.[13] Tabelle 1 zeigt eine deutlich höhere Energieeffektivität pflanzlicher Ernährung pro Quadratmeter auf. Mit dem zunehmenden Fleischtrend geht also ein steigender Flächenbedarf einher.

6 FAO, The place of urban and peri-urban agriculture, S. 1.

7 FAO, Profitability and sustainability of urban and peri-urban agriculture, Rom 2007, S. 8. Verfügbar unter: ftp://ftp.fao.org/docrep/fao/010/a1471e/a1471e00.pdf [letzter Zugriff: 20.08.2015].

8 Mark W. Rosegrant, Agriculture and food security under global change: Prospects for 2025/2050, Washington, D. C.2009.

9 »Urban and peri-urban agriculture (UPA) occurs within and surrounding the boundaries of cities throughout the world and includes crop and livestock production, fisheries and forestry, as well as the ecological services they provide. Often multiple farming and gardening systems exist in and near a single city.« FAO, Spotlight: Issues in urban agriculture. Studies suggest that up to two-thirds of city and peri-urban households are involved in farming, o. O. 1999, o. S. Verfügbar unter: http://www.fao.org/ag/magazine/9901sp2.htm. [letzter Zugriff: 20.08.2015].

10 Karl von Koerber u. a., Globale Ernährungsgewohnheiten und -trends. Externe Expertise für das WBGU-Hauptgutachten »Welt im Wandel: Zukunftsfähige Bioenergie und nachhaltige Landnutzung«, Berlin 2008, S. 6. Verfügbar unter: http://www.wbgu.de/fileadmin/ templates/dateien/veroeffentlichungen/hauptgutachten/jg2008/wbgu_jg2008_ex10.pdf [letzter Zugriff: 20.08.2015].

11 Heinrich-Böll-Stiftung u. a. (Hg.), Fleischatlas 2014. Daten und Fakten über Tiere als Nahrungsmittel, Ahrensfelde 2014, S. 8.

12 Steven Engler u. a., Relevanz einer »neuen Nachhaltigkeit« im Kontext globaler Ernährungskrisen. in: APuZ 49, 2015, S. 13–19.

13 Karl von Koerber u. a., S. 8; Christian J. Peters u. a., Testing a complete-diet model for estimating the land resource requirements of food consumption and agricultural carrying capacity: The New York State example, in: Renewable Agriculture and Food Systems 22, 2 (2007), S. 145–153, S. 149.

Tab. 1: Flächenbedarf von Lebensmitteln pro verzehrfähiger Energie des Produkts (basierend auf den Erträgen in den USA, Fallstudie Bundesstaat New York).[14]

	Flächenbedarf (m2/1.000 kcal)
Tierische Lebensmittel	
Rindfleisch	31,2
Geflügelfleisch	9
Schweinefleisch	7,3
Pflanzliche Lebensmittel	
Ölfrüchte	3,2
Obst	2,3
Hülsenfrüchte	2,2
Gemüse	1,7
Getreide	1,1

Der Fleischtrend in Städten führt außerdem zu weiteren Problemen, wie zum Beispiel die Beschleunigung des Klimawandels. Die Treibhausgas-Anteile von Fleischprodukten liegen nämlich in Studien im Durchschnitt knapp zehnmal höher als bei Getreideprodukten.[15] Der Klimawandel wiederum stellt die Versorgungssicherheit der Städte in Frage. So kommt der Weltklimarat, IPCC, in seiner Langfristbetrachtung bis 2080 zu dem Schluss, dass besonders die Ernten in Asien und Afrika durch zunehmende Wetterextreme, Hitzewellen und Dürren gefährdet sind.[16]

Zu den Herausforderungen für die Landwirtschaft zählen unter anderem:[17]
– Auswirkungen erhöhter CO_2-Konzentrationen
– Auswirkungen erhöhter Durchschnittstemperaturen

14 Gekürzt nach von Koerber u. a., S. 8; Peters u. a., S. 149.
15 Arnold Tukker u. a., Environmental Impact of Products (EIPRO). Analysis of the life cycle environmental impacts related to the final consumption of the EU-25, o. O. 2006, S. 111. Verfügbar unter: http://ec.europa.cu/environment/ipp/pdf/eipro_report.pdf [letzter Zugriff: 20.08.2015].
16 Intergovernmental Panel on Climate Change, Contribution of Working Group II to the Fourth Assessment Report of the Intergovernmental Panel on Climate Change, Cambridge 2007.
17 Steffen Noleppa u. a., Strategien zur Anpassung der Landwirtschaft an den Klimawandel, Berlin 2009; Marc Dusseldorp/Arnold Sauter, Forschung zur Lösung des Welternährungsproblems – Ansatzpunkte, Strategien, Umsetzung, Berlin 2011, S. 58 f.

- Auswirkungen veränderter Wasserverfügbarkeiten
- Auswirkungen von Wetterextremen
- Auswirkungen klimabedingter Bodendegradation.

Hierzu muss festgehalten werden, dass die vermuteten Auswirkungen des Klimawandels in manchen Regionen durchaus auch positive Wirkungen auf agrarische Produktion haben können. Mekuriaw Bizuneh zeigt dies am Beispiel einer erhöhten Produktion in einigen Regionen Äthiopiens auf.[18]Generell stehen aber die negativen Konsequenzen als limitierende Faktoren im Fokus der Betrachtung.

Weitere zentrale Herausforderungen für zukünftige Generationen im Bereich der Ernährungssysteme sind die sinkende Bodenfruchtbarkeit, zunehmende Wasserknappheit, der voraussehbare Peak bei Phosphat und Kali als überlebenswichtige Düngerreserven, wie auch die zunehmende Flächenkonkurrenz durch Agroenergie und Industrierohstoffe (Bio-Ökonomie) sowie die Ausweitung der Städte und ihrer Infrastruktur. Zusätzlich entstehen massive Verluste in der Nahrungskette, die sowohl in Industrie- wie in Entwicklungsländern festzustellen sind. An dieser Stelle muss erwähnt werden, dass wir hierbei keinen Anspruch auf Vollständigkeit erheben und weitere Herausforderungen von anderen Wissenschaftlern durchaus als zentral erachtet werden können.

In diesem Sammelband argumentieren wir, dass den genannten Herausforderungen mit einer neuen Nachhaltigkeit im Bereich der Ernährungssysteme begegnet werden muss. Diese sollte unter dem Motto »Regional, innovativ und gesund« stehen, was gleichzeitig den Titel dieser Einleitung und des Sammelbandes bildet. In Kürze steht »regional« für eine kurze geographische Distanz zwischen Nahrungsmittelproduktion und Nahrungsmittelkonsum. »Innovativ« befasst sich mit der Art der Nahrungsmittelproduktion. Sie sollte die Fehler und Kollateralschäden des heutigen Systems überwinden, also beispielsweise den Boden und seine Fruchtbarkeit wiederherstellen bzw. erhalten (z. B. durch Einsatz von Biokohle), die Wasserreserven schonen, die Vielfalt auf die Äcker zurückbringen, die Energieintensität und Treibhausgasbelastung verringern, Luft und Wasser von Schadstoffen entlasten und das Tierwohl fördern. Innovativ kann in manchen Regionen auch ein Rückgriff auf traditionelle Anbaumethoden dieser spezifischen Gegend sein. »Gesunde« Ernährung sollte aktuell und in Zukunft eine Grundvoraussetzung nachhaltiger Ernährung sein. Alle drei Prinzipien agieren in wechselseitigen Beziehungen zueinander. Ein nachhaltiges Ernährungssystem muss aber stets alle drei Prinzipien berücksichtigen.

Im Folgenden widmen wir uns zunächst den einzelnen Ausprägungen der aktuellen Fehlernährung im globalen Ernährungssystem, um anschließend das Thema der Nachhaltigkeit und der nachhaltigen Ernährung zu analysieren sowie den weiteren Ausblick auf den Sammelband zu thematisieren.

---

18 Siehe hierzu Abate Mekuriaw Bizuneh, Climate Variability and Change in the Rift Valley and Blue Nile Basin, Ethiopia: local knowledge, impacts and adaptation, Berlin 2013.

Unterernährung, verborgener Hunger und Überernährung

Die Unterernährung[19] ist das bekannteste Phänomen des globalen Ernährungs-problems. Seit Beginn der Aufzeichnung der Zahl an Unterernährung leiden-der Menschen im Jahr 1970 hat sich die absolute Zahl der Unterernährten nicht verändert und liegt immer noch bei ca. 800 Millionen.[20] Allerdings lag die Zahl der Weltbevölkerung im Jahr 1970 deutlich unter aktuellen Werten (ca. 3,7 Mil-liarden), weshalb die prozentuale Zahl der Unterernährten nun deutlich gerin-ger ist. Zudem stieg die Zahl der Unterernährten zwischenzeitlich stark an mit einem Höhepunkt im Jahr 2009 (über eine Milliarde Menschen).[21] Die jüngs-ten Entwicklungen im Bereich der Bekämpfung von Unterernährung geben also zumindest einen Anlass zur Hoffnung. So ist der Wert des Welthunger-In-dexes (WHI) zwischen 1990 und 2014 um 8,1 Punkte gesunken, was einer pro-zentualen Verringerung von 39 % gleich kommt.[22] Dieser generelle Trend der Re-duktion ist nahezu überall festzustellen, allerdings in einigen Regionen stärker und in anderen Regionen wesentlich schwächer ausgeprägt. Die großen regiona-len Disparitäten verdeutlichen, warum das Thema zu Recht einen sehr großen Teil der wissenschaftlichen, politischen, medialen und öffentlichen Aufmerk-samkeit erhält.

Die Region Südasien hat seit den 1990er Jahren starke Rückgänge im WHI-Wert erzielt (von 30,6 % im Jahr 1990 auf 18,1 im Jahr 2014), ebenso wie die Re-gion Ost- und Südostasien (von 16,4 % im Jahr 1990 auf 7,6 im Jahr 2014). Diese Entwicklung hängt unter anderem mit den wirtschaftlichen Entwicklungen in vielen Staaten dieser Region zusammen. Diese wirken als starker Treiber der Rückgänge im Bereich des WHI-Wertes sowie der Unterernährung. Die Rück-gänge in den Staaten Subsahara Afrikas waren im gleichen Zeitraum deutlich geringer.[23] Besonders problematisch erscheint die Situation weiterhin in Ost-afrika. Hier stellen Staaten wie Malawi, Ruanda und Mauritius mit einer stark verbesserten Ernährungssicherheit die Ausnahme dar. Länder wie Burundi und die Komoren zeigen, entgegen dem generellen leicht abnehmenden Trend des WHI-Wertes in Subsahara Afrika seit 1990, sogar ansteigende Werte.[24]

---

19 Im weiteren Verlauf des Einleitungsartikels werden wir uns nahezu ausschließlich auf die Zahlen des Welthunger-Indexes beziehen, der, neben der generellen Unterernährung, auch das Untergewicht bei Kindern unter fünf Jahren und die Kindersterblichkeit mit ein-bezieht (Klaus von Grebmer u. a.,Welthunger-Index 2014: Herausforderung verborgener Hunger, Bonn 2014, 7 ff.).

20 Dusseldorp/Sauter, S. 34; FAO/IFAD, The State of Food Insecurity in the World 2014. Strengthening the enabling environment for food security and nutrition, Rom 2014.

21 Dusseldorp/Sauter, S. 33 f.

22 von Grebmer u. a..

23 Ebd.

24 Ebd. S. 48.

Auch in Westafrika (hier vor allem Sierra Leone, Niger und Burkina Faso) und Zentralafrika (hier vor allem Tschad, Zentralafrikanische Republik und Kongo) gibt es zahlreiche Staaten mit diversen Problemen im Bereich der Unterernährung, wie auch in Staaten des Nahen Ostens (Jemen) und Zentralamerika (Haiti). Allerdings sind hier (Naher Osten und Zentralamerika) Staaten mit einer sehr hohen Anzahl an Unterernährten auf ca. fünf (je nach Definition) begrenzt. Neben dieser Disparität auf internationaler Ebene gibt es auch große Unterschiede innerhalb einzelner Staaten und im Verlauf der Zeit. So erhöhen beispielsweise innerstaatliche Konflikte oder der Klimawandel die Vulnerabilität einzelner Bevölkerungsgruppen und innerstaatlicher Regionen enorm.[25] Ein Beispiel für eine erhöhte innerstaatliche Differenzierung der Ernährungsvulnerabilität stellt Kenia in den Jahren 2009 und 2011 dar.[26]

Die andere Seite der Medaille stellt die Überernährung dar. Überernährung ist dann gegeben, wenn die Nährstoff- und Kalorienzufuhr die notwendigen Mengen einer Person über einen längeren Zeitraum überschreitet. Unterschieden wird dabei zwischen Präadipositas bei einem Body Mass Index (BMI) zwischen 25,0 und 29,9 und mehreren Formen der Adipositas ab einem BMI von > 30.[27] Global hat sich die Zahl der Überernährten seit den 1980er Jahren verdoppelt. Das Jahr 2008 markierte ein besonderes Jahr, da seit der Aufzeichnung erstmals die Menge global überernährter die Zahl unterernährter Menschen überschritt. Mittlerweile liegt der Wert bei 1,9 Milliarden Übergewichtigen (Stand: 2014), von denen sogar 600 Millionen Menschen adipös sind.[28] Diese Werte steigen stetig weiter an, sodass in Fachkreisen schon von »Globesity« (aus dem englischen für Global [global] und Obesity [adipös]) gesprochen wird, also der globalen Adipositas. Betrachtet man die zunehmende Überernährung der Menschheit wird schnell deutlich, dass nicht mehr nur der so genannte »Globale Norden« vom globalen Ernährungsproblem betroffen ist, sondern auch zunehmend die Schwellen- und Entwicklungsländer. Regionale Schwerpunkte der Überernährung sind mittlerweile weltweit auszumachen. Zu den Staaten mit einer Überernährungsrate von über 60 % der über Achtzehnjährigen zählen u. a. die USA, Kanada, Mexiko, Argentinien, Großbritannien, Deutschland und Australien.[29] Zudem sind in vielen der genannten Länder mehr als 30 % der Bevölkerung adipös.

China ist eines der Länder, in dem die Überernährung eine zunehmende Herausforderung an das Gesundheitssystem darstellt. Im Jahr 2014 waren ca. 25 % der Bevölkerung übergewichtig, davon knapp 5 % adipös. Prozentual liegen diese Werte zwar weit unter denen der USA, Großbritannien oder anderen der im

---

25 Ebd. S. 14.
26 Steven Engler u. a., Climate Change, Drought and Famine in Kenya. A Socio-Ecological Analysis, in: KWI Workingpaper 1, 2015, S. 1–16.
27 WHO, Obesity: preventing and managing the global epidemic, Genf 2000.
28 WHO, Obesity and overweight, o. O. 2015. Verfügbar unter: http://www.who.int/media centre/factsheets/fs311/en/ [letzter Zugriff: 09.05.2015].
29 Ebd.

vorigen Abschnitt genannten Länder. Betrachtet man allerdings absolute Werte wird direkt deutlich, warum das Problem in China so eminent ist. Zudem wird erwartet, dass die Werte weiter steigen.[30]

Das Problem wird weiterhin dadurch verstärkt, dass zunehmend auch Kinder von Überernährung betroffen sind. Bereits im Jahr 2012 waren es weltweit mehr als vierzig Millionen Kinder unter fünf Jahren.[31] Auch diese Werte sind steigend. Es entsteht somit eine Spirale, in der viele Menschen von Geburt an mit Übergewichtsproblemen zu kämpfen haben.

Wenn man bei der Metaphorik der Medaille bleibt, dann betrifft der so genannte »verborgene Hunger« beide Seiten. Verborgener Hunger ist dann gegeben, wenn ein »Mangel an lebenswichtigen Vitaminen und Mineralstoffen [Mikronährstoffe]« vorliegt.[32] Über einen längeren Zeitraum betrachtet können solche Mangelerscheinungen zu erheblichen gesundheitlichen und sozioökonomischen Folgen führen. Diese Auswirkungen sind nicht auf die Unterernährung begrenzt, denn auch bei einer »ausreichenden oder übermäßigen Aufnahme an Nahrungsenergie aus Makronährstoffen, wie Fetten und Kohlenhydraten, kann es zu verborgenem Hunger kommen.[33] Global leiden mehr als zwei Milliarden Menschen an verborgenem Hunger. Diese Zahl kann man aber nicht eins-zu-eins auf die an Unterernährung und Überernährung leidenden Menschen aufsummieren, da sie schon zu großen Mengen in diesem Wert integriert sind. Gleichzeitig sind aber auch »normalgewichtige« Menschen betroffen.[34] Selbst wenn man nur einen kleinen Teil dieser Menschen berücksichtigt, steigt der Gesamtwert fehlernährter Menschen global auf circa 50 % an.

Die genannten Phänomene des globalen Ernährungssystems (Unterernährung, verborgener Hunger und Überernährung) führen zu enormen gesundheitlichen, sozialen, politischen und ökonomischen Herausforderungen. Nur ein radikaler Wechsel zu einer neuen Nachhaltigkeit der Ernährungssysteme kann dieses Dilemma lösen.

Nachhaltigkeit

Das Konzept »Nachhaltigkeit« entstand in den 1980er Jahren und erlangte durch den Brundtland-Bericht[35] im Jahr 1987 einen erhöhten Bekanntheitsgrad. In der Theorie klang das im Bericht vorgeschlagene Drei-Säulen-Modell der gleichrangigen Entwicklung von Ökologie, Ökonomie und Sozialem vernünftig. In

30 Ebd.
31 Ebd.
32 von Grebmer u. a., S. 5.
33 Ebd.
34 WHO, Obesity: preventing and managing the global epidemic, Genf 2000.
35 United Nations, Report of the World Commission on Environment and Development, o. O. 1987. Verfügbar unter: http://www.bne-portal.de/was-ist-bne/grundlagen/brundtland-bericht-1987/ [letzter Zugriff: 20.08.2015].

der Praxis war stets unklar, wie es umgesetzt werden könnte, ohne dass eine der drei Säulen durch eine andere benachteiligt wird. Trotz der vielfachen Kritik am Drei-Säulen-Modell konnte sich bislang allerdings kein anderes Modell (schwache Nachhaltigkeit, starke Nachhaltigkeit, integrative Nachhaltigkeit) durchsetzen.

Der Einbezug von intra- und intergenerationeller Gerechtigkeit in den Nachhaltigkeitsdiskurs verbesserte die Situation nicht, zumal Philosophen schon seit über tausend Jahren darüber disputieren, was objektiv betrachtet »gerecht« sei,[36] und der Nachhaltigkeitsdiskurs hier trotz vieler redlicher Bemühungen keine neuen Akzente setzen konnte.[37] Da »Nachhaltigkeit« bis heute ein vages Konzept geblieben ist, wurde und wird es mehrdeutig und inflationär verwendet. So gibt, um nur ein Beispiel zu nennen, der Rüstungskonzern Rheinmetall in seinem Corporate Social Responsibility (kurz: CSR) Report das Ziel vor, »den Unternehmenswert nachhaltig systematisch zu steigern.«[38]

Nähert man sich der Idee der Nachhaltigkeit undogmatisch, ist folgendes festzuhalten: Der Brundtland-Bericht wurde seinerzeit für die *Weltkommission für Umwelt und Entwicklung* verfasst. Neuere und weithin akzeptierte Studien besagen, dass die *menschliche Entwicklung* gefährdet ist, weil der »safe operating space for humanity« zunehmend kleiner wird.[39] Und er schrumpft, weil sich die *Umwelt* durch menschliche Eingriffe negativ verändert. Die neun zentralen, für die Stabilität des globalen Ökosystems essentiellen Grenzen (»planetary boundaries«) wurden entweder bereits überschritten oder könnten in Zukunft überschritten werden.[40] Viele menschliche Gesellschaften werden sich an die unfreundlicher werdenden Umwelt- und Lebensbedingungen jedoch nur unzureichend anpassen können. Es ist also zu vermuten, dass Milliarden Menschen in Zukunft eine signifikante Verschlechterung ihrer zum Teil schon gegenwärtig nicht hohen Lebensqualität erfahren müssen. Eine wünschenswerte gesunde oder gerechte ökonomische und soziale Entwicklung ist innerhalb dieses Rahmens kaum vorstellbar.

Die bekannteste planetare Grenze ist die 2°C-Grenze der Erderwärmung. Auf der Weltklimakonferenz in Paris wurde dieser Wert bestätigt und sogar das Ziel gesetzt, die Erwärmung möglichst auf 1,5°C zu begrenzen. Jenseits dieser Marke droht der Klimawandel nach dem gegenwärtigen Verständnis eigendynamisch und rasch zu eskalieren. Was im Detail passieren wird, ist unsicher, doch dürfte mit fortschreitender Erwärmung normal werden, was heute noch als extremes Wetter gilt. Die planetaren Grenzen gleichen Warnschildern, die

36 John Rawls, Eine Theorie der Gerechtigkeit, Frankfurt a. M. 1979.
37 Thomas Ebert, Soziale Gerechtigkeit. Ideen, Geschichte, Kontroversen, Bonn 2010.
38 Rheinmetall, Corporate Governance: Risikomanagement, o. O. 2015. Verfügbar unter: http://www.rheinmetall.com/de/rheinmetall_ag/group/corporategovernance_4/risiko management_2/index.php[03.05.2015].
39 Johan Rockström u. a., A safe operating space for humanity, in: Nature461 (2009), S. 472–475.
40 Will Steffen u. a., Planetary boundaries: Guiding human development on a changing planet, in: Science 347, 6223 (2015), S. 1259855.

ein Gebiet wegen hoher (Lawinen-)Gefahr sperren, damit niemand zu Schaden kommt. Ihre Überschreitung führt die menschliche Entwicklung in ein Gefahrengebiet – und klugerweise sollte sich keine Person, geschweige denn die Menschheit, in ein solches wagen.

Ein Blick auf die planetaren Grenzen zeigt nun, dass einige von ihnen durch die gegenwärtige Produktions- und Konsumweise von Lebensmitteln beeinträchtigt werden. Zu den neun Dimensionen, deren Einhaltung für die Stabilität und Resilienz der Biosphäre und ihrer Ökosystemleistungen essentiell sind, zählen die Akkumulation von Treibhausgasen in der Atmosphäre und die von CO_2 in den Ozeanen, der Zustand der Ozonschicht, der Stickstoff- und Phosphorkreislauf, die Süßwassernutzung und anthropogene Landnutzung, das Artensterben, die Luftverschmutzung sowie die Einführung neuer Substanzen in die Ökosysteme (z. B. Nanopartikel und Mikroplastik). In mittlerweile vier Dimensionen ist die Biosphäre nach heutigem Wissen bereits über die sichere Grenze hinaus belastet: Klimawandel, Artensterben, Landnutzung, Phosphor- und Stickstoffüberlastung (Phosphor und Stickstoff werden als Dünger eingesetzt).[41]

Weltweit hat die Land- und Viehwirtschaft den größten Anteil an der veränderten Landnutzung (Entwaldung, Bodenerosion), am Verbrauch von Süßwasser, am Artensterben, an der Emission von Treibhausgasen, an der übermäßigen Zufuhr von Stickstoff und Phosphor in Böden und Gewässer.[42] Damit ist klar: Nachhaltig ist der globale Ernährungssektor gegenwärtig nicht. Sich häufende Wetterextreme, wie Dürren oder Überschwemmungen, und die Erosion fruchtbarer Böden könnten die Lebensmittelproduktion beeinträchtigen, während zunehmend mehr Menschen den Planeten bevölkern.

Nachhaltige Ernährung

Die gegenwärtige Ernährungskrise und die Auswirkung gegenwärtiger Ernährungssysteme auf planetare Grenzen führen zu der Frage, welche Bedingungen an eine nachhaltige Ernährung gestellt werden. Aus den vorangegangen Überlegungen lässt sich ableiten, dass eine nachhaltige Entwicklung nicht die Umwelt und nicht die menschliche Entwicklung gefährden sollte. Die Agrarwirtschaft sollte also (a) nicht dysfunktional in dem Sinne werden, dass sie ihre eigenen Erträge schmälert. Sie muss im Gegenteil (b) künftig neun Milliarden und vielleicht auch mehr Menschen auf eine gesunde Weise ernähren können, wobei »gesund« die Überwindung von Unter- und Überernährung integriert. Die Agrarwirtschaft darf (c) nicht zur (weiteren) Überschreitung der planetaren Grenzen beitragen. Das impliziert (d) auch einen innovativen Lebensmittelkonsum und eine innovative Lebensmittelproduktion. Dies gilt auch dann, wenn durch die gebotene Veränderung gegen Traditionen oder Konventionen

41 Ebd.
42 Ebd.

verstoßen wird. Denn deren Kontinuität wird illegitim, wenn sie den »safe operating space for humanity«[43] verkleinern.

Wie mit Bezug auf den Flächenverbrauch bereits angedeutet, lassen sich solche Lebensmittel identifizieren: Den größten ökologischen Fußabdruck haben Fleisch- und Milchprodukte. Mindestens ein Drittel der weltweiten Ernte sind Viehfutter,[44] was impliziert, dass mindestens ein Drittel der globalen Anbaufläche und der auf ihr eingesetzten Düngemittel für die Viehwirtschaft reserviert ist. Milliarden Menschen könnten zusätzlich ernährt werden, wenn die auf diesen Flächen angebauten Pflanzen direkt der menschlichen Ernährung zugeführt würden, da Fleisch ein vergleichsweise ineffizienter Kalorienlieferant ist. Die Herstellung von Fleisch- und Milchprodukten verbraucht zudem immense Mengen an Trinkwasser, da Kühe viel Wasser benötigen und erst nach einigen Jahren geschlachtet oder gemolken werden.[45] Die Viehwirtschaft emittiert schließlich rund 15 % der globalen Treibhausgase (vor allem Methan).[46] Allerdings gilt es hier noch einmal zu differenzieren, denn die Belastungen der Rinderhaltung gelten besonders für die industriellen Methoden der Mast- und Milchfabriken. Anders ist die Viehhaltung in den Steppen und Savannen zu bewerten, die als natürliche Graslandschaften nur durch Rinder produktiv gemacht werden können. Sie nehmen ¼ der eisfreien Landoberfläche ein.[47] Hier tragen die Rinderherden schon seit Jahrtausenden zum Erhalt der Landschaft und zur Bindung von CO_2 im Boden bei.

Für eine nachhaltige Ernährung und Entwicklung bieten sich nun mehrere Optionen an. (1.) Die deutliche Reduktion des Konsums von Fleisch- und Milchprodukten. Gegenwärtig zeigt sich in den bevölkerungsreichen, aufstrebenden Schwellenländern allerdings der Trend, dass in die ökonomische Mittelschicht Aufgestiegene ihren Lebensmittelkonsum nach westlichem Vorbild verändern und mehr Fleisch- und Milchprodukte konsumieren (vgl. Seite 2 f.[48]). Ob (2.) die Synthetisierung von Fleisch und Milch, d. h. deren naturidentische

43 Johan Rockström u. a., A safe operating space for humanity.
44 Heinrich-Böll-Stiftung u. a. (Hg.), S. 27.
45 Nach der Vereinigung Deutscher Gewässerschutz werden für 200 ml Milch 200 Liter virtuelles Wasser benötigt, für 1 kg Käse 10.000 Liter und für 1 kg Rindfleisch rund 15.000 Liter (siehe virtuelles-wasser.de). Diese Werte ergeben sich aus dem Wasserbedarf für die Futterpflanzen, für das Vieh, den landwirtschaftlichen Betrieb und für die Weiterverarbeitung der tierischen Produkte.
46 FAO, Tackling climate change through livestock. A global assessment of emissions and mitigation opportunities, Rom 2013. Verfügbar unter: http://www.fao.org/3/i3437e.pdf [letzter Zugriff: 21.03.2015].
47 Mario Herrero, u. a., Biomass use, production, feed efficiencies, and greenhouse gas emissions from global livestock systems, in: PNAS 52 (2013), S. 20888–20893. Verfügbar unter: http://www.pnas.org/content/110/52/20888.full [letzter Zugriff: 21.03.2015].
48 Karen Ward/Frederic Naumann, Consumer in 2050: The rise of the EM middle class, o. O. 2012. Verfügbar unter: https://www.hsbc.com.vn/1/PA_ES_Content_Mgmt/content/vietnam/abouthsbc/newsroom/attached_files/HSBC_report_Consumer_in_2050_EN.pdf [letzter Zugriff: 20.03.2015].

Herstellung in Laboratorien, eine Option ist, lässt sich bisher noch nicht hinreichend beurteilen, da weder ihr Preis noch ihre gesundheitliche Wirkung hinreichend geklärt ist.[49] Zweifellos könnten die mit der Massentierhaltung und -schlachtung verbundenen, moralischen Probleme entschärft werden, wenn Milch und Fleisch künstlich, also ohne Tierbezug, hergestellt und akzeptiert wird. Da der im Durchschnitt ansteigende Verbrauch von Fleisch allerdings ein Faktor der globalen Überernährungskrise ist,[50] müsste zusätzlich auf einen verringerten Fleischkonsum oder auf dessen Substituierung durch Insekten als Proteinquelle hingewirkt werden. (3.) Die Erschließung neuer regionaler Agrarflächen außerhalb von Ökosystemen, um Transportwege zu verkürzen und um Biodiversität, Bodenerosion und Flächenverbrauch nicht weiter zu strapazieren. Urban Gardening, vertikale Gewächshäuser oder Fabriken, in denen Pflanzen in für sie idealen Umgebungsbedingungen und frei von Pestiziden aufwachsen, sind hier Möglichkeiten, die zunehmend praktiziert oder diskutiert werden. Schließlich (4.) gilt es, die Verschwendung von Lebensmitteln zu stoppen. Stimmen die Kalkulationen der FAO,[51] werden auf 1,4 Milliarden Hektar Agrarland Lebensmittel angebaut, die von Menschen letztlich nicht verwertet werden. Dies entspricht in etwa der Landfläche der Antarktis, die wiederum fast so groß ist wie die Fläche Europas.

Die gravierendsten Nachhaltigkeitsprobleme gehen damit vom globalen Ernährungssystem aus und eine nachhaltige Entwicklung wird ohne einen Paradigmenwechsel dieses Systems kaum möglich sein. Große Teile der Menschheit ernähren sich *ungesund* und *ineffizient*, indem sie zu viele tierische Produkte bevorzugen und zu viele Lebensmittel verschwenden. Sie ernähren sich *riskant*, weil sie ihre Ernten vom Wetter abhängig machen. Gleichzeitig begünstigen bestimmte eigene Verhaltensmuster (u. a. Abgasemissionen) Wetterextreme, die zu Missernten führen können. Ob die Menschheit die Resilienz ihrer Gesellschaften und die ihrer natürlichen Umwelt erhöhen kann, indem sie Lebensmittel unabhängig von den Launen einer launischer werdenden Natur, primär in Laboratorien oder vertikalen Gewächshäusern, herstellt, wie Despommier es fordert, steht zur Debatte, ebenso wie die Frage, ob es sich dabei um uneffektiven Umweltschutz handelt.[52]

Wer im Sinne des Drei-Säulen-Modells auf die ökonomische Bedeutung der konventionellen Land- und Viehwirtschaft mit dem Argument hinweist, diese dürfe, da gleichrangig, nicht benachteiligt werden, irrt. Der Anteil der

---

49 Siehe hierzu: www.new-harvest.org [letzter Zugriff: 10.03.2015].

50 Mohammad Hossein Rouhani u. a., Is there a relationship between red or processed meat intake and obesity? A systematic review and meta-analysis of observational studies, in: Obesity Reviews 9 (2014), S. 740–748.

51 FAO, Food wastage footprint. Impacts of natural resources, Summery Report, Rom 2013, S. 6. Verfügbar unter: http://www.fao.org/docrep/018/i3347e/i3347e.pdf [letzter Zugriff: 10.03.2015].

52 Dickson Despommier, The Vertical Farm. Feeding the World in the 21st, Century, New York 2010.

Beschäftigten in der Agrarwirtschaft liegt in den meisten Ländern bei unter 5 % und das trifft auch für ihren Anteil am BIP zu. Die von ihr ausgehenden externalisierten Kosten sind dagegen unschätzbar hoch, bedroht sie doch eine lebenswerte Zukunft der Menschheit.

Bringt man all die genannten Aspekte wieder in den Kontext dieses Sammelbandes ein, so ist zu schlussfolgern, dass nachhaltige Ernährung jedenfalls regional, innovativ und gesund sein muss.

Ausblick auf die weiteren Beiträge des Sammelbandes

Der Sammelband teilt sich in drei thematische Blöcke/Teile auf. Der erste Teil befasst sich mit den globalen Herausforderungen, die an aktuelle und zukünftige Ernährungssysteme gestellt werden. Anna Bönisch, Steven Engler und Claus Leggewie widmen sich dabei der Thematik der planetaren Grenzen, die durch aktuelle Trends des Ernährungssystems überschritten sind oder werden. Johannes P. Werner, Sebastian Wagner und Jürg Luterbacher stellen den Klimawandel als globale Herausforderung in den Mittelpunkt ihrer Betrachtung und gehen dabei auf die Notwendigkeiten von Klimaprojektionen ein. Wilfried Bommert befasst sich in seinem Artikel mit dem Problem des »Land Grabbing«. Es wird die These aufgeworfen, dass aktuell und zukünftig die Profitabilität der Bodennutzung klaren Vorrang vor der Ernährungssicherheit aufweist. Valentin Thurn und Stefan Kreutzberger bemängeln in ihrem Beitrag »Taste the Waste« den fehlenden politischen Willen der deutschen Gesetzgeber, der horrenden Lebensmittelverschwendung umfassend Einhalt zu gebieten. Sie zeichnen die Gründe für die massenhafte Vernichtung von Nahrungsmitteln nach, liefern Hinweise, welche bisherigen politischen Initiativen warum zu kurz griffen, und benennen konkrete Schritte, welche konkreten politischen und gesellschaftlichen Maßnahmen hier Abhilfe schaffen können.

Der zweite Teil rückt die regionale Ebene einer nachhaltigen, urbanen Ernährung in das Zentrum der Betrachtung. Carola Strassner widmet sich in ihrem Beitrag dem Zusammenhang zwischen den Attributen »regional« und »nachhaltig«. Sie sucht nach bestehenden regionalen Ernährungssystemen und geht aus Verbraucher-, Gesellschafts-, Landwirtschafts- und Wirtschaftssicht der Frage nach, inwieweit diese einem Nachhaltigkeitsanspruch gerecht werden. Am Beispiel bäuerlicher Direktvermarktung, gemeinschaftlich getragener Landwirtschaft und der *Blue Economy* lotet die Autorin Chancen für wettbewerbsfähige regionale Wirtschaftssysteme aus, in der Nahrungserzeugung, Lebensmittelverteilung und Lebensmittelverbrauch nicht im Widerspruch zum Kyoto Protokoll stehen. Philipp Stierand beleuchtet in seinem Artikel die kommunale Ebene einer nachhaltigen Lebensmittelversorgung in westlichen Industriestaaten. Er stellt fest, dass es zu einer Wiederbelebung der Lebensmittelproduktion im urbanen Raum kommt, da Bürger beispielsweise mit der Initiierung der urbanen Landwirtschaft einen Gegentrend zur zunehmenden Filialisierung der

Lebensmittelversorgung im Stadtgebiet schaffen. Die Schaffung von Ernährungsräten und Ernährungsstrategien als Instrumente der kommunalen Ernährungspolitik spiegeln dabei die Bemühungen der Kommunen wider, diese Entwicklungen in der Zivilgesellschaft aufzugreifen. Marianne Landzettel widmet sich in ihrem Artikel anhand zweier US-Städte der urbanen Landwirtschaft in den USA. Am Beispiel Denver, Colorado beschreibt die Autorin die Entwicklung von lokalen und kommunalen Initiativen und Strukturen, die darauf zielen, die Bevölkerung mit gesunden, nachhaltig produzierten Lebensmitteln zu versorgen. Während diese Entwicklungen primär auf einen an Nachhaltigkeit orientierten Lebensstil zurückgehen, zeigt das zweite Beispiel Detroit, Michigan, wie unter dem Motto »from Motown to Growtown« urbane Landwirtschaft Teil eines tiefgreifenden Strukturwandels sein kann. Anne Siebert und Julian May verknüpfen in ihrem Beitrag das Potential bürgerinitiierter urbaner Landwirtschaft und die nachhaltige Transformation städtischer Räume. Vor dem Hintergrund von Lefebvres »Recht auf Stadt« und dem Konzept der Ernährungssouveränität wird am Beispiel der südafrikanischen »Kos en Fynbos«-Initiative aufgezeigt, wie Bürger ihre Wünsche und Ansprüche durch verschiedene Aktivitäten im urbanen Gartenbau formulieren und umsetzen können. Es wird diskutiert, welche Anforderungen sich daraus für die lokale Ernährungspolitik ergeben, und Food Policy Councils werden als ein möglicher partizipativer Lösungsansatz vorgestellt.

Die Dimensionen der »Innovation« und »Gesundheit« von Ernährungssystemen werden im dritten Teil hervorgehoben. Karl von Koerber und Nadine Bader verdeutlichen, wie sich der Wandel unseres Essverhaltens seit den 1950er – vor allem die Zunahme des Anteils von Fleisch und Fertigprodukten an unserer Ernährung – auf die fünf Dimensionen Umwelt, Wirtschaft, Gesellschaft, Gesundheit und (Ernährungs-)Kultur auswirkt. Anschließend werden sieben Grundsätze als Lösungsmöglichkeiten für eine nachhaltige Ernährung formuliert und unter Einbeziehung der vorab aufgezeigten Dimensionen systematisch begründet. Seit einigen Jahren wird verstärkt der Einsatz von verkohlter Biomasse (Biokohle) als vielversprechendes Mittel zur Steigerung von Bodenfruchtbarkeit und Erträgen sowie als sichere Methode zur dauerhaften Einlagerung von Kohlenstoff im Boden propagiert. Martina Shakya, Christoph Steiner, Volker Häring, Marc Hansen und Wilhelm Löwenstein beschreiben den Stand der Forschung zu den Einsatzmöglichkeiten von Biokohle und die sich hieraus ergebenden Potentiale und Risiken für Entwicklungsländer und diskutieren am Beispiel eines aktuellen Forschungsvorhabens zu städtischer Landwirtschaft in Westafrika mögliche Implikationen des Biokohle-Einsatzes für Ernährungssicherung und Nahrungsmittelsicherheit in den Ländern Subsahara-Afrikas. Ingo Haltermann, Monica Awuor Ayieko, Munyaradzi Mawere und Motshwari Obopile zeigen auf, wie der menschliche Verzehr von Insekten zur nachhaltigen Deckung des global steigenden Nahrungsbedarfs beitragen und für ausgewogenere Diäten auf den Esstischen der Welt sowie verbesserte Lebensgrundlagen für Viele sorgen kann. Zentral ist dafür jedoch die Frage der Akzeptanz des Insektenessens. Lassen sich in der westlichen Welt zunehmend Menschen für den Verzehr von Insekten begeistern, sind die Trends in den drei afrikanischen Fallbeispielen widersprüchlich. Es zeigt sich, dass die Große Transformation unserer Ernährungssysteme nur unter Beibehaltung einer kultursensiblen, glokalen Perspektive gelingen kann. Im Beitrag von Michael M. Kretzer wird das Schulfach »Agriculture« im Bildungssystem Malawis analysiert. Der Autor beschreibt, welche Chancen die schulische Vermittlung landwirtschaftlicher Inhalte für eine Entwicklung hin zu mehr ökonomischer, ökologischer und sozialer Nachhaltigkeit in dem agrarisch geprägten Land bietet. Darüber hinaus werden jedoch auch die diesbezüglichen Grenzen deutlich, die sich vor allem aus dem generell unzureichend ausgestatteten Bildungssystem sowie einem mangelhaften konzeptionellen Verständnis des Nachhaltigkeitsbegriffes ergeben. Oliver Stengel geht in seinem Artikel auf agrarwirtschaftliche Innovationen ein, die das Potenzial haben, den von der Land- und Viehwirtschaft ausgehenden Druck auf die planetaren Grenzen deutlich zu verringern und gleichzeitig die Lebensmittelsicherheit zu erhöhen. Diese Innovationen befinden sich bereits in der Umsetzung und könnten, setzten sie sich weiter durch, die Lebensmittelproduktion in den nächsten Jahrzehnten neu erfinden.

Im Fazit widmen die sich Herausgeber der Frage nach der dringenden Notwendigkeit nachhaltiger Ernährungssysteme.

Herausforderungen

Anna Bönisch, Steven Engler und Claus Leggewie

Fünf Minuten nach Zwölf?

Planetarische Grenzen und Ernährung

Seit den 1950ern erleben wir eine »Große Beschleunigung« (Great Acceleration[1]): einen explosionsartigen Anstieg des globalen Wirtschafts- und Bevölkerungswachstums. Gleichzeitig findet aber auch eine Beschleunigung von entscheidenden Erdsystemprozessen statt, wie beispielsweise des Verlusts der biologischen Vielfalt, der Ozeanversauerung und des Anstiegs des CO_2-Gehalts der Atmosphäre.[2] Einige Wissenschaftler sprechen gar von einer neuen erdgeschichtlichen Epoche, dem »Anthropozän« oder der »Menschenzeit«, in welcher der Mensch die treibende Kraft für globale Umweltveränderungen ist.[3] Die Umwelt verändert sich größtenteils nicht zum Guten: »viele lebenswichtige Umweltdimensionen [zeigen] krisenhafte Entwicklungen: Wasserressourcen, Böden, Wälder und Meere sind übernutzt oder werden zerstört, die biologische Vielfalt nimmt dramatisch ab und wichtige biogeochemische Stoffkreisläufe sind vom Menschen radikal verändert worden, z. B. der Kohlenstoff- und Stickstoffkreislauf.«[4]

Eine besonders bedenkliche Entwicklung zeichnet sich im Hinblick auf die biologische Vielfalt ab. Einige Forscher sprechen in diesem Zusammenhang von dem sechsten großen Aussterbeereignis der Erdgeschichte, ausgelöst von gesellschaftlich verursachten Umweltveränderungen.[5] Die Aussterberate ist derzeit hundert- bis tausendmal so hoch, wie die natürliche Aussterberate im Mittel der Erdgeschichte,[6] und wird sich bei fortlaufendem Trend in diesem Jahrhundert nochmals verzehnfachen.[7] Diese Entwicklung ist problematisch, da »[d]ie menschlichen Gesellschaften […] in vielfacher Hinsicht auf biologische Vielfalt und die damit verknüpften Ökosystemleistungen angewiesen [sind]«.[8]

---

1 Will Steffen u.a., The trajectory of the Anthropocene: The Great Acceleration, in: The Anthropocene Review 2, 1 (2015), S. 81–98.
2 Ebd.
3 Paul J. Crutzen, Geology of mankind, in: Nature 415 (2002), S. 23; Johan Rockström u.a., A safe operating space for humanity; Steffen u.a., The Great Acceleration; WBGU, Welt im Wandel. Gesellschaftsvertrag für eine Große Transformation, Berlin 2011.
4 WBGU, Welt im Wandel, S. 33.
5 F. Stuart Chapin III u.a., Consequences of changing biodiversity, in: Nature 405 (2000), S. 234–242; Rockström u.a., Planetary boundaries: exploring the safe operating space for humanity, in: Ecology and Society 14, 2 (2009), S. 32.
6 WBGU, Zivilisatorischer Fortschritt innerhalb planetarischer Leitplanken. Ein Beitrag zur SDG-Debatte, Berlin 2014.
7 Rockström u.a., Planetary boundaries.
8 WBGU, Zivilisatorischer Fortschritt innerhalb planetarischer Leitplanken, S. 30.

Außerdem drohen unwiderrufliche non-lineare Entwicklungen, welche die Lebensbedingungen für den Menschen beeinflussen könnten: vergangene Massensterbeereignisse, wie z. B. das Aussterben der Dinosaurier an der Kreide-Tertiär-Grenze, führten zu massiven Veränderungen des Ökosystems der Erde.[9]

Viele der anthropogenen Umweltveränderungen haben negative Auswirkungen auf die Nahrungsmittelproduktion. Das ist besonders problematisch, da aktuellen Trends zur Folge zukünftig sogar mehr Nahrungsmittel benötigt werden. Die Weltbevölkerung wird voraussichtlich bis Mitte des Jahrhunderts auf ungefähr 9,7 Milliarden ansteigen.[10] Zusammen mit dem weltweit steigenden, ressourcenintensiven Fleisch- und Milchproduktkonsum bedeutet dies, dass eine um 70 % höhere Lebensmittelproduktion nötig sein wird, um den globalen Nahrungsmittelbedarf zu decken.[11] Die dafür erforderlichen Land- und Wasserressourcen sind allerdings endlich, und bereits jetzt hoch beansprucht.[12] Um die längerfristige Ernährungssicherheit zu gewährleisten, ist es also unerlässlich, für die Landwirtschaft zentrale Ressourcen (wie z. B. Süßwasservorkommen, fruchtbare Böden) und Erdsystemfunktionen (wie z. B. ein für die Landwirtschaft vorteilhaftes Klima, d. h. ohne vermehrte extreme Wetterereignisse, wie Dürren und Überschwemmungen) zu schützen.

Die Auswirkungen menschlichen Handelns im Anthropozän sind derart, dass sie die relativ stabile Lebensgrundlage des Holozän-Zeitalters bedrohen, welche in den letzten 10.000 Jahren die Entwicklung komplexer menschlicher Gesellschaften ermöglichte.[13] Im Anthropozän beobachten wir jedoch nicht nur anthropogene Auswirkungen auf das Erdsystem, sondern auch »den kognitiven Wandel der globalen Zivilisation, die sich ihrer Bedeutung als formende Kraft zunehmend bewusst wird«.[14] Riskieren wir also nun, die stabile Periode des Holozäns zu verlassen, oder gelingt bereits existierenden, oder neu erschaffenen *Global Governance* Institutionen rechtzeitig eine Kehrtwende, eine Transformation zu einer neuen Nachhaltigkeit, die zentrale Erdsystemfunktionen und -ressourcen schützt?

Wie es bereits in der Einleitung zu diesem Sammelband festgehalten wurde, kann man im Kontext der Ernährung dabei dem Credo »regional, innovativ und gesund« folgen (weiteres dazu siehe auch im letzten Kapitel dieses Artikels). Dadurch ließen sich viele Probleme, denen Ernährungssysteme heute und zukünftig

---

9 Rockström u. a., Planetary boundaries.

10 United Nations, World Population Prospects: The 2015 Revision. New York 2015. Verfügbar unter: http://esa.un.org/unpd/wpp/DataQuery/ [letzter Zugriff: 20.08.2015].

11 FAO, The state of the world's land and water resources for food and agriculture (SOLAW): managing systems at risk, Rom 2011.

12 Ebd.

13 Rockström u. a., A safe operating space for humanity; dies., Planetary boundaries; Steffen u. a. (2015). Planetary boundaries: Guiding human development on a changing planet, in: Science, 1259855.

14 WBGU, Welt im Wandel, S. 33.

begegnen, wie beispielsweise starker Flächenverbrauch, Bevölkerungswachstum, Auswirkungen des Klimawandels, etc. abmildern oder beheben. Ein Vorwurf, der der nachhaltigen Landwirtschaft dabei häufig entgegenbläst ist, dass sie nicht effektiv genug ist bzw. die Ertragsniveaus nicht ausreichen. Koerber u. a. kommen zu dem Schluss, dass eine nachhaltige Landwirtschaft gerade für Entwicklungsländer eine effektive Produktion und somit Anpassungsstrategie liefert.[15]

Auf die Einleitung folgend befasst sich das nächste Kapitel mit planetaren Grenzen, womit der Rahmen für den Artikel gesetzt wird. Anschließend werden die Grenzen des Ernährungssystems genauer beschrieben und analysiert. Abschließend wird die Idee einer neuen Nachhaltigkeit aufgegriffen und versucht weiter zu entwickeln.

Planetarische Grenzen

Die Erkenntnis, dass menschliche Aktivitäten Erdsystemfunktionen gefährden, ist nicht neu. Bereits Anfang der 1970er Jahre argumentierten Meadows u. a. in »Limits to Growth«,[16] dass exponentielles Bevölkerungswachstum und Wachstum-Trends der Nahrungsmittelproduktion sowie des Rohstoffverbrauchs bei endlichen planetaren Ressourcen zwangsläufig in absehbarer Zeit an ihre Grenzen stoßen werden. Im Jahr 2009 einigte sich ein internationales Team von 28 Wissenschaftlern um Johan Rockström schließlich auf neun planetarische Grenzen, welche für den Erhalt zentraler Erdsystemfunktionen unerlässlich sind, und die seitdem in der wissenschaftlichen Gemeinschaft diskutiert, weiter entwickelt und an neue wissenschaftliche Erkenntnisse angepasst werden.[17] Das Konzept ähnelt dem Ansatz der »planetarischen Leitplanken«, den der Wissenschaftliche Beirat der Bundesregierung Globale Umweltveränderungen (WBGU) seit 1994 verfolgt.[18] Die planetarischen Grenzen umsäumen den sogenannten »safe operating space«[19] der Menschheit, innerhalb dessen sich Gesellschaften weiter entwickeln können. Wird dieser Bereich aber längerfristig überschritten, drohen irreversible Umweltschäden.[20]

Die Platzierung der Grenzen nach Rockström u. a.[21] basiert zum einen auf globalen Schwellen, oder tipping points, sofern diese bekannt sind. Das Überschreiten

---

15 von Koerber u. a., Globale Ernährungsgewohnheiten und -trends.
16 Dennis Meadows u. a., Die Grenzen des Wachstums. Club of Rome. Bericht des Club of Rome zur Lage der Menschheit, Reinbek bei Hamburg 1974.
17 Rockström u. a., A safe operating space for humanity; dies.,Planetary boundaries; Steffen u. a., Planetary boundaries; Wim de Vries u. a., Assessing planetary and regional nitrogen boundaries related to food security and adverse environmental impacts, in: Current Opinion in Environmental Sustainability 5, 3 (2013), S. 392–402.
18 WBGU, Welt im Wandel.
19 Rockström u. a., A safe operating space for humanity.
20 Ebd.
21 Ebd.; Rockström u. a., Planetary boundaries.

von Schwellen führt zu nicht kontinuierlichen, sprunghaften Umweltveränderungen, wie zum Beispiel der durch die globale Erderwärmung verursachte, abrupte Rückgang der arktischen Eismassen (ebd.). Für manche Erdsystemprozesse, wie z. B. die veränderte Landnutzung, sind keine globalen oder kontinentalen Schwellen bekannt. Stattdessen beeinflusst eine Beschleunigung dieser Prozesse die Überschreitung anderer planetarer Grenzen. Außerdem gibt es in einigen Fällen lokale bis regionale Schwellen, die in der Summe zu einem globalen Problem werden können.[22] In beiden Fällen sind die Grenzen bewusst unterhalb des Bereiches der Schwellen oder gefährlicher Ausmaße angesetzt. So wird zum einen wissenschaftliche Unsicherheit berücksichtigt, bei welchen Werten tatsächlich Schwellen überschritten werden, zum anderen soll menschlichen Gesellschaften ermöglicht werden, auf Warnsignale zu reagieren, um rechtzeitig in den *safe operating space* zurück zu steuern.[23]

Die folgenden neun planetarischen Grenzen wurden bisher identifiziert: (1) Klimawandel, (2) Verlustrate der biologischen Vielfalt[24], (3) Stickstoff- und Phosphorkreisläufe, (4) Abbau der Ozonschicht, (5) Ozeanversauerung, (6) Süßwasserverbrauch, (7) veränderte Landnutzung, (8) atmosphärische Aerosolkonzentration und (9) die Einführung neuer Substanzen.[25]Bis auf die atmosphärische Aerosolkonzentration (8) und die Einführung neuer Substanzen (9) wurden bereits Quantifizierungen der Grenzen vorgeschlagen (siehe Abb. 1 und Tab. 1).

Vier der sieben quantifizierten planetarischen Grenzen sind bereits überschritten, nämlich die des Klimawandels, der Verlustrate biologischer Vielfalt, der Stoffkreisläufe (Stickstoff und Phosphor), sowie der veränderten Landnutzung[26] (siehe Abb. 1 und Tab. 1). Um den *Klimawandel* einzuschränken, soll die atmosphärische CO_2-Konzentration auf 350ppm begrenzt werden (Jahresmittel 2014: 398,61 ppm).[27] Die Änderung der Strahlungswirkung in den oberen Schichten der Atmosphäre sollte 1 W/m^{-2} nicht überschreiten, sie liegt allerdings schon bei 2,3/W m^{-2}.[28] Werden die Klima-Grenzen überschritten, steigt das

---

22 Rockström u. a., Planetary boundaries.

23 Steffen u. a., Planetary boundaries.

24 Nach Rockström u. a., A safe operating space for humanity; Steffen u. a. taufen die Grenze in »Change in biosphere integrity« um, die neben dem Artensterben auch über den Biodiversity Intactness Index gemessen wird. Siehe Steffen u. a., Planetary boundaries.

25 Hier handelt es sich um neue Substanzen, neue Formen existierender Substanzen und veränderte Lebensformen, die potentiell unerwünschte geophysikalische oder biologische Auswirkungen haben (Steffen u. a., Planetary boundaries).

26 Steffen u. a., Planetary boundaries.

27 Earth System Research Laboratory, Trends in Atmospheric Carbon Dioxide. Verfügbar unter: http://www.esrl.noaa.gov/gmd/ccgg/trends/. Aufgrund der jahreszeitlichen Schwankungen empfiehlt sich die Angabe eines jährlichen Mittelwerts. Für 2015 wird dieser bei knapp über 400 ppm liegen.

28 Steffen u. a., Planetary boundaries.

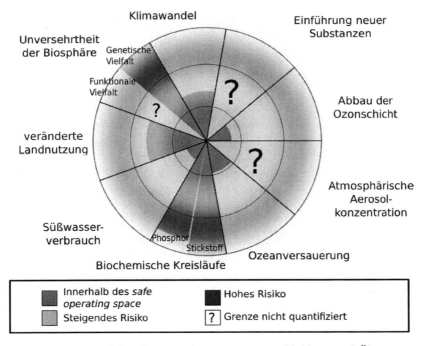

Abb. 1: Aktueller Stand der planetarischen Grenzen. Nachbildung und Übersetzung der Grafik von Steffen u.a.[29]

Risiko unumkehrbarer Klimaauswirkungen, wie z.B. das Abschmelzen großer Eisschilde, der beschleunigte Anstieg des Meeresspiegels, sowie abrupte Veränderungen in Wald- und Landwirtschaftssystemen.[30]

Die Bedeutung der Artenvielfalt für das Funktionieren sowie die Widerstandsfähigkeit von Ökosystemen zeichnet sich zunehmend ab.[31] Um die Resilienz von Ökosystemen zu erhalten und unumkehrbare Veränderungen zu vermeiden, die potentiell negative Konsequenzen für menschliche Gesellschaften mit sich bringen, schlagen Rockström u.a. vor, die planetarische Grenze der *biologischen Vielfalt*, gemessen am Artensterben, auf zehn ausgestorbene Arten pro Millionen Arten pro Jahr zu beschränken – aktuell liegt dieser Wert bei einhundert bis eintausend Arten.[32]

---

29 Ebd., S. 736.
30 Rockström u.a., A safe operating space for humanity.
31 Dies., Planetary boundaries.
32 Dies., A safe operating space for humanity.

Tab. 1: Aktueller Stand der planetarischen Grenzen[33]. Die bereits überschrittenen Grenzen sind grau unterlegt.

Quantifizierung der Planetarischen Grenzen

Erdsystem-Prozess	Bestimmungsgröße	Planetarische Grenze	Aktueller Wert
1) *Klimawandel*	1) CO_2-Konzentration der Atmosphäre	350 ppm	398,5 ppm
	2) Änderung der Strahlungswirkung	1 W m^{-2}	$2,3 \text{ W m}^{-2}$
2) *Verlustrate der biologischen Vielfalt*[a]	Artensterben	10 ausgestorbene Arten pro Million Arten pro Jahr	100–1000 ausgestorbene Arten pro Million Arten pro Jahr
3a) *Stickstoffkreislauf*	Industrielle und beabsichtigte biologische Stickstofffixierung	62 Millionen Tonnen pro Jahr	150 Millionen Tonnen pro Jahr
3b) *Phosphorkreislauf*	1) Phosphoreintrag über Frischwassersysteme in die Ozeane	11 Millionen Tonnen pro Jahr	22 Millionen Tonnen pro Jahr
	2) Phosphoreintrag über Düngemittel in erosionsanfällige Böden	6,2 Millionen Tonnen pro Jahr	14 Millionen Tonnen pro Jahr
4) *Abbau der Ozonschicht*	Ozon-Konzentration der Stratosphäre	< 5 % Verringerung des vorindustriellen Werts von 290 DU	Nur überschritten über der Antarktis während des antarktischen Frühlings (~ 200 DU)
5) *Ozeanversauerung*	Globaler Mittelwert der Aragonitsättigung an der Meeresoberfläche	≥ 80 % der vorindustriellen Aragonitsättigung	~ 84 % der vorindustriellen Aragonitsättigung

33 Nach Steffen u. a., Planetary boundaries, S. 1259855-4 und 1259855-5, teilweise gekürzt.

a Nach Rockström u. a. (2009). A safe operating space for humanity, in: Nature 461 (7263), 472–475; Steffen u. a. (ebd.) sprechen von »Biosphere Integrity« und führen neben dem Artensterben eine zweite Dimension ein, nämlich die der funktionalen Vielfalt, die über den Biodiversity Intactness Index gemessen wird; Daten liegen dafür jedoch bisher nur für das südliche Afrika vor.

6) *Globaler Süß-wasserverbrauch*	Konsum von Oberflächen- und Grundwasser durch den Menschen	4000 km3 pro Jahr	2600 km3 pro Jahr
7) *Veränderte Landnutzung*	Bewaldete Landfläche als % der ursprünglichen Bewaldung	75 %[b]	62 %
8) *Atmosphärische Aerosolkonzentration*	Aerolsol optical depth (AOD) als Bestimmungsgröße; hohe regionale Variation, bisher keine globale Grenze quantifiziert[c]		
9) *Einführung neuer Substanzen*	Bisher keine Grenze definiert / quantifiziert		

Deutlich überschritten ist außerdem die Grenze des *Stickstoffkreislaufes.* Die Menge N_2 die aus der Atmosphäre entnommen und in reaktiven Stickstoff umgewandelt wird (hauptsächlich durch die Düngemittelproduktion, aber auch durch den Anbau stickstofffixierender Leguminosen und durch Verbrennungsprozesse[34]), soll von 150 Millionen Tonnen pro Jahr auf 62 Millionen Tonnen begrenzt werden[35]. Der menschliche Eingriff in den *Phosphorkreislauf,* der mit dem Stickstoffkreislauf eine Grenze bildet, soll auf zwei Ebenen eingeschränkt werden: Die Menge an Phosphor, die über Süßwasser-Systeme in die Ozeane gelangt, soll von 22 auf 11 Millionen Tonnen pro Jahr verringert werden; die Menge an Phosphor aus abgebautem Rohphosphat, die auf erosionsanfälligen Böden in der Landwirtschaft eingesetzt wird, von 14 Millionen Tonnen auf höchstens 6,2 Tonnen pro Jahr.[36]

Die Grenze der *veränderten Landnutzung* schließlich wird an der aktuellen Bewaldung gemessen, im Verhältnis zur potentiellen Bewaldung im Holozän-Zeitalter, ohne menschliche Landnutzungsänderungen.[37] Die Grenze soll die Klimaregulierung von Wäldern erhalten. Da die Abholzung der drei großen

b Gewichteter Durchschnitt: Tropischer Wald: 85 %; Wälder der gemäßigten Zone: 50 %; boreale Wälder: 85 %.

c Bisher wurde nur eine regionale Grenze für Südasien quantifiziert, siehe Steffen u. a. (2015). Planetary boundaries: Guiding human development on a changing planet, in: Science, 1259855.

34 UBA, Stickstoff – Zuviel des Guten? Überlastung des Stickstoffkreislaufs zum Nutzen von Umwelt und Mensch wirksam reduzieren, Dessau-Roßlau 2011. Verfügbar unter: http://www.umweltbundesamt.de/publikationen/stickstoff-zuviel-des-guten [letzter Zugriff: 21.06.2015]; WBGU, Welt im Wandel.

35 Steffen u. a., Planetary boundaries.

36 Ebd.

37 Will Steffen u. a., Planetary boundaries, supplementary materials. Verfügbar unter http://www.sciencemag.org/content/347/6223/1259855/suppl/DC1 [letzter Zugriff: 13.07.2015].

Wald-Biome (tropische Wälder, boreale Wälder und Wälder in gemäßigten Breiten) das Klima in unterschiedlichem Maß beeinflusst ist die Gewichtung hier unterschiedlich. Jeweils 85 % der potentiellen tropischen, sowie der borealen Bewaldung soll erhalten bleiben, und 50 % der Bewaldung in gemäßigten Breiten. Der gewichtete Durchschnitt der drei Biome beträgt 75 % der potentiellen Bewaldung, dieser Wert ist mit zurzeit 62 % deutlich unterschritten.[38]

Die zentralen Erdsystemfunktionen, die durch die planetaren Grenzen geschützt werden sollen, stehen in Wechselwirkung zueinander.[39] Die biologische Vielfalt beispielsweise erhöht die Resilienz von Land- und Meeresökosystemen. Bei verringerter Biodiversität schrumpft auch der *safe operating space* anderer planetarischer Grenzen, da z. B. die Auswirkungen des Klimawandels, oder der Ozeanversauerung, schlechter zu bewältigen sind.[40] Die Wirksamkeit der Klimawandel-Grenze hängt außerdem davon ab, dass die Grenzen für den Süßwasserverbrauch, veränderte Landnutzung, Aerosol-Konzentration, Stoffkreisläufe, Ozeanversauerung und Ozonkonzentration eingehalten werden.[41] Aufgrund der vielfältigen Wechselwirkungen ist es wichtig, die planetaren Grenzen nicht separat, sondern gemeinsam zu betrachten und anzugehen.

An den Grenzen des Ernährungssystems

Einige Erdsystemressourcen und -funktionen, die durch die Berücksichtigung planetarer Grenzen geschützt werden sollen, sind für die Landwirtschaft von hoher Bedeutung (siehe Einleitung dieses Artikels). Vorherrschende Ernährungssysteme tragen aber selbst maßgeblich dazu bei, dass planetare Grenzen überschritten werden. Die Landwirtschaft (einschließlich Landnutzungsänderungen), produziert aktuellen Schätzungen zufolge ungefähr 30 % der globalen Treibhausgase.[42] Wie in der Einleitung des Sammelbandes dargestellt, hat die Viehwirtschaft einen großen Anteil daran. Die aktuelle Landwirtschaft trägt außerdem wesentlich zur Umweltbelastung bei, wie z. B. zu stickstoff- und phosphorbedingten Umweltveränderungen.[43]Damit schneidet sich die Landwirtschaft längerfristig ins eigene Fleisch. Laut Foley u. a.»[m]odern agricultural land-use practices may be trading short-term increases in food production for long-term losses in ecosystem services, including many that are important to agriculture«.[44] Erdsystemressourcen und -funktionen, die von zentraler

38 Steffen u. a., Planetary boundaries.
39 Ebd.; Rockström u. a., A safe operating space for humanity; dies., Planetary boundaries.
40 Rockström u. a., A safe operating space for humanity.
41 Ebd.
42 Almut Jering u. a., Globale Landflächen und Biomasse nachhaltig und ressourcenschonend nutzen, Dessau-Roßlau 2012.
43 Rockström u. a., A safe operating space for humanity.
44 Jonathan A. Foley u. a., Global consequences of land use. in: Science 309, 5734 (2005), S. 570–574.

Bedeutung für eine längerfristige Ernährungssicherheit sind, werden somit aufgrund kurzzeitiger Trends in der Lebensmittelproduktion aufs Spiel gesetzt.

Von der Vielzahl an Auswirkungen der modernen Nahrungsmittelproduktion auf Erdsystemfunktionen stechen die Phosphor- und Stickstoffkreisläufe heraus. Die gesellschaftlich bedingten Veränderungen beider Stoffkreisläufe finden hauptsächlich im Kontext des Düngemitteleinsatzes statt,[45] vor Allem für die Nahrungsmittelproduktion, aber zunehmend auch für die Produktion von Biokraftstoffen.[46] Reaktiver Stickstoff und Phosphor sind für das Pflanzenwachstum erforderliche Nährstoffe. Zur Ertragssteigerung werden seit Ende des 19. Jahrhunderts (Phosphor), bzw. seit Anfang des 20. Jahrhunderts (Stickstoff), industriell produzierte Dünger eingesetzt. Übereinstimmend mit der These der *Great Acceleration* (siehe dazu die Einleitung dieses Artikels) zeichnet sich seit Mitte des 20. Jahrhunderts ein sprunghafter Anstieg des globalen Verbrauchs von Kunstdüngern ab.[47] Stickstoff und Phosphor bilden hierbei, zusammen mit Kalium, die Hauptbestandteile.[48]

Phosphor wird aus abgebautem Rohphosphat für Düngemittel aufbereitet. 90 % des globalen Phosphorbedarfs entfällt auf die Landwirtschaft, zurzeit ca. 148 Millionen Tonnen Rohphosphat pro Jahr.[49] Die anthropogene Fixierung reaktiven Stickstoffs findet ebenfalls zu großen Teilen in der Landwirtschaft statt: circa 53 % des weltweiten reaktiven Stickstoffs wird im Rahmen der Düngemittelproduktion fixiert, darauf folgt der Anbau von Leguminosen (circa 27 %), und die Verbrennung fossiler und nachwachender Rohstoffe (circa 20 %)[50]. Mit dem so genannten Haber-Bosch Verfahren wird seit 1910 Stickstoff aus der Atmosphäre in reaktiven Stickstoff umgewandelt.[51]

Während die Zugabe von Phosphor und Stickstoff landwirtschaftliche Erträge steigert und somit den Flächenbedarf der Landwirtschaft reduziert, hat der daraus resultierende Eingriff in die Stoffkreisläufe zahlreiche negative Umweltauswirkungen. Erstens gelangen überschüssige Düngemittel in Gewässer: »Von den Nährstoffeinträgen in die Oberflächengewässer stammten von 2003 bis 2005 im Mittel über 70 % der gesamten Stickstoff- und über 50 % der gesamten Phosphateinträge aus der Landwirtschaft.«[52] Durch die Überversorgung mit Nährstoffen kommt es häufig zu Eutrophierung und Versauerung, was die Resilienz von Ökosystemen verringert.[53] Zweitens sind die Gewinnung reaktiven Stickstoffs zur Düngemittelproduktion, und der Abbau wie auch die Aufbereitung

---

45 Steffen u. a., Planetary boundaries.

46 Dana Cordell u. a., The story of phosphorus: global food security and food for thought, in: Global Environmental Change 19, 2 (2009), S. 292–305.

47 Steffen u. a., The Great Acceleration.

48 WBGU, Zivilisatorischer Fortschritt innerhalb planetarischer Leitplanken.

49 Cordell u. a., The story of phosphorus.

50 UBA, Stickstoff – Zuviel des Guten?; und WBGU, Welt im Wandel.

51 UBA, Stickstoff – Zuviel des Guten?

52 Ebd., S. 22.

53 WBGU, Welt im Wandel.

von Phosphor, sehr energieintensiv, und tragen somit durch CO_2-Emissionen zum anthropogenen Klimawandel bei.[54] Stickstoffdüngung erhöht außerdem die Freisetzung von Lachgas (N_2O), ein Treibhausgas welches beinahe dreihundertmal wirksamer (im negativen Sinne) ist als CO_2. »Der größte Teil der deutschen N_2O Emissionen entsteht mit etwa 70 % in der Landwirtschaft und hier vor allem bei der Anwendung stickstoffhaltiger Dünger.«[55]Des Weiteren entstehen bei der Phosphatverarbeitung radioaktive Nebenprodukte und Schwermetalle, die ins Grundwasser gelangen können. Bei der Produktion von einer Tonne Phosphor fallen fünf Tonnen von radioaktivem Phosphorgips als Abfallprodukt an.[56]

Die weltweite Landwirtschaft hat sich zu großen Teilen von Stickstoff- und Phosphordüngemitteln abhängig gemacht, dabei ist die derzeitige Hauptquelle des Phosphors, Rohphosphat, eine endliche Ressource.[57] Schätzungen, wie lange die Phosphatreserven noch ausreichen, variieren, und hängen von verschiedenen Faktoren ab, wie z. B. von der Nachfrage aus der Nahrungsmittelproduktion und der Produktion von Biokraftstoffen,[58] und inwiefern Phosphor recycelt wird. In Anlehnung an *Peak Oil* wird inzwischen vom *Peak Phosphorus* gesprochen, das Fördermaximum, welches nach unterschiedlichen Schätzungen entweder schon überschritten ist, oder ungefähr im Jahr 2030 erreicht sein wird.[59] Fakt ist, dass die Qualität des Rohphosphats bereits abgenommen hat (von 15 % Phosphoranteil in den 1970ern, auf 13 % im Jahr 1996).[60] Die Düngemittelindustrie bestätigt, dass die Zeit der günstigen Düngemittel bald vorbei sein wird.[61] Darüber hinaus ist die energieintensive Produktion von Stickstoff- und Phosphordüngern, deren Bedarf hauptsächlich durch fossile Rohstoffe gedeckt wird, nicht nur schädlich für das Klima. Die Düngemittelproduktion ist auf günstige Energieträger angewiesen, derzeit vor allem auf fossile Brennstoffe, wie Erdöl.[62] Fossile Rohstoffe sind ebenfalls endlich, und deren Gewinnung wird zunehmend teurer. Die Erschwinglichkeit von Düngemitteln wird dadurch also weiter sinken.

Um künftig über neun Milliarden Menschen zu ernähren, werden insbesondere bei den Kleinbäuerinnen und Bauern in der Ländern des globalenSüdens weiter steigende landwirtschaftliche Erträge nötig sein. Wie wird das möglich sein, bei endlichen Phosphatressourcen, hohem Energieaufwand zur Düngemittelherstellung, der zurzeit aus ebenfalls endlichen fossilen Rohstoffen gedeckt wird, und bei Verschmutzung von Gewässern und Böden durch Phosphor und reaktiven Stickstoff?

54 Cordell u.a., The story of phosphorus; UBA, Stickstoff – Zuviel des Guten?
55 UBA, Stickstoff – Zuviel des Guten?, S. 26.
56 Cordell u.a., The story of phosphorus.
57 WBGU, Welt im Wandel; Cordell u.a., The story of phosphorus.
58 Cordell u.a., The story of phosphorus.
59 WBGU, Welt im Wandel; Cordell u.a., The story of phosphorus.
60 Cordell u.a., The story of phosphorus.
61 Ebd.
62 Ebd.

Ausweg: Transformation zu einer neuen Nachhaltigkeit

Die Erforschung der planetarischen Grenzen steht beispielhaft für einen Wandel des Nachhaltigkeitsverständnisses. An Stelle des »veralteten« Drei-Säulen-Modells der ökologischen, ökonomischen und sozialen Nachhaltigkeit, welches lange den Diskurs geprägt hat, wird zunehmend die ökologische Dimension hervorgehoben, da sie für die Entwicklung der beiden anderen Dimensionen eine zwingende Notwendigkeit darstellt. Ein neues Nachhaltigkeitsverständnis, das sich an planetarischen Grenzen orientiert, schafft die Voraussetzungen dafür, globale Umweltveränderungen im Allgemeinen, und die sich anbahnende Ernährungskrise im Speziellen, im Rahmen unseres Erdsystems zu meistern. Laut Rockström u.a. »[t]he proposed concept of ›planetary boundaries‹ lays the groundwork for shifting our approach to governance and management, away from the essentially sectoral analyses of limits to growth aimed at minimizing negative externalities, towards the estimation of the safe space for human development«.[63]Umweltveränderungen machen vor Ländergrenzen nicht halt, sondern haben kontinentale und globale Auswirkungen. Aus diesem Grund, und weil alle Staaten, wenn auch zu unterschiedlichen Anteilen, zu globalen Umweltveränderungen beitragen, ist ein globaler Governance-Ansatz wichtig, um Verantwortlichkeiten zu klären und zu koordinieren.[64]

Auf dem Weg zu einem funktionierenden *Earth System Governance*-System, welches das Überschreiten planetarischer Grenzen verhindert, gibt es einige Hindernisse zu bewältigen.[65] Die erste Herausforderung stellt sich bereits bei der Festlegung der Grenzen. Rockström u.a.[66] schlagen Grenzen unter Beachtung des Vorsorgeprinzips vor. Maßnahmen gegen mögliche Umweltgefährdungen sollten laut diesem Ansatz auch dann erfolgen, wenn es (noch) keine vollständige wissenschaftliche Gewissheit über die Beschaffenheit und das Ausmaß der Umweltgefährdungen gibt[67]. Dieser risikoscheue Ansatz, der seit den 1970ern im Bereich der Umweltwissenschaften angewandt wird, und seitdem Einzug in einige internationale Abkommen gehalten hat,[68] wird unter Umständen nicht von allen Interessengruppen und Institutionen begrüßt. Eine unterschiedliche Risikowahrnehmung hat schon beispielsweise die Erfolge von internationalen Abkommen zu den Themen Entwaldung und grenzüberschreitende Gewässer gemindert.[69]

---

63 Rockström u.a., Planetary boundaries, o.S.
64 WBGU, Zivilisatorischer Fortschritt innerhalb planetarischer Leitplanken.
65 Victor Galaz u.a., ›Planetary boundaries‹ – exploring the challenges for global environmental governance. in: Current Opinion in Environmental Sustainability 4, 1 (2012), S. 80–87.
66 Rockström u.a., A safe operating space for humanity; dies., Planetary boundaries.
67 Per Sandin u.a., Five charges against the precautionary principle, in: Journal of Risk Research 5, 4 (2002), S. 287–299; Malcolm MacGarvin (Hg.),Late lessons from early warnings: the precautionary principle 1896–2000, Kopenhagen 2001.
68 MacGarvin.
69 Galaz u.a.

Auch wenn eine Einigung zu den Grenzen möglich ist, ergeben sich weitere Herausforderungen aus der dynamischen Beschaffenheit der Grenzen.[70] Der *safe operating space* einzelner planetarer Grenzen kann sich, neben neuen wissenschaftlichen Erkenntnissen, durch Wechselwirkungen mit anderen Grenzen ändern.[71] Für einige Grenzen gibt es bereits mehr (z. B. das Montreal Protocol) oder weniger (z. B. die Convention on Biological Diversity) erfolgreiche internationale Institutionen.[72] Die Interaktion von Grenzen stellt jedoch die beteiligten Organisationen (internationale Organisationen, wissenschaftliche Gemeinschaften und NGOs) vor die Herausforderung, trotz unterschiedlicher Organisationskulturen und -zielen, Informationen über den aktuellen Stand und mögliche Wechselwirkungen der Grenzen zu teilen.[73]

Während das Schaffen eines neuen institutionellen Rahmens für die Steuerung planetarischer Grenzen zwar das Problem der fragmentierten institutionellen Landschaft verringern könnte, wäre die Abstimmung über einen solchen neuen Rahmen jedoch möglicherweise sehr zeitintensiv.[74] Die am 25. September 2015 auf dem UN-Nachhaltigkeitsgipfel beschlossenen »Sustainable Development Goals« (SDGs) als Nachfolge der »Millennium Development Goals« (MDGs) bieten eine Chance, die Umsetzung der planetarischen Grenzen im Rahmen eines bereits bestehenden Prozesses zu erreichen. Im Gegensatz zu den MDGs, die mit einem Fokus auf Armutsbekämpfung in Entwicklungsländern zwischen 2000 und 2015 den Entwicklungsdiskurs bestimmten, richten sich die SDGs an alle Staaten – somit wird bestätigt, dass es weltweit Entwicklungsbedarf im Bereich der Nachhaltigkeit gibt. Die Armutsbekämpfung (das Hauptziel der MDGs) und das Einhalten von planetarischen Grenzen bzw. Leitplanken stehen hierbei allerdings keineswegs im Widerspruch zueinander. Vielmehr ist das Einhalten der Grenzen für eine langfristige Armutsbekämpfung sogar notwendig.[75] Wenn planetarische Grenzen überschritten werden, welche z. B. die Ernährungssicherheit beeinflussen, werden Erfolge in der Armutsbekämpfung nämlich unter Umständen wieder rückgängig gemacht. Für das Thema der nachhaltigen Ernährung sind die in Tabelle 2 dargestellten SDGs der United Nations von zentraler Bedeutung.

Der »Wissenschaftliche Beirat Globale Umweltveränderungen«[76] (WBGU) schlug ein separates SDG »Sicherung der Erdsystemleistungen« vor, dass das Einhalten planetarischer Grenzen (bzw. Leitplanken) gewährleisten soll. Dieses SDG sollte den Rahmen bilden, innerhalb dessen die anderen SDGs umgesetzt werden können. Während ein solches SDG in dieser Form nicht verabschiedet wurde, sind doch einige der 17 Ziele und 169 Unterziele für die Einhaltung planetarer Grenzen relevant, speziell auch im Bereich der Ernährung (siehe Tab. 2).

70 Ebd.
71 Ebd.
72 Ebd.
73 Ebd.
74 Ebd.
75 WBGU, Zivilisatorischer Fortschritt innerhalb planetarischer Leitplanken.
76 WBGU, Zivilisatorischer Fortschritt innerhalb planetarischer Leitplanken, S. 20.

Tab. 2: SDGs im Bereich Nachhaltige Ernährung[77]

Ziel	Thema/Inhalt des Ziels
2	Den Hunger beenden, Ernährungssicherheit und bessere Ernährung erreichen, und eine nachhaltige Landwirtschaft fördern
2.3	Bis 2030 die landwirtschaftliche Produktivität und die Einkommen von kleinen Nahrungsmittelproduzenten, insbesondere von Frauen, Angehörigen indigener Völker, landwirtschaftlichen Familienbetrieben, Weidetierhaltern und Fischern, verdoppeln, unter anderem durch den sicheren und gleichberechtigten Zugang zu Grund und Boden, anderen Produktionsressourcen und Betriebsmitteln, Wissen, Finanzdienstleistungen, Märkten sowie Möglichkeiten der Wertschöpfung und außerlandwirtschaftliche Beschäftigung
2.4	Bis 2030 die Nachhaltigkeit der Systeme der Nahrungsmittelproduktion sicherstellen und resiliente landwirtschaftliche Methoden anwenden, die die Produktivität und den Ertrag steigern, zur Erhaltung der Ökosysteme beitragen, die Anpassungsfähigkeit an Klimaänderungen, extreme Wetterereignisse, Dürren, Überschwemmungen und andere Katastrophen erhöhen und die Flächen- und Bodenqualität schrittweise verbessern
2.5	Bis 2020 die genetische Vielfalt von Saatgut, Kulturpflanzen sowie Nutz- und Haustieren und ihren wildlebenden Artverwandten bewahren, unter anderem durch gut verwaltete und diversifizierte Saatgut- und Pflanzenbanken auf nationaler, regionaler und internationaler Ebene, und den Zugang zu den Vorteilen aus der Nutzung der genetischen Ressourcen und des damit verbundenen traditionellen Wissens sowie die ausgewogene und gerechte Aufteilung dieser Vorteile fördern, wie auf internationaler Ebene vereinbart
2.a	Die Investitionen in ländliche Infrastruktur, die Agrarforschung und landwirtschaftliche Beratungsdienste, die Technologieentwicklung sowie Genbanken für Pflanzen und Nutztiere erhöhen, unter anderem durch verstärkte internationale Zusammenarbeit, um die landwirtschaftliche Produktionskapazität in Entwicklungsländern und insbesondere in den am wenigsten entwickelten Ländern zu verbessern
2.b	Handelsbeschränkungen und -verzerrungen in den globalen Agrarmärkten korrigieren und verhindern, unter anderem durch die parallele Abschaffung alle Formen von Agrarexportsubventionen und aller Exportmaßnahmen mit gleicher Wirkung im Einklang mit dem Mandat der Doha-Entwicklungsrunde
6.3	Bis 2030 die Wasserqualität durch Verringerung der Verschmutzung, Beendigung des Einbringens und Minimierung der Freisetzung gefährlicher Chemikalien und Stoffe, Halbierung des Anteils unbehandelten Abwassers und eine beträchtliche Steigerung der Wiederaufbereitung und gefahrlosen Wiederverwendung weltweit verbessern

77 Zusammenstellung der Ziele und Unterziele aus Vereinte Nationen, Resolution der Generalversammlung, verabschiedet am 1. September 2015, 69/315 Entwurf des Ergebnisdokuments des Gipfeltreffens der Vereinten Nationen zur Verabschiedung der Post-2015-Entwicklungsagenda. Verfügbar unter http://www.un.org/depts/german/gv-69/band3/ar69315.pdf.

Ziel	Thema/Inhalt des Ziels
6.4	Bis 2030 die Effizienz der Wassernutzung in allen Sektoren wesentlich steigern und eine nachhaltige Entnahme und Bereitstellung von Süßwasser gewährleisten, um der Wasserknappheit zu begegnen und die Zahl der unter Wasserknappheit leidenden Menschen erheblich zu verringern
8.4	Bis 2030 die weltweite Ressourceneffizienz in Konsum und Produktion Schritt für Schritt verbessern und die Entkopplung von Wirtschaftswachstum und Umweltzerstörung anstreben, im Einklang mit dem Zehnjahres-Programmrahmen für nachhaltige Konsum- und Produktionsmuster, wobei die entwickelten Länder die Führung übernehmen
12	Nachhaltige Konsum- und Produktionsmuster sicherstellen
12.1	Den Zehnjahres-Programmrahmen für nachhaltige Konsum- und Produktionsmuster umsetzen, wobei alle Länder, an der Spitze die entwickelten Länder, Maßnahmen ergreifen, unter Berücksichtigung des Entwicklungsstands und der Kapazitäten der Entwicklungsländer
12.2	Bis 2030 die nachhaltige Bewirtschaftung und effiziente Nutzung der natürlichen Ressourcen erreichen
12.3	Bis 2030 die weltweite Nahrungsmittelverschwendung pro Kopf auf Einzelhandels- und Verbraucherebene halbieren und die entlang der Produktions- und Lieferkette entstehenden Nahrungsmittelverluste einschließlich Nacherteverlusten verringern
14.4	Bis 2020 die Fangtätigkeit wirksam regeln und Überfischung, die illegale, ungemeldete und unregulierte Fischerei und zerstörerische Fangpraktiken beenden und wissenschaftlich fundierte Bewirtschaftungspläne umsetzen, um die Fischbestände in kürzest-möglicher Zeit mindestens auf einen Stand zurückzuführen, der den höchstmöglichen Dauerertrag unter Berücksichtigung ihrer biologischen Merkmale sichert
14.7	Bis 2030 die sich aus der nachhaltigen Nutzung der Meeresressourcen ergebenden wirtschaftlichen Vorteile für die kleinen Inselentwicklungsländer und die am wenigsten entwickelten Länder erhöhen, namentlich durch nachhaltiges Management der Fischerei, der Aquakultur und des Tourismus
14.b	Den Zugang der handwerklichen Kleinfischer zu Meeresressourcen und Märkten gewährleisten
15.3	Bis 2020 die Wüstenbildung bekämpfen, die geschädigten Flächen und Böden einschließlich der von Wüstenbildung, Dürre und Überschwemmungen betroffenen Flächen sanieren und eine Welt anstreben, in der die Landverödung neutralisiert wird

Der Artikel ist mit der Frage »Fünf Minuten nach Zwölf« tituliert. In Verbindung mit dem Thema der planetaren Grenzen, welches Hauptbestandteil dieses Artikels ist, schwingt eine stark negative Konnotation bei der Fragestellung mit, denn man ist geneigt sie zu bejahen. Insbesondere wenn man bedenkt, dass einige planetare Grenzen schon überschritten sind, wie es Steffen u. a.[78] aufgezeigt haben. Wir (die Autoren) halten uns aber eher an das Sprichwort, dass *es nie zu spät ist das Richtige zu tun*. Abschließend bleibt zudem festzuhalten, dass die Formulierung, Verabschiedung und Umsetzung der SDGs ein zentraler Schritt dazu sind Nachhaltigkeit im Generellen und nachhaltige Ernährung im Speziellen stark voranzutreiben und somit den globalen Herausforderungen zu begegnen.

78 Steffen u. a., Planetary boundaries.

Johannes P. Werner, Sebastian Wagner
und Jürg Luterbacher

Paläoklimatologie und Klimaprojektionen: Aus Vergangenem für die Zukunft lernen

Das globale Klima ist nicht, wie früher vermutet, stabil, sondern ändert sich – und das nicht nur in geologischen Zeitskalen, also über viele Jahrhunderttausende, sondern auch (und in letzter Zeit: gerade) in kürzeren Zeiträumen. Die Abschätzungen der klimatologischen Veränderungen in der Vergangenheit liefern uns auf der einen Seite Hinweise, welche extremen Ereignisse möglich sind; anhaltende Dürreperioden in verschiedenen Regionen der Welt[1] oder besonders nasse oder kalte Sommer[2] traten immer wieder auf, mit teilweise verheerenden Auswirkungen auf die betroffenen Gebiete.[3] Auf der anderen Seite helfen uns Erkenntnisse über das Klima der Vergangenheit, wichtige Zusammenhänge im Klimasystem besser zu verstehen, gerade auch unter wechselnden Einflüssen. Insbesondere Vulkanismus,[4] die Änderungen in der Sonneneinstrahlung, Landnutzungsänderungen und, vor allem verstärkt seit der Industrialisierung, auch der durch anthropogene CO_2-Emissionen verstärkte Treibhauseffekt,[5] haben starken Einfluss auf das globale Klima. Die über die Vergangenheit gewonnenen

---

1 Zum Beispiel Edward R. Cook u. a., Drought reconstructions for the continental United States, in: J. Climate 12, 4 (1999), S. 1145–1162; Edward R. Cook u. a., Asian Monsoon Failure and Megadrought During the Last Millennium, in: Science 328, 5977 (2010), S. 486–489; Oliver Wetter u. a., The year-long unprecedented European heat and drought of 1540 – a worst case scenario, in: Climatic Change 125 (2014), S. 349–363.
2 Jürg Luterbacher/Christian Pfister, The year without a summer, in: Nature Geoscience 8, 4 (2015), S. 246–248; Steven Engler/Johannes P. Werner, Processes prior and during the early 18th century irish famines, in: Climate 3 (2015), S. 1035–1056.
3 Brendan M. Buckley u. a., Climate as a contributing factor in the demise of Angkor, Cambodia, in: Proceedings of the National Academy of Sciences 107, 15 (2010), S. 6748–6752; Steven Engler u. a., The irish famine of 1740–1741: famine vulnerability and climate migration, in: Climate of the Past 9, 3 (2013), S. 1161–1179; Luterbacher/Pfister; Engler/Werner.
4 Jan Esper u. a., European summer temperature response to annually dated volcanic eruptions over the past nine centuries, in: Bulletin of volcanology 75, 7 (2013), S. 1–14; Erich Fischer u. a., European climate response to tropical volcanic eruptions over the last half millennium, in: Geophys. Res. Lett. 34, 5 (2007); Michael Sigl u. a., Timing and climate forcing of volcanic eruptions for the past 2,500 years, in: Nature 523 (2015), S. 543–549.
5 Myles R. Allen u. a., IPCC fifth assessment synthesis report-climate change 2014 synthesis report, 2014; Andrew P. Schurer u. a., Small influence of solar variability on climate over the past millennium, in: Nature Geoscience 7, 2 (2014), S. 104–108.

Erkenntnisse helfen uns, das Verhalten von gekoppelten Klimamodellen unter diesen Änderungen zu betrachten und diese so zu testen.[6] Gekoppelte Klimamodelle (vgl. S. 47 ff.) werden unter anderem dazu verwendet, Projektionen möglicher zukünftiger Klimaänderungen zu erstellen und mögliche Folgen für die Menschheit abzuschätzen.[7]

Zu den bedeutendsten und größten Änderungen der letzten eineinhalb Millionen Jahren gehören die Wechsel zwischen Eiszeiten und Warmperioden, mit einer Zeitskala von etwa 100.000 Jahren: Massive Eisschilde entstehen über Nordamerika, Nordeurasien und dem Alpenraum sowie dem Tibetplateau, und weichen dann wieder wärmerem Klima. Die Eiszeiten sind unterbrochen von kürzeren Stadial-Interstadialepisoden; die letzte Warmzeit (das Eem) begann vor ungefähr 120.000 Jahren und dauerte etwa 20.000 Jahre. Die darauf folgende Eiszeit erreichte ihren Höhepunkt vor ca. 22.000 Jahren.[8] Für unsere Gesellschaft sind allerdings die Änderungen, die im Laufe der aktuellen Warmzeit, des Holozäns (ab ca. 9.000 v. Chr.), stattfanden, von größerer Bedeutung – auch in Hinblick auf die Entwicklung des Klimas in der näheren Zukunft. Über die letzten achttausend Jahre, seit dem Holozänoptimum, hat die Sonneneinstrahlung im Sommer auf der Nordhemisphäre auf Grund der sich ändernden Erdbbahnparameter kontinuierlich abgenommen, dabei gingen die über einige Jahrhunderte gemittelten Sommertemperaturen um ca. 2 °C zurück.[9] Diese langsamen Veränderungen auf einer Zeitskala von mehreren Jahrhunderten werden von schnelleren rascheren Fluktuationen überlagert, deren Amplitude eine ähnliche Größenordnung erreichen kann. Sie sind zum Teil Ausdruck der internen Klimavariabilität, zum Teil aber auch von Sonnenzyklen und starken tropischen Vulkanausbrüchen getrieben.[10] In den letzten einhundertfünfzig Jahren werden sie zu einem guten Teil von den erhöhten menschgemachten oder von Menschen ausgestoßenen Treibhausgasen verursacht.

Im folgenden Text geben wir eine exemplarische Einführung in die raumzeitlich aufgelösten Klimarekonstruktionen und die Analyse des vergangenen und zukünftigen Klimas mit Hilfe von Klimamodellen. In den weiteren Abschnitten betrachten wir insbesondere regionale Ereignisse, die sozio-ökonomischen Einfluss hatten und zeigen, welche Herausforderungen in diesen Gebieten in der Zukunft auftreten können.

---

6 Laura Fernández-Donado u. a., Large-scale temperature response to external forcing in simulations and reconstructions of the last millennium, in: Clim. Past 9 (2013), S. 393–421.

7 IPCC, Climate Change 2014: Impacts, Adaptation, and Vulnerability. Part A: Global and Sectoral Aspects. Contribution of Working Group II to the Fifth Assessment Report of the Intergovernmental Panel on Climate Change u. a., Cambridge 2014.

8 Vgl. Laurence M. Dyke u. a., Evidence for the asynchronous retreat of large outlet glaciers in Southeast Greenland at the end of the last glaciation, in: Quaternary Science Reviews 99 (2014), S. 244–259, für die Ausdehnung der letzten Vergletscherung.

9 Hans Renssen u. a., The spatial and temporal complexity of the Holocene thermal maximum, in: Nature Geoscience 2 (2009), S. 411–414.

10 Vgl. auch Esper u. a.

Raum-zeitliche Klimarekonstruktionen

Ein wichtiges Ziel der Paläoklimaforschung ist die raum-zeitliche Rekonstruktion des Klimas der Vergangenheit. Das größte Problem ist die Verfügbarkeit von geeigneten Datensätzen: instrumentelle Messungen gehen nur ca. zwei Jahrhunderte zurück und erst seitdem es nationale Wetterdienste gibt, werden sie zentral organisiert und flächendeckend durchgeführt. Bevor zuverlässige Messinstrumente mit einheitlichen Skalen eingeführt und organsiert betrieben wurden, gab es außerdem Gelehrte wie z. B. Marcel Biem (Rektor der Universität in Krakau), die tägliche, zumindest qualitative Wetteraufzeichnungen geführt haben. Zusätzlich gibt es vor allem von extremen Jahren viele schriftliche Beschreibungen, die die Wirren der Zeit überstanden haben. Weitere Aufzeichnungen, die indirekte Schlüsse auf das Wetter zulassen, sind beispielsweise Steuer- oder Ernteerträge[11] oder der Beginn der Handelsschifffahrt im Frühjahr (z. B. in Stockholm).[12] Leider sind diese Dokumente nicht global verfügbar. In Europa lassen sich für einige Orte lückenlose Beschreibungen bis ins Frühmittelalter erstellen, in China gehen die Aufzeichnungen teilweise noch weiter zurück.

Um ein flächendeckenderes Bild zu erhalten, benötigt man also zusätzliche Daten, häufig als Proxydaten oder Stellvertreterdaten bezeichnet.[13] Diese Daten stammen aus natürlichen Klimaarchiven, und spiegeln den Einfluss des örtlichen oder regionalen Wetters oder auch Klimas auf biologische (Baumringwachstum, Pollenfunde, Mikrofossilien), biochemische (Isotopenchemie in Blattwachs oder Foraminiferen) geochemische (Stalagmiten) oder dynamische (Sedimente aus Seen oder Meeren) Prozesse wieder und reichen teilweise fast drei Millionen Jahre (El'gytgytgin-See, Nord-Ost Russland)[14] zurück. Sind zu Grunde liegenden Mechanismen zwischen den Proxydaten und dem erzeugenden Klimasignal bekannt, so kann man aus den Daten dann das Klima der Vergangenheit rekonstruieren. Häufig wurden sie alleine durch statistische Zusammenhänge, d. h. Korrelationen zwischen Proxydaten und Messungen über die letzten hundert Jahre abgeschätzt, unter Zuhilfenahme von eher qualitativem als quantitati-

---

11 Oliver Wetter/Christian Pfister, Spring-summer temperatures reconstructed for northern Switzerland and southwestern Germany from winter rye harvest dates, 1454–1970, in: Clim. Past 7 (2011), S. 1307–1327; Kathleen Pribyl u. a., Reconstructing medieval April–July mean temperatures in East Anglia, in: Climatic Change 113 (2012), S. 1256–1431.

12 Lotta Leijonhufvud u. a., Documentary data provide evidence of Stockholm average winter to spring temperatures in the 18th and 19th centuries, in: Holocene 18 (2008), S. 333–343; Lotta Leijonhufvud u. a., Five centuries of winter/spring temperatures in Stockholm reconstructed from documentary evidence and instrumental observations, in: Climatic Change 101 (2009), S. 109–141.

13 Vgl. für eine Übersicht: Philip Jones u. a., High-resolution palaeoclimatology of the last millennium: a review of current status and future prospects, in: The Holocene 19, 1 (2009), S. 3.

14 Martin Melles u. a., 2.8 Million Years of Arctic Climate Change from Lake El'gygytgyn, NE Russia, in: Science 337, 6092 (2012), S. 315–320.

vem Verständnis. Inzwischen werden sie immer mehr durch Laborexperimente und direkte mechanistische, auf den zu Grunde liegenden Prozessen basierende, Modelle beschrieben.[15] Auf diese Weise erhält man dann lokale Rekonstruktionen verschiedener Variablen, wie z. B. Temperatur, Niederschlag, Trockenheit, Salinität, oder Feuchteverfügbarkeit.

Diese lokalen Rekonstruktionen müssen nun in ein räumlich flächendeckendes Bild überführt werden. Die große Herausforderung ist dabei, dass die Informationen natürlich nicht flächendeckend vorhanden sind, die Zahl der Datensätze kleiner ist als die Zahl der Orte, an denen rekonstruiert werden soll. Man muss also versuchen, diese Lücken zu schließen und unter Zuhilfenahme statistischer Verfahren zwischen einzelnen Datensätzen zu interpolieren. Hierzu existieren mehrere Ansätze. Der verbreitetste basiert auf sogenannter Eigenwertzerlegung der Kovarianzmatrix: hierbei wertet man die Stärke des statistischen Zusammenhangs zwischen allen Orten aus. Die resultierende Matrix wird dann in Eigenvektoren zerlegt, die die Hauptmoden der Variabilität widerspiegeln, und diese werden nach ihrer Stärke sortiert. Die stärksten Moden sind (statistisch gesehen) die wichtigsten. Führt man eine solche Analyse mit instrumentellen oder gemessenen europäischen Sommertemperaturen durch (vgl. Abb. 1a,b), so beschreibt der erste Eigenvektor eine (annähernd) gleichförmige Variabilität und sein zeitliches Gewicht zeigt die einheitliche Erwärmung über die letzten einhundertfünfzig Jahre. Der zweite Eigenvektor zeigt annähernd ein Nord-Süd Dipolmuster: warme Sommer im Mittelmeerraum gehen also häufig einher mit kühleren Temperaturen in Nordeuropa. Zwar ist die genaue Form, der auf diese Weise gewonnenen Variabilitätsmoden, durch die Bedingungen der Eigenvektorzerlegung bestimmt, d. h. sie stehen qua constructio senkrecht aufeinander (und sind somit voneinander statistisch unabhängig), man kann jedoch wenigstens die ersten von ihnen auch dynamisch interpretieren. Hierbei muss man jedoch beachten, dass die identifizierten Aktionszentren nicht unbedingt zeitlich stabil[16] sind. Die zeitlichen Gewichte der Eigenmoden von Klima- und Proxydaten werden dann mittels linearer Regression aneinander angepasst. Hierbei wird fast immer die Dimension reduziert, indem man davon ausgeht, dass nur die ersten Muster wichtig sind, und die weiteren Variabilitätsmoden in erster Linie Rauschen entsprechen. Die verschiedenen Regressionsmethoden und Methoden zur Verringerung der Dimension des Problems minimieren unterschiedliche Fehlermaße und können dadurch auch teilweise unterschiedliche Rekonstruktionen liefern.[17]

---

15 Michael N. Evans u.a., Application of proxy modeling in high resolution paleoclimatology, in: Quat. Sci. Rev. 76 (2013), S. 16–28.

16 Christoph C. Raible u.a., Climate variability-observations, reconstructions, and model simulations for the Atlantic-European and Alpine Region from 1500–2100 ad, in: Clim. Change 79, 1–2 (2006), S. 9–29; Flavio Lehner u.a., Testing the robustness of a precipitation proxy-based North Atlantic Oscillation reconstruction, in: Quaternary Science Reviews 45 (2012), S. 85–94.

17 Jason E. Smerdon u.a., Spatial performance of four climate field reconstruction methods targeting the Common Era, in: Geophys. Res. Lett. 38, L11705 (2011); Jianghao Wang u.a.,

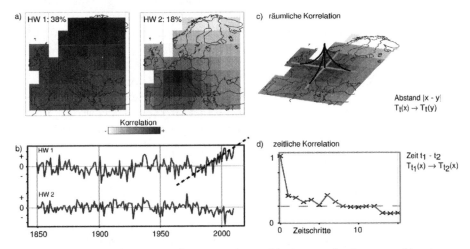

Abb. 1: Schematische Herangehensweise bei a, b) eigenwertbasierter, multivariater Regression c, d) stochastischer Modellierung. (Eigene Abbildung.)

Der Vorteil ist, dass bei dieser Methode Informationen über große Entfernungen verwendet werden, falls es einen starken statistischen Zusammenhang in der Klimavariabilität an diesen Orten gibt. Ein Nachteil ist, dass die Rekonstruktionen in Gebieten ohne Proxyinformation je nach gewählter Regressionsmethode deutlich unterschiedlich ausfallen können – selbst wenn bestimmte rekonstruierte Muster als signifikant rekonstruiert ausgewertet werden.[18]

Ein zweiter Ansatz, der nicht auf der Stabilität von statistischen Mustern beruht, verwendet einfache stochastische Modelle, um lokale raum-zeitliche Zusammenhänge zu beschreiben.[19] Zwei Punkte, die nahe beieinander liegen, sollten ähnliche Bedingungen zeigen. Herrscht beispielsweise in Frankfurt ein heißer Sommer, so ist es wahrscheinlich, dass der Sommer in Berlin, Zürich oder Brüssel ebenfalls heiß ist (vgl. Abb. 1, rechte Hälfte). Über die Temperaturen in

Evaluating climate field reconstruction techniques using improved emulations of real-world conditions, in: Climate of the Past 10, 1 (2014), S. 1–19; Jianghao Wang u. a., Fragility of reconstructed temperature patterns over the Common Era. Implications for model evaluation, in: Geophy. Res. Lett 42 (2015), S. 7162–7170.

18 Siehe insbesondere Jianhao Wang u. a., Fragility of reconstructed temperature patterns.

19 Martin P. Tingley/Peter Huybers, A Bayesian Algorithm for Reconstructing Climate Anomalies in Space and Time. Part I: Development and Applications to Paleoclimate Reconstruction Problems, in: J. Climate 23, 10 (2010), S. 2759–2781; Johannes P. Werner u. a., A Pseudoproxy Evaluation of Bayesian Hierarchical Modelling and Canonical Correlation Analysis for Climate Field Reconstructions over Europe, in: Journal of Climate 23 (2013), S. 851–867; Johannes P. Werner/Martin P. Tingley, Technical Note: Probabilistically constraining proxy age–depth models within a Bayesian hierarchical reconstruction model, in: Clim. Past 11 (2015), S. 533–545.

Madrid oder Istanbul können auf Grund der räumlichen Distanz keine Aussagen gemacht werden, sie sind (so die Annahme) stochastisch unabhängig voneinander. Ebenso existiert ein zeitliches Gedächtnis von Jahr zu Jahr, mit einer gewissen (geringen aber messbaren) Wahrscheinlichkeit folgt einem zu warmen Sommer wieder ein warmer Sommer. Dieses Modell beschreibt den Klimaprozess. Weitere Modellhierarchien beschreiben, wie die Proxydaten vom lokalen Klima abhängen, welche Unsicherheiten die Parameter der Modelle haben[20] oder auch wie sich Datierungsunsicherheiten in den Proxydaten fortpflanzen.[21] Diese Modelle können nicht mehr mit einfachen Methoden wie linearer Regression gelöst werden, stattdessen verwendet man Bayes'sche Inferenz,[22] um Wahrscheinlichkeitsabschätzungen für die Modellparameter und das zu rekonstruierende Klima zu erhalten. Der Vorteil dieser Methode ist, dass die Zusammenhänge zwischen Klima und Proxydaten mit beliebigen Modellen beschrieben werden können, und dass die Rekonstruktionen Wahrscheinlichkeitsaussagen zulassen, die alle Unsicherheiten berücksichtigen. Der Nachteil ist, dass man für jeden Zusammenhang ein explizites Modell benötigt und dass die Auswertung beliebig kompliziert werden kann, sobald die Modellkomplexität zu groß wird. Dennoch zeigt diese Methode gute Ergebnisse im Vergleich zu den traditionelleren, regressionsbasierten Methoden.

Die dritte Methode, die Rekonstruktion über die Suche nach Analogen, verwendet Klimasimulationen, in denen mit den entsprechenden Modellen dann Proxydaten miterzeugt werden. Man vergleicht dann die simulierten Proxydaten in allen Modelljahren mit den Proxydaten für das Rekonstruktionsjahr, und sucht das Modelljahr mit dem geringsten Abstand.[23] Das simulierte Klima in diesem Modelljahr ist das beste Analogon für das gesuchte zu rekonstruierende Klima. Eine Verfeinerung passt das simulierte Klima mit Hilfe des ermittelten Abstands zwischen simulierten und gemessenen Proxydaten an.[24] Die Voraussetzung für das Funktionieren dieser Methode ist natürlich, dass im verwendeten Datensatz ein Analogon existiert, das den Abstand minimiert.

Alle Rekonstruktionsmethoden basieren auf verschiedenen Stationaritätsannahmen: Die Klimaarchive und Proxydaten müssen einen stabilen Zusam-

20 Susan E. Tolwinski-Ward u. a., An efficient forward model of the climate controls on interannual variation in tree-ring width, in: Climate Dynamics 36, 11–12 (2010), S. 2419–2439.
21 Werner/Tingley.
22 John Kruschke, Doing Bayesian data analysis, London 2010; Martin P. Tingley u. a., Piecing together the past: Statistical insights into paleoclimatic reconstructions, in: Quaternary Science Reviews 35 (2012), S. 1–22.
23 Jörg Franke u. a., 200 years of European temperature variability: insights from and tests of the proxy surrogate reconstruction analog method, in: Climate Dynamics 37 (1–2) (2011), S. 133–150; Frederik Schenk/Eduardo Zorita, Reconstruction of high resolution atmospheric fields for Northern Europe using analog-upscaling, in: Climate of the Past 8, 5 (2012), S. 1681–1703.
24 Nathan J. Steiger u. a., Assimilation of time-averaged pseudoproxies for climate reconstruction, in: Journal of Climate 27, 1 (2014), S. 426–441.

menhang mit dem lokalen Klima haben und die Modellbeschreibung des Klimas – also die räumlichen Muster, die stochastischen oder die dynamischen Modelle – müssen auch unter den Klimaänderungen ihre Gültigkeit behalten.

Klimamodelle

Komplexe Klimarechenmodelle oder Erdsystemmodelle (auch General oder Global Circulation Models, GCMs genannt) beschreiben die Dynamik in der Atmosphäre und im Ozean. Hierzu werden verschiedene Modellkomponenten miteinander gekoppelt, die die atmosphärische Dynamik, die Ozeane, die Bildung von Meereis oder auch die Änderung von Landnutzung beschreiben.[25] Ozean und Atmosphärenmodelle basieren auf physikalischen Grundsätzen, in erster Linie der Energie- und Impulserhaltung, allerdings in räumlich und zeitlich diskretisierter Form: Entlang der Erdoberfläche, in der Horizontalen, wird ein Raster oder Gitter aufgespannt; die Atmosphäre (bzw. der Ozean) wird zusätzlich in Schichten unterteilt. Die Modelle beschreiben dann den Fluss zwischen den einzelnen Gitterboxen im Dreidimensionalen. Für alle Prozesse, die sich auf Raum- (und Zeit-)skalen abspielen, die kleiner sind als das Auflösungsvermögen des Modells, müssen sogenannte Parametrisierungen eingeführt werden, die die Wechselwirkung der kleinskaligen, räumlich und zeitlich nicht auflösbaren Prozesse mit der großräumigeren Dynamik beschreiben.[26] Klimamodelle sind eng verwandt mit meteorologischen Wettermodellen. Letztere werden allerdings auf viel feineren Gittern mit höherer räumlicher Auflösung gerechnet für nur wenige Tage bis Wochen im Voraus. Klimamodelle dagegen beschreiben die Evolution des Klimasystems über Jahrhunderte oder sogar Jahrtausende hinweg. Das schafft natürlich Grenzen für die Menge an auszuwertenden Daten, aber auch für die Simulationskosten. Wettermodelle enthalten auch im Allgemeinen keinen dynamischen Ozean, da die Meeresoberflächentemperaturen über die kurzen Zeiträume häufig konstant gehalten werden können und die Zirkulationsdynamik der Ozeane, die auf Dekaden und längeren Zeitskalen stattfindet, eine nur untergeordnete Rolle für den Vorhersagezeitraum spielt.

Klimarechenmodelle werden für verschiedene Zwecke eingesetzt. Allgemein am bekanntesten sind selbstverständlich Klimaprojektionen, bei denen die zu erwartende Evolution des Klimas (nicht des Wetters) für die Zukunft abgeschätzt wird. Projektionen sind keine Vorhersagen für die künftige Entwicklung des Erdsystems, sondern beschreiben die mögliche Entwicklungen des Klimas unter bestimmten, von außen in das Klimamodell eingespeisten, Randbedingungen und Szenarien. Für eine Vorhersage (Prädiktion) müsste man ers-

---

25 Reto Knutti u.a., Climate model genealogy: Generation CMIP5 and how we got there, in: Geophysical Research Letters 40, 6 (2013), S. 1194–1199.
26 Paul Williams, Stochastic physics and climate modelling, hg. v. Tim Palmer, Cambridge 2010.

tens alle Einflüsse (Klimaantriebe) wie z. B. Vulkanismus, solare Schwankungen oder auch die menschlichen Emissionen genau kennen;[27] und zweitens existieren viele Prozesse, deren genaues Verhalten nicht über längere Zeit vorhersagbar ist, die aber extrem wichtig für die genaue Evolution des Erdsystems sind. Ein prominentes Beispiel ist El Niño, auch Südliche Oszillation oder ENSO (El Niño/Southern Oscillation) genannt. Qualitativ haben wir ein sehr gutes Verständnis, welcher Mechanismus El Niño antreibt. Da das Erdsystem chaotisch ist, führen kleine, kaum messbare Änderungen der Anfangsbedingungen dazu, dass die genaue Trajektorie des Systems eine völlig andere Bahn nimmt. Sie wird zwar den zulässigen Phasenraumbereich nicht verlassen, also kein qualitativ grundverschiedenes Verhalten (auf lange Sicht) zeigen, jedoch ist eine Vorhersage, welche Bahn genau das System wählen wird oberhalb eines zeitlichen Vorhersagehorizonts nicht mehr möglich. Diese interne chaotische Dynamik des Systems, die auch unabhängig von allen äußeren Einflüssen auftreten kann, wird auch als interne Variabilität (internal or unforced variability) bezeichnet. Im Gegensatz dazu ändern äußere Einflüsse (Vulkanismus, Sonneneinstrahlung, usw.) die überhaupt möglichen Zustände. Eine Projektion beschreibt nun in erster Linie, ob in der Zukunft – abhängig von den Annahmen für die äußeren Einflüsse (Treibhausgase, Vulkanismus, solare Schwankungen, usw.) – Änderungen der möglichen Zustände auftreten, in welcher Weise sich also der Attraktor, um in der Sprache der Chaostheorie zu bleiben, ändert. Mögliche Aussagen können also über das Maß der erwarteten Erwärmung (im Mittel), die Änderungen in der Niederschlagsverteilung oder die zu erwartende Amplitude von El Niño zu La Niña getroffen werden. Wann genau eine Dürre in der zweiten Hälfte des Jahrhunderts auftreten wird ist jedoch nicht vorherzusagen.

Klimarechenmodelle und die Paläoklimatologie haben enge Berührungspunkte. Zum einen dienen lange Klimarekonstruktionen als Vergleichsdaten, um zu testen, ob Erdsystemmodelle Klimaänderungen unter veränderten Bedingungen simulieren können. Zum anderen helfen Klimamodelle bei der Interpretation des rekonstruierten Klimas. Die dynamischen Zusammenhänge von rekonstruierten Änderungen in Atmosphäre und Ozean lassen sich häufig in Klimamodellen finden. Ebenso kann man analysieren, ob Klimamodelle die Trends und Variabilität in der Vergangenheit und die Zusammenhänge mit externen Einflüssen korrekt wiedergeben. Hierbei ließ sich erkennen, dass auf kurzen Zeitskalen von wenigen Jahren Vulkanismus der Hauptantrieb des Klimasystems ist[28] und dass der aktuell zu beobachtende Anstieg der globalen Temperaturen seit Mitte des 19. Jahrhunderts mit großer Wahrscheinlichkeit vom verstärkten Treibhauseffekt durch zusätzliche, vom Menschen verursachte

---

27 Vgl. Dennis Bray/Hans von Storch, »Prediction« or »Projection«? The nomenclature of Climate Science, in: Science Communication 30, 4 (2009), S. 534–543.

28 Alistair Hind u. a., Statistical framework for evaluation of climate model simulations by use of climate proxy data from the last millennium, in: Climate of the Past 8 (2012), S. 1355–1365; Schurer u. a.

Emissionen verursacht wurde.[29] Diese Ergebnisse über die Zusammenhänge von Klimavariationen und externem Antrieb sowie über die interne Variabilität des Klimasystems auf verschiedenen Zeitskalen ermöglichen es, Projektionen für die Zukunft durchzuführen.

Ergebnisse von raum-zeitlichen Klimarekonstruktionen, ihre sozioökonomische Bedeutung und Folgen für die Zukunft

Obwohl der globale Klimawandel in der öffentlichen Debatte häufig auf die Temperaturänderungen reduziert wird, besteht kein Zweifel, dass die Wasserverfügbarkeit eine mindestens so große Bedeutung für die Zukunft hat.[30] Eine häufig wiederholte Phrase ist, dass die Kriege der Zukunft um das Wasser geführt werden würden. Im Hinblick auf die Versorgung mit Nahrungsmitteln wirken die projizierten Änderungen von Temperatur und Niederschlag größtenteils in unterschiedliche Richtungen: Mit zunehmender Erwärmung können neue Gebiete für die landwirtschaftliche Nutzung erschlossen werden, während in anderen Gebieten wie dem Mittelmeerraum der Rückgang von Niederschlag zusammen mit erhöhter Verdunstung zu Trockenheit und Produktionsausfall führen kann. Zusätzlich ergeben sich Herausforderungen durch eine mögliche Zunahme von Extremereignissen wie Starkregen und Überschwemmungen, Dürren und Hitzeperioden. Daher zeigen wir hier zwei prominente und zurzeit intensiv diskutierte hydrologische Ereignisse. Zuerst die Dürre im Jahr 1540 in Mittel- und Westeuropa[31] und danach die Änderungen im asiatischen Monsun, die für den Niedergang des Khmerreiches mitverantwortlich gemacht wurden.[32] Schließlich betrachten wir die Klimaänderungen im Mittelmeerraum[33] über die letzten eintausend Jahre und zeigen, inwieweit sich dort die Wasserverfügbarkeit über die Jahrhunderte drastisch ändern könnte. Gerade bei den projizierten Klimaänderungen versuchen wir eine Abschätzung über die Robustheit der Ergebnisse zu geben.

29 Allen u. a.
30 Vgl. auch Robert G. Wirsing, Rivers in contention: Is there a water war in South Asia's future?, Heidelberg 2008; Raimund Bleischwitz u. a., Re-assessing resource dependency and criticality. Linking future food and water stress with global resource supply vulnerabilities for foresight analysis, in: European Journal of Futures Research 2, 1 (2014), S. 1–12.
31 Wetter u. a.; Ulf Büntgen u. a., Commentary to Wetter et al. (2014): Limited tree-ring evidence for a 1540 European ›Megadrought‹, in: Climatic Change (2015); Christian Pfister u. a., Tree-rings and people – different views on the 1540 megadrought. Reply to Büntgen et al. 2015, in: Climatic Change (2015), S. 1–8.
32 Cook u. a., Asian Monsoon Failure; Buckley u. a.
33 Jürg Luterbacher u. a., A review of 2000 years of paleoclimatic evidence in the Mediterranean, in: Piero Lionello (Hg.), The climate of the Mediterranean region from the past to the future, Amsterdam 2012, S. 87–185.

a. Westeuropäische Dürre 1540

Wie der Chronist Caspar Goldwurm aus Zürich über das Jahr 1539 berichtet:

»Ein Comet erschein im Meyen gägen Nidergang, am abend, streckt ein wyssen duncklen strymen gägen Mittag.«

Und tatsächlich brachte der Schweifstern Unheil, denn es heißt weiter, im Jahre 1540:

»Heiß summer, Ein überheisser Summer, vom Mertzen biß Wyhenacht wärende, vertröchnet vil wasser vnd brunnen. Die schiffrychen wasser wurdend wunder klein, so verbrunnend etliche wäld. Ein fruchtbar jar, gab vil wyns, vnd den über die massen güt in allen landen. Glattfelden das Dorff im Zyrichgow, ward durch ein bättler verbrennt. Der Rhyn ward so klein, das man vnder Basel zuo Rhynwyler dardurch reiten mocht. Zuo Mumpff vnder Seckingen fuor man mit den Landwägen hinder den heusern auff dem trochnen sannd auf vnd nider.«

Es gibt für dieses Jahr aus weiten Teilen Mitteleuropas Berichte über Waldbrände, deren Rauch den Himmel verdunkelte. In vielen Städten wüteten Feuer und regelrechte Hexenjagden nach den Aufrührern und Brandstiftern wurden veranstaltet.[34] Die Regenfälle auf der Iberischen Halbinsel waren ebenso spärlich, so dass vermehrt Bittprozessionen abgehalten wurden, um Gott um Regen zu bitten. In den Wettertagebüchern aus dem Dreiländereck im Raum Basel und in den Tagebüchern des Rektors Marcel Biem (Universität Krakau) wurde das tägliche Wettergeschehen über viele Jahre festgehalten. Es zeigt sich, dass von etwa November 1539 bis fast in den Winter des folgenden Jahres kaum Niederschlag fiel.[35] Anhand der Niederschlagstage wurde die Niederschlagsmenge für diesen Zeitraum abgeschätzt. Mit sehr großer Wahrscheinlichkeit waren alle Monate mindestens so trocken wie der jeweils trockenste Monat in den Wetterbeobachtungen der letzten zweihundert Jahre (Abb. 2a). Die berichtete Hitzewelle und die Trockenheit verstärkten sich gegenseitig[36] und es herrschte große Not, da zum Beispiel die Wassermühlen, von denen die Versorgung der Bevölkerung mit Mehl abhing, nicht liefen. Die berichteten Wasserstände, z. B. im Rhein, würden auch heutzutage zu immensen Problemen führen. So gab es im Sommer 2003 und ebenso im November 2011 Probleme bei Kraftwerken, die ihr Kühlwasser dem Rhein entnehmen. Im Jahr 2003 war das Wasser zu warm und in 2011 war der Pegel des (heutzutage stark regulierten) Rheins sehr niedrig. Selbst unsere eigene, industrialisierte und hochtechnisierte Gesellschaft würde unter einer solchen Hitze- und Dürreperiode, wie sie für 1540 rekonstruiert wurde, leiden.

---

34 Vgl. Quellen in Wetter u. a.
35 Ebd.
36 Ebd.

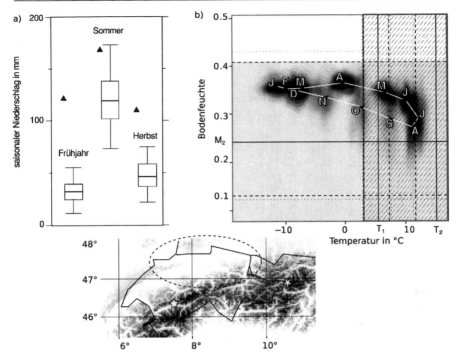

Abb. 2: a) Saisonaler Niederschlag 1540,[37] Rekonstruktion für markierte Region in der Karte, Boxen kennzeichnen 50 % Konfidenz, Fühler 90 % Konfidenz. Instrumentelle Daten (1850–2011): 100-Jahresminimum (Dreieck); b) VSLite basierte Rekonstruktion für Temperatur und Bodenfeuchte im Lötschental (Stern in der Karte).[38]

Interessanterweise zeigen Rekonstruktionen aus Baumringdaten die extrem hohen Sommertemperaturen nicht.[39] Die Baumringdaten, sowohl die Jahrringbreite als auch die Spätholzdichte, die gemeinhin als deutlich stärkeres Sommertemperatursignal in Nadelhölzern betrachtet werden,[40] deuten nur auf ein mäßig warmes Jahr hin. Auch ansonsten feuchtempfindliche Daten aus den deutschen Mittelgebirgen zeigen kein extremes Bodenfeuchtedefizit, wie es bei einer so starken Dürre zu erwarten wäre.[41] Eine mögliche Erklärung bieten mechanistische Proxymodelle, wie z. B. das Vaganov-Shashkin-Modell. Dieses komplexe Modell

37 Ebd.
38 Abb. 2b, aus: Werner und Tolwinski-Ward, in Vorbereitung.
39 Vgl. Ulf Büntgen u.a., Summer temperature variations in the European Alps, A.D. 755–2005, in: Journal of Climate 19 (2006), S. 5606–5623; Oliver Wetter/Christian Pfister, An underestimated record breaking event: why summer 1540 was very likely warmer than 2003, in: Clim. Past 9 (2013), S. 41–56; Büntgen u. a., Limited tree-ring evidence.
40 Büntgen u.a., Summer temperature variations in the European Alps.
41 Büntgen u.a., Limited tree-ring evidence.

beschreibt das Baumwachstum auf Zellniveau.[42] Für Klimarekonstruktionen greift man jedoch auf eine stark vereinfachte Form (VSLite)[43] zurück. In diesem Fall kann das Modell in der Tat zeigen, dass die Baumringdaten mit den dokumentarischen Daten vereinbar sind (vgl. Abb. 2b). Der rekonstruierte Jahresgang für 1540 im Lötschental (Schweiz) ist in einer Temperatur-Bodenfeuchte-Darstellung aufgetragen. Der diagonal schraffierte (grau schattierte) Bereich kennzeichnet Bedingungen unter denen Temperatur (Bodenfeuchte) das Baumwachstum einschränkt. Die Rekonstruktion zeigt eine lange Vegetationsperiode mit Dürrestress. Das Baumwachstum war in diesem Jahr nicht nur durch die lokalen Temperaturen bestimmt, sondern auch durch die Trockenheit eingeschränkt.

b. Der asiatische Monsun

Das hydrologische System mit dem Einfluss auf die größte Anzahl von Menschen ist der austral-asiatische Monsun, der den Indischen Subkontinent, Südostasien, den Südostasiatischen Archipel bis nach Australien beeinflusst. Daher ist die Monsunvariabilität von großer gesellschaftlicher Bedeutung. Die Stärke und auch die Lage des Monsunsystems haben sich über das Holozän geändert, so rekonstruierten Fleitmann u. a. die westliche Ausdehnung des Indischen Monsuns, dessen Einfluss teilweise bis auf die Arabische Halbinsel reichte. Der asiatische Monsun über Südostasien unterlag ebenso einer großen Variabilität.[44] Cook u. a. rekonstruierten mit Hilfe von Baumringdaten die Feuchteverfügbarkeit über Ostasien und den Indonesischen Archipel. Die Rekonstruktion des sogenannten Palmer Dürreindex (PDSI, Palmer drought severity index) zeigt deutlich den Wechsel von Zeiträumen mit anhaltender verringerter Feuchteverfügbarkeit, zu Abschnitten mit erhöhtem Wasserangebot. Der PDSI beschreibt die Abweichungen von der für einen bestimmten Ort normalen Bodenfeuchte bzw. Feuchteverfügbarkeit. Übersteigt die Evapotranspiration den Niederschlag, so sinkt die Bodenfeuchte nach und nach. Der PDSI wird negativ. Nimmt der Niederschlag wieder zu, oder sinkt die Evapotranspirationsrate deutlich ab (z. B. durch geringere Temperaturen), so sammelt sich erneut Feuchtigkeit an, der PDSI steigt, bis er schließlich den Normalwert (Null) überschreitet.[45]

Eine wichtige Dürreepisode spielte sich im 14. Jahrhundert ab (siehe Abb. 3a). Zu dieser Zeit begann auch der Niedergang des Khmerreiches, dessen alte Hauptstadt Angkor Wat mit ihren alten Tempelanlagen heute zu den bedeutendsten

---

42 Eugene A. Vaganov u. a., Growth Dynamics of Tree Rings: an Image of Past and Future Environments, Berlin 2006.
43 Susan E. Tolwinski-Ward u. a., An efficient forward model; Tolwinski-Ward u. a., Probabilistic reconstructions of local temperature and soil moisture from tree-ring data with potentially time-varying climatic response, in: Climate Dynamics 44, 3–4 (2014), S. 791–806.
44 Dominik Fleitmann u. a., Holocene forcing of the indian monsoon recorded in a stalagmite from Southern Oman, in: Science 300, 5626 (2003), S. 1737–1739.
45 Cook u. a., Asian Monsoon Failure.

touristischen Zielen in Kambodscha gehört. Die Khmer hatten bereits ein ausgeklügeltes Bewässerungssystem, ohne das es nicht möglich gewesen wäre, die hohe Bevölkerungsdichte zu halten.[46] Archäologische Untersuchungen zeigen, dass die Kanäle, nachdem sie von Starkregenereignissen beschädigt und massiv Geröll eingetragen wurde, gegen Ende des 14. Jahrhunderts nicht mehr repariert wurden.[47] Sedimentablagerungen deuten auch darauf hin, dass nach diesem Ereignis keine größeren Wassermengen mehr in den Kanälen flossen. Kurze Zeit vor diesem Ereignis wurde allerdings auch die Hauptstadt des Reiches aus dem Landesinneren an die Küste verlagert. Dies deutet auf eine erhöhte Bedeutung des Handels mit der Außenwelt hin und zeigt, dass sich das Reich und vermutlich auch die Gesellschaft in einem Umbruch befanden. Die dann folgende Trockenheit brachte vermutlich eine Verringerung des landwirtschaftlichen Ertrags. Da die Trockenheit weite Teile Ost- und Südostasiens erfasste, konnten die Folgen vermutlich nicht durch den Außenhandel aufgefangen werden.

Die letzte längere Trockenperiode in dem Gebiet ereignete sich im letzten Viertel des 19. Jahrhunderts (Abb. 3b). Sie ging auch als »spätviktorianischer Holocaust«[48] in die Geschichte ein. Der verringerte Monsun traf die landwirtschaftlich geprägten Regionen besonders hart. Da das Gebiet größtenteils Teil westlicher Kolonialreiche war und gerade die indigene Bevölkerung von den Kolonialherren zwar als billige Arbeitskraft aber sonst nicht weiter bedeutend wahrgenommen wurde, litt gerade sie unter den Folgen der Missernten. Hungersnöte waren die Folge, eine geschätzte Zahl von 1,5 Millionen Menschen starb alleine in Indien 1899–1900 an den Folgen.

Die Monsunvariabilität war also im letzten Jahrtausend schon groß genug, um – zusammen mit der sozialen Situation – schwerwiegend sozio-ökonomische Folgen zu haben. Es ist daher wichtig, die zu Grunde liegenden Mechanismen zu verstehen, gerade auch um mögliche Verschiebungen unter dem sich ändernden Klima vorhersagen zu können. Hierzu wird die Variabilität auf allen Zeitskalen analysiert, von jährlichen Rekonstruktionen,[49] bis hin zu Jahrhunderten.[50] Eine These[51] ist, dass der verringerte asiatische Monsun durch besonders ausgeprägte El Niño-Ereignisse hervorgerufen wird. Die raum-zeitlichen Muster in den Feuchterekonstruktionen, die bei besonders starken (rekonstruierten)

46 Buckley u. a.
47 Ebd.
48 Mike Davis, Late Victorian holocausts: El Niño famines and the making of the third world, New York 2002.
49 Cook u. a., Asian Monsoon Failure.
50 Fiona H. McRobie u. a., Transient coupling relationships of the Holocene Australian monsoon, in: Quaternary Science Review 121 (2015), S. 120–131.
51 Buckley u. a.; Bin Wang u. a., Northern Hemisphere Summer Monsoon intensified by Mega-El Niño/Southern Oscillation and Atlantic Multidecadal Oscillation, in: Proceedings of the National Academy of Sciences 110, 14 (2013), S. 5347–5352; Manuel Hernandez u. a., Multi-scale drought and ocean–atmosphere variability in Monsoon Asia, in: Environmental Research Letters 10, 7 (2015), S. 074010.

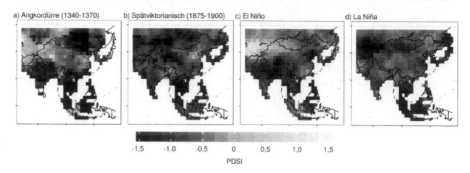

a) Angkordürre (1340-1370) b) Spätviktorianisch (1875-1900) c) El Niño d) La Niña

-1,5 -1,0 -0,5 0 0,5 1,0 1,5
PDSI

Abb. 3: Rekonstruktion des PDSI für a) die Angkor-Dürre und b) den Spätviktoria-nischen »Holocaust«,[52] sowie mittlerer PDSI für rekonstruierte El Niño und La Niña-Ereignisse (stärkste 50 der letzten 1000 Jahre; PDSI,[53] ENSO Index.[54]

El Niño-Ereignissen auftreten (Abb. 3c,d), unterscheiden sich jedoch von denen der viktorianischen und der Angkor-Dürre, vor allem im ostasiatischen Monsunbereich im nördlichen Teil des Rekonstruktionsgebietes. Allerdings basiert die ENSO-Rekonstruktion von Li u. a. primär auf nordamerikanischen Dürre-rekonstruktionsdaten.[55] Die trans-pazifischen Korrelationen sind auch über die letzten neunhundert Jahre nicht konstant geblieben,[56] so dass diese Abweichungen nicht überraschen.

Während die El Niño-Variabilität in Klimaprojektionen tendenziell zuzunehmen scheint, so zeigen nicht alle Klimarechenmodelle auch eine entsprechende Änderung in der Monsunvariabilität[57] in allen Regionen. Das Monsunsystem wird zwar direkt vom Land-Meer-Temperaturkontrast getrieben und ein erhöhter Temperaturkontrast sollte die Zirkulation verstärken. Ebenso sollten die wärmeren Ozeane zu höherer Feuchteaufnahme führen. Das Gesamtsystem ist jedoch sehr komplex und nicht in allen Einzelheiten verstanden.[58] Gerade über dem südostasiatischen Archipel mit seiner komplexen Topographie fallen die Projektionen auch recht unterschiedlich aus, über dem indischen Subkontinent ist die Zunahme in der Niederschlagsvariabilität jedoch

52 Cook u. a., Asian Monsoon Failure.
53 Ebd.
54 Jinbao Li u. a., Interdecadal modulation of El Niño amplitude during the past millennium, in: Nature Climate Change 1 (2011), S. 114–118.
55 Ebd., S. 114–118.
56 Jinbao Li u. a., El Niño modulations over the past seven centuries, in: Nature Climate Change 3, 9 (2013), S. 822–826.
57 Nicolas C. Jourdain u. a., The Indo-Australian Monsoon and its relationship to ENSO and IOD in reanalysis data and the CMIP3/CMIP5 simulations, in: Climate dynamics 41, 11–12 (2013), S. 3073–3102.
58 Andrew G. Turner/Hariharasubramanian Annamalai, Climate change and the South Asian summer monsoon, in: Nature Climate Change 2, 8 (2012), S. 587–595.

konsistenter.[59] Nicht nur in Hinblick auf mögliche Dürren ist dies interessant, eine weitere Herausforderung sind durch die Starkregenereignisse hervorgerufenen Überschwemmungen (beispielsweise in Pakistan 2010[60]). Der Hochwasserschutz muss somit künftig entsprechend angepasst werden.

Eine allgemeine Aussage zu einer Zunahme von tropischen Stürmen kann allerdings nur bedingt getroffen werden, da vor dem Hintergrund eines wärmeren Klimas modellbasierte Studien darauf hindeuten, dass die Zahl starker tropischer Stürme tendenziell abnimmt. Dies steht im Gegensatz zu einer gleichzeitig individuell größeren maximalen Windintensität der Stürme mit längerer Lebensdauer sowie Niederschlagsintensität (Sugi u. a., 2015). Diese Änderung in der Charakteristik von Stürmen verlangt zudem Verbesserungen beim Küstenschutz. Solche Maßnahmen sind jedoch kostenintensiv und selbst die Ertüchtigung der Deiche und Sperrwerke bis 2050 in den Niederlanden wird mit fast zwei Milliarden Euro veranschlagt,[61]eine für ein Land wie Pakistan oder Bangladesch unvorstellbare Summe.

Man muss hervorheben, dass der Niedergang von Zivilisationen, wie in Angkor oder in Petra im heutigen Jordanien und Hungersnöte wie in Südostasien während der Viktorianischen Zeit oder auch in Irland im 18. und 19. Jahrhundert nicht alleine auf Wetterereignisse oder Klimaänderungen zurückzuführen sind. Wie von Engler[62] dargelegt und im Folgenden von Engler u. a.[63] und Engler, Werner[64] am Beispiel Irlands gezeigt, sind Klima und extreme Wetterereignisse oder Wetterlagen immer nur ein weiterer Faktor, den es zu berücksichtigen gilt. Eine Gesellschaft, die entsprechende Vorkehrungen getroffen hat, um solche Folgen abzumildern, wird diese Ereignisse in der Regel überstehen. Beruht die Versorgung einer Gesellschaft auf einer Monokultur und zusätzlich sind alle Güter extrem ungleich verteilt, der Staat ist repressiv und exportiert dann auch noch die wenige Nahrung, um Luxusgüter für die Oberschicht einzuführen, so wird die einfache Bevölkerung hart getroffen. Projektionen für landwirtschaftliche Nutzflächen zeigen, dass die Gesamtfläche zwar konstant zu bleiben scheint, jedoch nimmt sie in den nördlicheren, industrialisierten Ländern zu, dafür aber in Entwicklungs- und Schwellenländern ab:[65] Die Temperaturzunahme

---

59 Ebd.

60 William K. M. Lau/Kyo-Myong Kim, The 2010 Pakistan flood and Russian heat wave: Teleconnection of hydrometeorological extremes, in: Journal of Hydrometeorology 13, 1 (2012), S. 392–403.

61 Delta Commission, Samen werken met water – Een land dat leeft, bouwt aan zijn toekomst. Den Haag 2008.

62 Steven Engler, Developing a historically based ›famine vulnerability analysis model‹ (FVAM) – an interdisciplinary approach, in: Erdkunde (2012), S. 157–172.

63 Engler u. a.

64 Engler/Werner.

65 Josef Schmidhuber/Francesco N. Tubiello, Global food security under climate change. Proceedings of the National Academy of Sciences 104, 50 (2007), S. 19703–19708; Cynthia Rosenzweig u. a., Increased crop damage in the US from excess precipitation under climate change. Global Environmental Change 12, 3 (2002), S. 197–202.

ermöglicht in kühlerem Klima insbesondere Nordeuropas die Erschließung weiterer Nutzflächen, die in warmen Regionen durch erhöhte Verdunstung und damit einhergehende Trockenheit verlorengehen können. Zusätzlich nimmt gerade in semi-ariden und ariden Gebieten der Niederschlag unter den meisten Klimaprojektionen ab, die Folgen des Klimawandels treffen also insbesondere die Bevölkerung in verwundbaren Ländern.[66] Wie bereits erwähnt sollten Aussagen über Projektionen im Kontext hydrologischer Änderungen allerdings stets vor dem Hintergrund der großen Unsicherheiten betrachtet werden, welche die Modellierung solcher Prozesse betrifft.

c. Das Klima des Mittelmeerraums

Der Mittelmeerraum ist ein gutes Beispiel für den Einfluss des Menschen auf das regionale Klima sowie die Herausforderungen in der näheren Zukunft. Durch die frühzeitige Entwaldung des Mittelmeerraums seit der Römerzeit, greift der Mensch direkt in die Oberfächenstruktur und somit indirekt in den Strahlungshaushalt ein. Durch Rückkopplungsmechanismen zwischen (geänderter) Vegetation und Klima wurde so bereits vor zweitausend Jahren im Mittelmeerraum das regionale Klima verändert.

Der mediterrane Raum ist sehr reich an vergangenen Klimazeugen (Abb. 4). Eine Übersicht der Proxies aus natürlichen Archiven sowie aus Dokumenten der letzten 500 sowie der letzten 2.000 Jahre, finden sich in Luterbacher u. a.[67] Neben wenigen temperaturempfindlichen Proxies findet man Archive für viele weitere Klimavariablen, wie z. B. Niederschlag, pH-Werte, Meeresspiegeländerungen und Meeresströmungen. Die Proxies haben saisonale bis multi-dekadische Auflösung, eine Zusammenstellung ist in Abb. 4 dargestellt. Die meisten Informationen beziehen sich auf den lokalen hydrologischen Zyklus (Niederschläge, Trockenheit, Überschwemmungen, Bodenfeuchte, etc.), allerdings sind die Proxies unregelmäßig über den Raum verteilt. Weniger Anhaltspunkte können Proxies aus dem mediterranen Raum für Temperaturänderungen liefern. Klimainformationen aus dem Mittelmeer gibt es noch zu wenig, um fundierte Rückschlüsse auf die großräumigen saisonalen Meerestemperaturschwankungen zu ziehen.

Änderungen im hydrologischen Zyklus sind allerdings von größter Bedeutung und durch die besondere Lage des europäischen Mittelmeerraums am Übergang zwischen subtropischem Klima und dem außertropischen Klima der

---

66　Tim Wheeler/Joachim von Braun, Climate change impacts on global food security, in: Science 341, 6145 (2013), S. 508–513.

67　Jürg Luterbacher u. a., Chapter 1 Mediterranean climate variability over the last centuries: A review, in: Piero Lionello u. a. (Hg.), Mediterranean, Volume 4 of Developments in Earth and Environmental Sciences, Amsterdam 2006, S. 27–148; Luterbacher u. a., A review of 2000 years of paleoclimatic evidence in the Mediterranean.

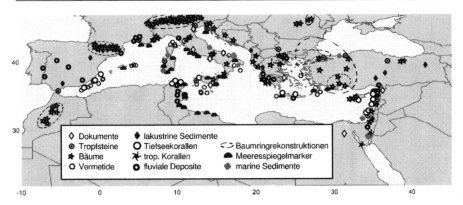

Abb. 4: Mediterrane Proxies mit saisonaler bis multi-dekadaler zeitlicher Auflösung und mindestens 600 Jahre Länge. Die Proxies repräsentieren unterschiedliche Klimaparameter (Temperatur, Niederschlag, Meeresspiegeländerungen, pH, Meerwassertemperatur, Meerwasserzirkulation und geochemische Aspekte) sowie verschiedene Jahreszeiten.[68]

Mittelbreiten, haben bereits geringfügige Veränderungen der atmosphärischen Zirkulation große Effekte auf ihn. Diese Änderungen im hydrologischen Zyklus, also von Niederschlag und Verdunstung, sind im Gegensatz zu Temperaturänderungen auch durch instrumentelle Messungen schwieriger zu erfassen, da sie sich auf kleineren räumlichen Skalen abspielen. Gerade Starkregenereignisse, die im Mittelmeerraum einen Großteil der Niederschlagssumme ausmachen können, sind vor allem in ariden und semi-arid geprägten Räumen von Klimamodellen schwer zu beschreiben, da sie sich unterhalb der Auflösung (Maschenweite) der Klimamodelle abspielen. Dies ist ein wichtiger Punkt, der vor allem auch Aussagen über künftige Niederschlagsänderungen in dieser Region kompliziert, da oft ein Großteil des jährlichen Niederschlags in nur wenigen Niederschlagsereignissen mit großer Intensität fällt.

Mit Hilfe der in Luterbacher u.a.[69] zusammengestellten Proxydaten, lassen sich zumindest einige der komplizierten Interaktionen zwischen Landnutzungsänderungen, Meeresspiegelschwankungen, natürlichem und durch Menschen verursachten Feuern und Vegetationsverhalten, entflechten. Allerdings ist es bisher nicht möglich, für die gesamte Periode und das gesamte Gebiet hochaufgelöste Klimarekonstruktionen für alle klimatisch bedeutsamen Variablen durchzuführen. Hier sollen deshalb nur einige Beispiele von signifikanten Änderungen in den letzten eintausend Jahren gegeben werden:

---

68 Ebd.
69 Luterbacher u.a., Mediterranean climate variability; Luterbacher u.a., A review of 2000 years of paleoclimatic evidence in the Mediterranean.

Paläolimnologische Daten aus Nordspanien zeigen trockene Bedingungen zur Zeit der mittelalterlichen Warmzeit, gefolgt von generell feuchteren Bedingungen in der folgenden »Kleinen Eiszeit«.[70] Vergleichbare trockene und feuchte Bedingungen finden sich zu ähnlichen Zeiten ebenfalls aus Seesedimenten und Baumringinformationen der iberischen Halbinsel und Marokko (Abb. 5). Im Gegensatz dazu zeigen Seesedimente und Tropfsteine aus der Türkei und dem Nahen Osten ein genau entgegengesetztes hydrologisches Muster, also feuchte Bedingungen in der mittelalterlichen Warmzeit und eher trockene Verhältnisse in der ›Kleinen Eiszeit‹ (Abb. 5). Dieses gegensätzliche West-Ost Muster in der Niederschlagsvariabilität scheint in der Vergangenheit konsistent aufgetreten zu sein. Sie lassen sich unter anderem mit der allgemeinen Zirkulation der Atmosphäre erklären. In trockenen Phasen im westlichen mediterranen Raum zeigten sich häufig stabile Hochdrucklagen, während für den östlichen Mittelmeerraum feuchte Luftmassen aus dem zentralen Nordatlantik verantwortlich waren, welche von Nordwesten um die Alpen in den zentralen Mittelmeerraum und schließlich nach Osten gelangten. Somit existiert eine gute Übereinstimmung in der rekonstruierten klimatischen Situation zwischen den Proxies in Anatolien, Griechenland und dem Nahen Osten einerseits und Klimaproxies aus dem westlichen Mittelmeerraum andererseits (Abb. 5).

Ein eng mit den Niederschlagsprozessen gekoppeltes Phänomen sind die im Mittelmeerraum existierenden mesoskaligen Zirkulationsmuster. Die umgebende, komplexe Topographie hat lokale Windsysteme zur Folge, deren thermische und hygrische Phänomene nach sich ziehen. Die realitätsnahe Simulation dieser Druckgebilde und damit die Fähigkeit der Modelle, die daraus folgenden Ereignisse zu simulieren, hängt unter anderem von der horizontalen und vertikalen Auflösung der zugrunde liegenden Modelle zusammen. So kann beispielsweise die sogenannte Genua-Zyklone, die sich primär bei Nordlagen im Lee der Alpen bildet, nur bei einer realitätsnahen Höhe der Alpen simuliert werden. Die Genua-Zyklone selbst induziert an den verschiedenen Küstenabschnitten ihrerseits lokale Windsysteme und driftet mit der Höhenströmung in den östlichen Mittelmeerraum. Durch die ozeanische Unterlage wird die Zyklone dabei oft reaktiviert und bringt auch dem östlichen Mittelmeerraum häufig ergiebige Niederschläge. Dies verdeutlicht, dass gerade in Regionen welche ein komplexeres Regionalklima mit großer hygrischer Variabilität besitzen, auch die zugrunde liegenden Modelle von entsprechender räumlicher Auflösung sein sollten, um die grundlegenden Prozesse zu simulieren. So weist eine Studie,[71] welche die beobachteten Trends in der zweiten Hälfte des zwanzigsten Jahrhunderts mit aus Modellsimulationen innerhalb desselben Zeitraums abgeleiteten

70 Neil Roberts u.a., Palaeolimnological evidence for an east–west climate see-saw in the mediterranean since ad 900, in: Global and Planetary Change 84 (2012), S. 23–34.
71 Armineh Barkhordarian u.a., The expectation of future precipitation change over the Mediterranean region is different from what we observe, in: Climate Dynamics 40 (2013), S. 225–244.

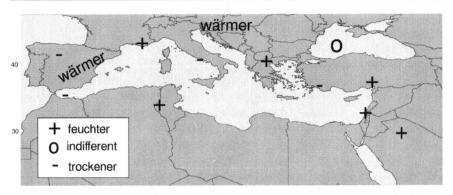

Abb. 5: Qualitative Unterschied im Klimageschehen zwischen der mittelalterlichen Warmzeit (hier definiert 900–1300) und der »Kleinen Eiszeit« (hier definiert 1350–1750). Feuchtere (trockenere) Zustände in der mittelalterlichen Warmzeit sind mit + (–) gekennzeichnet.[72]

Trends vergleicht, Inkonsistenzen vor allem während des Spätsommers und des Herbstes auf, welche nicht allein durch interne Schwankungen zurückzuführen sind. Die Autoren weisen darauf hin, dass diese Erkenntnisse somit kritischer für die zukünftige Interpretation von modellbasierten Niederschlagsänderungen im Mittelmeerraum einzuschätzen sind.

Trotz dieser Herausforderungen gibt es für den Mittelmeerraum einige robuste Ergebnisse von Klimaprojektionen. Studien, welche im Rahmen des letzten Weltklimaberichts AR5[73] durchgeführt wurden, deuten primär auf eine Reduzierung der Winterniederschläge im Mittelmeerraum sowie eine Zunahme extremer Temperaturereignisse hin, dem allgemeinen Konzept »the wet gets wetter and the dry gets drier«, d. h. solche Regionen, welche bereits heute durch humide Eigenschaften gekennzeichnet sind, werden noch mehr Niederschlag erhalten, wohin gegen Gebiete, denen es bereits heute an Niederschlägen mangelt, noch weniger Niederschlag erhalten werden. Allerdings sollte man auch beachten, dass die Streuung der Ergebnisse von Modell zu Modell sogar unter dem gleichen Emissionsszenario sehr breit gefächert sein kann.[74] Der Trend der Niederschlagsabnahme für den Mittelmeerraum ist allerdings (außer beim optimistischsten Emissionsszenario) robust.

72 Nach: Luterbacher u. a., A review of 2000 years of paleoclimatic evidence in the Mediterranean.
73 Allen u. a.
74 Ebd.

Zusammenfassung

Gegitterte, räumlich aufgelöste Paläoklimarekonstruktionen und hochaufgelöste Klimasimulationen ermöglichen es uns, die Abhängigkeit von Klimaschwankungen von externen Einflüssen über die letzten Jahrtausende zu verstehen. Hierbei müssen verschieden Faktoren berücksichtigt werden: Zum einen sind Rekonstruktionen immer aus Klimaarchiven erstellt, die nicht alleine die gewünschte Variable widerspiegeln; sie sind dadurch mit Unsicherheiten behaftet. Zum anderen sind Klimamodelle immer durch ihre horizontale und vertikale Auflösung beschränkt und Prozesse, die sich auf kleineren räumlichen Skalen abspielen, können nicht direkt erfasst werden. Diese Unsicherheiten müssen bei Vergleichen zwischen rekonstruiertem und simuliertem Klima immer berücksichtigt werden. Dennoch kann man, unter Berücksichtigung dieser Unsicherheiten, belastbare Aussagen über das Zusammenspiel der einzelnen Komponenten des Klimasystems treffen. Dieses, aus der Vergangenheit gewonnene Wissen, können wir dann verwenden um die zukünftige Entwicklung des Klimas abzuschätzen. Gerade im Hinblick auf die Änderungen in der näheren Zukunft (bis 2100) haben wir für einige Weltgegenden ein recht gutes Verständnis der wahrscheinlichen Änderungen, wie zum Beispiel die Niederschlagsabnahme im Mittelmeerraum. Die Projektionen für andere Gegenden oder Prozesse, wie das Zusammenspiel zwischen ENSO und dem asiatischen Monsun, unterscheiden sich noch von Modell zu Modell. Gewisse Trends, wie die Änderung der Niederschlagsvariabilität, lassen sich erahnen und es besteht Handlungsbedarf, um die Folgen abzuschwächen.

Insgesamt hilft uns die Paläoklimatologie, Klimamodelle zu verbessern – Klimamodelle ermöglichen uns im Gegenzug die dynamische Interpretation von rekonstruierten Klimavariationen. In der Folge hilft uns die Kombination dieser beiden Disziplinen die Unsicherheiten für die Abschätzungen der zukünftigen Klimaänderungen zu minimieren.

Wilfried Bommert

Land Grabbing

Die globale Jagd nach den Äckern der Welt

Im Boden liegt im 21. Jahrhundert mehr Profit als auf den Goldfeldern, behaupten die Fundamentalisten der Finanzmärkte. Das heizt die Spekulation weltweit an. Schürt Visionen von den ganz großen Geschäften auf den landreichen Kontinenten. In Brasilien, Afrika, Südostasien und Osteuropa liegen die »Bodenbanken« der Welt und die »Ölfelder« der Zukunft. Dass es Opfer gibt bei der Jagd um die Äcker der Welt, schlägt in der Kalkulation der Investmentbanker nicht zu Buche. Dass Existenzen vernichtet, Familien entwurzelt werden, Landstriche verelenden, Flüchtlingsströme in Gang gesetzt und die politische Stabilität ganzer Erdteile untergraben wird, ist nicht ihr Geschäft.

Mittlerweile haben sich Tausende in den Markt eingeklinkt, Millionen von Hektar Land sind auf dem Weg in neue Hände, Milliarden von Dollar liegen bereit, um die Konten zu wechseln. Die Entwicklungsorganisation Oxfam konstatierte bereits 2011, dass ein Gebiet von der Größe Westeuropas aus bäuerlichem Besitz in die Hand von Kapitalgesellschaften übergegangen sei. Mit dem Boden gerät auch das, was auf ihm wächst ins Kalkül der Finanzwirtschaft. Was auf den Äckern der Welt angebaut werden wird, könnte sich in Zukunft immer mehr nach dem Profit Einzelner und immer weniger nach dem Hunger der Massen richten.

Vier globalen Krisen

Die globale Jagd auf die Äcker der Welt kommt nicht von ungefähr. In ihr spiegeln sich die Folgen von vier globalen Krisen, die ab 2008 die Welt erschüttern. Sie beförderten den Boden über Nacht zu einem Spekulationsobjekt, ohne historisches Beispiel. Zum einen war es die Weltfinanzkrise. Sie beraubte 2008 selbst die Giganten der Wallstreet ihrer Fundamente, und warf die Branche auf das zurück, was fundamentale Sicherheit bedeutet: Grund und Boden. Neben ihr ringt die Ölindustrie ebenfalls seit 2008 um neue Ölfelder. Die Angst vor »Peak Oil«, der höchst möglichen Fördermenge, nach der es nur noch bergab gehen kann mit der Förderung, treibt die Suche nach Alternativen. Katastrophen, wie die Explosion auf der Bohrinsel Deepwater Horizon 2010, die den Golf von Mexico verseuchte, machten klar, dass sich die Industrie auf einem Hochrisiko-Pfad bewegt. Sie steuert um, die Ölfelder der Zukunft sollen oberirdisch ausgebeutet werden, auf den Äckern der Welt. Hinzu kommt die Klimakrise. Nachwachsende

Rohstoffe sollten sie entschärfen und den Ausweg weisen, doch auch deren Anbau führt erst einmal auf die Äcker der Welt. Genauso wie die Strategie, Klimagase wieder einzusammeln durch neue Wälder, die auf alten Äckern angepflanzt werden. Zusätzlicher Druck entsteht seit 2008 durch das Aufflammen einer Krise, die bis dahin niemand für möglich gehalten hatte: die Krise der Welternährung. Auch sie ließ die Nachfrage nach Boden innerhalb weniger Monate in die Höhe schnellen.

Neue »Öl-Felder«

Den größten Teil der globalen Bodenvorräte sichert sich die Energiewirtschaft. Was sie treibt, ist das Ende des Rohöls, was sie interessiert, ist die entstehende Lücke mit Agrosprit, Agrodiesel und Agrogas zu füllen. Hoch subventionierte Gasfabriken wachsen in Mitten riesiger Maisfelder, die mittlerweile die Landschaft im Norden der Republik von Niedersachsen über Schleswig-Holstein, Sachsen-Anhalt, Mecklenburg-Vorpommern und Brandenburg bestimmen. Energielandschaften bestimmen auch den Süden der Republik. An Autobahnen und Bahntrassen breiten sich immer größere Felder mit Solarpanelen aus. Branchengiganten wie RWE und E.ON sind mit von der Partie und sehen in den Energiefeldern einen Teil ihrer Zukunft. Das Land dafür beschaffen sie sich durch Pachtangebote, bei denen jeder normale Bauer das Nachsehen hat. Dank garantierter Strompreise können sie das Dreifache des Ortsüblichen bieten und entziehen damit der bäuerlichen Landwirtschaft ihre Existenzgrundlage. Nicht nur bei uns.

Weltweit wächst der Run auf die neuen »Öl-Felder«. Mehr als die Hälfte der Landnahme geht auf Rechnung der Agro-Spritindustrie. Der Gürtel der zukünftigen Ölfelder lässt sich heute schon erkennen. Er zieht sich einmal rund um den Globus. Je näher am Äquator, desto größer der solare Gewinn und desto größer die Energieausbeute. Betroffen ist hiervon besonders Ghana, das sich zum Zentrum der Jatropha-Ölindustrie in Afrika entwickelt hat. Über zwanzig Unternehmen versuchen hier, in das Bioethanol- und Biodieselgeschäft einzusteigen. Der Wettlauf um die besten Standorte findet statt zwischen Italienern, Norwegern, Chinesen, Deutschen, Niederländern, Belgiern und Indern. Sie kaufen oder pachten Parzellen von 10.000 bis 400.000 Hektar. Die Ghana Business News gehen davon aus, dass die Jatropha-Anbaufläche mittlerweile ein gigantisches Areal von einigen Millionen Hektar ausmacht.

Neuerdings melden auch andere Industrien ihre Ansprüche an die Äcker der Welt an. Industrien, die vom Erdöl als Rohstoff abhängen, etwa die Kunststoffindustrie. Allein in Deutschland werden zwanzig Millionen Tonnen Plastik in Form gegossen, vom Fensterrahmen bis zum Putzeimer. Ohne Kunststoff bräche die Zivilisation der Industriestaaten zusammen, deshalb muss auch hier Ersatz geschaffen werden, auch der soll vom Acker kommen. Die Bundesregierung hat vorausschauend zu Beginn des Jahrhunderts einen sogenannten Bio-Ökonomierat berufen, der das Feld für die industrielle Verwertung jeglicher Biomasse ebenen soll. Es geht um Industrierohstoffe, Energie und um Lebensmittel. Alle sollen sich in Zukunft die Äcker teilen, die bisher Nahrungsmittel vorbehalten waren. Auch das treibt die Konkurrenz und damit die Bodenpreise.

22 % Zuwachs

Im Zentrum des Bodenrauschs stehen Afrika und Asien, aber auch im alten Europa blasen die Landjäger zum Aufbruch, auch Deutschland bleibt nicht unberührt. Selbst im bodenständigen Ostfriesland klagen Bauern über Banker, die sich über die friesische Krume hermachen. Wer nicht direkt investieren will, der wählt den diskreten Weg über Fonds und Beteiligungen. »Anleger können mit Agraraktien gute Ernte einfahren« titelt die Frankfurter Allgemeine Zeitung im Herbst 2012. Mehr als 22 % Zuwachs konnten die Anteilseigner des Fonds DJE Agrar & Ernährung innerhalb von nur zwölf Monaten einstreichen. Hier wächst der Markt schnell. Deutsche Banken und Versicherungen spielen in der ersten Liga, nicht nur auf deutschem Boden. Die deutsche Menschenrechtsorganisation FIAN deckte 2010 auf, dass mehr als 13 deutsche Fonds die Landwirtschaft zu ihrem Zielgebiet erklärt haben. Fast alle sind in den Krisenjahren 2007/2008 und später aus dem Boden der deutschen Finanzlandschaft geschossen. Sie haben 2010 1,5 Millionen Hektar Land besonders in Afrika und Lateinamerika gekauft oder gepachtet, auch in Äthiopien oder der Demokratischen Republik Kongo, wo der Hunger sowohl in den Städten als auch auf dem Land noch immer zum Alltag gehört. Die Geldgeber kommen überwiegend aus Europa.

Land für Klimagase

Fast geräuschlos hat sich diesem Trio aus Finanzwirtschaft, Energie- und Chemiebranche eine vierte Kraft angeschlossen: der bisher als unverdächtig eingestufte Markt für Klimagase. Seine Akteure haben die Land- und Forstwirtschaft für sich entdeckt und suchen Neuland, um über Pflanzen Treibhausgase einzusammeln. So wachsen im großen Stil vor allem im globalen Süden Wälder auf Ländereien heran, die zuvor von Kleinbauern oder Hirten genutzt wurden. Die so gewonnen Klimazertifikate machen die Waldkonzerne an den Klimabörsen der Welt zu Geld. Spekulanten wittern darin einen neuen Wachstumsmarkt.

Einer der Hauptakteure ist das norwegische Unternehmen Green Resources. Es soll in Tansania mittlerweile über 100.000 Hektar bewirtschaften. Einen Teil davon unter Mitwirkung der Dorfbewohner, die Land an das Unternehmen abgetreten haben gegen das Versprechen, dass sie Arbeit, Straßen, Schulen und etwas von dem Geld bekommen, das Green Resources durch den Verkauf seiner Carbon Credits erlöst.

Eine Zwischenbilanz 2011 zeigt jedoch, dass die Dörfer weit weniger von diesem Geschäft profitieren als von der Regierung versprochen. Feste Arbeitsplätze kamen kaum zustande, Gelegenheitsjobs sind schlechter bezahlt als im Landesdurchschnitt, Straßen wurden nur so weit gebaut, wie sie für die Plantagenwirtschaft notwendig sind. Auf den versprochenen Wasseranschluss warten die Dörfer vergebens, und von dem Geld für die Klimakredite haben nur vier von sechs Dörfern etwas bekommen.

Eine Frage des Überlebens

Verschärft wird die Konkurrenz um die Äcker durch Länder, für die die Frage des Bodens eine Frage des Überlebens ist. Zu den größten Pächtern und Käufern am Weltbodenmarkt gehört China. Es geht voran bei der Suche nach Neuland auf fremden Äckern, und es hat allen Grund dazu. Denn jenseits der Chinesischen Mauer müssen 20 % der Weltbevölkerung von nur 9 % der Weltackerfläche leben. Das stresst die Politik in Peking und verdammt die Verwalter des Landes zu weitschweifender Bodenakquise.

Chinas Druck kommt aus der aufsteigenden Mittelschicht und ihrem wachsenden Hunger nach Fleisch. Für die Rinder-, Schweine- und Hähnchenfabriken, die im Dunstkreis der Großstädte entstehen, fehlt es an Futter. Die Tröge der Mastfabriken lassen sich nur mithilfe einer global manövrierenden Flotte von Frachtern füllen. Doch in ihrem Kielwasser fährt die Angst mit, dass die Weltmarktpreise für Getreide so steigen könnten, dass der Fleischpreis auf den chinesischen Märkten von vielen nicht mehr zu bezahlen wäre. In einem Land, in dem Fleisch, besonders Schweinefleisch, zum nationalen Selbstverständnis gehört, könnte das die Stimmung gefährlich kippen lassen.

Wie China steht auch Indien vor einer gigantischen Herausforderung. Beide zusammen müssen bis zur Mitte des Jahrhunderts 700 Millionen Menschen zusätzlich ernähren. Die Wirtschaft brummt, die Einkommen steigen, und mit dem Wohlstand wächst auch in Indien die Lust auf Fleisch. Beiden Ländern aber fehlt das Wasser, das sie bräuchten, um gleichzeitig ihre wachsenden Städte, ihre Kornkammern und ihre Viehherden zu versorgen. Ein Trend, den der Klimawandel noch verschärfen dürfte.

Bis zur Mitte des Jahrhunderts wird die indische Bevölkerung weiter wachsen. Schon in zwanzig Jahren werden statt derzeit 1,17 Milliarden voraussichtlich 1,5 Milliarden Menschen ernährt werden müssen. Indien wird dann das bevölkerungsreichste Land der Welt sein. Die Geburtenrate liegt weiterhin bei 2,8 Kindern. Und zur Mitte des Jahrhunderts könnte nach Schätzungen der Population Foundation of India sogar die 1,8-Milliarden-Grenze überschritten werden. Da eine neue Grüne Revolution in Indien nicht zu erwarten ist, bleiben am Ende nur eine massive Steigerung der Importe und/oder das Outsourcing von Teilen der indischen Landwirtschaft, und dieser Prozess ist bereits in vollem Gang.

In Japan gehört das Outsourcing der Volksernährung schon lange zum Alltag. Dort hat die Landwirtschaft zwischen Bergen und Meer kaum Platz, um die eigene Bevölkerung zu ernähren. Von 1965 bis 1998 stiegen die Nahrungsimporte von 27 auf 60 % des nationalen Verzehrs. Das Industrieland Japan hängt damit mehr als jeder andere Industriestaat am Tropf der Weltagrarmärkte.

Nicht anders ergeht es Südkorea. Die Importlücke des Industrielands wächst. Die Ursache liegt auch hier in einer Landwirtschaft, die sich der Industrialisierung widersetzt. Die Bauern wirtschaften auf Kleinsthöfen, noch nicht einmal so groß wie ein Fußballfeld. Maschinen lassen sich dort kaum einsetzen. Die Ernten reichen für die Bauerndörfer, aber keineswegs für die Versorgung der schnell wachsenden Städte.

Am Tropf der Weltmärkte hängen auch die Golfstaaten, in denen die Wüste kaum Ackerbau zulässt. Das Wasser fehlt. Selbst Ägypten gelingt es nicht, im Schwemmland des Nils genügend Weizen für die eigene Bevölkerung zu produzieren. Der Importbedarf liegt bei mehr als 50 %. Trotz hoher Staatsverschuldung kauft das Land am Nil Neuland, um nicht weiter in die Abhängigkeit von unberechenbaren Importen und dem Weltmarkt zu geraten.

Neben den Staaten drängen die Internationalen Großkonzerne der Agrar- und Lebensmittelindustrie auf den Bodenmarkt. Die größten Händler Archer Daniels Midland, Bunge, Cargill and Dreyfuss kontrollieren zwischen 75 und 90 % des Weltmarktes bei Soja, Mais und Weizen sowie die Märkte bei Zucker, Kaffee, Palmöl und Kakao und die daraus hergestellten Produkte wie Ethanol, Stärke, Öle, und Viehfutter. Sie wiederum sind auf das Engste verbunden mit den Multies der Ernährungsindustrie wie Nestlé, PepsiCo, JBS & Tyson und hunderten kleineren transnationalen Verarbeitern und Handelsketten. Ohne Land drohe ihrer Wertschöpfungskette wenn nicht das Aus, so doch erhebliche Risiken.[1]

»Failed States« im Fadenkreuz

Die Jagd auf die Äcker der Welt findet nicht ohne Strategie und Planung statt. Wie bei der Suche nach Gold und Öl bereiten Prospektoren den Weg. Sie durchforsten Kataster und Satellitenbilder nach fruchtbarem Boden mit Wasseranschluss. Juristen prüfen die Rechtslandschaften. Im Fadenkreuz dieser Landsucher stehen »Failed States«, zerbrochene oder zerbrechende Staaten. Die finden sich in Afrika ebenso wie in Südamerika, Südostasien und auf dem Territorium der ehemaligen Sowjetunion. Besonders gut läuft das Geschäft mit dem Boden dort, wo der Atem der alten Kolonien noch weht, wo Korruption und Raffgier regieren, wie in Uganda und Kenia, in Tansania, Mosambik, Sambia, Nigeria, Liberia, ganz besonders aber im Kongo.

Dort schneiden die herrschenden Cliquen in der Tradition ihrer Kolonialherren immer neues Land aus dem Volksvermögen, auch wenn die eigene Bevölkerung hungert, wie in Äthiopien, im Sudan oder Kenia. Das Geld fließt selten in die nationale Kasse, und wenn, dann ist es eher Kleingeld, weniger als zehn Dollar

---

1 Glenn Ashton, Foreign capital buying up land to Increase control over global food chain, o.O. 2015.

für die Fläche eines Fußballplatzes. In Europa liegt die Pacht für Vergleichbares bei 400 Euro und mehr. Graziano da Silva, der Generaldirektor der Welternährungsorganisation FAO, verlangte bei seiner ersten öffentlichen Stellungnahme im Januar 2012 nach »einem Sheriff«, der die unkontrollierte Landnahme besonders in Afrika unter Kontrolle bringt. Sein Wunsch wurde ihm bisher nicht erfüllt. Es fehlt eine Ordnungsmacht, die Einschreiten könnte, wo der Bodenrausch die Zivilbevölkerung beraubt, entwurzelt und zur Flucht in die Städte zwingt. Die Kräfteverhältnisse in den UN-Organisationen sprechen dagegen. Das Einzige auf das sich die Weltgemeinschaft bisher einigen konnte, ist eine Art Knigge für großräumige Landgeschäfte, der gutes Benehmen gegenüber der Zivilbevölkerung, den Bauern und den Gemeinden fordert. Was verheißungsvoll unter dem Namen »Principles for Responsible Agricultural Investment that Respects Rights, Livelihoods and Recources« aus der Taufe gehoben wurde bewirkt bisher wenig, denn es ist freiwillig.

Weltbank: Weg frei

Gefördert und gestützt werden die Bodengeschäfte nicht nur von geschäftstüchtigen Regimes, sondern auch von den internationalen Instituten, allen voran die Weltbank. Sie legte im Herbst 2010 eine Karte vor, in der die Welt neu vermessen wurde. Die Weltkarte der käuflichen Böden. Nach außen wird diese Vermessung der Welt als eine Aktion im Interesse der jeweiligen Länder und Regierungen deklariert. Tatsächlich ist es ein Wegweiser für alle, die auf der Suche nach profitablem »Neuland« sind. Land, das nicht so produktiv genutzt wird wie in den Industriestaaten, aber das seinen Kleinbauern, Hirten, Fischern und Sammlern ihren Lebensunterhalt seit Generationen sichert.

Zehn Staaten rangieren für die Bank bei ihren Empfehlungen für Investoren besonders weit oben, weil sie viel Land, wenige Menschen, geringe Ernten, viel Wasser und genügend Potenzial für steigende Erträge haben. Fünf von ihnen liegen in Afrika. Insgesamt machen die Banker über 445 Millionen Hektar Land aus, das »ungenutzt« und frei von Wald ist, nicht unter Naturschutz steht und eine Bevölkerungsdichte von weniger als 25 Personen pro Quadratkilometer hat. Das entspricht einem Drittel des kultivierbaren Landes auf der Welt (insgesamt 1,5 Milliarden Hektar).

Gemeinsam mit ihren Töchtern International Financial Corporation (IFC) und Foreign Investment Advisory Service (FIAS) schnürt die Weltbank attraktive Rundum-sorglos-Pakete für finanzstarke Investoren, mit teilweise bizarren Folgen: In Pakistan beispielsweise sichert die Regierung den Saudis in einem Landpachtvertrag militärischen Beistand gegen die eigene Bevölkerung zu, für den Fall, dass es wegen der Getreidetransporte vorbei an den Hütten der Armen zu Ausschreitungen kommen sollte.

Das weckt Erinnerungen: Das koloniale Erbe vergangener Jahrhunderte von Christoph Kolumbus bis zur United Fruit Company erlebt im Bodenrausch des

21. Jahrhunderts seine Wiedergeburt. Nur – heute geht es nicht mehr um Gold oder Luxusfrüchte. Es geht um die Basis der Welternährung, einem Feld, auf dem es nur wenig Spielraum gibt.

Wachsende Knappheiten

Auch ohne die neuen Spekulanten sind die Böden der Welt, die Grundlage unserer Ernährung, heute schon knapp und werden laufend knapper. Erosion hat seit Jahrzehnten die Bodenfruchtbarkeit untergraben. Äcker stürzten im Gewitterregen zu Tal oder flogen in Wolken davon. In globalen Maßstäben geurteilt, verliert die Welt auf diese Weise fruchtbaren Boden auf mehr als dem Vierzigfachen der deutschen Ackerfläche, besonders viel in Asien und Afrika. Dort verschwand schon zu Beginn des Jahrtausends ein Vielfaches von dem, was im Boden neu gebildet werden konnte. Der Grund auch hier: falsche Bewirtschaftung.

Neben dem Wind reißt der Regen hier tiefe Furchen in die Äcker der Welt. Am eindrucksvollsten zu sehen am Huang He, dem Gelben Fluss in China. Wer an seinem Ufer steht, fragt sich, woher die ockerbraune Brühe ihre Farbe nimmt. Sie stammt aus dem zentralen Lössplateau aus dem Herzen Chinas. In jedem Kubikmeter Wasser fließen 34 Kilogramm Löss in Richtung Chinesisches Meer. Mit jährlich mehr als einer Milliarde Tonnen verliert Chinas Kornkammer ihre einst sagenhafte Fruchtbarkeit.[2]

Bruce Wilkinson, Geologe an der Universität von Michigan, untersuchte die Überreste urzeitlicher Schwemmlandschaften. Er wollte wissen, ob Bodenverlust ein neues oder ein sehr altes Phänomen der Landwirtschaft sei. Seine Antwort fiel bestürzend aus. In den 500 Millionen Jahren vor dem Erscheinen des Homo sapiens betrug der durchschnittliche Bodenverlust in jedem Jahrtausend 2,5 Zentimeter. Seit der Mitte des letzten Jahrhunderts reichen vierzig Jahre, um die gleiche Menge Boden vom Acker zu schaffen.[3]

Für den amerikanischen Bodenforscher David R. Montgomery entspricht der Zustand des Bodens dem Zustand der jeweiligen Zivilisation. Sowohl das Griechenland der Antike als auch das Römische Imperium verlor seine Macht, aus geologischer Sicht, durch den unbedachten Umgang mit seinen Böden. Doch im Fall Griechenlands und Roms vollzog sich dies als schleichender Prozess innerhalb von rund neun Jahrhunderten. Die moderne Landwirtschaft betreibt ihren Niedergang »effektiver«. Sie verliert ihre Böden nicht nur durch den Pflug, sondern auch durch ihre Bewässerungsanlagen, ebenfalls mit verheerenden Folgen.

Überall, wo die Sonne brennt, versuchen die Bauern, den fehlenden Regen durch künstliche Bewässerung auszugleichen. Weil bewässertes Land größere Ernten ermöglicht hat sich die Bewässerungsfläche rasant ausgebreitet. Und sie

2 WBGU, Welt im Wandel: Die Gefährdung der Böden, Bonn 1994.
3 David R. Montgomery, Dirt. The Erosion of Civilizations, Berkeley 2008, S. 236.

wird weiter wachsen, weil die Klimaerwärmung die Pflanzen durstiger macht. Was das auf lange Sicht heißt, lässt sich heute schon absehen: Versalzen von immer mehr fruchtbarem Boden. Denn Wasser, das in den Boden eindringt, löst Salze. Wenn die Sonne dann den Boden aufheizt, zieht sie einen Teil des Wassers wieder an die Oberfläche und es verdunstet. Zurück bleibt pures Salz. Das Todesurteil für jegliche Vegetation. Was dieser Effekt anrichtet, bekommen die Farmer in der Kornkammer Australiens längst zu spüren. Auch in den USA, in Indien und Ägypten, im Irak, auf dem Gebiet der ehemaligen Sowjetunion und in Afrika bedroht das Salz die Ernten.

Die Bodenfruchtbarkeit geht dort am schnellsten verloren, wo sie in Zukunft am nötigsten gebraucht wird, wo die Bevölkerung am schnellsten wächst: in Afrika, Indien und China, aber auch in den Kornkammern der Welt in Brasilien, Russland und im Mittleren Westen der USA.[4] Tony Fischer vom Australian Centre for International Agricultural Research in Canberra kam schon 1991 zu dem Ergebnis, dass mehr als ein Drittel der Äcker weltweit ihre Fruchtbarkeit bereits verloren oder ganz eingebüßt hat.[5] Diesen Verlust von fruchtbarem Boden stufte der Wissenschaftliche Beirat der Bundesregierung Globale Umweltveränderungen bereits 1994 als ebenso bedrohlich ein wie den Klimawandel und die Erosion biologischer Vielfalt.[6] Doch geändert hat sich seither nichts, im Gegenteil.

Pro Kopf schrumpften die Bodenvorräte der Welt von 0,44 Hektar in 1960 auf 0,22 Hektar im Jahr 2000. Bis 2050 könnten sie nur noch 0,15 Hektar oder weniger betragen. Allerdings nur, wenn die Fruchtbarkeit auf den derzeit bewirtschafteten Flächen erhalten bleibt.[7] Doch danach sieht es nicht aus. Der Landhunger der schnell wachsenden Mega-Städte gehört zu den größten Bodenvernichtern in Zukunft. Häuser wurden schon immer bevorzugt dort gebaut, wo die Versorgung als gesichert galt, in fruchtbaren Tälern – mit fatalen Konsequenzen. Experten der FAO schätzen, dass in Zukunft allein für Wohnen und Arbeiten Bodenreserven von 100 Millionen Hektar verbraucht werden. Zum Vergleich: In den vergangenen zwanzig Jahren verschlangen die wachsenden Städte »nur« zwei Millionen Hektar.[8]

Wachsender Wasserstress

Neben der bloßen Flächenkonkurrenz und der Bodenqualität zeichnet sich an einer zweiten Front wachsende Knappheit ab: Es ist der Kampf um das knapper werdende Wasser. Trinkbares Wasser entwickelt sich zu einem der knappsten

4 Klaus M. Leisinger, Weltbevölkerungswachstum und die Vernichtung fruchtbarer Böden, Berlin 2008, S. 2.
5 Tony Fischer, Prospects for feeding the world and for rural landscapes, Canberra 1991.
6 WBGU, Welt im Wandel, S. 51.
7 FAO, World agriculture towards 2015/2030, an FAO Perspective, Rom 2008.
8 UNEP, GEO 4, o. O. 2007, S. 86.

Güter einer wachsenden Weltbevölkerung. Rund 3.800 Kubikkilometer Wasser standen im Jahr 2010 für den Durst der Welt zur Verfügung. Der größte Teil (70 %) davon floss auf die Felder der Bewässerungslandwirtschaft, besonders in den Ländern des Südens. Die Industrie beansprucht 20 %, und für die Menschen reichen bisher 10 % des globalen Wasservorrats.

Jedoch, die Nachfrage nach Wasser wächst weltweit pro Jahr um rund sechzig Milliarden Kubikmeter. Das trifft vor allem die großen Flusslandschaften: die Täler des Gelben Flusses und des Perlflusses in China, des Indus, aber auch die Flusssysteme von Nil, Mississippi, Euphrat und Tigris. Hier werden die Pumpen mehr als 100 Kubik-Kilometer Wasser pro Jahr zusätzlich fördern müssen. Tendenz weiter steigend: bis zur Mitte des Jahrhunderts um das Acht- bis Zehnfache.

Künftige Hotspots für Wasserkonflikte ziehen sich rund um den Globus: vom Westen der USA, wo der Colorado River bis auf den letzten Tropfen von Landwirtschaft und Industrie ausgewrungen wird, über den Aralsee, einst der viertgrößte Binnensee der Welt und heute fast ausgetrocknet, bis nach Nordafrika, wo fast alle Staaten aus einem gemeinsamen Grundwasserreservoir unter der Sahara pumpen. Doch dessen Ende ist absehbar, es könnte schon in wenigen Jahrzehnten erreicht sein. In Indien und Bangladesch haben mehr als eine Million Pedalpumpen bereits so viel Grundwasser abgepumpt, dass Arsen, das natürlich in tieferen Erdschichten vorkommt, mit an die Oberfläche gespült wird.

Auch China, dessen heißer Norden immer mehr Wasser für seine Felder braucht, steckt in der Klemme. Zur Entlastung plant die Regierung ein Kanalsystem, das das Wasser des größten Flusses Chinas umleiten soll, um das unter Wassernotstand leidende Peking zu versorgen. Doch damit verlagert China nur sein Wasserproblem in die flussabwärts liegenden Provinzen. Auch wenn dies heute am Reißbrett noch keine Fragen aufwirft, weil der Jangtse derzeit noch genügend Wasser führt, könnte sich das ändern. Denn die in Form von Gletschern im Himalaja gespeicherten Wasservorräte, die bisher den Jangtse mit einem erheblichen Teil seines Wassers versorgen, schmelzen im Zuge des Klimawandels ab. Genauso in Indien, wo der Indus den Osten des Landes bewässert. Auch er könnte eines Tages weit weniger Wasser führen, wenn seine Quellen im Himalaja im Zuge des Klimawandels versiegen. In der Konsequenz könnte dies für hunderttausende unfruchtbare Äcker und Millionen Farmer das Aus bedeuten.[9]

Auch am Nil spitzen sich Nutzungskonflikte zu. Das Wasser des Nils ist zwar seit 1929 durch die Nilwasser-Konvention aufgeteilt. Die damalige Kolonialmacht England hatte Ägypten den größten Teil zugesprochen. Doch seit dem Jahr 2010 wendet sich das Blatt. Die Staaten am Oberlauf des Flusses trafen ihr eigenes Abkommen. Äthiopien, Uganda, Ruanda und Tansania teilten das

---

9 Wilfried Bommert, Kein Brot für die Welt, die Zukunft der Welternährung, München 2009, S. 141.

Wasser des Nils nach ihren Interessen neu auf, um dem zunehmenden Bevölkerungsdruck Rechnung zu tragen. 330 Millionen Menschen lebten 2009 vom Wasser des Nils. Die Vereinten Nationen gehen davon aus, dass sich diese Zahl bis 2050 verdoppeln wird.[10] Ein ernst zu nehmendes Konfliktpotenzial, das sich noch dadurch verstärkt, dass Südkorea, Indien, China und die Golfstaaten seit 2008 am oberen Nil Land aufkaufen. Sie beanspruchen das Wasser für ihre Latifundien.[11] Die Konkurrenz um Wasser, sowohl auf als auch unter der Erde, schlägt zwangsläufig durch bis auf die Bodenfruchtbarkeit. Wo es fehlt, wird sie sinken, und damit die Knappheit an Boden weiter verschärfen.

Das Ende des Düngers

Wachsende Konkurrenz könnte sich auch aus einem Phänomen entwickeln, das bisher kaum beachtet wurde: zunehmende Knappheit und Teuerung bei Düngerrohstoffen. Stickstoffdünger ist der wichtigste Treibstoff der intensiven Landwirtschaft. Er selbst ist das Produkt des Haber-Bosch-Verfahrens. Mit ihm kann der Stickstoff aus der Luft gebunden werden, aber es benötigt erhebliche Mengen an Energie. Ein Kilogramm Stickstoff kostet den energetischen Gegenwert von einem Liter Diesel.[12] Heute wird auf deutschen Äckern allein für den Stickstoffdünger die Energie von umgerechnet 174 Liter Diesel pro Hektar aufgewandt. Das mag sich bei Ölpreisen von weniger als fünfzig US-Dollar pro Barrel noch rechnen. Doch das Ende des Erdöls könnte dies dramatisch ändern.

Ähnliches gilt für den Düngerrohstoff Phosphat. Während eine Tonne Rohphosphat, der Ausgangsstoff des Phosphatdüngers, 2006 noch für 44 US-Dollar zu haben war, explodierte der Preis in der Folge und erreichte im August 2008 das Allzeithoch von 430 US-Dollar.[13] Dies war ein Vorzeichen auf das, was noch kommen wird. Der Höhepunkt des Abbaus, der Peak von Rohphosphat, könnte schon 2030 erreicht sein, prognostizieren Rohstoffforscher an der Universität Sydney. »Die Zeiten billiger Düngemittel gehören der Vergangenheit an«, folgert Dr. Dana Cordell vom Institute for Sustainable Futures.[14] Die fehlende Intensität an Dünger wird durch mehr Fläche ausgeglichen werden müssen, und damit wächst auch die Nachfrage nach »Neu-Land«.

10 Deutsche Stiftung zur Weltbevölkerung, Soziale und demographische Daten zur Weltbevölkerung, o.O. 2010.
11 Lester R. Brown, When the Nile runs dry, in: New York Times, 1 (2011).
12 Hans-Heinrich Kowalewsky, Energieverbrauch auf dem Acker, in: Landwirtschaftliche Zeitschrift 33 (Jahr unklar), S. 15 ff.
13 BAFU, Rückgewinnung von Phosphor aus der Abwasserreinigung, Bern 2009.
14 Marc Davis, Peak phosphate spells end of cheap food, 2010. Verfügbar unter: http://www.resourceinvestor.com/2010/10/25/peak-phosphate-spells-end-cheap-food [Letzer Zugriff: 03.01.2016]

Lust auf Fleisch

Der zunehmenden Knappheit auf der Produktionsseite steht der wachsende Bedarf auf der Nachfrageseite gegenüber. Zum Ende des Jahrhunderts wird die Erde voraussichtlich mehr als zehn Milliarden Menschen ernähren müssen. Davon einen wachsenden Teil mit Fleisch. Schon heute wird für den Hunger der Mastfabriken mehr als ein Drittel der globalen Ackerfläche geopfert.

Am schnellsten wächst die Lust auf Fleisch in China. Fleisch, das bedeutet für Chinesen vor allem Schweinefleisch. Im Speckgürtel der Metropolen schießen immer mehr Mastfabriken aus dem Boden, die in ihrer Größe die europäisch-amerikanischen Vorbilder längst überholt haben. Schon 2010 wuchsen in chinesischen Ställen 660 Millionen Schweine auf. Das entspricht der Hälfte dessen, was weltweit vom Schlachtband rollt.[15]Chinas Äcker reichen nicht aus, um den Hunger der Mastanlagen zu stillen. Die Importe steigen dramatisch. Bei Soja um das Hundertfache (von 500.000 auf fünfzig Millionen Tonnen) innerhalb von zehn Jahren. Umgerechnet entspricht dies einer Fläche (bei drei Tonnen Ertrag pro Hektar) von rund 17 Millionen Hektar. Das sind fünf Millionen Hektar mehr als die gesamte Ackerfläche Deutschlands. Und der Futtermittelbedarf boomt weiter. Die Prognosen rechnen mit einem Plus von jährlich 12 %.

Wenn wir die Schätzungen der FAO als Grundlage nehmen, dann müssten die Ernten für die zukünftige Weltbevölkerung um 70–100 % wachsen. Mit maßgeblichen Zuwächsen bei der Produktivität ist aus heutiger Sicht jedoch kaum noch zu rechnen. Dazu fehlt es an Forschung und Innovation. Unter dem Strich würden die Ackerflächen der Welt verdoppelt werden müssen, um den Bedarf an Brot und Fleisch zu bedienen. Hinzu kommen die Flächen, die für die eingeschlagene Bioenergiepolitik gebraucht werden wird, vor allem in den Industrie- und Schwellenländern.

Amerika will ein Drittel, Europa 20 % seiner Flächen für seine Pkw- und Lkw-Flotte abzweigen. Der Ölpreis wird damit zur treibenden Kraft auch für die Boden- und Nahrungsmittelmärkte. Auf rund 40 % schätzte die Weltbank seinen Anteil an den Preissteigerungen von 2008.[16] Wie sich am Verlauf des World Food Price Index der FAO bereits seit 2008 erkennen lässt, bedeutet die Entwicklung von Angebot und Nachfrage bei schwindender Bodenfläche vor allem eins: zunehmende Preissprünge.

Auch die Wissenschaft hilft hier nicht aus der Klemme. Bahnbrechendes aus der Züchtungsforschung, das die Ernten noch einmal nach oben treiben könnte, ist nicht zu erwarten. Seit Mitte der 1990er Jahre tendiert der Zuwachs

---

15 Mindi Schneider, Feeding China's Pigs: Implications for the Environment, China's Smallholder Farmers and Food Security, New York 2011.

16 Timothy A. Wise/Marie Brill, Rising to the Challenge: Changing Course to Feed the World in 2050. ActionAid report, 2013. Verfügbar unter: http://foodtank.com/news/2014/10/to-feed-the-world-in-2050-we-have-to-change-course [letzter Zugriff: 03.01.2016]

bei Weizen, dem wichtigsten Nahrungsmittel des Westens, gegen 1 %.[17] Zuwenig um eine Nachfrage, die um 1,8 % wächst, abzufedern. Auch die Versprechen der Gentechnik, der Welt einen neuen Ertragssprung zu ermöglichen, haben sich nicht erfüllt.

In diesem Szenario von schrumpfenden Ressourcen und steigender Nachfrage wirkt der Klimawandel wie ein Brandbeschleuniger. Wenn wir den Hochrechnungen trauen dürfen, wird Südeuropa davon genauso betroffen sein wie der Osten der USA, der Südosten Asiens ebenso wie der größte Agrarexporteur der Welt: Brasilien. Und das schon in der ersten Hälfte des 21. Jahrhunderts, mit verheerenden Folgen, warnt der Klimawissenschaftler Aiguo Dai im Sommer 2013 in der renommierten Zeitschrift Nature.[18]

»Big Five«, fünf Puffer

Ein Dilemma ohne Ausweg? Nur auf den ersten Blick. Bei genauerem Hinsehen erkennt man im heutigen System der Welternährung gigantische Spielräume, durch die der aufgeheizte Markt für Boden auf mittlere Sicht erheblich abgekühlt werden könnte. Es handelt sich um fünf große Puffer. Diese »Big Five« wurden bisher von der Politik weder in ihrer Tragweite erkannt, noch als politische Hebel in Betracht gezogen und schon gar nicht genutzt. Allen gemeinsam ist, dass sie erheblichen Druck aus Boden- und Lebensmittel-Märkten nehmen könnten, dass sie den Trend zunehmender Knappheit brechen, mehr noch, dass sie ein unglaubliches Potential von Nahrung und Boden erschließen und die globale Klimabilanz erheblich verbessern könnten. Und schließlich, dass sie die politische Entspannung schaffen könnten, die für einen klimaverträglichen Umbau der Weltagrarlandschaft notwendig wäre.

Der größte Puffer liegt in der Nahrungskette selbst. Mehr als 50 % der Nahrungsmittel erreichen auf dem Weg vom Acker zum Teller ihr Ziel nicht. Sie verfaulen auf den Feldern, verderben beim Transport, verkommen in den Kühltheken der Supermärkte oder in den Kühlschränken der Konsumenten. Ihr Schicksal wurde bisher ignoriert, weil es nie an Nachschub mangelte und der Preis kein Nachdenken lohnte. Das aber hat sich mit dem Jahr 2011 geändert. In Deutschland brachte der Film »Taste the Waste« den Skandal an die Öffentlichkeit. Seither ist der Abfall ein Politikum geworden, denn er macht klar: Wenn wir es uns leisten können, mehr als die Hälfte unserer Ernten in den Müll zu werfen, dann gibt es keinen wirklichen Anlass, von Knappheiten zu reden. Es gibt keinen Zwang zu stetig steigenden Preisen, weder bei Nahrungsmitteln noch beim Boden.

17 Thomas Preuße, Fortschritt auf der Kriechspur, in: DLG-Mitteilungen 10 (2009), S. 15–18.
18 Aiguo Dai, Increasing drought under global warming in observations and models, in: Nature Climate Change 3, 1 (2013), S. 52–58.

Food Waste ist die Folge von Missmanagement und Ignoranz. Das beginnt bei den europäischen Handelsnormen, die eine normale Gurke mit der falschen Krümmung als Müll deklarieren, und die die Kartoffel mit der falschen Größe als nicht verkehrsfähig stempeln. Die mit Haltbarkeitsdaten selbst Essbares zu Ungenießbarem abwerten und Verkaufsnormen aufstellen, die eine immer volle Brottheke fordern, auch wenn es gar keine Kundschaft mehr gibt. Hinzu kommt unser privates Missmanagement. Unsere Einkaufs- und Konsumgewohnheiten, die uns dazu bringen, viel zu viel zu kaufen und in unseren Kühlschränken zu horten bis es schlecht geworden ist. Etwa achtzig Kilo Lebensmittel landen zwischen Pflug und Pfanne im Müll, genug um eine doppelt so große Weltbevölkerung zu ernähren. Das entspricht umgerechnet einer Fläche von 600 Millionen Hektar, die für die Bedürfnisse kommender Generationen zur Verfügung stehen könnte, umgerechnet das Fünfzigfache der deutschen Ackerfläche.

Und wenn wir die Flächen hinzurechnen, die heute für die Rohstoffe von Fastfoodketten und Convenience-Regalen verarbeitet werden, und die bei rund 2 Milliarden Menschen für akutes Übergewicht und Fehlernährung sorgen, dann könnten noch einmal erhebliche Produktionsfläche, mehr als 100 Millionen Hektar, eingespart werden. Unterstützt werden könnte dieser Trend noch durch eine klimaverträgliche Fleisch-Diät. 120 Kilo Fleisch pro Kopf, wie in den USA, kann nicht der Maßstab für eine enkeltaugliche Welternährung sein. Besonders die Industrieländer müssen hier andere Signale setzen. Der Weg dorthin führt über die Großküchen von Universitäten, Schulen und Kantinen, von Behörden und Unternehmen. Sie müssten vorangehen bei der Umstellung von Fleisch- zu Gemüsetellern.

Biosprit unrentabel

Auch im sogenannten Biokraftstoff liegt ein großer und wachsender Puffer. Rein ökonomisch betrachtet dürften Pflanzen wie Mais, Weizen und Raps ohnehin nicht für Biosprit angebaut werden. Was sie auf den Äckern hält, sind diesseits und jenseits des Atlantiks gewaltige Subventionen. Schon 2006 flossen rund 3,7 Milliarden Euro an Steuergeld in den Biospritsektor Europas, in den USA waren es sechs Milliarden US-Dollar. Wenn die gestrichen würden, wären nicht nur mehrere Millionen Hektar für Nahrungszwecke frei, sondern auch Steuergelder in Milliardenhöhe. Sollten die USA und Europa ihre Biospritpläne auf null zurückfahren, dann würden in den kommenden zwanzig Jahren mehr als dreißig Millionen Hektar Ackerland für die Produktion von Nahrungsmitteln frei.

Die Einsparungen, die durch die Korrekturen bei der Verschwendung von Nahrungsmitteln, Fehlernährung, Fleischverbrauch und Biosprit gewonnen werden können, entsprechen dem Ertrag von mehr als 600 Millionen Hektar, also mehr als der Hälfte der Weltagrarfläche.

Landgewinn

Zusätzliches Land könnten wieder gewonnen werden, wo es durch Fehler seiner Bewirtschafter in den letzten Jahrzehnten verloren ging. An Methoden zur Bodensanierung mangelt es nicht. Die Inkas haben das Wunder der Terra Preta entdeckt und Wissenschaftler beleben die Methode neu. Der Humus als Rückgrat der Bodenfruchtbarkeit erhält wieder Beachtung in der Praxis. Effektive Mikroorganismen (EM) warten darauf, gestörtes Bodenleben wieder ins Gleichgewicht zu bringen. Und die Betriebe des Biologischen Landbaus gehen auf dem Weg voran, Ökologie und Ökonomie wieder ins Lot zu bringen. Um mit diesem Mittel den Boden wieder zu gewinnen, muss allerdings das Wissen um die Lebenskraft im Boden wieder auf die Höfe und in die Ausbildung der Jungbauern gebracht werden. Aber auch das wäre kein wirkliches Problem, es könnte durch neue, bodennahe Lehrpläne und Ausbildungsprogramme gelöst werden. Insgesamt geht es um eine Fläche von mehr als 300 Millionen Hektar.

Agrarforschung wiederbeleben

Noch mehr politischer Spielraum könnte gewonnen werden, wenn Forschung, Ausbildung und Beratung wieder den Stellenwert bekommen würden, den sie in der Nachkriegswelt von 1945 einmal hatten, als es darum ging, die Brotkörbe zu füllen. Doch nachdem die industrielle Revolution auf den Äckern die Erträge in nie gekannte Höhen getrieben hatte, wurde dieses Forschungsfeld für die öffentliche Förderung uninteressant. Das muss sich ändern.

Voraussetzung dafür ist jedoch, dass die finanziell und personell ausgetrockneten Agrarforschungszentren und Universitäten weltweit die notwendigen Mittel bekommen. Es geht vor allem um neue Formen einer Low-Input Bewirtschaftung, die mit weniger Energie, Wasser und Düngerrohstoffen höhere Erträge zustande bringen kann. Die Zeit drängt. Der Wissenschaftliche Beirat der Bundesregierung Globale Umweltveränderungen sieht im Umbau der Weltagrarlandschaft eine der wichtigsten Aufgaben dieses Jahrzehnts.

Tatsächlich ließe sich die wachsende Knappheit auf den Äckern der Welt überwinden. Die Jagd auf die Äcker der Welt könnte abgeblasen werden – aus Mangel an Gewinnaussichten. Doch bisher sieht es nicht so aus, als ob dieses Bremsmanöver eingeleitet werden würde.

Die Bodenfrage

So spitzt sich die Lage weiter zu. Wachsende Preisschwankungen führen zu wachsenden politischen Instabilitäten in den Ländern, in denen die Bevölkerung mehr als die Hälfte ihres Einkommens für ihr tägliches Brot ausgeben muss.

Wenn den Kapitalinteressen, die seit 2007 den Boden und die Nahrungsmittelmärkte entdeckt haben, keine Zügel angelegt werden, dann droht auch hier, wie an den Kapitalmärkten, der Zusammenbruch. Der GAU, der größte anzunehmende Unfall, der Welternährung wäre abzuwenden. Allerdings nur zum Preis eines Paradigmenwechsels. Boden müsste ebenso wie Wasser und Luft zu einem Gut erklärt werden, das nur im Einvernehmen mit und zum Wohle der Gemeinschaft genutzt werden darf, zu einem Allgemein-Gut. »Die Früchte gehören euch allen, aber der Boden gehört niemandem« schrieb Jean Jacques Rousseau zu einer Zeit, in dem die Menschheit gerade die Eine-Milliarde-Marke erreicht hatte. In einer Welt mit sieben und zum Ende des Jahrhunderts mehr als zehn Milliarden Menschen gewinnt Rousseaus Gedanke neue Aktualität. Im 21. Jahrhundert wird der Boden als Grundlage der Welternährung neu entdeckt und dem Zugriff privater Gewinn- und Verwertungsinteressen entzogen werden müssen. Der Druck auf die Politik wächst. Die globale Jagd auf die Äcker der Welt hat gerade erst begonnen.

Stefan Kreutzberger und Valentin Thurn

Taste the Waste

Notwendige Einsichten und Schritte gegen
Lebensmittelverschwendung in Deutschland

Ein Drittel der Lebensmittel, die weltweit erzeugt werden, landet auf dem Müll, in den Industrieländern sogar annähernd die Hälfte.[1] Eine erschreckende Zahl, die zeigt, wie sehr die Wertschätzung von Lebensmitteln gesunken ist. Und der Müllberg wächst weiter: Seit 1974 hat er sich um 50 % erhöht. Die Verschwendung fängt schon auf dem Acker an – aussortiert und liegen bleibt alles, was nicht den Normen des Handels entspricht. Auf Verbraucherebene beschleunigt ein fehlinterpretiertes »Mindesthaltbarkeitsdatum« (MHD) das Wegwerfen von noch guter Nahrung. In den Entwicklungsländern hingegen liegt das Problem vor allem im Verderben nach der Ernte aufgrund unsachgemäßer Lagerung, fehlender Kühlung und Transportmöglichkeiten. Die Folgen dieser Verluste und der Verschwendung für die Welternährung, die Umwelt und das Klima sind weitaus größer als bislang angenommen: Etwa 10 % des weltweiten Energieverbrauchs, 50 % der Landnutzung und ein Viertel des Wasserverbrauchs gehen auf das Konto dieser Müllproduktion. Die finanziellen Einbußen addieren sich weltweit auf sagenhafte 565 Milliarden Euro im Jahr.[2] Wir können dem entgegenwirken, wenn wir unseren Konsum wieder als politisches Handlungsfeld begreifen und regional nachhaltige Alternativen praktizieren.

Wertschätzung verloren

Die Generationen prägende Erfahrung der Lebensmittelknappheit nach dem Krieg in Europa ist längst vergessen. Vorbei die Ermahnungen unserer Mütter und Großmütter, keine Reste auf dem Teller liegen zu lassen, während die Kinder in Afrika hungern. Lebensmittel sind heute billige Massenware, die Discounter unterbieten sich in Preisschlachten. Die Menschen in den Industrieländern geben nur noch 10–20 % ihres Einkommens für Ernährung aus. In den sechziger und siebziger Jahren des vergangenen Jahrhunderts waren es noch 40–50 %.[3]

---

1 Stefan Kreutzberger/Valentin Thurn, Die Essensvernichter. Warum die Hälfte aller Lebensmittel im Müll landet und wer dafür verantwortlich ist, Köln 2011.
2 FAO, Global Food Losses and Food Waste, Rom 2010; FAO, Food wastage footprint, Impacts on natural resources, Rom 2013.
3 Kreutzberger/Thurn.

In der Hektik des Alltags kaufen viele nur noch einmal in der Woche ein: Am Samstag wird der Kühlschrank vollgestopft, aber in den nächsten Tagen kommt man erst spät nach Hause oder entscheidet sich spontan, doch einmal essen zu gehen. Und schon verkommt ein Teil der Waren. Wir sind es gewohnt, im Supermarkt zu jeder Tages- und Jahreszeit alles zu finden, was wir benötigen: Erdbeeren im Dezember und frisches Brot bis in die Nacht hinein. Das sorgfältig arrangierte Überangebot verführt uns, mehr zu kaufen, als wir letztendlich verarbeiten können. Genormte Warenoptik und eine unglaubliche Warenvielfalt erschlagen förmlich die Konsumenten. Im Kühlregal sollen wir uns zwischen über einhundert Joghurtsorten entscheiden, eine Auswahl, die nur zu oft im Kühlschrank verdirbt. Das System Supermarkt verlangt wachsenden Konsum, einen schnellen Warenumschlag und befördert eine Entfremdung des Konsumenten von den Erzeugern, die die Verschwendung weiter anheizt. Vieles wandert vom Kühlschrank direkt in den Mülleimer, ohne dass es überhaupt auf den Tisch gekommen ist, teilweise noch originalverpackt. Weil es schnell gehen muss, greifen viele Verbraucher gern zu vorgefertigtem Convenience Food mit geringer Haltbarkeit. Das, was von den portionierten Mengen übrigbleibt, wird einfach entsorgt. Denn sie haben es verlernt, wie aus den Resten einer Mahlzeit ein neues Essen zubereitet werden kann. Dabei haben sich auch die tradierten Formen des Essens gewandelt. Alles was mit Schmutz und Ekel bei der Essenszubereitung zu tun haben könnte, wird vermieden: Ein Fisch darf keinen Kopf mehr haben, die Hähnchenbrust nicht mehr an ihren tierischen Ursprung erinnern. Aufgrund unterschiedlicher Tagesabläufe und Arbeitszeiten wird gegessen, wann es sich gerade einrichten lässt und jeder isst, was ihm schmeckt. Niemand fühlt sich mehr dauerhaft für die Essensbeschaffung und -zubereitung zuständig. Das wird nach außen delegiert: an Fastfood-Ketten, Supermärkte, Restaurants, Fertiggerichte und Pizzabringdienste. Alles muss schnell gehen, darf nicht zur Last fallen und soll möglichst wenig Reinigungsaufwand nach sich ziehen.

Was der Norm nicht entspricht fliegt raus

Das System der Verschwendung fängt jedoch bereits auf dem Acker an. Das liegt vor allem an den Normen des Handels, die Form, Farbe und Größe von landwirtschaftlichen Erzeugnissen bestimmen. Viele denken bei Normen in erster Linie an die übertriebene Bürokratie der Europäischen Union. Das bekannteste Beispiel ist die Gurke, deren Krümmung bis 2009 von der EU geregelt wurde. Doch als Brüssel die Gurken-Norm abschaffte, hat der Handel die alten Standards einfach behalten. Auch heute gibt es keine krummen Gurken im Supermarkt. Denn es ist für den Transport und die Lagerung praktischer, wenn die Gurken schön gerade sind und dieselbe Länge haben. Den Verbrauchern wäre es eigentlich egal, sie würden auch krumme Gurken kaufen.

Bei optischen Macken ist es etwas anderes: Wir sind inzwischen gewohnt, dass das Obst und Gemüse im Supermarkt perfekt aussieht. Äpfel mit etwas

Schorf, Bananen mit braunen Flecken, unhandlich verzweigte Karotten – das würde im Supermarkt liegen bleiben. Die Städter wissen gar nicht mehr, wie unterschiedlich die Früchte auf dem Feld wachsen. Auch in der Form: Wir sind es gewohnt, dass wir Äpfel oder Kartoffeln immer in der gleichen Größe angeboten bekommen. Was nicht in das Raster passt oder kleine Macken hat, bleibt direkt auf dem Feld liegen oder wird auf dem Bauernhof aussortiert und im besten Fall an Tiere verfüttert, so der Bauer überhaupt noch welche hat. Bei Kartoffeln sind es rund vierzig bis 50 % der Ernte.[4] Belastbare Zahlen gibt es zum Wegwerfen in der Landwirtschaft nicht. Bei den Kochaktionen zum Kinostart von »Taste The Waste« sammelten wir bei vielen Bauern das nicht-normgerechte Gemüse ein, das sie nicht vermarkten konnten. Wir stellten überrascht fest, dass auch bei Kürbissen, Kohl, Paprika, Tomaten oder Karotten ein Anteil von einem Drittel bis zur Hälfte aussortiert wird, egal ob konventionell oder bio.

Die Handelsnormen haben nichts mit der Ernährungsqualität oder dem Geschmack der Lebensmittel zu tun, es geht nur um die Optik. Auf dem globalisierten Markt, auf dem Produkte oft über mehrere Kontinente hinweg gehandelt werden, bieten Normen natürlich Vorteile: Sie erleichtern dem Handel Produkte unbesehen bestellen zu können, da er dann besser weiß, was er erwarten kann. Doch das was nicht in diese Norm passt, kann der Landwirt bestenfalls noch auf einem lokalen Wochenmarkt verkaufen, das meiste aber muss er aussortieren.

Verschwendung weltweit

Jährlich werden rund 1,3 Milliarden Tonnen Nahrungsmittel umsonst produziert.[5] Die Welternährungsorganisation FAO kommt in einer Studie zu dem Schluss, dass es »effizienter ist, in der gesamten Wertschöpfungskette Verluste zu begrenzen, als mehr zu produzieren«. Damit rückt die FAO deutlich von ihrer bisherigen Position ab, das Hungerproblem einer steigenden Weltbevölkerung könne nur durch Produktionssteigerungen gelöst werden. Verschwendung und Hunger werden erstmalig in einen Zusammenhang gebracht.

Dem »food waste« (Lebensmittelverschwendung) in den Industrieländern steht der »food loss« (Nachernteverluste) in den Entwicklungsländern gegenüber, verursacht durch fehlende Kühl- und Lagerhäuser und schlechte Straßen. In den Entwicklungs- und Schwellenländern verderben bis zu 40 % der Nahrungsmittel, bevor sie überhaupt die Märkte erreichen. In Europa hingegen werden 40 % aller Lebensmittel auf Handels- oder Konsumentenebene ungenutzt entsorgt. Besonders krass ist der Unterschied, wenn man die Verbraucher betrachtet: Während sie in Europa und Nordamerika über einhundert Kilogramm pro Person und Jahr wegwerfen, sind es in Afrika südlich der Sahara weniger als zehn Kilogramm.[6]

---

4 Kreutzberger/Thurn.
5 FAO, Global Food Losses.
6 Ebd.

Doch damit nicht genug: Die Mechanismen, die bei uns zur Verschwendung führen, verschärfen anderswo auf der Welt das Hungerproblem – in den Ländern, die uns mit Lebensmitteln beliefern, sogar in doppelter Hinsicht. Auf der einen Seite können die Landwirte dort aufgrund der Handelsnormen nicht die ganze Ernte nutzen, so wird etwa ein Zehntel der Bananenernte schon auf der Plantage aussortiert. Auf der anderen Seite sorgen wir durch das Wegwerfen hier bei uns für einen Preisdruck auf dem Weltmarkt. Denn wenn wir mehr konsumieren, zum Teil auch nur für die Mülltonne, steigt die internationale Nachfrage nach beispielsweise Weizen, Mais und Reis und damit deren Preise. Und diese werden heute weltweit in ihrem Auf und Ab von den Börsen bestimmt.

Lebensmittelverschwendung wirkt sich auch enorm auf die natürlichen Ressourcen aus. Das Stockholm International Water Institute errechnete, dass ein Viertel des gesamten Wasserverbrauchs der Erde für die Produktion derjenigen Lebensmittel vergeudet wird, die schließlich vernichtet werden.[7]

Katastrophal sind auch die Folgen für das Weltklima, denn ein Drittel der anthropogen verursachten Klimagase wird von der Landwirtschaft produziert. Das bedeutet, dass rund 10 % der Klimagase nur auf das Konto unseres Lebensmittelmülls geht. Das ist in etwa der gesamte Ausstoß des weltweiten Transportsektors, Schiffe, Flugzeuge und Autos zusammengenommen. Diese Größenordnung wurde bisher völlig unterschätzt. Ohne große Einbußen beim Lebensstandard könnten wir allein bei einer Halbierung der Lebensmittelverschwendung etwa ebenso viele Klimagase einsparen, wie wenn wir jedes zweite Auto stilllegen würden.

Ein Großteil unserer Lebensmittelvernichtung ist unnötig und vermeidbar. Angesichts schwindender Ressourcen setzt sich nun langsam die Einsicht »RRR« durch: reduce – redistribute – recycle, auf Deutsch: reduzieren, umverteilen und wiederaufbereiten, anstatt eine Produktion anzuheizen, die später doch nur weggeschmissen wird. In Entwicklungsländern gilt es vor allem die Nachernteverluste durch bessere Infrastruktur, verbesserte Kühlketten aber auch fairen Marktzugang von Kleinproduzenten und den Aufbau effektiverer Wertschöpfungsketten zu minimieren. Dabei geht es nicht nur um fehlende Technik. Agrarsubventionen, die nicht einer nachhaltigen Landwirtschaft dienen, müssen abgeschafft, Qualitätsnormen, die nur den Interessen von Transport- und Verarbeitungsindustrie geschuldet sind, abgebaut werden.

Datenlage in Deutschland nach wie vor unzureichend

Für eine genaue Quantifizierung der Lebensmittelabfälle in Deutschland ist die Datenlage nach wie vor unzureichend, und dies trotz mehrerer wissenschaftlicher Studien der letzten Jahre. Häufig sind die spezifischen Abfallmengen der

---

7 Jan Lundqvist u. a., Saving Water, From Field to Fork – Curbing Losses and Wastage in the Food Chain, Stockholm 2008.

einzelnen Branchen entlang der gesamten Lebensmittelkette unbekannt bzw. werden valide Daten der Öffentlichkeit nicht zugänglich gemacht. In Deutschland hat das Landwirtschafts- und Verbraucherministerium 2011 in Reaktion auf unsere Filme »Frisch auf den Müll« und »Taste the Waste« sowie unser gemeinsames Sachbuch »Die Essensvernichter« eine Studie bei der Uni Stuttgart in Auftrag gegeben.[8] Sie sollte ermitteln, an welchen Stellen wie viel verschwendet wird. Diese bis dahin erste umfassende deutsche Studie wurde Ende März 2012 zum Start der Kampagne des Ministeriums »Zu gut für die Tonne« veröffentlicht. Sie kommt zu dem Ergebnis, dass in Deutschland knapp elf Millionen Tonnen Lebensmittel pro Jahr im Müll landen. Zusammenfassend heißt es, dass rund 61 % davon aus den Privathaushalten stammen, 17 % von Großverbrauchern, 17 % aus der Lebensmittelindustrie und 5 % im Handel anfallen. Diese Verteilung verzerrt allerdings das reale Bild erheblich. In der Pressemitteilung des Ministeriums hieß es dann auch: »Für 61 % der Lebensmittelabfälle sind die Verbraucher verantwortlich«, und diese Angabe wurde auch kritiklos in vielen Artikeln und Pressemeldungen übernommen. Doch die Aussage ist falsch, auch wenn sie so gewollt war. Die Prozentangabe bezieht sich auf die berechneten jährlichen Lebensmittelentsorgungen bei Industrie, Handel, Großverbrauchern und in Privathaushalten. Aber ein wesentlicher Bereich wurde dabei bewusst nicht erfasst, so der Auftrag des Ministeriums: Die Landwirtschaft. Diese sollte später untersucht werden. Dazu kommt, dass weder der Handel noch die Industrie die Forscher in ihre Tonnen schauen ließen. In der Studie werden deshalb nur Schätzwerte genannt. Beim Handel etwa halten die Wissenschaftler eine Bandbreite von 450.000 bis 4,5 Millionen Tonnen »Ausschuss« für möglich. Bei der Industrie ist die angegebene Bandbreite der möglichen Abfallmenge noch größer: 210.000 bis 4,58 Millionen Tonnen pro Jahr – das ist mehr als das Zwanzigfache und damit die größte Unschärfe der Studie.

Vor diesem Hintergrund ist es kontraproduktiv, dem Verbraucher die Hauptschuld zuzuschieben. Bereits vorhandene Studien aus unseren Nachbarländern oder der EU kamen auf Werte um 40–45 % für die Verbraucher.[9] Dies ist realistisch und ergibt sich auch für Deutschland, wenn man die Landwirtschaft (mit geschätzten vier bis fünf Millionen Tonnen) einbezieht. Der Endverbraucheranteil ist natürlich immer noch sehr hoch, aber es ändert die Optik, denn dann muss man feststellen: Das meiste wird weggeworfen, bevor es die Verbraucher erreicht. Und daraus folgt, dass das Problem nur durch gemeinsame Anstrengungen entlang der ganzen Produktions- und Verwertungskette gelöst werden kann.

Trotz der im Jahr 2013 nachgeholten Untersuchung in der Landwirtschaft besteht immer noch keine Klarheit, wie viel Nahrungsmittel in der landwirtschaft-

---

8 ISWA, Ermittlung der weggeworfenen Lebensmittelmengen und Vorschläge zur Verminderung der Wegwerfrate bei Lebensmitteln in Deutschland, Stuttgart 2012.
9 EU-Studie zitiert nach: Kreutzberger/Thurn; weitere Studien siehe Lundqvist u. a. sowie das britische »Waste Ressource Action Programme« (WRAP): http://www.wrap.org.uk/.

lichen Urproduktion für den Verzehr »verloren« gehen.[10] Es wurden tatsächlich nur vier Produktgruppen untersucht: Die Schätzungen belaufen sich auf ca. 1,5 Millionen Tonnen bei Getreide, Kartoffeln, Äpfel, Möhren. Dabei wurde als »Verlust« jedoch nur das Erntegut erfasst, das unwiederbringlich verloren geht, etwa durch Verderb oder Totalausfall, und das keiner alternativen Verwendungsmöglichkeit zugeführt werden kann. Alles was bereits auf dem Feld untergepflügt wird, wurde somit nicht erfasst. Was darüber hinaus zu Tierfutter verarbeitet, energetisch verwertet in die Biogasanlage kommt oder verfeuert wird, wurde nicht berücksichtigt. Somit liegen immer noch keine Daten vor, wie hoch der Prozentsatz der Nahrungsmittel ist, der in die Energieerzeugung geht, nur weil diese bestimmte Anforderungen nicht erfüllen. Laut Schätzungen werden nur 46 %des angebauten Obstes und Gemüses sowie 52 % der Wurzeln und Knollen tatsächlich auch von Menschen gegessen.

Der Konsument ist nicht der Hauptverursacher

Ein weitaus realistischeres Bild des Wegwerfwahnsinns und der damit einhergehenden ungeheuren Ressourcenverschwendung zeichnet eine Studie von Mitte 2015 des WWF Deutschland mit dem Titel »Das große Wegschmeißen«.[11] Hier wird endlich einmal aus unabhängiger Sicht die gesamte Lebensmittelkette vom Acker bis zum Teller betrachtet. Demnach landen über 18 Millionen Tonnen an Lebensmitteln pro Jahr in Deutschland in der Tonne. Dies entspricht fast einem Drittel des aktuellen Nahrungsmittelverbrauchs von 54,5 Millionen Tonnen. Der überwiegende Teil dieser Lebensmittelabfälle wäre, so der WWF, bereits heute vermeidbar. Insgesamt fast zehn Millionen Tonnen an genusstauglichen Nahrungsmitteln, die unter hohem Arbeits- und Ressourcenaufwand produziert worden sind, landen demnach irgendwo entlang der Wertschöpfungskette oder beim Endverbraucher im Müll. Besonders hoch sind dabei die Tonnagen an vermeidbaren Verlusten bei Getreideerzeugnissen mit knapp zwei Millionen Tonnen (vor allem Brot und Backwaren) sowie bei Obst und Gemüse mit jeweils ca. 1,5 Millionen Tonnen. Auch Kartoffeln und Milcherzeugnisse gehen mit jeweils über einer Million Tonnen in einem beachtlichen Ausmaß verloren. Das bedeutet: Pro Sekunde landen unnötigerweise 313 Kilo genießbare Nahrungsmittel im Müll.

Die Studie untersucht darüber hinaus auch die Folgen auf die Ressourcen, die verbrauchten Bodenflächen und die Klimaauswirkungen unserer Verschwendung. Rechnet man die zehn Millionen Tonnen an vermeidbaren Verlusten in den damit einhergehenden Flächenfußabdruck um, so wird eine Fläche von über 2,6 Millionen Hektar mit Agrarrohstoffen angebaut, nur um diese nach der Ernte irgendwo entlang der Wertschöpfungskette zu entsorgen. Dies entspricht

---

10 Max Rubner Institut u. a., Einschätzung der pflanzlichen Lebensmittelverluste im Bereich der landwirtschaftlichen Urproduktion, Braunschweig 2013.
11 WWF Deutschland, Das große Wegschmeißen, Berlin 2015.

fast 15 % der gesamten Fläche, die wir für die Erzeugung der Agrarrohstoffe für unsere Ernährung benötigen. Auch der Effekt auf das Klima ist erheblich. Denn die vermeidbaren Lebensmittelabfälle sind mit einem je nach Produkt unterschiedlich hohen Klimafußabdruck verbunden – angefangen bei Treibhausgasemissionen, die bei der Düngung frei werden, über den Transport, die Lagerung, die Kühlung und die Weiterverarbeitung bis hin zur Entsorgung. Umgerechnet, so der WWF, entspräche dies einem Ausstoß von Treibhausgasen von fast 22 Millionen Tonnen. Das ist in etwa ein Drittel der gesamten landwirtschaftlichen Emissionen unseres Landes und entspricht allein dem Doppelten des Klimagasausstoßes der deutschen Abfallwirtschaft.

Unser Flächenfußabdruck wirkt global: Da wir insbesondere für den Anbau von Soja in Lateinamerika allein zur deutschen Tiermast eine Fläche so groß wie Hessen belegen, würde eine deutliche Reduzierung der Lebensmittelverschwendung auch eine Verringerung ernährungsbedingter Landnutzungsänderungen im globalen Maßstab bewirken. Dies ist für den Klimaschutz von erheblicher Bedeutung, da die Rodung von Wäldern und folgende Monokulturen mit einer enormen Freisetzung von Kohlendioxid verbunden sind. Nach Berechnungen des WWF könnten hierdurch Einsparungen von noch einmal über 26 Millionen Tonnen Kohlendioxid erreicht werden.

Auch wenn die WWF-Studie für Deutschland keine Angaben zu den nicht geernteten und bereits auf dem Feld untergepflügten Mengen an Salat und Gemüse geben kann, rückt sie ausdrücklich die Verhältnisse gerade: Die Lebensmittelverluste entlang der Wertschöpfungskette entstehen zu 61 % vom Produzenten bis zum Großverbraucher und zu 39 % beim Endverbraucher. In jedem Bereich bestünden große Einsparpotentiale – etwa durch verbessertes Management, nachhaltigere Marketingstrategien und zu verändernde Konsumgewohnheiten.

Eine andere Studie, die auf Initiative des Landes NRW 2012 von der FH Münster erstellt wurde, zeigt deutlich, dass echte Lösungen nur entstehen können, wenn man in der gesamten Produktionskette zusammenarbeitet und gemeinsam nach Lösungen sucht.[12] Wenn sich beispielsweise Supermärkte »just in time« beliefern lassen, dann verlagert das die Müllproblematik nur auf die Transporteure, die viel mehr Ware vorhalten müssen, um diesen Anforderungen gerecht zu werden. Folge: Die Supermärkte haben weniger Überschüsse, die Lkw-Speditionen aber umso mehr.

Politische Weichenstellungen sind dringend notwendig

Das EU-Parlament forderte im Januar 2012 konkrete Maßnahmen, um die Lebensmittelverschwendung in der EU bis 2025 um die Hälfte zu verringern und einkommensschwachen Haushalten den Zugang zu Lebensmitteln zu erleichtern.

---

12 ISUN, Verringerung von Lebensmittelabfällen – Identifikation von Ursachen und Handlungsoptionen in Nordrhein-Westfalen, Münster 2012.

Hierzu bedürfe es »einer gemeinsamen koordinierten Strategie auf EU- und nationaler Ebene, die jeden Sektor einbezieht« und entsprechender Aufklärungskampagnen. Das Jahr 2014 sollte dann zum »Europäischen Jahr gegen Lebensmittelverschwendung« werden. Die EUKommission hat diesen Vorschlag des Parlaments aber nicht umgesetzt. Das ohnehin schon ehrgeizige Ziel wurde dann 2013 von der ehemaligen deutschen Landwirtschaftsministerin Ilse Aigner sogar noch verkürzt, sie wollte dass Deutschland seine Lebensmittel-Verschwendung schon bis zum Jahr 2020 halbiert. Wie sie das allerdings in den wenigen verbleibenden Jahren erreichen wollte, sagte sie nicht. Das Ministerium hat sich bewusst entschieden, bei seiner Kampagne »Zu gut für die Tonne« vorrangig den Endverbraucher anzusprechen. Die Ministeriumsaktion hat dabei keine festgelegten Zielvorgaben und verfügt auch nicht über ein umfassendes Monitoring-System. Neben einem bereits 2012 erfolgten fraktionsübergreifenden Antrag des Bundestages zur Reduzierung von Lebensmittelabfällen, liegen somit keine wesentlichen Aktivitäten vor. Die Bundesregierung hat bislang keine schlüssige Strategie vorgelegt, wie die Reduzierung der Lebensmittelverschwendung um 50 % bis 2020 erreicht werden soll. In der Bundestagsentschließung »Lebensmittelverluste reduzieren« von Mitte Oktober 2012 blieb es leider beim Appell: »Es sollte eine Vereinbarung mit der Wirtschaft getroffen werden, die branchenspezifische Zielmarken zur Reduzierung des Abfalls vorgibt und somit einen Anreiz für die Unternehmen schafft, selbst Lösungen zu entwickeln.«[13] Ein offener Dialogprozess sollte eingeleitet, 2013 ein Runder Tisch eingerichtet und ein Ideenwettbewerb gestartet werden – aber keine ernsthaften Kontrollen stattfinden, keine Verbindlichkeiten, keine Verpflichtungen eingegangen und keine klaren Vorgaben eingehalten werden.

Der Blick ins europäische Ausland zeigt hingegen, dass in einigen Staaten die Diskussion bereits sehr viel weiter gediehen ist als in Deutschland. Allen voran Großbritannien, wo die Regierung mit den Wirtschaftsverbänden bereits Zielvereinbarungen über die Müllreduzierung getroffen hat. Die Briten sind zwar sonst nicht gerade als Öko-Vorreiter bekannt. Aber vielleicht liegt es genau daran. Denn immer noch deponieren sie einen großen Teil ihrer Abfälle auf Müllkippen. Und die sind randvoll, zudem droht die EU mit Millionen-Strafzahlungen. Beides hat eine Dringlichkeit geschaffen, unter der schon 2007 die Regierung von Gordon Brown drastische Gegenmaßnahmen beschloss. Um eine Verringerung der Müllmengen zu erreichen, gründete die britische Regierung das »Waste Resources Action Programme« (WRAP). Es führte detaillierte Studien durch, die nachwiesen, wie viele kostbare Ressourcen unnötig verschleudert werden, und führte Kampagnen durch, die zeigten, wie relativ einfach es ist, weniger wegzuwerfen.

Die britischen Bemühungen verschonten auch die Unternehmen nicht. Die Regierung holte sie mit sanftem Druck an den Verhandlungstisch, indem sie mit

---

13 Deutscher Bundestag, Lebensmittelverluste reduzieren, Bundestagsdrucksache 17/10987, Berlin 2012.

gesetzlichen Regulierungen drohte. Mit Erfolg: Im »Courtauld Committment« verpflichteten sich die Lebensmittel-Unternehmen zu einer Müll-Reduzierung um 5 % in zwei Jahren.[14] Zum Bedauern vieler Umweltpolitiker gab es jedoch keine Straf-Androhung, falls dieses Ziel nicht erreicht wird. Einziges Druckmittel war, dass die Unternehmen blamiert wären. Und das reichte offenbar: Industrie und Handel schafften die angepeilten 5 %. Diese Bemühungen haben auch den Regierungswechsel von Labour zu den Tories überdauert. Die konservative Regierung verhandelt nun auch mit der Gastronomie-Branche über ein weiteres »Courtauld Committment«.

Scharnierfunktion Supermarkt

Produzenten und Handel haben ein nachvollziehbares ökonomisches Interesse daran, so schnell wie möglich und so viel wie möglich an Waren abzusetzen. Sie wissen, dass wir Verbraucher mehr kaufen, wenn die Regale voll sind und die Waren möglichst perfekt aussehen. Eine massenhafte Verschwendung und Vernichtung nehmen sie dabei in Kauf. Die Kosten für die Aussortierung und Vernichtung derjenigen Waren, die nicht mehr verkauft werden können, sind zudem bereits in die Warenpreise einkalkuliert. Es besteht also in erster Linie kein wirtschaftlicher Anreiz an einem Stopp von Überfluss und Verschwendung. Im Gegenteil muss die Befürchtung bestehen, dass ein gesellschaftliches Umdenken und eine Halbierung der Lebensmittelverschwendung auch zu einer Reduzierung der Absatzmöglichkeiten und damit zu finanziellen Verlusten führen kann. Wenn wir Verbraucher weniger wegwerfen, haben Handel und Industrie weniger Umsatz. Andererseits leiden vor allem diejenigen, die Qualitätsware produzieren und verkaufen, unter dem ständigen Preisdruck. Sie haben deshalb ein Interesse, die Preisspirale nach unten zu stoppen und würden von einer höheren Wertschätzung für Lebensmittel profitieren. Diese Unternehmen sind daher eher bereit dazu, das Umsatz-Minus in Kauf zu nehmen, weil sie die Verluste mit höheren Preisen für bessere Qualität wettmachen können. Zudem können sie durch Schritte gegen die Lebensmittelverschwendung auch ihr Image verbessern.

Die Supermärkte spielen eine zentrale Rolle bei der Verringerung der Lebensmittelverschwendung. Zum einen schmeißen sie selbst tonnenweise essbare Lebensmittel weg, zum anderen haben sie in der Geschichte des großen Wegwerfens eine Scharnierfunktion: Sie entscheiden durch ihre Beschaffungspraxis mit darüber, wie viel Gemüse und Salat als unverkäuflich auf den Äckern verbleibt. Durch ihre Werbung und Kaufanreize mittels Sonderangeboten und Großgebinden steuern sie, was und wieviel Verbraucher mehr nach Hause tragen, als sie eigentlich benötigen. Sie heizen in der Regel den Konsumrausch an und verschärfen die Überproduktion entlang der gesamten Produktionskette. Doch es geht auch anders. Eine Supermarktkette in den Niederlanden hatte eine geniale

14 Kreutzberger/Thurn.

Idee: Kunden, die ein Produkt mit einer Ablauffrist von unter zwei Tagen im Regal entdecken, dürfen ihren Fund umsonst mitnehmen. Ein origineller Einfall, der die Optik umdreht: Die Kunden suchen nicht mehr nach Produkten mit möglichst langem Haltbarkeitsdatum, sondern sie machen es sich zum Sport, Lebensmittel mitzunehmen, die sonst mit großer Wahrscheinlichkeit vernichtet worden wären. Hierzulande sind solche Ideen noch nicht verbreitet. Einige Supermärkte reduzieren immerhin die Preise für Waren kurz vor Ablauf oder mit leichten Beschädigungen. Die meisten Händler aber scheuen das Verramschen, weil sie befürchten, sich damit die Preise kaputtzumachen.

Auch in Zeiten der Krise scheint es für die durchaus scharf kalkulierenden Unternehmen rentabler zu sein, Überschuss für die Mülltonne zu produzieren. Denn schlimmer als Wegwerfen ist es, Kunden an die Konkurrenz zu verlieren. Angesichts des immensen Wettbewerbsdrucks des Lebensmittelhandels ist das Risiko hoch. Die Befürchtung: Kunden könnten wegbleiben, weil sie nicht zu jeder Tageszeit die gesamte Produktpalette angeboten bekommen.

Ein besonders dramatisches Beispiel ist das Brot: Kein anderes Produkt wird in so großen Mengen weggeworfen. Eine Durchschnitts-Bäckerei wirft zehn bis 20 % ihrer Tagesproduktion weg und liefert den Ausschuss im besten Fall an eine Tafel oder einen Tierfutterhersteller. Die Verschwendung ist immens – jährlich werden in Europa drei Millionen Tonnen Brot weggeworfen. Damit könnte ganz Spanien versorgt werden! Damit diese Lebensmittelvernichtung funktioniert, treffen die Handelsketten mit den Bäckern Kommissionsvereinbarungen – alles, was nicht verkauft wird, muss zurückgenommen werden. In Knebelverträgen verlangen sie darüber hinaus volle Brotregale bis Ladenschluss. Die Verbraucher sind dabei nicht unschuldig. Denn, Hand aufs Herz: Wenn ein Bäcker am späten Nachmittag nur noch ein reduziertes Angebot hat, gehen wir dann nicht lieber zur Konkurrenz, wo wir unser Lieblingsbrot noch finden? Die Folge ist simpel: Je größer die Auswahl in den Läden und je länger ihre Öffnungszeiten sind, desto größer ist auch die Verschwendung.

Teilen statt wegwerfen

Aus der Einsicht heraus, dass jeder Einzelne etwas gegen den Wegwerfwahnsinn machen kann und rasch auch tun sollte, haben wir im Sommer 2012 einen Verein mit dem Namen *foodsharing* zum Teilen von Lebensmitteln gegründet. Über eine Crowdfunding-Kampagne im Internet sammelten wir ausreichend Gelder zum Aufbau einer Internetplattform, über die Konsumenten ihre zu viel eingekauften Lebensmittel auf privater Ebene unentgeltlich verteilen können. Im Dezember 2012 fiel der Startschuss zu dieser Plattform, die sich innerhalb kurzer Zeit solchem Zuspruch erfreute, dass heute bereits über 100.000 Menschen sie regelmäßig nutzen und bereits tausende Tonnen Lebensmittel vor der Tonne retteten. Doch damit nicht genug: Neben dieser privaten Form der Essensrettung ist auch eine Bewegung von vorwiegend jungen »food savern« entstanden, die aktiv bei Supermärkten, in Restaurants und teilweise auch Großmärkten regelmäßig gute, aber zum Wegwurf bestimmte Lebensmittel abholen und in ihrem Freundeskreis, in Kindergärten und Altenheimen verteilen. Seit Mai 2013 haben sich bereits über 10.000 ehrenamtliche Menschen, die etwas gegen die Lebensmittelverschwendung unternehmen wollen, angemeldet und tausende Freiwillige von ihnen retten schon aktiv in rund 1.000 Betrieben. Über dreihundert Botschafter und Botschafterinnen sowie Betriebsverantwortliche koordinieren auf lokaler Ebene die Foodsaver und Freiwilligen in den jeweiligen Regionen, Städten und Bundesländern. Die Plattform *foodsharing* basiert zu 100 % auf ehrenamtlichem und unentgeltlichem Engagement. Ein bundesweites Organisationsteam von dreißig Menschen hat in nun mehrjähriger Entwicklung das Konzept erarbeitet, verbessert und weiterentwickelt. Um nicht in eine womögliche Konkurrenz zu der karitativen Arbeit der Deutschen Tafeln zu kommen, vereinbarte man im März 2015 eine umfassende Kooperationsvereinbarung mit deren Bundesverband.

Gesetzlicher Wegwerfstopp notwendig

Tafeln und Foodsaver haben bei allem Engagement bislang nur einen kleinen Teil der Überproduktion retten können. Solange es für den Handel rentabler ist, Ware wegzuwerfen, anstatt ihren Preis kurz vor Erreichen des MHD herunterzusetzen, wird er es auch tun. Deshalb sollte die Politik Regelungen treffen, damit die Unternehmen die wertvollen Lebensmittel preiswerter abgeben, der lokalen Tafel und den Essensrettern von *foodsharing* spenden oder an Kunden oder Mitarbeiter verschenken, anstatt sie in die Mülltonnen zu stopfen. Mit einer Erhöhung der Müllgebühren allein ist es dabei nicht getan.

Ausgerechnet die Amerikaner gingen hier mit gutem Beispiel voran: Der US-Bundesstaat Massachusetts hat Ende 2012 ein Gesetz erlassen, dass Unternehmen dazu verpflichtet, ihre Lebensmittel-Überschüsse entweder an karitative Organisationen zu spenden oder dem Recycling zuzuführen.

Das wallonische Parlament verabschiedete im März 2014 ebenfalls ein Gesetz, dass große Supermärkte gesetzlich verpflichtet, ihre unverkäufliche Ware karitativen Organisationen zu überlassen. Alles noch Verzehrbare darf nicht mehr weggeworfen werden. Ansonsten drohen harte Konsequenzen bis hin zum Verlust der Verkaufslizenz.

Dem Beispiel des kleinen belgischen Nachbarn folgte im Mai 2015 nun Frankreich. Die Umweltministerin hat einen Wegwerfstopp für Supermärkte zum Gesetz gemacht. Die Nationalversammlung stimmte dafür, Lebensmittelhändlern zu verbieten, unverkaufte Ware einfach wegzuwerfen. Unverkauftes soll gespendet werden, es kann auch als Tiernahrung oder als Kompost für die Landwirtschaft zum Einsatz kommen. Verboten ist es in Frankreich künftig auch, essbare Lebensmittel für den Konsum ungeeignet zu machen, zum Beispiel durch den Einsatz von Chlor. Größere Supermärkte (ab vierhundert Quadratmetern) müssen einen Vertrag mit einer karitativen Organisation über die Abgabe von Lebensmittelspenden schließen. Das Thema soll auch im Schulunterricht eine wichtige Rolle spielen.

Die Bundesregierung hat bereits verkünden lassen, dass sie eine solche gesetzliche Regelung für Deutschland nicht in Erwägung zieht. Hier würden ja schon viele Supermärkte ihre Überschüsse an die Tafeln und andere karitative Einrichtungen geben. Das hiermit allerdings nur ein Bruchteil der Gesamtmasse vor der Tonne gerettet werden kann, wird ausgeblendet.

Gemeinsam mit der *Aktion Agrar* und der *SlowFood*-Jugend Deutschland haben wir als *foodsharing*-Bewegung daher im Juni 2015 eine Kampagne »Leere Tonne« gestartet und eine Petition an die Fraktionsführer im Deutschen Bundestag gerichtet, die einen gesetzlichen Wegwerfstopp des Handels fordert. Supermärkte und andere Lebensmittelhändler sind demnach zu verpflichten, alle unverkäuflichen, aber noch genießbaren Lebensmittel an Organisationen abzugeben, die dem Gemeinwohl verpflichtet sind, oder ihren Mitarbeitern oder Kunden zu schenken. Was nicht mehr für den menschlichen Verzehr geeignet ist, sollte an Tiere verfüttert werden. Kompostierung und »Energetische Verwertung«, wie die Verbrennung oder Vergärung zu Biogas, soll nur möglich sein, wenn die Lebensmittel weder für Mensch noch Tier geeignet sind.

Ein derartiger Wegwerfstopp kann nur ein wichtiger Schritt unter mehreren sein. Weitere Graubereiche müssen reguliert und andere aber auch gelockert werden. Ein Festhalten an überflüssigen, rein optischen, Handelsnormen, das zu fortgesetzter Vernichtung von guten Lebensmitteln führt, ist nicht länger hinzunehmen. Eine durch Vorschriften und Qualitätsstandards gesetzte Verpflichtung der Gastronomie, bei der Speisenzubereitung nur Produkte verwenden zu dürfen, die das MHD noch nicht erreicht haben, ist unsinnig und führt zu enormer Verschwendung in diesem Bereich. Köche als Fachleute können besser als jeder andere die Güte und Qualität von Lebensmitteln beurteilen. Unangetastete Reste von Büfetts und aus Kantinen und Mensen sollten weiterverwendet werden dürfen, wenn die normalen Hygienestandards gewährleistet sind. Darüber hinaus sollte das Verfütterungsverbot von Speiseresten an Schweine und Geflügel wieder aufgehoben werden, wenn eine ausreichende vorherige Erhitzung sichergestellt ist. Eine Kriminalisierung von Menschen, die aktiv Lebensmittel vor der Tonne retten und eine in Haftung nehmende Rechtsprechung von Menschen, die gerettete Waren teilen und unentgeltlich weitergeben, muss ausgeschlossen sein.

Produktion und Handel in den Fokus nehmen

Neben dem eigenen Handeln als Konsument und Foodsaver war es uns von Anfang an wichtig, gerade die ansonsten bewusst ausgeblendeten Bereiche der landwirtschaftlichen Erzeugung, der industriellen Produktion, des Transportwesens, des Groß- und Einzelhandels sowie der Gastronomie und des Außer-

Haus-Verkaufs in den Fokus künftiger Veränderung zu stellen. Bereits bei unserer Anhörung als Sachverständige beim zuständigen Bundestagsausschuss im April 2012 haben wir dies bei unserer Kritik an der schleppenden politischen Wahrnehmung des Themas in den Vordergrund gestellt. Bereits seit Mai 2011 bemühten wir uns um den Aufbau eines außerparlamentarischen Aktionsbündnisses zwischen Umweltorganisationen, sozialen Initiativen und bewusst auch Organisationen der Entwicklungszusammenarbeit. Nach einer anfänglichen Kooperation mit dem Deutschen Naturschutzring gelang es uns als Initiatoren ab März 2012 die Deutsche Welthungerhilfe, den WWF Deutschland, den Bundesverband der Tafeln, die Verbraucherzentrale NRW sowie später auch die Gastronomieinitiative *United Against Waste* zu einer gemeinsamen Kampagne mit *foodsharing* zu bewegen. Im November 2013 bewilligte dann die Deutsche Bundesstiftung Umwelt (DBU) einen auf zwei Jahre angelegten Förderantrag für die Initiative »Genießt uns!«. Die organisatorische Steuerung übernahmen der WWF und die Welthungerhilfe. Die Initiative einigte sich auf ein Positionspapier und forderte die Politik auf, den fraktionsübergreifenden Antrag »Lebensmittelverluste reduzieren« aus dem Jahr 2012 endlich in einen verbindlichen Aktionsplan zu verwandeln. Höhepunkte der Initiative waren eine kostenlose Speisung von 2.500 Menschen Anfang Juli 2015 in Berlin unter dem Titel »Essensretterbrunch« und ein deutschlandweiter Wettbewerb für Unternehmen, die sich beispielhaft für die Reduzierung der Lebensmittelabfälle einsetzen. Im Oktober 2015 fand die Preisverleihung unter rund dreißig Bewerbern in Köln statt. Wissenschaftlich begleitet wird »Genießt uns!« vom Institut für Nachhaltige Ernährung und Ernährungswirtschaft (iSuN) der Fachhochschule Münster und durch einen ehrenamtlichen Beirat unterstützt, der auch Ernährungsexperten einiger im Bundestag vertretener Parteien umfasst.

Neben einer validen statistischen Erfassung der Lebensmittel-Abfälle in allen Bereichen fordert »Genießt uns!« von der Bundesregierung einen Aktionsplan zur Erstellung einer nationalen Strategie gegen Lebensmittelverschwendung unter Berücksichtigung der gesamten Wertschöpfungskette. Eine Strategie, die von verschiedenen Ressorts der Bundesregierung in ihren jeweiligen Fachbereichen vorangetrieben werden solle. Die Initiative unterstützt eine entsprechende vom WWF eingebrachte Petition an den Landwirtschaftsminister und den Bundestag, für die kommenden Bundeshaushalte einen eigenen – finanziell gut ausgestatteten – mehrjährigen Haushaltstitel zur Reduzierung der Lebensmittelverschwendung einzurichten; insbesondere für die Umsetzung des nationalen Aktionsplans. Eine neu zu schaffende nationale Koordinierungsstelle soll im Detail die Vorgehensweise bzw. einen ressortübergreifenden Aktionsplan erarbeiten, der darlegt, welche Schritte wann, wie und mit welchen Institutionen bzw. Akteuren notwendig sind, um nachweislich das Ziel zu erreichen, bis zum Jahr 2020 die Hälfte der Lebensmittelabfälle zu vermeiden.

Regional und urban

Carola Strassner

Nachhaltige regionale Ernährungssysteme

Region

Der Begriff »Region« ist vielschichtig und wird in vielen Bereichen, von Wirtschaft und Handel, bis hin zur Wissenschaft und Alltagssprache verwendet.[1] Zurückgegriffen wird häufig auf Ansätze aus den Bereichen der Geografie, Landschaftspflege, Raumplanung, Handlungstheorie oder Erfahrungswissenschaft.[2]

Den Versuch im Kontext der Nachhaltigkeitsdebatte, eine einzelne übergreifende Definition von *Region* herbeizuführen, ist nicht nur schwer machbar, sondern muss sich mit der Frage nach dessen Sinnhaftigkeit auseinandersetzen. Region wird je nach Zielvorstellung anders definiert. Grundlegend lässt sich feststellen, dass eine Region

»als eine gewissermaßen homogene Einheit wahrgenommen [wird], die sich durch bestimmte Eigenschaften von den angrenzenden Gebieten unterscheidet.«[3]

Geografisch betrachtet, ist die Region eine räumliche Einheit, die sich vom Größenverhältnis unter der nationalen und über der kommunalen Ebene befindet. Darunter fallen beispielsweise Bundesländer, Landkreise, Landschaftsräume oder ähnliches, wenn sie sich von ihrer Struktur oder Funktion nach außen abgrenzen lassen.[4]

Den Regionsbegriff nicht nur geografisch sondern auch funktional zu betrachten, schlägt Gerolf Hanke vor. Er definiert die Region als

»ein[en] kleinstmögliche[n] geographische[n] und soziale[n] Raum, der potenziell in der Lage ist, als autarke Einheit sein eigenes ökonomisches Bestehen auf einem angemessenen Wohlstandsniveau nachhaltig zu gewährleisten.«[5]

---

1 FiBL Deutschland/MGH Gutes aus Hessen, Entwicklung von Kriterien für ein bundesweites Regionalsiegel. Gutachten im Auftrag des Bundesministeriums für Ernährung, Landwirtschaft und Verbraucherschutz, Frankfurt a. M. 2012, S. 22. Verfügbar unter: http://www.bmel.de/SharedDocs/Downloads/Ernaehrung/Kennzeichnung/Regionalsiegel-Gutachten.pdf?__blob=publicationFile [letzter Zugriff: 18.03.2015].
2 Dieter Czech u. a., Ansatzpunkte für eine regionale Nahrungsmittelversorgung, Göttingen 2002, S. 10. Verfügbar unter: http://www.asg-goe.de/pdf/endberichtinternet.pdf [letzter Zugriff: 27.03.2015].
3 FiBL Deutschland/MGH Gutes aus Hessen, S. 22.
4 Vgl. Ebd., S. 22.
5 Gerolf Hanke, Regionalisierung als Abkehr vom Fortschrittsdenken?, Freiburg i. Br. 2012, S. 57. Verfügbar unter: http://www.make-sense.org/fileadmin/Daten-Selbach/Allgemein/Hanke-Magisterarbeit.pdf [letzter Zugriff: 17.03.2015].

Mit einer autarken ökonomischen Einheit meint Hanke eine abgrenzbare Wirtschaftsformation, die die Grundbedürfnisse der zugehörigen Menschen decken kann, ohne zusätzliche Güter importieren zu müssen. Die erforderliche Größe ist von mehreren Faktoren abhängig, u. a. den naturräumlichen Gegebenheiten, der Besiedlungs- und Sozialstruktur und den Bedürfnissen der ansässigen Menschen. Hankes Einschätzung nach, beträgt die erforderliche Größe einer Region im Sinne einer autarken ökonomischen Einheit deutlich weniger als die der meisten Nationalstaaten.[6] Die tatsächliche Abgrenzung erfolgt meist pragmatisch, aufgrund von politisch-administrativen Grenzen, natürlichen landschaftlichen Grenzen oder aufgrund von Entfernungen.[7] Der Austausch mit anderen Wirtschaftseinheiten oder politischen Zusammenschlüssen ist nach Hanke notwendig, da einige Produkte nur global herstellbar oder Probleme nur überregional lösbar sind. Wichtig ist aber, dass die Region autark funktionieren und bestehen kann, ohne existentiell abhängig zu sein.[8] Hanke fasst zusammen, dass eine Region

»die kleinste, in sich funktions- und überlebensfähige Einheit eines selbstverständlich in Austausch befindlichen globalen Ganzen«

sei.[9]

Bei der Anwendung der Begrifflichkeit *Region* und dessen Abwandlungen auf Lebensmittel bzw. die Ernährung steigt die Unübersichtlichkeit. Hinzu kommt, dass der Regionsbegriff bis kürzlich fast ausschließlich als eine Produkteigenschaft oder der Versuch einer geografischen Bezugsherstellung zur Erzeugung verstanden wurde. Wird für Produkte damit geworben, dass sie aus *der Region* kommen, ist es wichtig festzuhalten, dass die Verwendung des Begriffs in der Regel nicht geschützt ist. Besonders bei Produkten, die aus mehreren Rohstoffen hergestellt werden, ist häufig nicht klar, auf welchen Teil des Produktes sich das Versprechen *aus der Region* bezieht.[10] Dass es sich bei einer Regionsbetrachtung in der Ernährung auch um einen Systemansatz handeln kann, wird erst durch die stärkere Betrachtung städtischer Räume als Folge des ununterbrochenen Urbanisierungstrends und durch die Frage nach (nachhaltigen) städtischen Versorgungssystemen klar.

---

6 Ebd., S. 57.
7 FiBL Deutschland/MGH Gutes aus Hessen, S. 26.
8 Hanke, S. 57 f.
9 Ebd., S. 58.
10 Die Verbraucher Initiative e. V., Was ist regional, o. J. Verfügbar unter: http://www.oeko-fair.de/clever-konsumieren/essen-trinken/regional-einkaufen/was-ist-regional/was-ist-regional2 [letzter Zugriff: 18.03.2015].

Ernährungssystem

Versorgungssysteme bezeichnen die Zusammenarbeit verschiedener Prozesse und Strukturen, die dazu dienen, Güter und Dienstleistungen bereitzustellen, die zur Befriedigung menschlicher Grundbedürfnisse nötig sind. Zu den nötigen Gütern zählen Wasser, Energie, Verkehrsmittel und Nahrung. Zu den Dienstleistungen Mobilität, Gesundheit, Kommunikation und Bildung. Diese Systeme werden gesellschaftlich reguliert.[11] In dieser Betrachtung eines Versorgungssystems ist die Versorgung mit Nahrung inbegriffen. Im Gegensatz zur englischen Fachliteratur, wo der Begriff *food system* bzw. *sustainable food system* verbreitet ist, findet sich das Konzept in deutschsprachiger Literatur bisher eher wenig. Nichtsdestotrotz ist in der Literatur durchaus auch von dem Teilsystem, dem Ernährungsversorgungssystem oder kurz Ernährungssystem die Rede. Dieses wird je nach Definition wiederum in vier bis sechs Teilbereiche gegliedert. Die Gliederung auf vier Teilbereiche findet sich bei Cannon.[12] Dieser bezieht die Bereiche Produktion, Austausch, Verteilung und Konsum jedoch hauptsächlich auf die Hungerproblematik und ist daher weniger anwendbar. Eine frühere Definition von Watts[13] beschreibt die fünf Teilbereiche Produktion, Konsum, Bereitstellung (aus dem englischen *appropriation* übersetzt), Handel und die Verteilung der Lebensmittel. Die ARGE Fast Food – Slow Food schließt in das System

»alle Markt- und Nicht-Markt-Tätigkeiten, die der Herstellung, der Verteilung, der Lagerung, der Zubereitung, dem Verzehr und schließlich der Entsorgung von Lebensmitteln dienen«

ein.[14]

Nach der Definition von Dahlberg

»versorgen Ernährungssysteme Räume mit Lebensmitteln. Sie existieren auf allen räumlichen Ebenen vom Haushalt, Stadtviertel, Stadt, Region bis zum globalen Ernährungssystem und greifen über diese Ebenen hinweg ineinander. Im Kern beinhalten Ernährungssysteme alle Prozesse, die Lebensmittel in einem Raum durchlaufen.«[15]

11 Phillipp Stierand, Stadt und Lebensmittel. Die Bedeutung des städtischen Ernährungssystems für die Stadtentwicklung, Dortmund 2008, S. 14.

12 Terry Cannon, Food Security, Food Systems and Livelihoods: Competing Explanations of Hunger, in: Die Erde 133, 4 (2002), S. 345–362, hier S. 353–356.

13 Michael Watts, Silent Violence: Food, Famine & Peasantry in Northern Nigeria. Berkeley 1983, S. 521–522.

14 ARGE Fast Food – Slow Food, Lebensmittelwirtschaft und Kulturlandschaft: Synthesebericht, Wien 2002, S. 17.

15 Kenneth A. Dahlberg, Promoting Sustainable Local Food Systems in the United Systems, in: Mustafa Koc u. a. (Hg.), For Hunger-Proof Cities: Sustainable Urban Food Systems, Ottawa 1999, S. 41–45, hier Stierand, S. 15.

Ein vollständiges Ernährungssystem muss jedoch sozio-ökologische Aspekte und auch eine Zeitkomponente beinhalten. Crotty[16] beschrieb die zwei Betrachtungen der Ernährung, die sich am Scheidepunkt des Schluckaktes ergeben: nach dem Schlucken dominieren Biologie, Physiologie, Biochemie und Pathologie; vor dem Schlucken dominieren Verhalten, Kultur, Gesellschaft und Erfahrung. Diese Feststellung spiegelt sich in der Definition der Ernährung wieder:

»Aufnahme fester und flüssiger Nahrung. Energetische und stoffliche Basis des Stoffwechsels. Dient der Energiegewinnung; der Synthese und dem Ersatz von Körpersubstanz und Wirkstoffen. Unter einer gesunden Ernährung versteht man die Ernährungsweise, die der Erhaltung und Förderung von Gesundheit, Leistungsfähigkeit und Lebensfreude am besten dient. Hauptmerkmale einer gesunden Ernährung: – ausreichende Aufnahme an Nahrungsenergie entsprechend dem Alter, Geschlecht, der körperlichen und geistigen Belastung in Beruf und Freizeit; – Aufnahme von energieliefernden Nährstoffen in entsprechender Menge und im richtigen Mengenverhältnis; – Aufnahme einer ausreichenden Menge Flüssigkeit; – Verteilung der Gesamtenergie- und Nährstoffmenge auf 3–5 Mahlzeiten in Form einer abwechslungsreichen, gemischten Kost.«[17]

So wird bei der Betrachtung einer Ernährungsweise, also dem Verlauf des Ernährungsmusters über Zeit, auf die Rolle von Lebensstil- und anderen Umfeldfaktoren verwiesen. Folglich spielen diese in einem Ernährungssystem ebenfalls eine wichtige Rolle. Nach Stierand[18] gehören auch technische und politische Prozesse dazu:

»Ernährungssysteme beinhalten also ökologische, soziale, kulturelle, ökonomische, technische und politische Prozesse. Sie stehen in intensiver Wechselwirkung mit anderen Versorgungs- und gesellschaftlichen Systemen. Die Ernährungssysteme werden durch verschiedene andere Systeme direkt oder indirekt unterstützt.«

Stierand setzt fünf Teilbereiche fest, aus denen ein Ernährungssystem besteht: Lebensmittelproduktion, Lebensmittelverarbeitung, Lebensmittelverteilung, Lebensmittelkonsum und Entsorgung. Tabelle 1 stellt die Teilbereiche und was im Einzelnen damit gemeint ist genauer dar.

16 Patricia Crotty, The value of qualitative research in nutrition, in: Annual Review of Health and Social Sciences 3 (1993), S. 109–118. Zitiert nach: Treena Delormier u. a., Food and eating as social practice – understanding eating patterns as social phenomena and implications for public health, in: Sociology of Health & Illness 31, 2 (2009), S. 215–228, hier S. 217.
17 Bettina Muermann, Lexikon Ernährung, Hamburg ²1993, S. 94.
18 Stierand, S. 15 f.

Tab. 1: Die fünf Teilbereiche, die das Ernährungssystem bilden.[19]

Teilbereich	Definition	Ort
Lebensmittelproduktion	Erzeugung von Lebensmitteln oder Rohstoffen, die zu Lebensmitteln weiter verarbeitet werden	Landwirtschaft, Garten
Lebensmittelverarbeitung	Prozesse, die die Güter durchlaufen, bis das Endprodukt, welches für den Verzehr gedacht ist, den Konsumenten erreicht	Lebensmittelindustrie
Lebensmittelverteilung	Zugang zu Lebensmitteln. Kann räumlich und sozial unterschiedlich sein	Handel
Lebensmittelkonsum	Verbrauch von Lebensmitteln	Haushalt, Gastronomie, Gemeinschaftsverpflegung, Außer-Haus
Entsorgung	Erfolgt über Mülldeponien und Verbrennungsanlagen	Mülldeponie, Verbrennungsanlage

Regionale Ernährungssysteme

Dieses Kapitel widmet sich der Frage, inwieweit es Ansätze für regionale Ernährungssysteme gibt und ob diese als nachhaltige regionale Ernährungssysteme beschrieben werden könnten. Nachhaltigkeit wird hier im Sinne eines Beitrags zur Transformation des derzeitigen Ernährungssystems verstanden. So steht im Vordergrund, inwieweit Kreisläufe durch regionale Verknüpfungen geschlossen werden. Hierzu werden verschiedene Perspektiven eingenommen, bei denen der Impuls von unterschiedlichen Elementen ausgeht; aus Verbraucher-, aus Gesellschafts- (eher: Gemeinschafts-), aus Landwirtschafts- und aus Wirtschaftsperspektive.

Beispiele von Ansätzen

a. Eine Betrachtung aus der Verbraucherperspektive

Inzwischen ausdrücklich bei Verbraucherinnen und Verbrauchern angekommen und von unterschiedlichen Interessensgruppen verstärkt ist die Meinung, dass *regional* beim Lebensmitteleinkauf irgendwie *gut* ist. Regional ist zu einem

19 Nach Stierand, S. 16.

positiven Attribut oder gar erstrebenswerten Qualitätskriterium in der Ernährung avanciert, wobei der Grund, weswegen allerorts die Direktive regional einzukaufen ertönt, bei Konsumierenden etwas diffus bleibt. Als wichtigstes Argument wird von ihnen häufig der kurze Transportweg genannt, der sich positiv auf den Klimawandel auswirken würde; begleitet wird dies teilweise von einem nebulösem Eindruck einer höheren Vertrauenswürdigkeit. Für einige wenige spielt die Unterstützung lokaler Landwirtschaft eine Rolle, wobei diese bei weitem nicht so deutlich auf die Landwirtinnen und Landwirte gerichtet ist, als beispielsweise im benachbarten Vereinigten Königreich.

Folgen Konsumierende der Empfehlung, regional einzukaufen, werden als Anlaufstelle zunächst häufig typische Beispiele der Direktvermarktung gewählt: Hofläden und (Bauern)märkte.

Diese beiden Formen der Direktvermarktung werden meistens den Klein- und Kleinstunternehmern zugeschrieben, da sie häufig als Nebenerwerb in der Landwirtschaft geführt werden. Dies ist besonders häufig der Fall, wenn es sich um Familienbetriebe mit mehreren Generationen handelt.[20] Der Begriff Direktvermarkter oder Direktvermarktung wird als Synonym für den direkten Verkauf an den Endverbraucher verwendet und fließt in die Erwartungshaltung der Einkäufer mit ein. Die Landwirtschaftskammer Österreich definiert Direktvermarktung folgendermaßen:

»Direktvermarktung ist die Vermarktung überwiegend eigener Urprodukte oder Verarbeitungserzeugnisse an Endverbraucher, Einzelhandel, Gastronomie oder Großhandel im eigenen Namen, auf eigene Rechnung und auf eigene Verantwortung.«[21]

Hofläden und Bauernmärkte bieten demnach Produkte aus eigener landwirtschaftlicher Produktion *und/oder* zugekaufte Produkte an.[22] Marktbesucher verbinden mit einem Bauernmarkt Begriffe wie regional, bio, Frische, Natur und Landwirtschaft. Vier von fünf Bauernmarktkunden erwarten Lebensmittelprodukte aus der Region. Jeder zweite Besucher setzt ein Bioangebot auf dem Markt voraus. Viele Anbieter vervollständigen allerdings ihr Sortiment durch Zukauf. So stellt sich die Frage, inwieweit sich regionale Lebensmittel tatsächlich auf einem Bauernmarkt einkaufen lassen und inwieweit die Verbrauchererwartungen erfüllt werden oder nicht.

Um das typische Profil eines Bauernmarktes zu schützen, existieren besondere Anforderungen hinsichtlich der Auswahl und der Zusammensetzung der Beschicker und des Warenangebotes, teilweise auch zur Standgestaltung. Diese

20 Manfred Schöpe, Diversifizierung in der Landwirtschaft, in: Ifo Schnelldienst 64, 14 (2011), S. 43–47.
21 LFI- Ländliches Fortbildungsinstitut Österreich, Bäuerliche Direktvermarktung von A bis Z, Wien 2011, S. 7.
22 STMELF, Direktvermarktung. Wichtige Rechtsvorschriften für die Direktvermarktung, 2013. Verfügbar unter: www.stmelf.bayern.de/mam/cms01/allgemein/publikationen/m3_direktvermarktung_2010_gesamt_web.pdf [letzter Zugriff: 21.04.2015].

Vorgaben werden häufig in einer Marktordnung festgelegt und als Voraussetzung zur Marktteilnahme gestellt.[23] Gleichzeitig gibt es in unterschiedlichen Regionen Vereine zur Förderung von Märkten mit speziellem Charakter, wie Erzeuger- oder Bauernmärkte. Die Anforderungen dieser Vorgaben können weit auseinanderliegen. Es gibt Märkte, bei denen ausschließlich selbst erzeugte Produkte zum Verkauf angeboten werden dürfen. Regelungen bezüglich zugekaufter Ware schreiben häufig vor, dass die Ware von Landwirten aus der Region stammen muss, und/oder, dass der Beschicker nur von ihm persönlich bekannten Berufskollegen zukaufen soll.[24] Der Anteil der zugekauften Ware wird in einigen Marktordnungen vorgegeben; häufig liegt dieser bei etwa einem Drittel des Umsatzes.[25]

Eine Situationsanalyse von 46 Marktbeschickern und zehn Bauernmarktvorsitzenden in Bayern[26] ergab, dass die untersuchten Märkte hauptsächlich Produkte aus Selbsterzeugung und nur wenig Zukaufware anbieten. Oft muss die Zukaufware aus der Region oder/und von persönlich bekannten Erzeugern stammen und deren Herkunft sichtbar und eindeutig angegeben werden. Kontrastierend werden drei zufällig ausgewählte Märkte in Städten aus den Bundesländern Baden-Württemberg, Hessen und Nordrhein-Westfalen sowie die Marktordnung für Bauernmärkte der Direktvermarktung in Sachsen e. V. in Tabelle 2 dargestellt. Hierbei zeigt sich, dass weder die Zukaufregelung noch eine Regionsdefinition immer klar umrissen sind. Auf die Frage nach einer Regionsdefinition reagierte sogar ein Marktmitverantwortlicher mit der Antwort, Region sei ja ein extrem dehnbarer Begriff.

Inwieweit der Einkauf von regionalen Lebensmitteln über Hofläden und Bauernmärkte ein Beitrag zur Transformation des Ernährungssystems und an dieser Stelle zu einem regionalen Ernährungssystem liefern kann, bleibt folglich unbeantwortet. Zu den Zielen der Regionalvermarktung gehören u. a. die Schließung regionaler Stoffkreisläufe und regionaler Wirtschaftskreisläufe sowie die Erhöhung regionaler Wertschöpfung. Ob diese Ziele tatsächlich erreicht werden, ist Gegenstand wissenschaftlicher Debatten und noch nicht abschließend geklärt.[27] Hinzu kommt, dass die Debatte stark innerhalb der ökologischen

23 Direktvermarktung in Sachsen e. V., Marktordnung des Direktvermarktung in Sachsen e. V. Verfügbar unter: http://www.direktvermarktung-sachsen.de/downloads/marktordnung_dvev.pdf [letzter Zugriff: 08.09.2015].

24 http://www.bauernmarkt.netzwerkagrarbuero.de/index.php?id=57. [letzter Zugriff: 08.09.2015]

25 http://altdorferbauernmarkt.de/verein.html; http://www.direktvermarktung-sachsen.de/downloads/marktordnung_dvev.pdf;http://www.lwk-niedersachsen.de/index.cfm/portal/6/nav/168/article/14122.html. [letzter Zugriff: 08.09.2015]

26 Bayrische Landesanstalt für Landwirtschaft, Bauernmarktanalyse. Freising-Weihenstephan 2014. Verfügbar unter: http://www.lfl.bayern.de/mam/cms07/publikationen/daten/schriftenreihe/bauernmarktanalyse_projekt_stmelf_lfl-schriftenreihe.pdf [letzter Zugriff: 27.03.2015].

27 Armin Kuhlmann, Regionalvermarktung von ökologischen Produkten – Stand, Erfolgsfaktoren und Potentiale, in: Ders. (Hg.), Ökologischer Landbau und Nachhaltige Regionalentwicklung. Tagungsband zur Tagung des Instituts für Ländliche Strukturforschung vom 11. März 2004, Frankfurt a. M. 2004, S. 109–129.

Tab. 2: Vergleich von auserwählten Marktordnungen und -vereinbarungen.

Merkmale	Münstermarkt, Freiburg i. Br.	Wochenmarkt, Münster (Westf.)
Marktordnung	Stand 10/2014	Stand 09/2005
Marktzeiten	Jeden Werktag Mo–Fr 07:30–13:30 Sa 07:30–14:00	Mi und Sa 07:00–14:30
Anzahl Stände	Bis zu 161 (max. 96 Bauern, 65 Händler)	Bis zu 140
Warenangebot	Lebensmittel Produkte aus Obst- und Gartenbau, Land- und Forstwirtschaft, Fischerei, Holz-, Korb-, Stroh-, Glas- und Töpferwaren (wenn typisch für die Region) Alkoholische Getränke (nur wenn aus eigenen Erzeugnissen hergestellt), Alkoholfreie Getränke und Imbiss	Lebensmittel Produkte aus Obst- und Gartenbau, Land- und Forstwirtschaft, Fischerei, Produkte des Kunsthandwerks, Getränkeausschank und Imbiss
Markteinteilung	Nordseite: Lebensmittel aus einheimischer Selbsterzeugung, Südseite: Handelsware + gesamt max. 8 Imbissstände	Aufteilung in »Branchengassen« (Metzger, Käse, Bäcker, Geflügel – dazwischen Blumen-, Obst- und Gemüsestände)
Regionsdefinition	Schwarzwald, Elsass, Oberrhein	Nicht definiert
Zukaufregelung	Maximal 30 % des Angebots. Zukauf nur von anderen Erzeugern des Marktes. Eindeutige Kennzeichnung	Nicht definiert
Sonstiges	Eindeutiger Nachweis über Eigenerzeugung nötig	Viele Beschicker betreiben ihre Stände mit Ökostrom. Der vollständige Umstieg ist in Planung.

Erzeugermarkt Konstablerwache, Frankfurt a. M.	Direktvermarktung Sachsen
–	Stand 12/2005
Do 10:00–20:00 Sa 08:00–17:00	Mehrere Bauernmärkte und Betriebe richten sich nach dieser Ordnung.
52	variiert
Lebensmittel Produkte aus Obst- und Gartenbau, Land- und Forstwirtschaft, Fischerei sowie Imkerei, Backwaren, Marmeladen, Feinkost, Kräuter im Topf, Imbissstände, Blumen, Holzwaren, Alkoholische Getränke (Wein, Apfelwein, Bier) sowie Wasser und heimische Säfte, Getränke wie Cola, Limo oder Ähnliches sind nicht erwünscht, aufgrund des Konzeptes der Selbsterzeugung	Produkte und Erzeugnisse der sächsischen landwirtschaftlichen Direktvermarkter (Gartenbau, Feldbau, Imkerei, Tierwirtschaft usw.), Einbindung ländlicher Verbände und Vereine, Produkte die der Philosophie eines sächsischen Bauernmarktes nicht abträglich sind
Plätze sind fest vergeben und Kategorien sind gut gemischt verteilt. Zuteilung in Kategorien: Backwaren, Fleisch & Wurstwaren, Obst & Gemüse & Kräuter, Getränke, Molkereiprodukte & Honig, Fisch, Blumen, Imbiss, Sonstiges. Die Weinstände sind mittig platziert, da sie am längsten auf dem Markt stehen und weil sich die Kunden gerne dort versammeln.	Min. 50 % der Stände an sächsische landwirtschaftliche Direktvermarkter. Bei gewerblichen Anbietern ist Qualität, sächsische Herkunft und eigene Herstellung wichtig.
Nicht definiert (Odenwald bis Rhön)	Sachsen
Maximal 30 % des Angebots. Produkte wie Ingwer, Zitronen oder Oliven sind nicht zugelassen.	Zukauf von Rohprodukten und Hilfsmitteln bis 30 % vom Umsatz. Zukauf von anderen Direktvermarktern ist gestattet.
	Definition landwirtschaftlicher Direktvermarkter: registrierter Landwirtschaftsbetrieb, der selbst landwirtschaftliche Urproduktion betreibt. Er oder in Kooperation mit anderen landwirtschaftlichen Urproduzenten, verarbeitet sie zu Endprodukten und verkauft sie direkt an Verbraucher

Säule des Nachhaltigkeitsdreiecks geführt wird und bisher wenige sozial-orientierte Argumente untersucht wurden. Für Verbraucherinnen und Verbraucher bleibt es zunächst ein Einstieg-*light* in regionale Ernährungssysteme. Das bestehende Selbstverständnis eines *Verbrauchers, Konsumenten* oder (Lebensmittel-)*Einkäufers* sowie das eines *Verkäufers* oder (Regional-)*Vermarkters* bleiben unverändert.

b. Eine Betrachtung aus der Gesellschaftsperspektive

Gesellschaftliche Entwicklungen wie die Share-Economy bzw. Collaborative Consumption (Kollaborativer Konsum) haben das Teilen oder Ausleihen von materiellen und/oder immateriellen Gütern als Motiv. Dabei ist eine zentrale Grundbedingung das Vorhandensein einer Anzahl von Menschen, die sich durch eine oder mehrere (alternative) Bedürfnisbefriedigungen zusammenfinden, z. B. Car-Sharing Modelle. Parallel hierzu kann im Ernährungssystem eine auf letzteren Aspekt hin ähnliche Entwicklung beobachtet werden, welche Erzeugung und Abnahme von Lebensmitteln in einem regionalen Ernährungssystem zusammenbringt. Hier ist die Rede von CSA.

CSA steht für Community Supported Agriculture, übersetzt heißt dies eine *von der Gemeinschaft getragene Landwirtschaft.* Die Entstehung von gemeinschaftlich getragener Landwirtschaft zwischen 1960 und 1980, wie CSA in Nordamerika, AMAP in Frankreich und Teikei in Japan, zeigt, wie Menschen an vielen verschiedenen Orten weltweit ähnliche Modelle unabhängig voneinander entwickelt haben. In Japan heißt die Bewegung Teikei, was sich mit »Essen, welches das Gesicht des Bauern zeigt« übersetzen lässt.[28] In Deutschland wird seit der Gründung eines gemeinsamen Netzwerks im Juli 2011 auch der Begriff solidarische Landwirtschaft (kurz: Solawi) verwendet.[29]

Mit anderen Worten: CSA steht für eine verbindliche Erzeuger-Verbraucher-Gemeinschaft, von der beide Seiten profitieren.[30] Die Grundidee von CSA ist, durch die enge Zusammenarbeit von Konsumenten und Erzeugern in einem alternativen Wirtschaftssystem, losgelöst vom freien Markt, qualitativ hochwertige (ökologische) Lebensmittel zu produzieren.[31] Der landwirtschaftliche Betrieb produziert für die unmittelbare Nachbarschaft, eine Art *local food hub,*

---

28 Alexandra Devik, Nytt liv til landbruket: Kan andelslandbruk realisere økologisk og økonomisk robuste matproduksjoner, Oslo 2013. Übersetzt aus dem Norwegischen von Lisa-Marie Fründ.

29 Rolf Künnemann/Marianne Presse, Wir gründen einen Solidarhof – Leitfaden zur Solidarischen Landwirtschaft, Wiesloch 2011. Verfügbar unter: http://www.solidarische-landwirtschaft.org/fileadmin/media/solidarische-landwirtschaft.org/pdf/Handbuch_Solidarhoefe.pdf [letzter Zugriff: 03.06.2014].

30 www.makecsa.org.

31 Gavin Parker, Sustainable food? Teikei, Co-operatives and Food Citizenship in Japan and the UK, Reading 2005.

welche wiederum durch einen festen Mitgliedsbeitrag für die Finanzierung der Betriebskosten sorgt. Verbraucher und Erzeuger arbeiten eng zusammen und tragen das Risiko gemeinsam, da nicht die Lebensmittel, sondern die anfallenden Produktionskosten bezahlt werden.[32] Hierbei werden die alten Identitäten *Verbraucher* und *Erzeuger* aufgelöst, denn je nach CSA-Initiative gehört das Mitmachen durchaus dazu. Personen die mitmachen, könnten als Prosumer beschrieben werden, d.h. sie sind gleichzeitig Konsument und Produzent. Nach Markgraf[33] kann ein Prosumer Einfluss auf Produkteigenschaften nehmen und wird in die Produktionstätigkeit des Produzenten einbezogen. Innerhalb der CSA-Bewegung in Deutschland wird jedoch kaum unter dieser Bezeichnung oder diesem Selbstverständnisses agiert.

Die Verbraucher in einem CSA-Modell schließen mit dem Landwirt einen Vertrag ab. Mit ihrer Unterschrift unter den Kooperationsvertrag werden sie zu Mitgliedern der CSA-Gemeinschaft und beteiligen sich finanziell am Erfolg der Landwirtschaft. Üblich ist eine Bindung von mindestens einem Jahr, also für einen kompletten Zyklus von Aussaat bis Ernte. Die Beiträge für die Gemeinschaft werden monatlich oder auch jährlich entrichtet. Ihre Höhe orientiert sich daran, welche Produkte in welcher Menge auf dem gemeinschaftlich getragenen Betrieb erzeugt werden sollen.

Die Gemeinschaft entscheidet in einer jährlichen Zusammenkunft über die Höhe der Beiträge im neuen Wirtschaftsjahr und über die Ausrichtung der Produktion. Der Landwirt berät mit seinen Bündnispartnern, welche Obst- oder Gemüsesorten angebaut werden können, ob eine Nutztierhaltung möglich und erwünscht ist und zu welchen Kosten die Erzeugung stattfinden kann.

In vielen CSA-Gemeinschaften werden bei der Festlegung der Mitgliedsbeiträge auch soziale Aspekte wie unterschiedliche familiäre Situationen oder die finanzielle Lage der Mitglieder mit berücksichtigt. Je nach Art der Produktion können sich Mitglieder auch mit ihrer Arbeitskraft in die Gemeinschaft einbringen.

Die Mitgliedsbeiträge aus der CSA-Gemeinschaft ermöglichen dem Landwirt, alle Produktionskosten des laufenden Wirtschaftsjahres vorzufinanzieren. Damit wird der Betrieb weitgehend unabhängig von Schwankungen der Marktpreise oder Aufwendungen für den Kreditdienst. Auch das wirtschaftliche Risiko im Falle von Fehlernten verlagert sich von den Schultern des Landwirtes auf die gesamte CSA-Gemeinschaft. Im Gegenzug für ihr Vertrauen in »ihren Landwirt« und ihre finanzielle Beteiligung erhalten die Mitglieder einer CSA-Gemeinschaft

---

32 Katharina Kraiß/Thomas van Elsen, Landwirtschaftliche Wirtschaftsgemeinschaften (Community Supported Agriculture, CSA) – ein Weg zur Revitalisierung des ländlichen Raumes? in: Rainer Friedel/Edmund A. Spindler (Hg.), Nachhaltige Entwicklung ländlicher Räume. Chancenverbesserung durch Innovation und Traditionspflege, Wiesbaden 2009, S. 183–194.

33 Daniel Markgraf, Stichwort: Prosumer, in: Springer Gabler Verlag (Hg.), Gabler Wirtschaftslexikon, o.J. Verfügbar unter: http://wirtschaftslexikon.gabler.de/Archiv/143860/prosumer-v4.html [letzter Zugriff: 08.09.2015].

in regelmäßigen Abständen frische Erzeugnisse von »ihrem Hof«. Sie wissen bei jedem Produkt genau, wie es erzeugt wurde. Und sie haben darüber hinaus die Möglichkeit, ihre Wünsche in den Hofbetrieb einzubringen.

Eine CSA-Gemeinschaft gedeiht durch das Vertrauen zwischen ihren Mitgliedern. Sie kann auf ganz unterschiedlichen Wegen zueinander finden und ist auf jedem Hof anders ausgeprägt. Die Initiative kann gleichermaßen von einem bestehenden Hof ausgehen, der ein neues Betriebsmodell eingehen möchte, wie von einer Gruppe nach guten Lebensmittel Suchenden, die bestimmte Vorstellungen über deren Anbau usw. haben und sich dafür einen Gärtner oder Landwirt suchen möchten. CSA-Höfe bieten oft weit mehr, als nur gemeinsam Lebensmittel zu produzieren. Je nach Interessen ihrer Mitglieder bieten sich viele Möglichkeiten für aktive Beteiligung, interkulturelle Zusammenkünfte, Erfahrungsaustausch oder auch Bildungsprojekte zu sozialen oder ökologischen Themen.

CSA orientiert sich an den Wünschen der Mitglieder einer Wirtschaftsgemeinschaft und nicht am Markt und bietet Transparenz und Sicherheit bezüglich Lebensmittelqualität und Anbauverfahren.[34] Diese Transparenz schafft Vertrauen, welches im traditionellen Lebensmitteleinzelhandel teilweise vermisst wird. Ein CSA-Betrieb kann seine Sonderstellung als lokaler Betrieb nutzen und durch den engen Kontakt zu den Mitgliedern Verunsicherungen schnell und unkompliziert beseitigen.

In den letzten Jahren stößt das Konzept in den Bereichen regionale Entwicklung, Ernährung und ökologische Landwirtschaft zunehmend auf Interesse, sowohl von Seiten der Medien als auch von Seiten der Forschung. Dass dieses innovative Modell zukunftsweisendes Potential hat, zeigt die Vergabe des Förderpreises Ökologischer Landbau im Rahmen des Bundesprogramms Ökologischer Landbau 2009 an den Buschberghof durch das Bundesministerium für Ernährung, Landwirtschaft und Verbraucherschutz. Der Buschberghof ist deutscher CSA-Pionier. Er liegt im 300-Einwohner-Dorf Fuhlenhagen etwa vierzig Kilometer östlich von Hamburg. Seit zwanzig Jahren verfolgt der Hof das Model der gemeinschaftlich getragenen Landwirtschaft. Heute ernährt er neunzig Familien, d.h. 350 Personen. Wolfgang Stränz, einer der Mitinitiatoren der Wirtschaftsgemeinschaft beschreibt, wie die Menschen eine Treue zum Hof entwickeln.

»Der Hof wird zu ›ihrem‹ Hof, die Kühe zu ›ihren‹ Kühen. Viele sind seit 20 Jahren Mitglieder [...] eine weitere große Anzahl ist seit acht bis zehn Jahren kontinuierlich dabei. Die jährliche Fluktuation liegt bei etwa 10 Prozent.«[35]

---

34 Thomas van Elsen/Katharina Kraiß, Solidarische Landwirtschaft – Community Supported Agriculture (CSA) in Deutschland, in: AgrarBündnis (Hg.), Der kritische Agrarbericht 2012. Schwerpunkt: Zusammen arbeiten – für eine andere Landwirtschaft, S. 59–64. Verfügbar unter: http://www.kritischer-agrarbericht.de/fileadmin/Daten-KAB/KAB-2012/vanElsen_Kraiss.pdf [letzter Zugriff: 31.05.2014].

35 Zitiert nach: Jan Havergoh, Ein Hof der Zukunft, in: B&B Agrar 4 (2010), S. 36–37, hier S. 36.

Gemeinschaftlich getragene Landwirtschaft eignet sich sowohl für ökologische als auch für andere Formen nachhaltiger Landwirtschaft, weil der Kundennutzen sehr stark in der Regionalität liegt. Das Potential für die deutsche Landwirtschaft insgesamt liegt daher auch in einer zusätzlichen Lösung für den Erhalt klein-bäuerlicher Strukturen. Nach dem Situationsbericht 2010[36] ist die Zahl landwirt-schaftlicher Betriebe seit der Wiedervereinigung um fast 200.000 zurückgegan-gen, derweil strukturelle Anpassungen zu einer kontinuierlichen Vergrößerung der Betriebe im Westen und Verkleinerungen im Osten führen. Die Agrarstruk-turdaten für das Jahr 2007 stellen die Anzahl der Betriebe mit einer Landfläche von 2 bis 50 Hektar – für gemeinschaftlich getragene Landwirtschaft gängige Größen – mit 263.700 Höfen gegenüber 85.300 Betrieben mit einer Landfläche über 50 Hektar dar. Bei einer repräsentativen Befragung Anfang 2009 haben 12 % der deutschen Landwirte angegeben, über eine Umstellung auf Bio nachzuden-ken oder diese sogar vorzunehmen.[37] Der BÖLW dokumentiert die Gesamtzahl der Bio-Erzeugerbetriebe mit 22.174 in 2010, davon wirtschaften 11.474 Betriebe nach Verbandsrichtlinien und 10.700 Betriebe nach EU-Bio-Richtlinien.[38] Wird die amerikanische Entwicklung der CSA-Betriebe nach 18 Jahren mit 12.549 CSA-Betrieben in 2007[39] zugrunde gelegt, so erscheint für Deutschland ein Entwick-lungspotenzial vorhanden. Die städtische Struktur in Deutschland ist dabei un-terstützend, da CSA-Betriebe eher nahe an städtischen Siedlungen vorkommen.

In den letzten Jahren ist die Anzahl der CSA-Betriebe bzw. der CSA-Betriebe im Aufbau in Deutschland stark gestiegen. Durch Zeitungsartikel und Buchver-öffentlichungen steigt das Interesse sowohl seitens der Landwirte als auch seitens der Verbraucher, nicht zuletzt durch den Film *The Real Dirt on Farmer John* (2007 in Deutschland) über den Landwirt John Peterson und die Umwandlung seines Hofs Angelic Farms, Caledonia im US-Bundesstaat Illinois zum CSA-Betrieb mit ca. achtzig amerikanischen acres unter ökologischer Bewirtschaftung.

Die gemeinschaftsgetragene Landwirtschaft ist im Prinzip auf keine beson-dere Art von Tierhaltung und Ackerbau festgelegt. Trotzdem arbeiten welt-weit fast alle CSA-Initiativen nach Grundregeln, die den heutigen Konzepten des ökologischen Landbaus nahe kommen, ihnen entsprechen oder diese sogar noch weiter führen.[40] Alle CSA-Höfe in Deutschland wirtschaften derzeit nach

---

36 Deutscher Bauernverband (Hg.), Situationsbericht 2010, S. 95f. Verfügbar unter: http://www.bauernverband.de/situationsbericht-2010 [letzter Zugriff: 08.09.2015].

37 Ebd., S. 43.

38 BÖLW, Zahlen, Daten, Fakten: Die Bio-Branche 2011, S. 7f. Verfügbar unter: http://www.boelw.de/uploads/media/pdf/Dokumentation/Zahlen__Daten__Fakten/ZDF2011.pdf [letzter Zugriff: 08.09.2015].

39 United States Department of Agriculture (USDA), Census of Agriculture 2007, S. 605f. Ver-fügbar unter: http://www.agcensus.usda.gov/Publications/2007/Full_Report/Volume_1,_Chapter_1_US/usv1.pdf [letzter Zugriff: 08.09.2015].

40 Hermann Pohlmann, Gemeinschaftsgetragene Landwirtschaft, CSA und ökologischer Landbau, Presseartikel zum Anlass des Weltbauerntags am 01.06.2014, erstellt im Rah-men des Projekts make CSA.

den Kriterien des ökologischen Landbaus; in 2010 waren es elf Höfe, inzwischen (2015) sind es etwa 85. Es werden größtenteils die Richtlinien der ökologischen Anbauverbände befolgt, insbesondere jene von Demeter und Bioland. Deshalb sind die von entsprechenden Betrieben in Deutschland angebotenen Lebensmittel Bio- bzw. auch Demeter-zertifiziert. Die Mitglieder erhalten nur regional-saisonale Lebensmittel, die in einem normalen Haushalt gelagert und verarbeitet werden können. Saisonabhängig variieren die Auslieferungen dadurch oft in der Produktauswahl und -menge.[41] Zu den üblichen Gärtnereiprodukten (Gemüse) bieten die Höfe zusätzliche Lebensmittel an, von Obst, Eiern, Honig, Getreide, Brot, Milchprodukten bis hin zu Fleischwaren. Allerdings ist festzustellen, dass genauso, wie die biologische Landwirtschaft nur einen kleinen Teil der gesamten Landwirtschaft ausmacht, auch CSA nur einen geringen Teil des Bioanbaus einnimmt.[42]

Der Beitrag zur Transformation ist systemischer, d. h. er greift auf mehrere, miteinander verbundene Aspekte ein. Durch den engen räumlichen Bezug und den häufigeren Austausch zwischen den auch als aktive und passive Landwirte beschriebenen Mitgliedern einer Gemeinschaft werden Kenntnisse über die Besonderheiten der Produktion und Verarbeitung sowie die Qualität der Lebensmittel vermittelt. Sensibilisierung und Wertschätzung gegenüber den Produkten, der Natur und der Landwirtschaft wird erhöht und das Bewusstsein sowie vor allem das Verständnis für regionale und saisonale Ernährung gesteigert. Die Verortung auf einen Hof fördert das gemeinschaftliche Miteinander. Ferner eignet sich dieser Ansatz besonders für Bildungsmaßnahmen in Verbindung mit Schulen oder anderen Institutionen.

Die Einbeziehung des Handels und weiterverarbeitender Betriebe oder Großküchen sowie die Zusammenarbeit mehrerer kleiner, ökologisch wirtschaftender Betriebe nach dem Konzept ist ebenfalls denkbar. Dies wird beispielsweise im Rahmen der Regionalwert AG (s. folgenden Abschnitt) als nächster Entwicklungsschritt verfolgt. Kraiß und van Elsen[43] nennen als weitere Perspektiven die Regelung der Hofnachfolge und Neugründung, Bildungsarbeit, soziale Arbeit an Mensch und Natur, finanzielle Unabhängigkeit von Subventionen sowie die Entwicklung einer besseren Stadt-Land-Beziehung.

41 Sabine U. O'Hara/Siegrid Stagl, Global Food Markets and Their Local Alternatives: A Socio-Ecological Economic Perspective, in: Population and Environment 22, 6 (2001), S. 533–554.
42 Birgit Peuker, Alternativen in der Landwirtschaft – Utopie oder Ideologie? in: momentum Quaterly 3, 2 (2013), S. 93–106.
43 Katharina Kreiß/Thomas van Elsen, Community Supported Agriculture, Win-win-Situation für Landwirtschaft und Verbraucher, in: B&B Agrar 4 (2010), S. 33–35.

c. Eine Betrachtung aus der Landwirtschaftsperspektive

Der Landwirt und heutige Betriebswirt Christian Hiß, der auf einem der ersten Bio-Bauernhöfe Deutschlands aufgewachsen ist und zum Gärtnermeister ausgebildet wurde, hat 2006 in der Region Freiburg eine Bürgeraktiengesellschaft gegründet. Wie ist es dazu gekommen? Nachdem Hiß den Hof seiner Eltern übernommen hat, wollte er einen Kredit aufnehmen um einen neuen Kuhstall zu bauen. Diese Kreditanfrage hat die Bank, trotz seines nachhaltigen Businessplans abgelehnt. So hat Hiß selbst erfahren, welche Schwierigkeiten er mit der weiteren Finanzierung hatte, obwohl er den Bauernhof geerbt hat. Demzufolge müsste die Situation für neue Bauern, ohne eigenen Hof und eigene Finanzierung, noch schwieriger sein. Nach Hiß' Schätzungen bedarf es etwa einer Summe von 250.000 Euro um einen Bauernhof zu errichten. Bei einem Umsatz von 40.000 Euro–80.000 Euro im Jahr ist das so generierte Einkommen zu gering, um in einem angemessenem Zeitraum einen Kredit dieser Höhe zurückzahlen zu können. Hiß wollte ein Unternehmen gründen, das Landwirten in einer ähnlichen Situation hilft.[44]

Hiß und seine Berater haben sich für die Gesellschaftsform einer Aktiengesellschaft (AG) entschieden, da diese den nötigen Handlungsspielraum ermöglicht, den Hiß mit seinem Konzept verfolgte. Eine AG hat den Vorteil, dass ein Aktionär seine Einlage nicht zurücknehmen kann, sie kann lediglich auf einen anderen Aktionär übertragen werden, was der AG finanzielle Stabilität verspricht. Zudem hat der Kapitalgeber den größtmöglichen Einfluss auf die Wirkung seiner Kapitalanlage. Die nötige Sacheinlage lieferte Hiß in Form seines landwirtschaftlichen-gärtnerischen Betriebes. Die Gründungsphase erstreckte sich über ein Jahr und mündete in der Regionalwert AG (RWAG).[45]

Das Konzept der RWAG ist eine Bürgeraktiengesellschaft die eine nachhaltige Regionalwirtschaft unterstützt, indem sie das Zusammenwirken von Kapitalgebern und Partnerbetrieben organisiert. Sie hat das Ziel, sowohl landwirtschaftliche Betriebe, als auch Unternehmen aus vor- und nachgelagerten Bereichen aus einem geografischen Raum – einer Region –, zu erwerben oder sich an ihnen zu beteiligen, um sie anschließend an qualifizierte Unternehmerinnen und Unternehmer zu verpachten. Die Unternehmen lassen sich in allen Bereichen der Wertschöpfungskette wie in Tabelle 3 zu sehen ist, finden. So beteiligt sich die RWAG zum Beispiel an Unternehmen zur Saatzüchtung und Saatproduktion, zur Erzeugung von landwirtschaftlichen Produkten oder nachwachsenden Rohstoffen, zur Verarbeitung und Vermarktung von landwirtschaftlichen Produkten oder auch an regionaler Gastronomie. Eine Grundvoraussetzung dabei ist, dass die Betriebe

---

44 Peter Volz, The Regionalwert: Creating sustainable regional structures through citizen participation, Baden-Württemberg 2011, S. 4. Verfügbar unter: http://www.forum-synergies. eu/docs/a012_rwag.pdf [letzter Zugriff: 08.09.2015].

45 Christian Hiß, Die Regionalwert AG – Bürgeraktiengesellschaft in der Region Freiburg, in: Friedel/Spindler (Hg.), S. 460–469.

ökologisch bewirtschaftet werden und andere Nachhaltigkeitsstandards, wie geringen Ressourcenverbrauch, Artenschutz und gerechte Entlohnung einhalten müssen.[46] Die RWAG beteiligt sich auch an konventionell wirtschaftenden Unternehmen, sofern diese einen Zeitplan zur Umstellung auf ökologischen Landbau vorlegen und dieser innerhalb von vier Jahren vollzogen wird. Ob die Pächter dabei einem ökologischen Anbauverband beitreten, ist ihnen selbst überlassen.[47] Damit fördert die RWAG nachhaltige Strukturen im regionalen Agrarwesen, welches sich von überregionalen Finanzmärkten unabhängig machen kann.

Tab. 3: Die RWAG in der betrieblichen Beteiligung entlang der Wertschöpfungskette.[48]

Landwirtschaftliche Vorproduktion	Landwirtschaftliche Erzeugung	Verarbeitung und Vermarktung
Ökologische Düngemittel	Ackerbau	Mühle, Bäckerei
Regionales Saatgut	Gemüsebau	Metzgerei
Energie	Obstbau	Käserei
Technischer Service	Weinbau	Weingut & Brennerei
Fachliche Beratung	Viehhaltung	Gastronomie, Catering
	Geflügelhaltung	Hofladen
	Wald	Abokisten, Märkte
	Zierpflanzen	Einzelhandel
	Energiepflanzen	Großhandel

Die Besonderheit der RWAG ist, dass sie als Bürgeraktiengesellschaft eingetragen ist. Zunächst ging es darum für die Landwirtschaft Kapital zur Verfügung zu stellen. Dabei vergibt die RWAG keine Kredite, sondern trägt mit Eigenkapital als Gesellschafter das unternehmerische Risiko mit. Das eigene Kapital der RWAG kommt dabei von Bürgerinnen und Bürgern. Durch dieses Instrument gelingt die Integration der Landwirtschaft in die Gesellschaft.

Bürger aus der Region können sich mit Kapital an der regionalen Landwirtschaft beteiligen. Mit Erwerb der Aktie erhalten sie gleichzeitig Stimmrecht über

---

46 Ashoka Deutschland gGmbH, Wissen was wirkt | Wirkungsanalysen 2012 der Ashoka Fellows, Christian Hiß, Regionalwert AG, S. 38 f. Verfügbar unter: http://germany.ashoka. org/sites/germany.ashoka.org/files/Ashoka_Wirkungsanalysen_2012_web.pdf [letzter Zugriff: 10.04.2015]

47 Hiß, S. 460.

48 Nach Regionalwert AG, Angebote und Kriterien zur finanziellen Beteiligung der Regionalwert AG an Unternehmen in der Region, 2009, S. 5. Verfügbar unter: http://www.regional wert-ag.de/wp-content/uploads/2014/05/RWAG-Angebote-Kriterien-full.pdf [letzter Zugriff: 10.04.2015].

die Weiterentwicklung ihrer Region in ökologischen, sozialen und ökonomischen Belangen und nehmen damit Einfluss auf die Entwicklung ihrer Region. Eine weitere Besonderheit der RWAG ist, dass sie mit einer Doppelbilanzierung arbeitet. Die Aktionäre bekommen neben der jährlichen monetären Rendite, auch die qualitative Rendite ausgewiesen. Diese Methode der *ganzheitlichen Kapitalbilanzierung* wurde im Rahmen der RWAG entwickelt und wird bisher nirgendwo anders praktiziert. Die AG sieht dies als ein notwendiges Werkzeug, da, besonders in der Landwirtschaft, betriebs- und volkswirtschaftlicher Erfolg in direktem Zusammenhang stehen. Unter Kapitalrendite ließe sich zum Beispiel die Entwicklung der Bodenfruchtbarkeit und die Art der Beschäftigungsverhältnisse zählen.[49]

Auf das Kapital, dass die RWAG in den landwirtschaftlichen Betrieben einsetzt, wird eine jährliche Bewertung der volkswirtschaftlich relevanten Wertschöpfung, als Ergänzung zur Dividende vorgenommen. Diese Bewertung erfolgt nach verschiedenen Kriterien, den sogenannten Nachhaltigkeitsindikatoren. Die Indikatoren erstrecken sich, entsprechend dem Nachhaltigkeitsdreieckmodell, auf die Bereiche Soziales, Ökologie und *regionale* Ökonomie.

Tab. 4: Nachhaltigkeitsindikatoren der RWAG.[50]

Sozial	Ökologie	Regional-Ökonomie
Mitarbeiterstruktur	Bodenfruchtbarkeit	Verteilung der Wertschöpfung
Entlohnung	Biodiversität	Wertschöpfung in der Region
Qualität der Arbeitsplätze	Anwendung der EG-Öko-Verordnung	Verbindlichkeit in der Region
	Entwicklung von bio-landwirtschaftlicher Nutzfläche	Dialog in der Wertschöpfungskette
	Ressourceneinsatz	

Insgesamt hat die RWAG mit der Unterstützung der imug Beratungsgesellschaft für sozial-ökologische Innovationen mbH und dem südwestdeutschen Energiedienstleister badenova AG & Co. KG 87 Nachhaltigkeitsindikatoren in zwölf Bereichen herausgearbeitet, nach denen die Betriebe bewertet werden. Diese zwölf Bereiche sind zur Übersicht in Abbildung 1 dargestellt. Darunter sind beispielhaft folgende Bewertungskriterien:

---

49 Hiß, S. 463.
50 János Jákli/Peter Volz, The sustainability indicators of the Regionalwert AG and their potential further use, 2014, Verfügbar unter: http://www.agronauten.net/wp-content/uploads/2014/03/Overview_Indicators.pdf [letzter Zugriff: 08.09.2015].

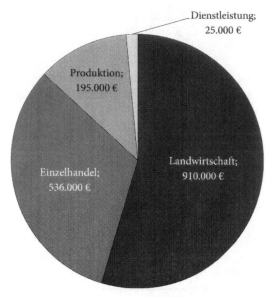

Dienstleistung; 25.000 €
Produktion; 195.000 €
Einzelhandel; 536.000 €
Landwirtschaft; 910.000 €

Abb. 1: Verteilung der Investitionen durch die RWAG 2011.[51]

Ausbildung von jungen Menschen zu Fachkräften: Damit der landwirtschaftliche Sektor zukunftsfähig bleiben kann, ist es dringend notwendig, dass junge Menschen in den landwirtschaftlichen Berufen ausgebildet werden.

Erhalt und Steigerung der Fruchtbarkeit von Boden, Pflanzen und Tieren: Der Grundgedanke ist, dass alle Arten von Lebewesen ein gesundes Gleichgewicht zwischen Reproduktionsfähigkeit und Ertrag haben. In der konventionellen Haltung spielt der Ertrag aus betriebswirtschaftlichen Gründen die Hauptrolle, was den Rückgang der Reproduktionsfähigkeit zur Folge hat. Die Betriebe, die von der RWAG unterstützt werden, sollen das Gleichgewicht in Bodenpflege, Pflanzenzucht und Tierhaltung anstreben. Als Parameter werden dabei für den Boden die Humuswerte und der Fruchtwechsel betrachtet, in der Milchviehwirtschaft die Geburtenzahl der Kühe und beim Pflanzenbau die Nutzung von Samensorten die mehrere Jahre verwendet werden können.[52]

Schaffung von Arbeitsplätzen für schwächere Menschen: Die Betriebe werden aufgefordert, schwächere Menschen in ihr Unternehmen zu integrieren. Die betriebliche Arbeit eignet sich dazu sehr gut und die Beschäftigung dieser Arbeitnehmer wird positiv bewertet.

Transportwege: Die Betriebe werden aufgefordert ihre Produkte in der Region zu vermarkten.

---

51 Erstellt nach Volz, S. 8.
52 Hiß, S. 467.

Die Unternehmer sind aufgefordert mit anderen Partnerbetrieben der RWAG zusammenzuarbeiten, um die Potentiale zum Nutzen von allen Beteiligten auszuschöpfen. So kaufen sie sich gegenseitig die Produkte ab und vermarkten sie gemeinsam. Außerdem sind sie angehalten am Unternehmerforum teilzunehmen, welches im zweimonatigen Rhythmus stattfindet.

Die RWAG folgt dem Prinzip *Vom Acker auf den Teller,* besitzt selbst Land und beteiligt sich auf einer landwirtschaftlichen Fläche von 220 ha (Stand: 2011). Mittlerweile wurden mehr als 1,6 Mio. Euro in die verschiedenen Sektoren investiert. Die Landwirtschaft macht dabei den größten Anteil aus, dargestellt in Abbildung 1. Inzwischen gibt es mehr als 600 Kleinanleger, die über den Kauf von 500 Euro-Aktien eine Kapitaleinlage i.H.v. mehr als 2,5 Mio. Euro eingebracht haben – eine durchschnittliche Einlage von mehr als 4.500 Euro pro Anleger/in. Die RWAG Freiburg ist an 19 Unternehmen beteiligt, die mit mehr als 150 Mitarbeitern und Mitarbeiterinnen einen Umsatz von etwa fünf Mio. Euro erwirtschaften. Darüber hinaus bietet das Konzept eine Lösung für die Frage der Hofnachfolgeregelung.

Das Konzept der RWAG hat sich bereits auf die Regionen Hamburg, Isar-Inn in Bayern und Katalonien in Spanien ausgeweitet. Im Rheinland und in Österreich laufen Vorbereitungen zur Gründung von RWAGs. Stuttgart, München und Wien haben Interesse bekundet.

Wird das CSA-Konzept als gemeinschaftlich getragene Landwirtschaft betrachtet, bei der die Einheit i.d.R. ein landwirtschaftlicher Betrieb ist, ist die RWAG fast schon eine logische Fortentwicklung einer *gemeinschaftlich getragenen Region.* Dabei will sich die RWAG als Wirtschaftsunternehmen verstanden wissen und die Beitraggebenden können auch von außerhalb der Region stammen.

d. Eine Betrachtung aus der Wirtschaftsperspektive

Der belgische Unternehmer und spätere Hochschullehrer Gunter Pauli stellt in dem von ihm entwickelten Konzept *Blue Economy* die Schließung von Stoffkreisläufen in den Mittelpunkt. Als Vorbild für sein innovatives Wirtschaftskonzept dienen die Kreisläufe in der Natur. Aus der Ökosystem-Betrachtung folgt unumgänglich eine lokale – oder regionale – Verbindung von unternehmerischen Einheiten. Es sollen Systeme entwickelt werden, die dazu führen, dass entweder kein Abfall entsteht, oder, wenn welcher anfällt, dieser in anderen Industrien zur Wertschöpfung genutzt werden kann und alle Einsatzgüter vollständig verwertet werden. Die bloße Verwertung von Abfällen, um die Umweltbelastung zu reduzieren, entspricht dem Blue Economy Konzept noch nicht, da Umweltverschmutzung so nicht völlig verhindert wird. Die komplette Vermeidung der Verschmutzung soll durch die Zusammenfassung von industriellen Systemen erreicht werden, in der die wertlosen Nebenprodukte der Einen zur Vorleistung der Anderen werden. Damit eine Industrie einen vollen Durchsatz erreichen kann, muss sie sich mit Industrien mit komplementären Bedürfnissen zusammenschließen. So wurde ein Verfahren entwickelt mit dem

Industriezweige, die sich zur Zusammenarbeit eignen, identifiziert werden können. Die Methode setzt sich aus fünf aufeinander aufbauenden Schritten zusammen. Mit Hilfe dieser sollen Wege identifiziert werden, um den Eintrag zu reduzieren und durch vollständige Verwertung maximalen Ertrag zu erreichen.[53]

Kaffee und Pilze
Ein Beispiel für eine im Rahmen von Blue Economy generierte Innovation ist der Pilzanbau auf Kaffeeabfällen. Vor allem bei der Produktion von Kaffee werden von der Ernte bis zur Zubereitung des Getränks nur 0,2 % der Biomasse effektiv benötigt. Die verbleibenden 99,8 % an hochkoffeinhaltiger Biomasse werden weggeworfen. Die ca. zwölf Millionen Tonnen Abfall produzieren beim Zerfallen Millionen Tonnen Methan, welches als Treibhausgas (etwa 25-mal klimaschädlicher als CO_2) sich negativ auf das Klima auswirkt.

Pilzanbau hingegen benötigt einen hohen Energiebedarf, da das Substrat keimfrei sein muss und, je nach Pilzsorte, Luftfeuchtigkeit, Temperatur, CO_2-Konzentration und Lichtzyklus gelenkt werden müssen. Die Aufbereitung des Substrates ist ebenfalls sehr aufwändig und energieintensiv. Hochwertige tropische Pilze werden häufig auf geschlagenen Harthölzern gezüchtet. Das Schlagen dieser Hölzer und die damit einhergehende Waldrodung und Zerstörung von Ökosystemen wird mit dieser Innovation eingedämmt.

Der Kaffeeabfall ist durch die Behandlung nach der Ernte nur minimal mit Bakterien versetzt, so dass es Pilzkulturen möglich ist, die Pflanzenfasern zu zersetzen. Der hohe Koffeingehalt in den Kaffeeabfällen wirkt zusätzlich sehr stimulierend auf die Pilzkulturen, so dass diese bereits nach drei Monaten in die generative Phase übergehen und beginnen ihren Fruchtkörper auszubilden. Die Überreste, die nach der Pilzernte übrig bleiben, können wiederum zu hochwertigem Futter für Haus- und Nutztiere umgewandelt werden. Diese Reste enthalten viele wertvolle Aminosäuren und sind frei von für Tiere schädlichem Koffein. Der dahinterstehende finanzielle Vorteil, aus landwirtschaftlichen Abfällen Nährstoffe und Energie für die Pilzkultivierung und die Tierfutterherstellung weiter zu verwerten, wurde wissenschaftlich nachgewiesen.

In der Kaffeeanbauregion El Huila in Kolumbien haben 2009 über einhundert Betriebe das Geschäftsmodell, Pilze auf Kaffeeabfällen zu züchten, übernommen. Die koffeinreiche Biomasse ermöglicht den Bauern eine zusätzliche Einnahmequelle durch die wettbewerbsfähige Pilzkultivierung. Damit werden gleichzeitig Arbeitsplätze geschaffen, die Ernährung abgesichert und Gewinne produziert. Parallel wird die Nachfrage nach Harthölzern reduziert, was bei steigendem Pilzkonsum weitere Waldrodung unnötig macht.[54]

---

53 Gunter Pauli/Markus Haasters, Die Versöhnung von Ökonomie, Ökologie und Sozialem –
    Internationale Fallbeispiele, in: Helga Hackenberg/Stefan Empter (Hg.), Social Entrepreneur-
    ship – Social Business: Für die Gesellschaft unternehmen, Wiesbaden 2011, S. 147–157,
    S. 147 f.
54 Ebd., S. 153 f.

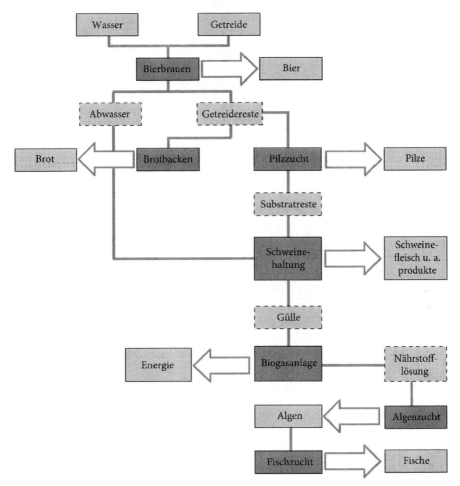

Abb. 2: Prozessdiagram.[55]

Bier und Pilze und Brot
Eine traditionelle Brauerei, die heute Bier gemäß dem deutschen Reinheitsgebot braut, erzeugt neben Bier auch überflüssige organische Stoffströme und verlorene Energie. Diesem Brauereiabfall wird, da es sich um organisches Material handelt, keine große Bedeutung zugemessen. Wird jedoch die Menge erforderlichen Wassers für die großen Volumina in der Bierproduktion betrachtet (teilweise mehr als zwanzig Liter Wasser pro Liter gebrautes Bier), entsteht eine stärkere Problemwahrnehmung. Getreide, welches im Brauereiprozess zum Einsatz

55 Erstellt nach Gunter Pauli, Case 34. New Sugars, 2010. Verfügbar unter: http://www.the blueeconomy.org/blue/Cases_files/34 %20New%20Sugars.pdf [letzter Zugriff: 12.06.15].

kam und anschließend als minimal verwerteter Reststoff, bezogen auf den Eiweiß- und Nährstoffgehalt, entsteht, kommt vereinzelt als Tierfutter zum Einsatz. Dies ist keine optimale Verwendung, da die Körner für die Tiere zu zäh sind und zu Verdauungsstörungen führen können. So stellt sich nach dem Blue Economy Konzept die Frage, welchen Nutzen der Brauereiabfall an anderer Stelle bringen kann.

Eingeweichte Getreidekörner sind reich an Fasern und Eiweiß und sind ein ausgezeichneter Ersatz für Mehl in Brot. So kann der Treber (extrahiertes Getreidemalz) als Rohstoff in Backwaren zum Einsatz kommen.

Wenn diese Getreiderückstände mit anderen Fasern, z. B. Reisstroh, gemischt werden, ergeben sie eine wertvolle Zutat für das Substrat im Pilzanbau. Wachsen Pilze auf den Getreideresten, werden diese weiter aufgeschlossen und damit verdaulicher für den Viehbestand – auch der Proteingehalt wird vergrößert. So trägt das zur Pilzzucht verwendete alternative Substrat zum Wachstum von Tieren und zur Qualitätssteigerung vom Fleisch bei.

Darüber hinaus kann das überflüssige Abwasser aus der Brauerei mit der Gülle aus der Tierhaltung (z. B. Schweine) in eine Biogasanlage zusammengeführt werden. Die Biogasanlage erzeugt zwei Produkte: Biogas und eine Flüssigkeit mit vielen Nährstoffen. Ersteres kann in der Brauerei verwendet oder anderweitig verkauft werden. Die Nährlösung wiederum fließt in Becken, in denen Algen wachsen, welche als Futter in einer Fischteichwirtschaft Verwendung finden können.

Eine wettbewerbsfähige Wirtschaft unter dem Kyoto Protokoll
Das Beispiel der Pilzzucht auf Kaffeeabfällen zeigt die angestrebte Transformation unter einer Wirtschaftsperspektive. Eine Kaffee-Gesellschaft erzeugt Einkommen durch sein Kerngeschäft Kaffee und kann jetzt auch Einnahmen von dem auf dem Kaffeeabfall stattfinden Pilzanbau generieren; darüber hinaus kann das nach der Pilzzucht übrigbleibende Substrat als ausgezeichnetes Tierfutter dienen. Ein Einnahmemodell wird jetzt zu einem dreifachen Einnahmemodell umgestaltet.

Parallel zur Wahrnehmungsänderung (vom wertlosen Abfallaufkommen hin zu wertvollen Rohstoffquellen und einer Ansammlung von ineinander greifenden Verarbeitungsprozessen) wurden mehr Arbeitsstellen, mehr Einkommen, eine lebenswertere Umgebung und potentielle Ernährungssicherheit für ganze Regionen geschaffen.

Gunter Paulis Aufgabe war es Anfang der Neunziger Jahre, sich ein wettbewerbsfähiges Wirtschaftsmodell in einer Post-Kyoto-Protokoll-Welt vorzustellen (das Rahmenübereinkommen der Vereinten Nationen über Klimaänderungen). 1994 hat Pauli das Netzwerk Zero Emissions Research and Initiatives (ZERI) an der Universität der Vereinten Nationen in Tokio gegründet, um das entwickelte Blue Economy Konzept vielfältig in die Anwendung und Verbreitung zu bringen. Gemäß der Vorstellung einer Wirtschaft in einer zukünftigen Welt ohne klimaschädigende Emissionen (Zero Emissions), und bei denen die Abfälle eines

Verfahrens die Rohstoffe eines anderen Verfahrens werden, wurden inzwischen mehr als einhundert Fallbeispiele weltweit über Bücher, Filmclips und weiteren Medien vermittelt. 2010 wurde der Bericht *10 Jahre – 100 Innovationen – 100 Millionen Jobs* an den Club of Rome übermittelt. Dieser Bericht enthält die einhundert vielversprechendsten Innovationen, die aus zehn Jahren Forschung der ZERI hervorgegangen sind. Der Großteil dieser Innovationen wurde bereits in der Praxis getestet.[56]

Das Konzept bedient alle Bereiche des Nachhaltigkeitsdreiecks. Auf der ökologischen Seite kann die Umsetzung des Konzepts dazu beitragen, den negativen Einfluss des Menschen auf das Ökosystem in einen positiven umzukehren. Auf der ökonomischen Seite können Unternehmen unerkanntes Potential ausschöpfen und dadurch Wertzuwächse erreichen, sowie Wirtschaftswachstum im gesamten Land generieren. Im sozialen Bereich können viele Arbeitsplätze, insbesondere im unausgebildeten Bereich, geschaffen werden. Außerdem bietet das Konzept Forschungsmöglichkeiten für die Wissenschaft in den unterschiedlichsten Fachbereichen.[57] Das Blue Economy Konzept verfolgt das Ziel, gemäß ihrem zentralen Begriff Mehrwert, keinerlei Human- und Naturressourcen zu verschwenden, sondern einen Mehrfachnutzen zu generieren. Eine Veränderung der Globalstrukturen sei, so der Blue Economy Ansatz, nur mit einem systemischen Ansatz möglich.[58]

Die Rolle der Food Policy

Ernährungspolitik bezeichnet die Erarbeitung und Umsetzung von Ernährungsstrategien und -programmen. Ernährungspolitik wird hauptsächlich im Zusammenhang mit der Bekämpfung von Unter- und Mangelernährung in entwicklungsschwachen Ländern betrachtet.[59] Jedoch können diese Strategien und Programme von verschiedenen Organisationen für geografisch unterschiedliche Räume erarbeitet werden. Zum Beispiel für die ganze Welt, in einzelnen Staaten oder Staatengruppen oder vereinzelt auch für regionale Bereiche. Ernährungspolitik ist meist von staatlichen Instituten oder von Verbänden organisiert. In Deutschland sind hauptsächlich die Bundesministerien für Gesundheit sowie für Verbraucherschutz, Ernährung, Landwirtschaft zuständig. Auf der EU-Ebene werden ernährungspolitische Entscheidungen von der Kommission der Europäischen Union entschieden. Global betrachtet sind die Welternährungsorganisation (FAO) und die Weltgesundheitsorganisation (WHO) institutionalisierte

---

56 Gunter Pauli/Markus Haasters, S. 149 f.
57 Ebd., S. 147–150.
58 Ebd., S. 156.
59 Klaus Schubert/Martina Klein, Ernährungspolitik. Das Politiklexikon, Bonn 2011. Verfügbar unter: http://www.bpb.de/nachschlagen/lexika/politiklexikon/17414/ernaehrungspolitik [letzter Zugriff: 24.05.2015].

Einrichtungen, die das ernährungspolitische Geschehen beeinflussen.[60] Ziel von Ernährungspolitik ist zunächst die angemessene Bereitstellung von Lebensmitteln und Rohstoffen innerhalb der jeweiligen Bevölkerungsgruppe, was durch ein volkswirtschaftlich effizientes Zusammenwirken von allen Komponenten der Nahrungskette realisiert werden soll. Ernährungspolitik schließt somit alle Teilschritte der Nahrungserzeugung, Lebensmittelverteilung und des Lebensmittelverbrauchs ein. Außerdem umfasst sie die Verhütung bzw. Bekämpfung von ernährungsabhängigen Erkrankungen. Von zunehmender Bedeutung ist die Frage, inwieweit Ernährungspolitik als erfolgreiches Instrument einer nachhaltigen Entwicklung eingesetzt werden kann. Obwohl sich die Maßnahmen, mittels denen eine Entwicklung beeinflusst werden soll, tendenziell auf öffentliche Beschaffungsmaßnahmen (GPP, SPP) und Klimastädteabkommen fokussieren, sind erste zarte Pflänzchen in den Ansätzen Essbarer Städte oder dem Ansatz der Regionalisierungsstrategie zu erkennen. Die beschriebenen Ansätze für regionale Ernährungssysteme profitieren von eindeutigen ernährungspolitischen Maßnahmen.

---

60 Gottfried Ulbricht, Ernährungspolitik, Heidelberg 2001. Verfügbar unter: http://www.spektrum.de/lexikon/ernaehrung/ernaehrungspolitik/2669 [letzter Zugriff: 24.05.2015].

Philipp Stierand

Urbane Wege zur nachhaltigen Lebensmittelversorgung

Potentiale und Instrumente kommunaler Ernährungspolitik

Die Menschheit verabschiedet sich von ihrer ländlichen Vergangenheit. 2008 lebten rund 3,3 Milliarden Menschen in Städten und damit zum ersten Mal in der Geschichte mehr als die Hälfte der Weltbevölkerung. Die Städte beanspruchen zwar nur 2 % der Weltoberfläche, aber sind für 75 % des weltweiten Ressourcenverbrauchs verantwortlich.[1] In Zukunft wird das Bevölkerungswachstum komplett in den Städten stattfinden; bis 2030 wird die Zahl der Stadtbewohner auf fünf Milliarden ansteigen.[2] Die Versorgung der Städte – unter anderem mit Lebensmitteln – ist damit eine wachsende Herausforderung, die massiv auf externe Ressourcen angewiesen ist. Die nachhaltige Lebensmittelversorgung von Städten wird zu einem Schlüsselbaustein nachhaltiger Entwicklung.

Die Städte selbst haben die Kontrolle über ihre Lebensmittelversorgung verloren. Vor der Industrialisierung war die lokale Organisation der Lebensmittelversorgung zentral für die (wirtschaftliche) Entwicklung und das Überleben einer Stadt. Heute ist das Ernährungssystem weitgehend unabhängig von räumlichen Maßstäben und Beziehungen organisiert. Das Ernährungssystem ist delokalisiert.[3] In der Stadt wird nicht mehr für den städtischen Bedarf produziert und verarbeitet – es wird nur noch konsumiert. Der Standort der Stadt hat damit keinen Einfluss mehr auf die Qualität und Ausprägung der Lebensmittelversorgung. In der Stadt ansässige Produzenten und Verarbeiter vertreiben ihre Produkte nicht lokal sondern national bis global. Der lokale Einzelhandel besteht aus nationalen, filialisierten Systemen. Die einzelne Stadt ist für die Akteure im Ernährungssystem als Konsum- oder Produktionsstandort austauschbar; sie sind nicht auf Qualitäten und Begabungen spezifischer Städte angewiesen.

Zusammen mit diesem Bedeutungsverlust der lokalen Ebene im Ernährungssystem ist auch die Ernährungspolitik aus den Kommunen verschwunden. Ernährungspolitik, also Entscheidungen, die beeinflussen, wie Menschen Lebensmittel produzieren, erwerben, konsumieren und entsorgen, wird heute als Ausdruck von

---

1 Vgl. Susanne Thomaier u.a., Farming in and on urban buildings: Present practice and specific novelties of Zero-Acreage Farming (ZFarming), in: Renewable Agriculture and Food Systems (2014), S. 1–12, S. 1.

2 Vgl. George Martine/Alex Marshall, State of World Population 2007: unleashing the potential of urban growth, UNFPA, 2007, S. 6.

3 Vgl. Massimo Montanari, Der Hunger und der Überfluß. Kulturgeschichte der Ernährung in Europa, München 1993, S. 189.

höheren nationalen oder globalen Impulsen verstanden (z. B. Landwirtschafts- politik oder Verbraucherschutz).[4] Die städtische Lebensmittelversorgung wird heute – nicht nur in Bezug auf Nachhaltigkeit – außerhalb der Stadt gestaltet.

Dieser Beitrag hat die These, dass kommunale Ernährungspolitik in den Städ- ten der westlichen Industriestaaten eine Renaissance erfährt. Nachdem sich Ernährungspolitik hier über zwei Generationen lang darauf konzentriert hat ausreichend Lebensmittel zur Verfügung zu stellen, haben sich die Problemstel- lungen im 21. Jahrhundert verlagert. Global haben unter anderem die rasante Urbanisierung, starke Schwankungen in den Lebensmittelpreisen, die Auswir- kungen des Klimawandels und das sogenannte Land Grabbing zu völlig neuen Rahmenbedingungen geführt – der neuen »food equation«.[5] In den Städten selbst wird die Lebensmittelversorgung im Rahmen der Diskussion einer nach- haltigen Entwicklung näher beleuchtet; die nicht mehr hungrige Gesellschaft hinterfragt die Wirkungen des Ernährungssystem auf Umwelt, Gesundheit und auf die lokale wie globale Ökonomie. Neue Anforderungen an das Ernährungs- system werden formuliert – die »new urban food needs«.[6] Die durch »food equa- tion« und »new urban food needs« ausgelösten Diskurse um Ernährungsfragen bekommen eine Aufmerksamkeit wie seit Generationen nicht mehr. Eine der wichtigen Handlungs- und Diskussionsebenen dieses neuen Ernährungsdiskur- ses ist die Kommune.

Dieser Beitrag soll die Gründe für die Rückkehr der Ernährungspolitik in den westlichen Industriestaaten auf die lokale Ebene erkunden und dessen Möglich- keiten für eine nachhaltige Gestaltung der Lebensmittelversorgung ausleuch- ten. Dazu beleuchtet er in einem ersten Schritt die Herausforderungen städti- scher Ernährungssysteme, um dann die Chancen zu beschreiben, die städtische Ernährungssysteme bieten. Der Beitrag beschreibt die Entwicklung des Diskur- ses und zeichnet so die Karriere der städtischen Ernährungspolitik nach. Im An- schluss werden die möglichen Instrumente zur Umsetzung einer kommunalen Ernährungspolitik aufgezeigt.

Die Herausforderungen städtischer Lebensmittelversorgung

Die Weltbevölkerung wächst. Dabei gestalten sich Stadtentwicklung und Le- bensmittelversorgung in den Industriestaaten und den Entwicklungsländern grundverschieden. In den Entwicklungsländern strömen die Menschen in die

---

4 Vgl. Wendy Mendes, Implementing social and environmental policies in cities: The case of food policy in Vancouver, Canada, in: International Journal of Urban and Regional Re- search 32 (2008), S. 942–967, S. 943.

5 Vgl. Kevin Morgan, The new urban foodscape. Planning, politics and power, in: Katrin Bohn/André Viljoen (Hg.), Second nature urban agriculture. Designing productive cities, New York 2014, S. 18–23, S. 19.

6 Vgl. Philipp Stierand, Speiseräume. Die Ernährungswende beginnt in der Stadt, München 2014, S. 67.

Städte. Vor allem in allem in Asien und Afrika ist die Urbanisierung ungebremst. Zwischen den Jahren 2000 und 2030 wird sich die Zahl der Einwohner auf diesen Kontinenten verdoppelt haben.[7] In den Städten der Entwicklungsländer werden dann 80 % der Menschheit leben.[8] Das dieses in europäischen Maßstäben kaum vorstellbare Wachstum auch eine Herausforderung für die städtischen Ernährungssysteme ist, zeigte sich zwischen 2006 und 2008: Die Spitzen in den Weltmarktpreisen für Lebensmittel hatte besonders die städtischen Armen des globalen Südens getroffen und zu gewaltsamen Unruhen geführt.[9] Weltweit sind knapp 805 Millionen Menschen chronisch unternährt, für ein aktives und gesundes Leben fehlt es einem von neun Menschen an ausreichend Lebensmitteln.[10]

Im globalen Norden dagegen wächst die Zahl der Stadtbewohner nur noch langsam, etwa eine Milliarde Menschen werden 2030 in den Städten der Industriestaaten leben.[11] Außerhalb von einigen Wachstumszentren schrumpfen die Städte. Die Stadtplanung, die seit jeher darauf ausgelegt war, Wachstum zu gestalten, muss lernen, mit schrumpfenden Städten umzugehen. Den Hungernden im globalen Süden stehen knapp zwei Milliarden Übergewichtige gegenüber.[12]

In der Vergangenheit (und noch bis in die 1950er und -60er Jahre) waren Unterversorgung und dessen Prävention Thema der Ernährungspolitik in Europa. Der Fokus lag auf der Sicherstellung der Grundversorgung und von Ernährungssicherheit im Sinne der räumlichen, sozialen und ökonomischen Verfügbarkeit von sicheren und nährstoffreichen Lebensmitteln.[13] Diese Ernährungspolitik hat in den westlichen Industriestaaten ihre Dringlichkeit verloren.

Die neuen Herausforderungen im Ernährungssystem liegen woanders; viele entstehen nicht aus Mangel, sondern aus dem Überangebot von Nahrung. Themen der Städte sind Binnenwirkungen der Ernährung, z. B. gesundheitliche Probleme, soziale Auswirkungen und planerische Fragestellungen im Bereich der Flächennutzung durch Einzelhandel und Landwirtschaft. Gleichzeitig stellt sich die Frage wie externe Wirkungen, wie der durch den urbanen Konsum verursachte Ressourcenverbrauch, reduziert werden können und weitergehend wie städtische Lebensweisen als Stellschraube für eine nachhaltige Entwicklung eingesetzt werden können.

---

7 Vgl. Martine/Marshall, S. 6.
8 Vgl. ebd., S. 8.
9 Vgl. Kevin Morgan, Feeding the city. The challenge of urban food planning, in: International Planning Studies 14 (2009), S. 341–348, S. 342.
10 Vgl. FAO, Strengthening the enabling environment for food security and nutrition, Rome 2014, S. 10.
11 Vgl. Martine/Marshall, S. 6.
12 Vgl. WHO, Obesity and overweight. Verfügbar unter: http://www.who.int/mediacentre/factsheets/fs311/en/ [letzter Zugriff: 03.01.2016]
13 Vgl. FAO, An Introduction to the basic concepts of food security. Food security information for action, http://www.fao.org/docrep/013/al936e/al936e00.pdf [letzter Zugriff: 14.12.2015].

Gewichtige Gesundheitsprobleme

Die Liste der ernährungsbedingten Krankheiten wird angeführt vom Übergewicht. Die Häufigkeit von Adipositas (starkes Übergewicht) hat sich in den letzten dreißig Jahren mindestens verdreifacht. Ein Großteil der Herzerkrankungen und Typ-2-Diabetes-Fälle, jährlich etwa eine Million Todesfälle und zwölf Millionen krank verbrachte Lebensjahre, gehen in Europa auf erhöhtes Körpergewicht zurück und verursachen 6 % der Gesamtausgaben der Gesundheitssysteme.[14] Die Gesundheitskosten für einen übergewichtigen Mann liegen im Schnitt um 69 %, für eine übergewichtige Frau um 60 % höher als bei Normalgewichtigen.[15] »Überhöhtes Körpergewicht stellt in der Europäischen Region der WHO eines der schwerwiegendsten Probleme für die öffentliche Gesundheit im 21. Jahrhundert dar.«[16] In Deutschland scheint sich der Anteil der Übergewichtigen auf einem hohen Niveau stabilisiert zu haben, während sich innerhalb dieser Gruppe die Neigung zu Adipositas verstärkt. Aktuell haben in Deutschland 67 % der erwachsenen Männer und 53 % der Frauen Übergewicht. 34 % der übergewichtigen Männer und 45 % der übergewichtigen Frauen sind adipös.[17]

Ernährungsarmut in Deutschland

Die sozialen Effekte des herrschenden Ernährungssystems sind für Deutschland nicht untersucht: Im öffentlichen Bewusstsein Deutschlands kommen Hunger oder Ernährungsarmut als mögliches Problem nicht vor. Fehlende verlässliche Zahlen unterstützen diese Negierung.

Die Begriffe Ernährungsarmut und Hunger sind nicht bedeutungsgleich: Ernährung ist nicht nur Nahrungsaufnahme, sondern hat wichtige soziale und gesellschaftliche Funktionen. Über den kulturellen Umgang mit Essen werden soziale Beziehungen aufgebaut, werden Traditionen gelebt. Ernährung ist ein Ausdruck für die Persönlichkeit und die grundlegendste Form der Beteiligung in der Gesellschaft.[18] Wenn die finanziellen Mittel zur Wahrnehmung dieser Funktionen fehlen, beginnt Ernährungsarmut weit vor dem eigentlichen Hunger.

14 Vgl. Francesco Branca, Die Herausforderung Adipositas und Strategien zu ihrer Bekämpfung in der Europäischen Region der WHO. Zusammenfassung, Kopenhagen 2007, S. 1.
15 Vgl. Tim Lang u.a., Food policy. Integrating health, environment and society, Oxford 2009, S. 111.
16 Vgl. Branca, S. 1.
17 Vgl. Gert BM Mensink u.a., Übergewicht und Adipositas in Deutschland, in: Bundesgesundheitsblatt – Gesundheitsforschung – Gesundheitsschutz 56 (2013), S. 786–794, S. 788.
18 Vgl. Elizabeth Dowler, Food and poverty. The present challenge, in: Benefits: a journal of social security research, policy and practice (1999), S. 3–6, S. 5; Ines Heindl, Ernährung, Gesundheit und soziale Ungleichheit, in: Aus Politik und Zeitgeschichte (2007), S. 32–38,

Ob und in welchem Ausmaß es Ernährungsarmut in Deutschland gibt, lässt sich nur anhand von Indizien festmachen. Diese erlauben den Schluss: Es gibt Menschen in Deutschland, denen die finanziellen Mittel für eine adäquate Ernährung fehlen und/oder die zumindest zeitweise Hunger leiden. Untersuchungen folgern dies aus Erhebungen zu Haushaltsausgaben[19] oder aus der Höhe der Hartz-IV-Regelsätze im Vergleich zu durchschnittlichen Ernährungsausgaben[20] und Lebensmittelpreisen.[21]

Räumliche Entwicklung des Handels

Bis in die 1960er Jahre gab es in Deutschland ein dichtes Netz aus kleinen selbständigen Lebensmitteleinzelhändlern. Seitdem hat sich die wirtschaftliche Struktur hin zu einem Oligopol aus wenigen marktbeherrschenden Konzernen entwickelt, während sich als Betriebsformen Discounter und Verbrauchermärkte durchsetzten. Die Verkaufsflächen sind massiv gewachsen. Für die Städte bedeutet dies standardisierte, filialisierte Ladenkonzepte an weniger, eher am Stadtrand liegenden Standorten. Die Umorientierung von fußläufigen Standorten auf Standorte mit guter Autorerreichbarkeit führt zu längeren Einkaufswegen und einer Verschlechterung der Nahversorgung. »Immer häufiger kommt es nicht nur in ländlichen und verstädterten Räumen, sondern auch in Großstädten zu Versorgungslücken in Wohngebieten.«[22] So sind in Nordrhein-Westfalen bereits 29 % der Siedlungsflächen unterversorgt, jeder sechste Einwohner ist betroffen.[23]

Der Lokalbezug der filialisierten Ladenkonzepte und damit die Identifikationsmöglichkeiten, die bisher über Persönlichkeiten, Traditionen und Bauwerke hergestellt wurden, sind verloren gegangen. Ein mittelständischer Einzelhandel konnte sich mit seinen Ladenkonzepten noch an den Standort und sich dort veränderten Bedingungen anpassen, für den filialisierten Einzelhandel ist diese Möglichkeit stark eingeschränkt. Mit seinen standardisierten Konzepten beschränken sich »die Handlungsmöglichkeiten auf die sorgfältige Standortwahl sowie auf die Anpassung des Filialnetzes durch Schließung, Vergrößerung

S. 35; Sabine Pfeiffer u. a., Hunger and nutritional poverty in Germany: quantitative and qualitative empirical insights, in: Critical Public Health 21 (2011), S. 417–428, S. 420.

19 Vgl. Sabine Pfeiffer, Hunger in der Überflussgesellschaft, in: Stefan Selke (Hg.), Kritik der Tafeln in Deutschland. Standortbestimmungen zu einem ambivalenten sozialen Phänomen, Wiesbaden 2010, S. 91–107, S. 96.

20 Vgl. Pfeiffer u. a., Hunger and nutritional, S. 419.

21 Vgl. Mathilde Kersting/Kerstin Clausen, Wie teuer ist eine gesunde Ernährung für Kinder und Jugendliche? Die Lebensmittelkosten der Optimierten Mischkost als Referenz für sozialpolitische Regelleistungen, in: Ernährungs Umschau (2007), S. 508–513, S. 510.

22 Stadt-und Raumforschung Bundesinstitut für Bau, Ohne Auto einkaufen. Nahversorgung und Nahmobilität in der Praxis, Berlin 2011, S. 15.

23 Vgl. Henrik Freudenau/Ulrike Reutter, Sicherung von Nahversorgung und Nahmobilität. Zusammenhänge zwischen Lebensmittelversorgung und Mobilitätsverhalten, Dortmund 2007, S. 2.

oder Verlagerung von Verkaufsstellen [...].«[24] Damit beschränken sich die räumlichen Steuerungsmöglichkeiten der Stadtplanung weitgehend auf das Erlauben oder Verhindern von vorgegebenen Ladenkonzepten des Einzelhandels mit festgelegten Standortanforderungen.

Umweltauswirkungen der Ernährung

Die Erzeugung der (in der Stadt verbrauchten) Lebensmittel ist aufwendig – auch wenn sich das nicht mehr in ihrem Ladenpreis niederschlägt. Der Umwelt- und Ressourcenverbrauch ist enorm. Die Ernährung ist (je nach Studie und Systemabgrenzung) für rund 16–22 % der gesamten Treibhausgasemissionen Deutschlands verantwortlich (in CO_2-Äquivalenten[25]). Mit Abstand den größten Einfluss hat die Fleischproduktion – nicht nur beim Flächenverbrauch, sondern auch beim Ausstoß klimaschädlicher Treibhausgase. 71 % der landwirtschaftlichen Treibhausgasemissionen werden durch Futtermittelproduktion und Tierhaltung verursacht.

Die landwirtschaftliche Urproduktion ist auch der Bereich, in dem sich heute der Aufwand für die Ernährung am deutlichsten niederschlägt. Die Landwirtschaft war in der Vergangenheit (bis in die 1950er-Jahre) eine Bereicherung für die Biodiversität, da sie Lebensräume für viele Arten erhalten oder geschaffen hat. Die industrialisierte Landwirtschaft ist heute eine der Hauptgefahren für die Artenvielfalt in Deutschland und der Welt.[26]Zusammengefasst belastet die Landwirtschaft in ihrer heutigen Form die Ökosysteme, reduziert Biodiversität, beeinträchtigt die Bodenfunktionen und belastet Oberflächen- und Grundwasser – und ist einer der wichtigsten Verursacher dieser Schäden überhaupt.[27]

Die Chancen der Lebensmittelversorgung

Bei der Betrachtung der Lebensmittelversorgung unter dem Gesichtspunkt der Nachhaltigkeit und im Rahmen anderer gesellschaftlicher Diskussionen um städtische Ernährungsfragen stehen die Probleme des Ernährungssystems im Mittelpunkt. Im Rahmen einer kommunalen Ernährungspolitik versuchen Städte dem

24 Christian Callies, Kommunale Einzelhandelszentrenkonzepte und ihre Anwendung als Steuerungsinstrument der städtischen Einzelhandelsentwicklung. Ziele, Ansätze, Wirkungsweise und Erfahrungen aus der Praxis, Dortmund 2014.
25 Vgl. Sachverständigenrat für Umweltfragen, Umweltgutachten 2012. Verantwortung in einer begrenzten Welt, Berlin 2012, S. 2012; Julia Grünberg u. a., Treibhausgasbilanzierung von Lebensmitteln (Carbon Footprints). Überblick und kritische Reflektion, in: Landbauforschung – vTI Agriculture and Forestry Research 60 (2010), S. 53–72, S. 55.
26 Vgl. Sachverständigenrat für Umweltfragen, Umweltgutachten 2012, S. 106.
27 Vgl. Sachverständigenrat für Umweltfragen, Umweltgutachten 2004. Umweltpolitische Handlungsfähigkeit sichern, Berlin 2004, S. 173.

Ernährungssystem zwei zusätzliche Facetten abzugewinnen: Zum einen sind sie auf der Suche nach Handlungsmöglichkeiten, die über das oben beschriebene Erlauben oder Verhindern standardisierter Konzepte hinausgehen. Zum anderen versuchen sie Ernährung vom Problem zum Anbieter von Lösungen zu wandeln.[28] Hier stechen besonders Fragen der wirtschaftlichen Entwicklung, der Flächennutzung und die sozial integrativen Aspekte der Ernährung hervor.

Lebensmittelwirtschaft 2.0

Die Lebensmittelwirtschaft steht – im Gegensatz zu verschiedenen Hochtechnologie-Branchen – nur selten im Blickfeld kommunaler Wirtschaftsförderung. Blay-Palmer[29] argumentiert, dass klassische Branchen eine unterschätzte Rolle in der wirtschaftlichen Entwicklung spielen: Insbesondere die Lebensmittelwirtschaft hätte eine große Bedeutung für wirtschaftliche, soziale, umweltorientierte und gesundheitsorientierte Innovationen. Eine florierende Lebensmittelwirtschaft können für manche Städte die Rahmenbedingen zur Ansiedlung von High-Tech-Unternehmen verbessern, für viele Städte ist aber die Lebensmittelbranche selbst der realistischere Entwicklungsansatz.

Neben der klassischen Lebensmittelindustrie und dem Lebensmittelhandwerk, gibt es in Deutschland erste Ansätze für einen Lebensmittelwirtschaft 2.0 aus jungen, kreativen kleinen und mittleren Unternehmen. Blay-Palmer[30] beschreibt diese Entwicklung in Kanada als »new food economy«. Es entstehen neue Formen der Landwirtschaft und des Handels; das Lebensmittelhandwerk erfährt eine Wiederbelebung. Diese neuen Unternehmen sind oft gekennzeichnet durch quer eingestiegene Gründer, Finanzierungsformen wie Crowdfunding und eine starke Präsenz in den sozialen Netzwerken des Internets. Blay-Palmer beschreibt, dass diese Branche nicht zwangsweise dem Vorurteil entspräche, dass sie ausschließlich auf ein bestimmtes Milieu in der Mittelschicht ziele; sie sei aber auch nicht immer fortschrittlich und sozial inklusiv. Die Lebensmittelwirtschaft 2.0 könne oft Möglichkeiten für soziale Inklusion, für neue wirtschaftliche Entwicklungen und für eine nachhaltige Stadtentwicklung bieten.[31]

Wayne Roberts[32] sieht in der Lebensmittelwirtschaft eine wichtige Säule einer gesunden Ökonomie. In dieser Branche hätten regionale Betriebe den einmaligen

---

28 Vgl. Wayne Roberts, Food for City Building. A Field Guide for Planners, Actionists & Entrepreneurs, Cork 2014, S. 37.
29 Vgl. Alison Blay-Palmer/Betsy Donald, A tale of three tomatoes: The new food economy in Toronto, Canada, in: Economic Geography 82 (2006), S. 383–399, S. 396.
30 Vgl. Blay-Palmer/Donald, A tale of three tomatoes.
31 Vgl. Betsy Donald/Alison Blay-Palmer, The urban creative-food economy. Producing food for the urban elite or social inclusion opportunity?, in: Environment and Planning A 38 (2006), S. 1901–1920, S. 1914f.
32 Vgl. Roberts, Food for City Building, S. 154–157.

Vorteil, dass ihre Produkte durch kürzere Wege oft frischer und geschmackvoller seien. Für Gründer hätte die Lebensmittelwirtschaft relativ geringe Einstiegshürden und sie sei vergleichsweise rezessionsresistent: An ihren Ernährungsweisen würden Menschen auch bei wirtschaftlichen Schwierigkeiten lange festhalten. Wayne Roberts unterstellt dem Thema Ernährung, dass es für Gründer mit sozialen und ökologischen Werten besonders geeignet sei.

»Food offers few opportunities for fast and easy bucks to be made – perhaps the reason why it's not favoured by flashy and gambling types with a quick money scheme, but a good feature for people who prefer living in stable, cohesive and democratic communities.«[33]

Umwelt und Stadtgestalt

Das Ernährungssystem kann die städtische Umwelt ökologisch und städtebaulich aufwerten. So haben städtische Grünflächen an sich schon positive Wirkungen auf Stadtgesellschaft, -klima und -ökologie.

»Die positive Wirkung von ›Stadtnatur‹ auf Stadtgesellschaft, Stadtklima und -ökologie findet in den Urbanen Gärten noch eine Steigerung dadurch, dass sie gleichzeitig Orte der Beteiligung, des Lernens, der Identifikation und der Aushandlung von Umweltethiken und Fragen nach dem ›guten Leben‹ bei vermindertem Ressourcenverbrauch sind.«[34]

Die urbane Landwirtschaft[35] kann Grünflächen bereitstellen – oft »auf neuartige, oft unkomplizierte und kostensparende Art und Weise«.[36] Für die Bürger ist urbane Landwirtschaft eine sehr selbstbestimmte Form der Raumgestaltung. Für die Städte kann die urbane Landwirtschaft eine vergleichsweise günstige Art und Weise der Flächengestaltung sein.

Auch die städtische Landwirtschaft kann positive gestalterische Kraft entfalten. Sie ist nach wie vor einer der größten Flächennutzer in Ballungsräumen; das sichert faktisch Einfluss. Im Ruhrgebiet sind bspw. 39 % der Flächen landwirt-

---

33 Roberts, Food for City Building, S. 157.
34 Ella von der Haide, Die neuen Gartenstädte. Urbane Gärten, Gemeinschaftsgärten und Urban Gardening in Stadt- und Freiraumplanung. Internationale Best Practice Beispiele für kommunale Strategien im Umgang mit Urbanen Gärten, München 2014, S. 7.
35 Urbane Landwirtschaft ist die Nutzung von Land in Ballungsräumen zum Anbau von Lebensmitteln (z.B. in urbanen Gärten). Die Nutzung erfolgt in der Regel für den Eigenbedarf und ist eng mit dem Sozialleben, den ökologischen und wirtschaftlichen Kreisläufen der Stadt verbunden. Städtische und stadtnahe Landwirtschaft ist die Bewirtschaftung von Land durch landwirtschaftliche Betriebe im Ballungsraum.
36 Bundesamt für Bauwesen und Raumordnung, Zwischennutzungen und neue Freiflächen. Städtische Lebensräume der Zukunft, Berlin 2004, S. 5.

schaftlich genutzt.[37] Maßnahmen müssen auf eine Ökologisierung und Regionalisierung der Landwirtschaft zielen. Regionale Strukturen können hier insofern Vorteile bringen, als dass die Region geringere Mengen von vielfältigeren Produkten braucht als der Weltmarkt. Das schränkt die Vorteile von Monokulturen in der Landwirtschaft ein. Ein regionales Ernährungssystem kann so Vielfalt im Stadtbild, in der Landschaft und auf dem Teller fördern.

Die dritte Komponente des Ernährungssystems, deren gestaltende Wirkung aktuell weitgehend ungenutzt bleibt, ist der Lebensmittelhandel. Er ist ein Flächennutzer mit einer großen stadtstrukturellen Wirkung: Der Lebensmittelhandel kann in seinen stadtangepassten Formen (vom Wochenmarkt über den Tante-Emma-/Onkel-Ali-Laden bis zum (Bio-)Supermarkt) das Potenzial zu einer positiven stadtstrukturellen Wirkung und einen wichtigen Beitrag zur Attraktivität wie Unverwechselbarkeit der Stadt beitragen.

Essen verbindet: soziale Wirkungen

Essen ist eine Erfahrung, die alle Kulturen, Religionen, alle Schichten und Milieus verbindet. Diese gemeinsame Erfahrung ist die Grundlage für viele soziale Wirkungen, welche die unterschiedlichen Bereiche des Ernährungssystems entfalten können. Die Erfahrungen rund um Ernährung sind ein Mittel gegen die Auflösung sozialer Bindungen und Vereinzelung, für Gemeinsinn und Zusammenhalt: »Food brings people together, promotes common interests, and stimulates the formation of bonds with other people and societies.«[38]

Die urbane Landwirtschaft – um hier dieses Beispiel aus dem Ernährungssystem herauszugreifen – ist sozialer Kitt, in dem sie Menschen in einer sehr ursprünglichen Arbeit zusammenführen kann. Viele bestehende Gemeinschaftsgärten fördern soziale Beteiligung und tragen zur Bildung lebendiger Gemeinschaften und Quartiere bei. Der Allgemeinheit stellen sie gemeinschaftlich gestaltete und gepflegte Grünflächen zur Verfügung. Dem Individuum geben sie Möglichkeiten zur Entfaltung und Entwicklung. Durch ihre Offenheit für Leute mit verschiedenen Hintergründen fördern sie die Integration und den Zusammenhalt. Die Möglichkeit, sich in gemeinschaftlichen Aktivitäten zu engagieren, steigert die Identifikation mit dem Quartier und fördert die Beteiligung am öffentlichen und politischen Leben.[39]

37 Vgl. Wilhelm Lenzen, Zahlen und Daten zu Landwirtschaft und Gartenbau in der Metropole Ruhr, Münster 2013, S. 5.
38 Carol A. Bryant (Hg.), The cultural feast. An introduction to food and society, Belmon ^{2}2003, S. 191.
39 Vgl. Jeremy Iles, The social role of community farms and gardens in the city, in: André Viljoen u. a. (Hg.), Continuous productive urban landscapes. Designing urban agriculture for sustainable cities, Oxford 2005, S. 83–88, S. 83 f.

Karriere der kommunalen Ernährungspolitik

Die Diskussion von Ernährungsfragen hat sich in Inhalten und räumlichen Fokus verändert. Nachdem die Versorgung mit ausreichend, bezahlbaren Lebensmittel gesichert zu sein scheint, werden auf der lokalen Ebene neue Ansprüche an das Ernährungssystem formuliert (die schon erwähnten »new urban food needs«). Diese neuen Ansprüche konzentrieren sich nicht mehr auf die Grundversorgung, sondern auf individuelle und gesellschaftliche Bedürfnisse, die darüber hinausgehen. Dies sind insbesondere:

– Vertrauen: Die anonymisierten Produktions- und Lieferketten in Kombination mit den Lebensmittelskandalen der vergangenen Jahrzehnte haben ein Bedürfnis nach Vertrauen und Nähe im Ernährungssystem erzeugt.
– Gesundheit: Fehlernährung und Übergewicht werden zur Volkskrankheit und sind eine massive Belastung für das Gesundheitssystem.
– Nachhaltigkeit: Verbraucher und Politiker beginnen zu realisieren, dass die Lebensmittelproduktion ein massiver Eingriff in die Umwelt ist.
– Fairness: Trotz anonymisierter Beziehungen scheint ein Interesse dafür zu entstehen, wie in der vorgelagerten Produktions- und Lieferkette gehandelt wird. Die überdurchschnittlich wachsenden Umsätze von Fairtrade- und Biolebensmitteln sind ein Anzeichen dafür.[40]

Besonders in den USA hat sich darüber hinaus ein Begriff von Ernährungssicherheit herausgebildet, der jenseits der ausreichenden Verfügbarkeit von Nahrung diese neuen Ansprüche als Grundlegend einbezieht:

»Community food security is defined as a situation in which all community residents obtain a safe, culturally acceptable, nutritionally adequate diet through a sustainable food system that maximizes community self-reliance and social justice.«[41]

Die Ernährungspolitik wurde über mehrere Generationen von der nationalen und internationalen Ebene bestimmt – ohne dass sie dabei besondere öffentliche Aufmerksamkeit gefunden hat. Für Kommunen schienen in der Vergangenheit die Ansätze zu fehlen, Ernährungspolitik auf der lokalen Ebene zu gestalten; heute sind es immer mehr die Kommunen in denen Lösungen für ökologische und sozioökonomische Probleme des Ernährungssystems erdacht und umgesetzt werden. Sie nutzen die Gemeinschaftsverpflegung in städtischen Einrichtungen, die Raumplanung und Netzwerkarbeit, um sich Gestaltungsspielräume zu

---

40 Vgl. Philipp Stierand, Food Policy Councils. recovering the local level in food policy, in: André M. Viljoen/Johannes S.C. Wiskerke (Hg.), Sustainable food planning. Evolving theory and practice, Wageningen 2012, S. 65–75, S. 69.
41 Michael W. Hamm/Anne C. Bellows, Community food security and nutrition educators, in: Journal of Nutrition Education and Behavior 35 (2003), S. 37–43, S. 37.

schaffen. Dabei setzen sie auf Experten- genauso wie auf Laienwissen und lassen über Disziplingrenzen hinweg beispielsweise Raumplaner, Gesundheitsexperten, Umweltplaner zusammenarbeiten.[42]

Ernährungssysteme beinhalten alle Prozesse, die Lebensmittel in einem Raum durchlaufen: im Kern also die Erzeugung in der Landwirtschaft, die Verarbeitung in Industrie und Handwerk, den Handel, den Konsum und die Entsorgung. Ernährungssysteme beinhalten aber auch die mit der Ernährung in Zusammenhang stehenden ökologischen, sozialen, kulturellen, ökonomischen, technischen und politischen Prozesse.[43] Ernährung durchzieht so als Querschnittsthema viele menschliche Lebensbereiche; sie gestaltet die menschliche Gesundheit, die Tierhaltung und die Nutzung des Landes, des Wassers und anderer natürlicher Ressourcen. Diese Multifunktionalität ist Fluch und Segen der Ernährung aus politischer Sicht. Das gibt Ernährung die Kraft, die sie zum Mittelpunkt aktueller sozialer Bewegungen gemacht hat.

»On the negative side, this multifunctional character poses threats because, straddling so many diverse domains, food politics can become locked into single issue political frames – local food, organic food, fair trade, food banks etc. – creating food issues rather than a food movement.«[44]

Die Betrachtung des Ernährungssystems im Gesamten über Zuständigkeiten und Grenzen von Fachdisziplinen hinweg, das »Food System Thinking«,[45] ist einer der Schlüssel für die Gestaltung des Ernährungssystems auf der kommunalen Ebene. Erst die Betrachtung des gesamten Systems eröffnet Lösungsmöglichkeiten, zeigt Synergien auf und lässt Chancen erkennen. Typisch für die neuen kommunalen Ansätze ist es, verschiedene Politikbereiche und -ziele zu integrieren, die direkt oder indirekt mit dem Thema Ernährung verbunden sind. So ein integrierter Ansatz hat beispielsweise das Potenzial zur nachhaltigen Entwicklung beizutragen, die regionale Wirtschaft zu stärken, mehr Beschäftigung in der Lebensmittelwirtschaft zu generieren, das Umland der Städte zu schützen, CO_2-Emissionen zu reduzieren und das Vertrauen in das Ernährungssysteme zu stärken.

In Nordamerika und in Großbritannien ist aus den Ansätzen die Lebensmittelversorgung der Städte zu verändern eine soziale Bewegung entstanden, die von Kommunen unterstützt und von wissenschaftlicher Forschung begleitet

---

42 Vgl. Kevin Morgan/Roberta Sonnino, The urban foodscape. world cities and the new food equation, in: Cambridge Journal of Regions, Economy and Society (2010), S. 209–224, S. 222; Kevin Morgan, Nourishing the city: The rise of the urban food question in the Global North, in: Urban Studies (2014), S. 3; Morgan, The new urban foodscape, S. 21 f.

43 Vgl. Philipp Stierand, Stadt und Lebensmittel. Die Bedeutung des städtischen Ernährungssystems für die Stadtentwicklung, Dortmund 2008, S. 16 f.

44 Morgan, Nourishing the city, S. 7.

45 Kameshwari Pothukuchi/Jerome L. Kaufman, The food system. A stranger to the planning field, in: Journal of the American Planning Association 66 (2000), S. 113–124, S. 117.

wird. Parallel zu der entstehenden Ernährungs-Diskussion in der nordamerikanischen Zivilgesellschaft, entstand auch unter Raumplanern eine Debatte um
den Zusammenhang von Ernährung und Stadtplanung. Im Jahr 1999 haben
Kameshwari Pothukuchi und Jerome L. Kaufman[46] zum ersten Mal untersucht,
wie die amerikanische Stadtplanung mit dem Thema Ernährung umgeht. In
der damaligen Planungsliteratur fanden sie kaum Hinweise auf einen Zusammenhang von Ernährung und Planung. In einer Befragung von 22 Planungs-
ämtern stießen sie bestenfalls auf ein leichtes Interesse für Ernährungsthemen. Maßnahmen, wenn es sie gab, waren reaktiv und wenig systematisch. Die
US-amerikanischen Planer begründeten dies damit, dass Ernährung ein ländliches, kein städtisches Thema sei. Die Lebensmittelversorgung sei zudem in der
Hand des privaten Sektors und funktioniere. Es bestehe also kein Handlungsbedarf für Planung.[47] Diese Veröffentlichungen sind als Startpunkt der US-amerikanischen Diskussion über Ernährung als ein Thema der Stadtplanung zu
verstehen.

Auf der nationalen Raumplanungskonferenz der American Planning Association 2005 in San Francisco, war Food Planning zum ersten Mal Thema und
stieß auf großes Interesse. Im Verlauf der Konferenz wurde ein Food Planning
Comittee gegründet und beauftragt, einen Leitfaden für das Thema Ernährung
in der Planung zu entwickeln.[48] Im Jahr 2006 veröffentlichte diese Gruppe ein
White Paper.[49] 2008 wurde dann der »Policy Guide on Community and Regional Food Planning« veröffentlicht. Dieser stellt einleitend fest:

»Food is a sustaining and enduring necessity. Yet among the basic essentials for life –
air, water, shelter, and food – only food has been absent over the years as a focus of
serious professional planning interest.«[50]

In der American Planning Association war Food Planning damit etabliert. Eine
Vielzahl von Plänen und Planungsstrategien zum Thema Ernährung[51] und
die Gründung von unzähligen Food Policy Councils (Ernährungsräte) machen
deutlich, dass in der Folge Food Planning in der Planungspraxis eine Rolle zu
spielen begann.

---

46 Vgl. Kameshwari Pothukuchi/Jerome L. Kaufman, Placing the food system on the urban
    agenda. The role of municipal institutions in food systems planning, in: Agriculture and
    Human Values (1999), S. 213–224; Pothukuchi/Kaufman, The food system.
47 Vgl. Pothukuchi/Kaufman, The food system, S. 114–116.
48 Vgl. Kameshwari Pothukuchi, Community and regional food planning. Building institu-
    tional support in the United States, in: International Planning Studies 14 (2009), S. 349–367,
    S. 351 f.
49 Vgl. American Planning Association, Food System Planning. White Paper, o. O. 2006.
50 American Planning Association, S. 1.
51 Vgl. Pothukuchi, Community and regional food planning; Samina Raja u. a., A planners
    guide to community and regional food planning. Transforming food environments, faci-
    litating healthy eating, Chicago, Ill 2008.

Von den USA hat die kommunale Ernährungspolitik über Großbritannien Kontinentaleuropa erreicht. In Großbritannien gibt es seit den 2000er-Jahren erfolgreiche Ansätze von Ernährungspolitik zum Beispiel in Brigthon and Hove mit der Food Partnership und in London mit dem London Food Board und dem Programm Capital Growth. Auf europäischer Ebene hat es 2009 ein erstes Treffen von Planungswissenschaftlern in Almere, Niederlande, zum Thema »Sustainable Food Planning« mit daran anschließenden jährlichen Konferenzen unter dem Dach der Association of European Planning Schools (AESOP) gegeben. 2009 gab es ein erstes Schwerpunktheft der International Planning Studies zum Thema Urban Food Planning.[52]

Im Mittelpunkt der Diskussion und der Aufmerksamkeit in Deutschland steht die urbane Landwirtschaft. Mitte der 1990er-Jahren entstanden in Göttingen aus der Beratungsarbeit mit Flüchtlingen die internationalen Gärten. An diesem Vorbild orientierten sich in den folgenden Jahren über sechzig neu gegründete interkulturelle Gärten.[53] Öffentliche Aufmerksamkeit erlangte die wachsende Zahl von Gemeinschaftsgärten in Deutschland um das Jahr 2008, durch neu entstehende Gärten, die explizit urbane Standorte und die Öffentlichkeit suchten. Gärten wie der Prinzessinnengärten in Berlin waren inspiriert durch Vorbilder in den USA und Lateinamerika. Neben Berlin und Göttingen hebt Bohn[54] noch besonders die Städte Leipzig (u.a. mit den »Bunten Gärten« und »offener Garten Annalinde«), Andernach (Essbare Stadt), München (Krautgärten, Agropolis), Köln (u.a. Urbane Agrikultur Ehrenfeld) und Berlin mit jeweils spezifischen Meilensteinen in der Entwicklung der urbaner Landwirtschaft in Deutschland hervor. Heute gibt es in Deutschland eine öffentlich wahrgenommene und innovative Praxis urbaner Landwirtschaft – mit Einfluss auf die öffentlichen Räume vieler Städte. Diese Bewegung wird zudem begleitet von einigen Forschergruppen vornehmlich an deutschen Universitäten, die Mechanismen und Auswirkungen untersuchen. Kooperationen von Kommunen und urbanen Gärten gibt es in Deutschland nur vereinzelt.[55]

»Notwithstanding this activity [...] comparatively little has been done in the country in the terms of food policy, food system planning or design research into urban agriculture. The important results from international research projects have not (yet) significantly infused spatial planning or food systems work in Germany.«[56]

In den Ländern, in denen kommunale Ernährungspolitik jenseits der urbanen Landwirtschaft Bedeutung hat, haben sich trotz unterschiedlicher institutioneller

---

52 Morgan, Feeding the city.
53 Stierand, Stadt und Lebensmittel, S. 167.
54 Vgl. Katrin Bohn/André Viljoen, Green theory in practise and urban design: Germany, dies. (Hg.), Second nature urban agriculture. Designing productive cities, New York 2014, S. 92–99, S. 93–95.
55 Vgl. Ella von der Haide, Die neuen Gartenstädte, S. 7.
56 Bohn/Viljoen, S. 93.

Rahmenbedingungen und lokaler Problemlagen einige Standardinstrumente herausgebildet. Diese sind so flexibel in ihrer Ausgestaltung, dass sie zwar sicher nicht universell, aber doch in vielen Umgebungen einsetzbar sind. Die beiden wichtigsten – die Ernährungsräte und -strategien – sollen im Folgenden dargestellt werden.

Ernährungsräte: Think-Tanks, Impulsgeber und Plattformen

Ernährungsräte (Food Policy Councils) haben sich in den letzten zehn Jahren zu einem weitverbreiteten Instrument der Ernährungspolitik in Nordamerika entwickelt: Ihre Zahl ist von 2004 bis 2014 von 29 auf 263 angestiegen.[57] In Großbritannien und den Niederlanden haben heute erste Kommunen Erfahrungen mit Food Policy Councils gesammelt. Einer der kanadischen Food-Council-Pioniere Wayne Roberts prognostiziert für Nordamerika noch weiteres Wachstum: Ernährungsräte würde für Kommunen bald so zum Standard gehören wie das Gesundheits- oder Umweltamt.[58] Ernährungsräte wurden in der Arbeit von Kommunen und zivilgesellschaftlichen Gruppen entwickelt. Sie sind jeweils im lokalen Kontext entstanden und haben sich flexibel an die unterschiedlichen lokalen Gegebenheiten angepasst. So fehlen Ernährungsräten ein einheitliches Modell und eine einheitliche Defintion.

Food Policy Councils sind Think-Tanks, Impulsgeber und Plattformen für das Ernährungssystem in der Stadt:

- Als lokale *Think-Tanks* analysieren sie das Ernährungssystem: Sie zeigen Probleme, Lösungen und Vernetzungen mit anderen Bereichen der Stadt auf.
- Als *Impulsgeber* geben sie Visionen, Ideen und Anstöße für die Entwicklung des Ernährungssystems auf der lokalen Ebene.
- Als *Plattform* holen sie die Akteure des Ernährungssystems an einen Tisch.

Ernährungsräte sollen Maßnahmen herausarbeiten und initiieren, die dabei helfen, das lokale Ernährungssystem zu optimieren, es umweltfreundlicher und sozial gerechter zu gestalten.[59] Um ihrer Rolle als Querschnittsorganisation gerecht zu werden, müssen die Ernährungsräte thematisch breit aufgestellt sein; zu Themen aus dem Umwelt- und Sozialbereich kommen Gesundheits- und Wirtschaftsthemen.

57 Johns Hopkins Bloomberg School of Public Health, Food Policy Council (FPC) Directory.
58 Vgl. Wayne Roberts, Food policy encounters of a third kind. How the Toronto food policy council socializes for sustainability, in: Alison Blay-Palmer (Hg.), Imagining sustainable food systems. Theory and practice, Aldershot 2010, S. 173–200, S. 173.
59 Vgl. Alethea Harper u. a., Food policy councils. Lessons learned. Verfügbar unter: http://www.jhsph.edu/research/centers-and-institutes/johns-hopkins-center-for-a-livable-future/_pdf/projects/FPN/how_to_guide/getting_started/Food%20Policy%20Councils%20Lessons%20Learned.pdf, [letzter Zugriff: 17.12.2009], Pothukuchi, Community and regional food planning, S. 219 f.

Ernährungsräte helfen dabei, ein allgemeines Verständnis davon zu schaffen, dass ein optimiertes Ernährungssystem der Stadt Vorteile bringt.[60] Die typischen Funktionen von Ernährungsräten lassen sich beispielsweise wie folgt beschreiben:
- Sie dienen als Forum für Diskussionen von Ernährungsthemen.
- Ernährungsräte stärken die Koordination zwischen den verschiedenen Sektoren des Ernährungssystems.
- Sie sensibilisieren die Mitglieder für die Belange und Probleme der anderen Mitglieder.
- Sie erarbeiten selbst Programme und Dienstleistungen zur Optimierung des lokalen Ernährungssystems – und initiieren, fördern und unterstützen diese.
- Ernährungsräte beeinflussen und evaluieren die kommunale Ernährungspolitik.
- Sie unterstützen Forschung zu Ernährungsthemen.[61]

Die Räte haben bei den bestehenden Councils im Schnitt eine Größe von zwölf bis 14 Menschen. Ein Teil der Ernährungsräte hat es sich zur Aufgabe gemacht, alles Interesse am Ernährungssystem zu bündeln. Die Mitglieder bestehen dann in der Regel aus Repräsentanten der unterschiedlichen Akteursgruppen. Vertreter kommen aus den Bereichen der Landwirtschaft, der Verarbeitung, des Handels und der Gastronomie, ebenso gehören Verbrauchervertreter, Vertreter der Wissenschaft, Gewerkschaften, Umweltverbände und Vertreter der Kommunen dazu. Sie werden in der Regel offiziell von der Kommune berufen. Andere Ernährungsräte sind offen für alle Interessierte und möchten auf diese Weise möglichst viel des Wissens, der Meinungen und des lokalen Engagements bündeln. In beiden Varianten und den Mischformen aus Repräsentanz und Offenheit, ist Netzwerkarbeit einer der zentralen Aufgaben der Ernährungsräte.

In der Herangehensweise der unterschiedlichen Councils zeigen sich trotz aller lokaler Unterschiede Gemeinsamkeiten. Mit Projekten und Instrumenten versuchen die Ernährungsräte die Grundlagen für kommunale Ernährungspolitik zu verbessern, der Politik eine Zielrichtung zu geben und sie schließlich umzusetzen.[62] Ein erster Schritt ist in der Regel eine Bestandsaufnahme des lokalen und regionalen Ernährungssystems: Welche Probleme machen Veränderungen notwendig? Welche Potenziale bietet das Ernährungssystem für eine Entwicklung? Mit der Erarbeitung einer Ernährungsstrategie geben sie sich selbst und der Kommune ein Handlungsprogramm. Im Rahmen dieser Strategie wird dann oft über die Förderung von urbaner Landwirtschaft, die Einrichtung und Förderung von Gemeinschaftsküchen, die Förderung regionaler Ernährungssysteme,

---

60 Vgl. Roberts, S. 173.
61 Vgl. Harper u. a., S. 2; Kate Clancy u. a., Food policy councils. Past, present, and future, in: C. Clare Hinrichs/Thomas A. Lyson (Hg.), Remaking the North American food system. Strategies for sustainability, Lincoln 2007, S. 121–143, S. 126.
62 Vgl. Rebeca Schiff, Food policy councils. An examination of organisational structure, process, and contribution to alternative food movements, Perth 2007, S. 100f.

die Bekämpfung sozialer Benachteiligung im Ernährungsbereich, die Optimierung der Gemeinschaftsverpflegung und die Veranstaltung von Konferenzen/ Events Einfluss auf das Ernährungssystem genommen.

Ernährungsräte können sowohl als Teil der städtischen Verwaltung wie auch als unabhängige Nichtregierungsorganisation (NGO) organisiert sein. In Nordamerika sind 60 % der Ernährungsräte unabhängige Zusammenschlüsse von Organisationen, 21 % der Ernährungsräte sind eigenständige Nichtregierungsorganisationen und 19 % sind von der Kommune ernannte Beratungsgremien.[63]

Um das Verhältnis von Ernährungsrat und Kommune zu gestalten, gibt es generell drei Modelle: als Kommission oder Beirat der Kommune, als NGO oder eine Kombination aus beidem. Der städtische Beirat ist ein starkes Zeichen der Kommune für eine kommunale Ernährungspolitik. Auch innerhalb der Stadt und der Verwaltung dürfte ein solcher Rat die größte Legitimation haben. Ein so organisierter Ernährungsrat ist aber in seinen Meinungsäußerungen an offizielle Politik und in seinem Handeln an bürokratische Verfahren gebunden. Dies kann zu Einschränkungen in der Schlagkraft führen. Eine NGO kann hier wesentlich flexibler unbürokratisch agieren – sie kann sich auch als Alternative zur kommunalen Politik positionieren. Allerdings ist ein Ernährungsrat dann nur eine von vielen Organisationen, sodass es schwieriger sein könnte, Aufmerksamkeit zu erzeugen und Interessen durchzusetzen. Die hybriden Modelle versuchen die Vorteile eines Beirats und einer NGO zu vereinen. Bisherige Betrachtungen von Ernährungsräten gehen davon aus, dass besonders institutionalisierte Ernährungsbeiräte der Kommune die größte Wirkung entfalten.[64]

Aus den Forschungen über bestehende Councils in Nordamerika lassen sich einige Tipps für dessen Gründung ableiten. So wird empfohlen, sowohl inhaltlich als auch organisatorisch mit kleinen Schritten zu beginnen. In bestimmten Themen des Ernährungssystems lassen sich schnelle Erfolge erzielen – erst mal auch ohne Ernährungsrat. Diese Themen können genutzt werden, um mit einfacheren Organisationsformen den Boden für die Gründung eines Food Policy Councils zu bereiten. Gleich zu Beginn der Arbeit im Ernährungsrat sollte Stadt und Bürgern gezeigt werden, dass ein Ernährungsrat Lösungen für städtische Probleme anbieten kann. Relativ schnell sollten auch Prioritäten und ein strategischer Plan zur Erreichung dieser festgelegt werden. Klare Strukturen für Entscheidungen, für die Kommunikation und für die Evaluation helfen Reibungsverluste zu verhindern. Mit seinem Start sollte ein Ernährungsrat Veranstaltungen und Weiterbildungen anbieten, um Mitglieder und die Öffentlichkeit zu Ernährungsthemen zu schulen.[65]

---

63 Vgl. Johns Hopkins Bloomberg School of Public Health, Food Policy Council.
64 Rebecca Schiff, The role of food policy councils in developing sustainable food systems, in: Journal of Hunger & Environmental Nutrition 3 (2008), S. 206–228, S. 213–216; Clancy u. a., S. 139.
65 Clancy u. a., S. 140; Harper u. a., S. 219 f.

Ernährungsstrategien: Entwicklungsprogramme für die Lebensmittelversorgung

Eine der ersten Maßnahmen vieler Ernährungsräte ist die Erarbeitung von Ernährungsstrategien – doch auch unabhängig von diesen Gremien haben sich Food Strategies bewährt. Ernährungsstrategien sind Entwicklungsprogramme für das Ernährungssystem auf der lokalen Ebene. Sie erfüllen die Aufgabe, die Ernährungsräte organisatorisch angehen, auf einer inhaltlichen Ebene. Sie geben das Ziel für die Entwicklung des Ernährungssystems vor und beschreiben den Weg dorthin. Ernährungsstrategien setzen auf Synergien zwischen unterschiedlichen Feldern der lokalen Ernährungspolitik und der Schlagkraft einer gemeinsamen Stoßrichtung. Sie beziehen städtische Themen außerhalb der eigentlichen Ernährungspolitik mit in die Arbeit ein, um die Wirksamkeit für Stadt, Bürger und deren Ernährung weiter zu erhöhen. Ernährungsstrategien sind mit ihrem ganzheitlichen Ansatz der eigentliche Hebel um Ernährung nicht nur als Adressat von Politik, sondern als Instrument von Politik zu sehen: Ernährungsstrategien gestalten nicht nur die städtische Ernährung, sondern gestalten mit Hilfe der Ernährung die Stadt.

Die Geschichte der Ernährungsstrategien ist relativ jung. Die ersten Städte haben im Jahr 2006 Food Strategies beschlossen: London, Lewisham, Leeds, Brighton and Hove (alle Großbritannien) und Oakland (USA) waren die Pioniere. Bis 2011 kamen dann in Großbritannien noch Manchester, Newquay, Plymouth und Bristol dazu. In Nordamerika verabschiedeten 2008 Oakland und San Francisco Ernährungsstrategien, ab 2009 folgten Chicago; New York City, Toronto, Philadelphia, Vancouver und Baltimore.[66]

Kommunale Ernährungsstrategien sind offizielle Pläne, die alle Sektoren des Ernährungssystems (Erzeugung, Verarbeitung, Versorgung und Entsorgung) in einer Entwicklungsstrategie vereinen. Sie bauen auf bestehenden Maßnahmen zur Verbesserung des Ernährungssystems auf, verlinken Politikfelder, integrieren neue Ideen, benennen Lücken und kreieren eine Vision für die Zukunft. Ernährungsstrategien koordinieren und integrieren nicht nur die verschiedenen Felder der Ernährungspolitik, sondern betten diese in umfassendere Nachhaltigkeits- und Entwicklungsziele ein. Ernährungsstrategien orientieren sich an den umfassenden Ansätzen von Stadtplanung und -entwicklung und sollen so die sozialen, wirtschaftlichen, ökologischen und gesundheitspolitischen Ergebnisse von Ernährungspolitik verbessern.[67]

---

66 Vgl. Roberta Sonnino, The new geography of food security. Exploring the potential of urban food strategies, in: The Geographical Journal (2014), S. 1–11, S. 4.

67 Vgl. Brent Mansfield/Wendy Mendes, Municipal food strategies and integrated approaches to urban agriculture: Exploring Three cases from the global north, in: International Planning Studies (2012), S. 37–60, hier: S. 38.

Die Gliederung existierender Strategien orientiert sich an den Sektoren des Ernährungssystems und den grundsätzlichen Themen der Stadtentwicklung. Eine Ernährungsstrategie beinhaltet im Idealfall:
- ein Leitbild für eine ernährungsfreundliche Stadt,
- eine Bestandsaufnahme des Ernährungssystems,
- Ziele für die Entwicklung des Ernährungssystems,
- Maßnahmen und Verantwortliche für dessen Umsetzung und
- Kriterien, an denen Erfolg oder Misserfolg gemessen werden kann.

Einige Städte verzichten ganz auf detaillierte Maßnahmen- und Umsetzungspläne und konzentrieren sich auf die Entwicklung eines Leitbildes für ihr Ernährungssystem. Diese sogenannten Ernährungschartas wirken im Wesentlichen durch den Aufstellungsprozess, durch das gemeinsame Erarbeiten und Diskutieren. Ernährungschartas können so auch ohne Maßnahmenplan ein Schritt dazu sein, das Thema Ernährung und seine Bedeutung im Bewusstsein von Zivilgesellschaft, Politik und Verwaltung zu verankern.

Die Themen einer Strategie sollen vielfältig sein; das macht es sinnvoll, sich eine breite Wissensbasis durch den Einbezug verschiedenster Akteure zu sichern. Viele Themen einer solchen Strategie liegen nicht im direkten Kompetenzbereich städtischer Politik. So ist es wichtig, sich den Rückhalt der Zivilgesellschaft für die Ernährungsstrategie schon während der Erarbeitung zu sichern. Mansfield hat einen weiteren Erfolgsfaktor in den Akteurskonstellationen ausgemacht: Es braucht strategische Vermittler. Solche Broker, die mit der Kommune verbunden, aber nicht Teil von ihr sind, würden dazu beitragen, die Grenze zwischen Aktivisten, Verwaltung und Regierung produktiv aufzuheben.[68]

Fazit: Labor und Prototyp für nachhaltige Entwicklung

Der Blick vieler Kommunen im globalen Norden auf ihre Lebensmittelversorgung ändert sich, auch in Deutschland sind erste Anzeichen eines neuen Umgangs mit dem Ernährungssystems erkennbar. Lebensmittelversorgung betrifft Kommunen – selbst wenn ihre Entwicklung nicht mehr existenziell an einer lokalen Organisation der Versorgung hängt, wie vor der Industrialisierung. Im Laufe der Karriere der kommunalen Ernährungspolitik wurde deutlich: Kommunen können ihre Lebensmittelversorgung mitgestalten – selbst wenn ihnen in einem delokalisierten Ernährungssystem Zuständigkeiten und Einflussmöglichkeiten zu fehlen scheinen. Auf das lokale Ernährungssystem wirken viele Einflüsse, die außerhalb des kommunalen Aktionsradius liegen. Das unterscheidet die Ernährung nicht von anderen Politikbereichen – ohne dass die Kommunen in diesen Feldern ihren Gestaltungsanspruch aufgeben würden. Mit der urbanen Landwirtschaft haben Bürger begonnen, sich lokale Gestaltungsspielräume zu

---

68 Vgl. Mansfield/Mendes, S. 57.

erkämpfen, sie organisieren einen wichtigen Teil der Daseinsgrundfunktionen selbst. Die Bürger greifen damit Fragen der Lebensmittelversorgung auf – aber auch darüber hinaus Fragen des Umgangs mit Stadt, Wirtschaft und Entwicklung. Viele Kommunen knüpfen daran an und suchen in enger Kooperation mit der Zivilgesellschaft nach Gestaltungsmöglichkeiten.

Zwei, der im Rahmen der neuen kommunalen Ernährungspolitik entstandenen Instrumente wurden hier beschrieben. Ernährungsräte und -strategien zeichnen sich dadurch aus, dass sie versuchen das Thema Ernährung in seiner ganzen städtischen Vielfalt zu behandeln. Diese Ansätze haben die Chance nicht nur einzelne Probleme der Lebensmittelversorgung zu lösen, sondern das Thema Ernährung für viele andere städtischen Probleme und Entwicklungschancen zu nutzen. Diesen Instrumenten liegt ein Verständnis des Ernährungssystems zugrunde, indem dessen Aufgaben über eine effiziente Lebensmittelversorgung hinausgeht und weitergehende, lokale Aufgaben umfasst.

Die nachhaltige Lebensmittelversorgung von Städten ist eine der Schlüsselaufgaben im Rahmen einer nachhaltigen Entwicklung. Das ergibt sich quasi rechnerisch aus dem Ressourcenverbrauch und dem Anteil der städtischen Bevölkerung an der Gesamtbevölkerung. Eine nachhaltige Lebensmittelversorgung auf der kommunalen Ebene zu realisieren bedeutet, eine Infrastruktur zu schaffen, die nachhaltigen Lebensmittelkonsum ermöglicht und begünstigt. Die Schaffung eines solchen Ernährungssystems berührt viele angestammte Themen der Kommunalpolitik und Stadtentwicklung – und fordert ressortübergreifend Berücksichtigung. Das Ernährungssystem muss wieder urban werden.[69] Es muss sich dem städtischen Diskurs stellen und sich an städtischen Aushandlungsprozessen beteiligen.

Doch die Bedeutung der kommunalen Ernährungspolitik geht über die Veränderung städtischer Lebensmittelversorgung hinaus. Ernährung ist so tief in unser Leben, in unsere Riten und Gebräuche und nicht zuletzt in unsere Städte eingebettet, dass sie ein Labor für zukünftige Lebensweisen und Entwicklungsprozesse sein kann. Die Suche nach den vielen Antworten auf städtische Herausforderungen läuft. Sie läuft u. a. im Gemeinschafts- und Dachgarten, in den neuen Formen der Zusammenarbeit von Landwirtschaft und Bürgern, in der Biomensa und auf dem Wochenmarkt. Das Ernährungssystem braucht hierfür die Städte nicht nur, weil hier die Masse der Verbraucher lebt, sondern es braucht die innovativen, urbanen Nischen des Ernährungssystems als Experimentierraum für neue Konsumpraktiken, Handelsformen und Anbaumethoden. Die Stadt braucht ein alle betreffendes Querschnittsthema wie die Ernährung, um Formen und Modelle zukunftsfähiger Entwicklung exemplarisch auszuprobieren und umzusetzen. Die Stadt wird zum Labor für zukünftige Entwicklungen im Ernährungssystem – und die Entwicklung der Lebensmittelversorgung zum Prototyp für zukunftsfähige Entwicklungen in der Stadt.

---

69 Vgl. Stierand, Speiseräume, S. 147.

Marianne Landzettel

Urbane Nahrungsmittel, ihre Rolle in den USA

Es regt sich Widerstand

Industrielle Landwirtschaft und Agrarindustrie prägen die landwirtschaftliche Produktion in den USA. GM (GM = genetically manipulated) Mais und Soja, die als Rohstoffe an der Börse gehandelt werden, Monokulturen und Massentierhaltung, ein zunehmend exportorientiertes System, bei dem es um Quantität geht, nicht um Qualität. Eine Hand voll Agrochemiefirmen haben den (Welt-)Markt unter sich aufgeteilt, zwanzig Firmen produzieren fast alle Lebensmittel, die in den USA verkauft und verzehrt werden. Doch nicht nur die Statistiken zu Übergewicht und Diabetes, die gerade auch in den USA zu Massenerkrankungen geworden sind, haben die Kritiker auf den Plan gerufen. Man muss sich nicht zu den Gourmets zählen, um festzustellen, dass Gemüse und Obst in den Supermärkten zwar wunderbar aussehen, aber selten so schmecken.

Den Pfirsich, den Alice Walters in ihrem berühmten Lokal Chez Panisse auf die Dessertkarte setzte, veränderte die Standards für Geschmack: ohne Teigmantel oder Sahnehäubchen, aber dafür wie ein edler Wein versehen mit dem Sortennamen, dem Standort und dem Namen des Bauern, der diesen perfekten Pfirsich geliefert hatte.

Will Allen, der in einer heruntergekommenen Gegend der Industriestadt Milwaukee begann den Anbau von Salat und Gemüse mit Fischzucht zu verbinden, demonstrierte, dass frische, gesunde Nahrungsmittel nicht teuer sein müssen und sich mit der Produktion auch noch Arbeitsplätze schaffen lassen.

Inzwischen ist »urbane Landwirtschaft« überall in den USA zum Thema geworden – was sich von Stadt zu Stadt und manchmal von Stadtteil zu Stadtteil unterscheidet, sind die Zielsetzungen.

Denver – urbane Landwirtschaft gehört zum Lebensstil

»Wir brauchen Richtlinien für den Überfluss an Müll, der hier als Nahrungsmittel verkauft wird«, schimpft Wendy Peters Moschetti. Sie ist Beraterin in Denver (im US Bundesstaat Colorado) für eine Reihe von Gremien und Organisationen im Bereich Ernährung und Landwirtschaft.

Kelly Watson kann das nur bestätigen: »Wir sind vor vier Jahren nach Denver gezogen«, erzählt sie. »Ich ging hier in die Supermärkte und war so entsetzt über das, was dort angeboten wurde, dass ich zu meinem Mann sagte: Wir brauchen unsere eigene Farm.« In Gummistiefeln, Fleecejacke und Pullover steht sie auf ihrem Miniacker in einem Vorort von Denver. Das Wohnhaus, das hier noch vor ein paar Jahren stand, wurde abgerissen, der Besitzer wartet darauf, dass die Bodenpreise weiter steigen und bis es soweit ist, hat er das Grundstück an Kelly verpachtet. Zur Little Raven Bio-Farm gehören noch sechs weitere Gärten. Kelly hat mit den Hausbesitzern Verträge für die landwirtschaftliche Nutzung geschlossen. 2013 war ihr erstes Jahr als Urban Farmer, Bäuerin in der Stadt. Nur mit einem ihrer Vertragspartner bekam Kelly Probleme: die Hausbesitzer hatten auf einen gepflegten Gemüsegarten wie aus dem Saatgutprospekt gehofft – sie ahnten nicht, dass Kelly auf Permakultur schwört. Unkraut störe sie nicht besonders, sagt Kelly, Löwenzahnblätter eignen sich hervorragend für Salat. Im Herbst deckt sie die Flächen mit Schichten von Stroh, Mist und Karton ab, eine Art Mulch-Lasagne, erklärt sie. Im Frühjahr sät sie direkt in die Humusschicht, die Würmer und Mikroorganismen über den Winter gebildet haben. Nichts wächst in »ordentlichen« Beeten, hoch wachsender Topinambur bietet Salat und Mangold Schatten, Bohnen ranken sich an Mais empor und Erbsen legen unterirdische Nitratpolster an, das verschiedene Kohlsorten dringend zum Wachsen brauchen. Der Boden wird nie umgegraben, die Wurzelsysteme können sich ungestört entwickeln und der Boden kann so viel Wasser speichern – der sinkende Grundwasserspiegel und Dürre sind ein großes Problem in Colorado. Kelly ist zufrieden mit dem ersten Jahr. Sie bewirtschaftet ihr Land mit zehn Praktikanten, die für eine wöchentliche Gemüsekiste und eine praktische Einführung in Permakultur zwanzig Stunden im Monat arbeiten. Im ersten Jahr kann Kelly etwa $5000 in die Farm reinvestieren und hat ein Einkommen von $10,000. Nächstes Jahr wird es doppelt so viel, hofft sie. Zusammen mit dem, was ihr Mann als freier Autor und Fahrradrikschafahrer verdient, können sie und ihre beiden Kinder leben. Im nächsten Jahr möchte Kelly mehr von ihren Erträgen direkt an Restaurants und kleine Einzelhandelsgeschäfte, die auf lokal angebautes Gemüse spezialisiert sind, verkaufen.

Denver ist sehr attraktiv für gut ausgebildete, junge Leute, die in der *Mile high city* (Denver liegt 1.600m hoch) gut bezahlte Arbeitsplätze in Technologiefirmen finden und am Wochenende den Outdoor-Lebensstil genießen – die Rocky Mountains sind nur eine gute Autostunde entfernt. Zu diesem auf Freizeitsport ausgerichteten, alternativen Lebensstil gehört auch ein Bewusstsein für das, was man isst: Lokal angebautes Biogemüse, die Slow-Food Bewegung und Gourmetkultur stehen hoch im Kurs.

In dieser Saison verkauft Kelly den größeren Teil ihrer Erträge über NSA- (Neighbourhood Supported Agriculture) und CSA- (Community Supported Agriculture) Programme. Beides sind Modelle für die Unterstützung von Landwirtschaft in der Stadt durch die unmittelbaren Nachbarn, NSA, oder Unterstützer im weiteren Umfeld, CSA. CSA- oder NSA-Mitglied zu sein heißt zu Beginn der Saison einen Anteil am Ertrag einer Farm zu kaufen. Für Beträge um $500 (der Preis variiert von Farm zu Farm) bekommt man dann von März bis Oktober (die meisten CSAs und NSAs laufen für 18 bis zwanzig Wochen) einmal wöchentlich Gemüse. Ist das Wetter gut und die Ernte reichlich gibt es viel, vernichtet ein

Hagelsturm sämtliche Beete – in Denver traf dieses Schicksal in diesem September mehrere Farmen – dann endet das CSA-Programm vorzeitig. Mit CSA und NSA bekommen die Bauern die Vorfinanzierung die sie dringend benötigen und sind bei Ernteausfällen abgesichert. Die Kunden wissen, wer ihr Gemüse wo und wie anbaut und dafür nehmen sie die alljährliche Zucchinischwemme in der Gemüsekiste genauso hin, wie die wetterbedingten Ernteflauten.

»CSAs sind unsere Lebensversicherung«, sagt Urban Farmer Stephen Cochenour von Clear Creek Organics. Er bewirtschaftet einen Teil einer fünf Hektar großen Farm im Westen von Denver. Mit einem Gewächshaus für die Anzucht von Setzlingen und Salat, den er unter Folien zieht, ist Stephen dabei die vergleichsweise kurze Vegetationsperiode in Denver auf zehn Monate auszuweiten.

a. Klimawandel

Auch für ihn geht jetzt im Oktober die erste Saison im eigenen Betrieb zu Ende und anders als Kelly, wird er im nächsten Jahr seinen CSA-Kundenstamm erweitern und weniger an Restaurants liefern. Stephen gehört zu denen, die hart vom plötzlichen Hagelsturm im September getroffen wurden. »Bei den Klimaveränderungen, die wir hier beobachten, müssen die Kunden einen Teil des Risikos mit tragen«, sagt Stephen. »Das Wetter ist nicht mehr vorhersagbar und folgt keinem Muster.« Während im Süden Colorados seit drei Jahren Dürre herrscht, wurde die Region um Denver und das etwas weiter nördlich liegende Boulder Mitte September von einem Jahrhundertregen überrascht. Innerhalb von einer Woche fielen bis zu 50 cm Regen[1] und führten zu Überflutungen, wie sie bislang noch niemand in Denver erlebt hatte. Stephen hat Marketing studiert und hält einige Seminare an der University of Colorado in Denver. Er ist verheiratet und hat eine zweijährige Tochter. »Ich will und muss vom Ertrag dieser Farm leben können«, sagt er. Dazu müsse er vorausplanen können. »Für Restaurants muss ich andere Sorten anbauen als für die CSA-Kunden. Die Restaurants wollen vor allem Baby-Gemüse, die wollen ein ganzes Mangoldblatt auf den Teller legen, damit es klar als Mangold zu erkennen ist. Entsprechend winzig muss es sein. Die CSA-Kunden freuen sich über ein Bündel mit großen Blättern und verwenden es geschnitten in der Suppe.« Kundenwünsche nimmt Stephen sehr ernst. Manche CSA-Programme sehen ihre Kunden mehr als Aktivisten, die alternativen Landbau fördern wollen und deshalb eine halb leere Gemüsebox genauso hinnehmen, wie eine Tomatenschwemme im September. Stephen ist überzeugt, dass urbane Landwirtschaft kommerziell erfolgreich sein kann, wenn sie Produkte produziert, die den Bedürfnissen und Erwartungen der Kunden entspricht. Jede Woche bekommen die CSA-Kunden neun bis elf unterschiedliche Gemüse und Salatsorten, 35 verschiedene Sorten über die Saison hinweg.

---

1 http://www.denverpost.com/2013coloradofloods/ci_24101329/colorado-flooding-2013-precipitation-totals [letzter Zugriff: 10.12.2015].

Saatgutqualität ist deshalb sehr wichtig, das Gemüse, das er anbaut, muss in Geschmack, Farbe, Größe und Qualität konsistent sein. Angesichts des sich verändernden Klimas eine enorme Herausforderung für Saatgutzüchter.

b. Integration durch Gemüse

Etwas für andere tun – dieser Satz taucht in Unterhaltungen in Colorados Hauptstadt immer wieder auf. »Meine Vision für Denver ist, dass wir als die Stadt bekannt werden, in der Leute füreinander Nahrung anbauen«, sagt Dana Miller. Wer in Denver mit Landwirtschafts- und Gartenprojekten, Suppenküchen oder der Slow Food Bewegung zu tun hat kennt Dana, die mit ihrer schnellen Auffassungsgabe, Herzlichkeit und ihrem Engagement Gärtner, Farmer und Aktivisten miteinander in Kontakt bringt, ihnen Öffentlichkeit verschafft und das Gefühl vermittelt, Teil eines Netzwerks zu sein. Zusammen mit Barbara Masoner gründete sie *Grow Local Colorado*. Bei informellen Treffen zum Lunch, für den die Teilnehmer je ein Gericht mitbringen, können sich Initiativen und Gruppen vorstellen. Mehrmals im Jahr organisiert sie *Crop mobs* – eine Gruppe freiwilliger Helfer arbeitet einen Tag lang für ein bestimmtes Projekt, sie legen Hochbeete an, helfen ein Gewächshaus zu bauen oder eine Scheune als Trockenraum herzurichten. Alles für ein Abendessen und die Chance, andere Leute und Projekte kennenzulernen. Und seit nunmehr vier Jahren betreut *Grow Local* elf Gemüsebeete in mehreren öffentlichen Parks und vor dem Sitz des Gouverneurs von Colorado. Dass Braunkohl, Kürbisse und Tomaten so dekorativ sein können wie eine Blumenrabatte sorgt für Aufmerksamkeit, dient als Anschauungsmaterial für Schulklassen und Anregung, selbst eine Tomate im Topf zu ziehen oder Schnittlauch auf dem Fensterbrett. Das Gemüse, das von den Beeten geerntet wird, bekommt eine der öffentlichen Suppenküchen.

Dass zunehmend junge, gut verdienende Leute nach Denver ziehen, bedeutet keineswegs, dass es keine Armut gibt. Mehr als 30 % der Bewohner sind Hispanics, Einwanderer aus Mexico und anderen Staaten Mittel- und Südamerikas. »Zwischen uns und der mexikanischen Grenze liegt nur ein Staat, und Arizona ist nicht gerade für seinen liberalen Umgang mit illegalen Einwandern bekannt«, sagt Wendy Peters Moschetti. »Sie arbeiten hier in Restaurants und Hotels, als Hausangestellte, Gärtner und im Straßenbau.« In ganzen Stadtteilen im Nordosten der Stadt wird fast ausschließlich Spanisch gesprochen. »Egal wen man fragt, die meisten Leute sind nicht in Denver geboren, sondern irgendwann hierher gezogen. Ich glaube deshalb ist der Gemeinschaftssinn bei vielen so ausgeprägt«, sagt Wendy. Sie spricht aus Erfahrung, sie stammt aus Kalifornien. Wenn man hierher komme müsse man sich seinen Platz suchen und etwas in die Gemeinschaft einbringen, meint sie. Eines der bekanntesten Projekte in Denver, das sich um die Hispanics kümmert, ist das *GrowHaus*. Von der Innenstadt fährt man ungefähr zwanzig Minuten nach Nordosten durch Vororte mit bescheidenen Holzhäusern und durch Industriegebiete. Auch an einem Freitagvormittag ist wenig Verkehr, viele Fabrikgebäude stehen leer, während die schönen alten Lagerhäuser umgebaut und hergerichtet sind: Schilder annoncieren Architekturbüros, Design Companies, Technologiefirmen und kleine, unabhängige Brauereien. Dann geht es vorbei an Brachland und Gleisanlagen unter der Autobahn, der Interstate 70 hindurch zum GrowHaus. Das alte Lagerhaus ist bunt bemalt und einladend. »Wir sind eine gemeinnützige Organisation und eine Drehscheibe für alles, was mit Nahrung und Ernährung zu tun hat«, erklärt einer der Mitarbeiter. In der Umgebung leben überwiegend spanisch sprechende Migranten. Der nächste Supermarkt ist drei Kilometer entfernt, das GrowHaus liegt also mitten in einer Food Desert, einer Lebensmittel Wüste. Die Menschen in diesem entlegenen Stadtteil mit Lebensmitteln zu versorgen ist eine Aufgabe, die sich die Organisatoren gestellt haben. Im kleinen Laden des GrowHaus gibt es Tomaten, Zwiebeln, Mais, Kartoffeln und Paprika zu kaufen, Milch, Eier, Tortillas, getrocknete Bohnen, Linsen und Reis – alles, was man für ein mexikanisches Essen braucht. Alle Waren sind mit zwei Preisen ausgezeichnet: Rote Bohnen beispielsweise kosten zwischen $1.50 und $2.00 – das bedeutet wer wenig Geld hat, kann den reduzierten Preis zahlen, wer besser verdient zahlt mehr. Der Laden ist neu eröffnet und im Moment kommen nur wenige Kunden. Aber zumindest ist das Angebot genau auf die Bedürfnisse der Nachbarschaft abgestimmt. Ursprünglich wollte das GrowHaus vor allem eine Gemüsekiste mit frischem Salat, Gemüse, Obst, Eiern und Tortillas anbieten, doch in vier Monaten fanden sich nur ungefähr dreißig Abnehmer von denen nur wenige in der Nachbarschaft leben. Die zwanzigjährige Alicia ist eine der vielen Freiwilligen, die im GrowHaus arbeiten. Sie wurde in Mexiko geboren und wohnt in der Nähe. »Ich habe meiner Familie und allen meinen Freunden vom GrowHaus erzählt und einige sind schon mit hierhergekommen«, sagt sie. Aber mit Salat könnten mexikanische Hausfrauen nun mal nichts anfangen. Alicia versucht das Angebot des GrowHaus an mehreren Schulen bekannt zu machen und sie will es in ihrer Kirchengemeinde vorstellen. »Neulich habe ich meine Schwiegermutter dazu gebracht, statt einer weißen Zwiebel eine rote zu nehmen. Sie fand, dass sie gut schmeckt, und ich hoffe sie wird in Zukunft noch mehr ausprobieren.« Zum Beispiel den Salat, der im GrowHaus angebaut wird – mit Hydroponics und Aquaponics. Das Hydroponics Project – die Setzlinge sitzen auf einem Nährmedium in Plastikrinnen und werden kontinuierlich mit Wasser versorgt – wird von Freiwilligen betreut. Salat, Sprossen und Gemüse werden an die große amerikanische Bio-Supermarktkette Whole Foods verkauft. Profit wirft das Hydroponics Projekt trotzdem nicht ab. Das Aquaponics Projekt orientiert sich an dem *Growing Power* Konzept, das der ehemalige Basketballstar Will Allen in Milwaukee im Bundesstaat Wisconsin als ein Modell für Landwirtschaft in der Stadt aufgebaut hat. In großen Tanks werden Karpfen, Tilapia und im Winter Forellen gezüchtet. Ihre Ausscheidungen dienen als Dünger für die über den Wasserbecken angelegten Salat- und Gemüsekulturen. Damit wird auf kleinstem Raum und ohne künstliche Düngemittel die größtmögliche Menge an Nahrung produziert, was – laut Will Allen – Aquaponics zu einer idealen Methode der urbanen Landwirtschaft macht.

Neben Anbau und Verkauf von Salat und Gemüse ist Information der dritte Schwerpunkt im GrowHaus. Es gibt Kurse und Workshops zu Pflanztechniken und Hydroponics, aber auch zu Ernährung und Kochen.

c. Gemeinschaftsgärten – Denver Urban Gardens

Ob GrowHaus oder Grow Local Colorado – in Denver arbeiten Organisationen mit unterschiedlichen Zielsetzungen eng zusammen. Urbane Landwirtschaft, Schrebergärten, Biogemüse, Kochkurse, Unterstützung von Obdachlosen, bessere Ernährung für Schulkinder, das Angebot der food banks, finanzielle Förderung für kleine und kleinste Betriebe im Bereich Ernährung, Gemüse und Obstanbau, Slow Food, der Erhalt alter Gemüse-sorten, Integration von Ausländern, die Verfügbarkeit von Lebensmitteln für Menschen, die von Sozialhilfe leben – Organisationen und Aktivisten schauen auf das, was sie verbindet und bauen darauf auf. Eine zentrale Rolle in diesem informellen Netzwerk spielt Denver Urban Gardens, kurz DUG. »Für uns steht Gemeinsamkeit, die Förderung des Gemeinwesens im Vordergrund«, sagt Shannon Spurlock von DUG. »Über unsere Gärten soll Gemeinschaft ihren Ausdruck finden, der Anbau von Gemüse in diesen Gärten steht an zweiter Stelle.« DUG betreut inzwischen 130 Gärten, jedes Jahr kommen zehn bis 15 neue hinzu. Erst wenn sich eine Gruppe von Leuten engagiert für einen Garten einsetzt und bereit ist, ohne Einsatz von Chemie zu arbeiten und einen Teil der Ernte zu spenden, geht man bei DUG daran, nach einem geeigneten Stück Land zu suchen. Die Gruppe entscheidet, ob der Garten gemeinsam bearbeitet oder in individuelle Stücke aufgeteilt werden soll, auch Mischformen sind möglich: In manchen Gärten wird der Ertrag eines großen, gemeinsam bearbeiteten Beetes als Spende abgegeben. Empfänger können Individuen in der Nachbarschaft sein, oder Organisationen wie Suppenküchen, die food banks oder Essen auf Rädern. Teilweise ist die Zusammenarbeit mit karitativen Organisationen so eng, dass sogar der Pflanzplan abgesprochen wird. Im Schnitt haben 25 Beete von etwa 3x5m Platz in einem Garten. DUG Mitarbeiter helfen beim Design und versetzen das Gelände in einen Zustand, dass es bearbeitet werden kann – mitten in der Stadt ist schon mal ein Betonfundament im Weg, das erst ausgebaggert werden muss. Denver Urban Gardens organisiert außerdem Workshops für angehende Gärtner, pro Jahr gibt es dreißig Ausbildungsplätze, vergleichbar mit einer Gärtnerlehre, und in der Pflanzsaison werden 65.000 Setzlinge an die *community gardens* abgegeben. Eine Beeteinheit, die pro Saison schätzungsweise einen Ertrag von 225 kg erbringt, kostet $ 35 – wer das nicht zahlen kann, darf kostenlos gärtnern. »Niemand wird ausgeschlossen weil er nicht genug Geld hat, gerade diese Menschen brauchen so ein Beet, um Gemüse für den Eigenbedarf anzubauen«, sagt Shannon Spurlock.

Tom ist Ende sechzig. In der ersten Oktoberwoche steht er mit Block, Stift und Lineal neben seinem Beet im New Freedom Garden im Norden von Denver.

Die Ernte sei sehr gut gewesen, erzählt er, mehr als er je habe essen können, deshalb habe er viel Gemüse an seine Nachbarn abgegeben. Tom lebt allein und das liebevoll gepflegte Beet, dessen Bepflanzung er gerade in seinen maßstabsgetreuen Plan einzeichnet, lässt ahnen, wie viel Zeit er hier verbracht haben muss. »Im Winter werde ich viel auf dem Papier gärtnern«, lacht er mit einem Blick auf seinen Block. Er kennt alle die im Garten mitarbeiten, nur die Verständigung sei schwierig, die meisten seien Flüchtlinge aus afrikanischen Ländern, sowie aus Burma und Nepal.

Community gardens gibt es an den ungewöhnlichsten Stellen. Josephine Community Gardens liegt an einer Kreuzung mit der Colfax Avenue, einer der Hauptverkehrs- und Durchgangsstraßen in Denver. Etwas versteckt hinter einer großen Tankstelle, zwischen einem Hundesportplatz und einem Stück Brachland finden sich nicht nur zahlreiche Beete, sondern auch ein Bienenstock. Es gibt keinen Zaun, der Garten ist offen und viele benutzen ihn als Abkürzung zu einem nahegelegenen Parkplatz. Entlang des Hauptwegs hat die Gartengruppe Himbeeren gepflanzt, ernten und essen darf jeder, und die angrenzenden Beete sind durch die dichten Himbeerranken etwas geschützt. Über mehrere Jahre wurde Josephine Community Gardens von einem Obdachlosen namens Robert, der nebenan sein Lager aufgeschlagen hatte, bewacht. Die Gärtner boten Robert die Nutzung eines der Beete an, das er bis vor einigen Monaten bewirtschaftete. Jetzt hat ihn schon eine Weile niemand mehr gesehen. »Wir vermissen Robert«, sagt Lisa, die gerade die letzten Tomaten erntet, »und nicht nur, weil weniger gestohlen wurde, als er hier lebte. Er war einfach nett.«

Nicht weit entfernt liegt City Lights Community Garden. Anfang Oktober finden sich auf vielen Beeten noch Tomaten, dunkel violette Auberginen und Paprika. Genutzt wird der Garten nicht nur von den Bewohnern des angrenzenden Sozialwohnungsblocks, sondern auch von den Kindern, die die Schule gegenüber besuchen. »Das Gemüse, das die Kinder hier unter Anleitung anbauen, wird dann in der Schulküche zubereitet«, sagt Shannon Spurlock. »Die Kinder lernen Gemüsesorten kennen, merken wie viel Arbeit man investieren muss bis etwas wächst und natürlich essen sie dann auch gerne, was sie geerntet haben.«

d. Food Policy Councils – die Politik der kleinen Schritte

All diese Initiativen, von Denver Urban Gardens bis zu Grow Local Colorado seien ungeheuer wichtig, sagt Beraterin Wendy Peters Moschetti, »aber wir brauchen auch grundsätzliche Entscheidungen und Änderungen.« Ein Gremium, das die politische Linie in Sachen Nahrung und Ernährung beeinflussen will und soll, ist das Food Policy Council (FPC). Das erste entstand 1982 in Tennessee und inzwischen gibt es etwa einhundert dieser Gremien in den USA, auf kommunaler und regionaler Ebene. Wie sie zusammengesetzt sind, welche Ziele sie verfolgen und wie viel Einfluss sie haben ist sehr verschieden. Grundsätzliches Ziel der Food Policy Councils ist es Organisationen zusammenbringen, die sich mit dem Nahrungsmittelsektor befassen, Anbau, Vermarktung und Vertrieb, aber auch Hunger, Armut, Nährwert und Schadstoffgehalt. Für eine sinnvolle Arbeit müsse es eine möglichst breite Basis geben, sagt Wendy Peters Moschetti. Eines der besten FPCs ist ihrer Einschätzung nach das in New Mexico, das das Recht hat, Gesetzesvorlagen zu schreiben und einzubringen. »Dieses Food Policy Council setzt sich aus einer ganz vielfältigen Gruppe von Leuten zusammen und sie können wirkliche Veränderungen erwirken«, sagt Wendy.

Shannon Spurlock von Denver Urban Gardens sitzt im FPC in Denver. Man müsse vorsichtig vorgehen, sagt sie, schließlich sei man auf die Kooperationsbereitschaft der Stadt angewiesen. Das FPC in Denver hat sich auf drei Ziele geeinigt, die Priorität bei der Umsetzung haben sollen: 1. Produkte aus dem eigenen Garten oder in einem Community Garden sollen direkt verkauft werden dürfen, bislang geht das nur über einen Bauernmarkt, was für Gärtner mit ein paar überschüssigen Zucchini ein unzumutbarer Aufwand ist. 2. In öffentlichen Einrichtungen wie Schulen, Universitäten und Krankenhäusern soll so viel Obst und Gemüse wie möglich lokal oder regional eingekauft werden. 3. Die Bauernmärkte sollen mit Lesegeräten für SNAP cards (Beihilfe über das Supplemental Nurtritional Assisstance Program (SNAP) der US Regierung) ausgestattet werden, so dass die Empfänger der staatlichen Lebensmittelbeihilfen frisches Obst und Gemüse an Marktständen einkaufen können. Vielfach lohnt sich das für die Betroffenen und die Farmer, weil staatliche Programme die Verdopplung des Werts auf der SNAP card anbieten, wenn jemand lokal oder regional angebautes Obst und Gemüse anbaut.

Shannon Spurlock gesteht zu, dass diese Ziele eine Kompromiss seien, aber um daraus einen Erlass zu machen müsse man einen Stadtrat gewinnen, der eine entsprechende Vorlage zur Abstimmung brächte. Bislang habe man immerhin erreicht, dass man in Denver jetzt zwei Ziegen und bis zu acht Hühner im Garten halten dürfe. Wendy Peters Moschetti weiß wie viel Zeit und Energy Food Policy Council Mitglieder wie Shannon Spurlock oder Dana Miller von Grow Local Colorado aufbringen, um Veränderungen zu bewirken. Was sie nicht teilt ist der Optimismus, das kleine Verbesserungen nach oben dringen und zu weitreichenderen Regelungen führen. »Das dauert viel zu lange«, sagt sie. »Wir brauchen Gesetzesänderungen.« Strenge Auflagen für die Lebensmittelindustrie zum Beispiel, oder eine Änderung des Status von Gemüse, das als »specialty crop« gilt und deswegen ein Nischendasein führt. »Das hat Auswirkung auf alles, von Forschungsgeldern bis hin zu Darlehen für Gemüsebauern, bis jetzt ist Geld nur da für Erzeugnisse wie Mais, Weizen und Soja.«

Detroit – von Motown zu »Growtown«

Die Autostadt Detroit im US-Bundesstaat Michigan, Motor-City, Motown, kommt sicher den wenigsten beim Thema urbane Landwirtschaft in den Sinn. Aber in Detroit sind eine Menge Leute davon überzeugt, dass Motown zu

Growtown (to grow – wachsen, anbauen) werden könnte. Ein paar Fakten. Die drei Automobilgiganten Ford, Chrysler und GM, alle in Detroit beheimatet, haben die Wirtschaftskrise 2008 zwar überlebt, aber nur noch Chrysler und GM fertigen in je einem Werk noch Autos in Detroit. Bereits in den sechziger Jahren begannen die Autohersteller die Produktion in Stadtrandgebiete zu verlegen, ein Netz überdimensionierter Freeways – 14 Spuren sind keine Seltenheit – erlaubte es den Pendlern zunächst in der Stadt zu wohnen und in den Außenbezirken zu arbeiten. Nach den schweren Unruhen 1967, die sich zu einem Protest gegen Rassendiskriminierung ausweiteten und durch einen Militäreinsatz beendet wurden, zogen immer mehr weiße Detroiter in die Suburbs (Vororte) jenseits der 8 Mile Road. Diese schnurgerade, von Ost nach West verlaufende Straße ist die offizielle nördliche Stadtgrenze. 1951 hatte Detroit knapp zwei Millionen Einwohner, heute sind es noch 680.000 und täglich ziehen im Schnitt sechzig Menschen weg. Etwa 85 % der verbliebenen Bevölkerung sind African Americans – wie Schwarze politisch korrekt genannt werden. Die von der US-Regierung angegebene Arbeitslosenquote liegt bei 18 %, die Stadtverwaltung spricht von 30 % und die inoffizielle Quote ist 60 %: 200.000 Detroiter, die arbeiten könnten, finden keine Arbeit. 70 % der Arbeitslosen sind bei der Arbeitssuche beeinträchtigt – eine euphemistische Umschreibung der Tatsache, dass die Mehrzahl von ihnen über nur geringe Schreib- und Lesekenntnisse verfügt, drogen- und/oder alkoholabhängig ist oder war und/oder vorbestraft ist. Die Wirtschaftskrise verschärfte die Situation weiter, Tausende verloren ihre Häuser, entweder durch Zwangsräumungen oder wegen Steuerschulden. Die Stadt Detroit ist heute Eigentümerin von 40–60.000 Grundstücken. Auf manchen stehen verlassene Häuser mit vernagelten Türen und Fenstern, einsturzgefährdete Häuser und ausgebrannte Ruinen – nach einem Feuer lässt sich das Metall von Leitungen und Rohren deutlich einfacher herausbrechen und verkaufen. Andere Grundstücke sind geräumt und inzwischen von hohem Gras und Gestrüpp überwuchert. Aber inmitten dieser Stadtwüste findet man zunehmend häufiger auch Flächen auf denen Obst und Gemüse angebaut werden.

a. Gemüse statt Autos

»Wir haben 1.300 registrierte Gemüsegärten in Detroit, von einfachen Gärten hinter einem Haus, bis zu gemeinschaftlich betriebenen community gardens, Schulgärten und professionellen oder semi-professionellen Gemüsegärtnereien. Ungefähr 15.000 Menschen arbeiten regelmäßig in diesen Gärten«, erklärt Ashley Atkinson von Keep Growing Detroit, einer Organisation, die ähnlich arbeitet wie Denver Urban Gardens. Ashleys Traum ist, dass die Hälfte allen Obstes und Gemüses, das die Detroiter essen, in Detroit angebaut wird. Die geographischen und klimatischen Rahmenbedingungen stimmen: Michigan ist nach Kalifornien der Staat mit der größten Vielfalt an Obst und Gemüse, die angebaut werden können.

Eine Studie an der Michigan State University[2] von 2010 ergab, dass 75 % des Gemüses und 40 % des Obstes in Detroit erzeugt werden könnten, wenn die Wachstumssaison durch Gewächshäuser auf zwölf Monate ausgeweitet würde. Gärten und Gemüseanbau haben eine weitere, in Detroit extrem wichtige Funktion: Sie helfen Menschen, neue Fähigkeiten zu entwickeln, zu lernen und sie schaffen Arbeitsplätze. Ein Garten in der Nachbarschaft bedeutet, dass die Gegend sicherer wird und die, die mitarbeiten lernen, Verantwortung zu übernehmen, sich mit Behörden auseinanderzusetzen, Gruppen zu organisieren, Arbeiten zu planen, pünktlich zu sein – das alles sind Fähigkeiten, sagt Ashley, die für die Jobsuche sehr wichtig sind. Dazu kommt Wissen um Nahrungsmittel und Ernährung und natürlich die praktische Fähigkeit, Gemüse zu ziehen. Keep Growing Detroit bildet in einer Vielzahl von Kursen, die gut auf das Bildungsniveau der Teilnehmer abgestimmt sind, angehende Gärtner aus, die Organisation betreibt einen Garten, in dem tausende Setzlinge gezüchtet werden, die die Mitgliedsgärten gegen eine minimale Gebühr bekommen können, und unter dem Label »Grown in Detroit« können selbst gezogenes Obst und Gemüse auf mehreren Märkten verkauft werden. Inzwischen sitzen zumindest in den Anfängerkursen 60 % schwarze Teilnehmer: »Viele African Americans wollen mit Landwirtschaft einfach nichts zu tun haben«, erklärt Ashley Atkinson, das liege an der Geschichte der Sklaverei in den USA und der Tatsache, dass die Generation der Groß- oder Urgroßeltern noch Erinnerungen an das Leben vor der Migration nach Detroit als Landarbeiter in den Südstaaten hätten. Die (überwiegend weißen) Mitarbeiter von Keep Growing Detroit sind sich des Problems bewusst und in einer fast anrührenden Art um politische Korrektheit bemüht, aber die Demographie von Detroit, die Tatsache, dass die Mehrheit der Schwarzen schlecht ausgebildet und arm ist, führt zu Konflikten. »Wir glauben an schwarze Selbstbestimmung. In Bezug auf Nahrungsmittel und Ernährung brauchen wir nicht nur ein Mitspracherecht, sondern die Führerschaft«, sagt Malik Yakini, Schuldirektor und Aktivist. Er ist Mitbegründer des Black Food Security Network und leitet D-Town Farm, ein Gemeinschaftsprojekt im Westen Detroits mit Freilandbeeten, zwei Polytunneln, Bewässerungsanlage und Wurmkompost. Das Gemüse wird auf drei lokalen Märkten verkauft, an mehrere Restaurants und den einzigen von einem African American betriebenen Supermarkt. Malik mag im Aussehen an Bob Marley erinnern und in der Rhetorik an die Black Panther Bewegung, in seiner Arbeit versucht er, Lösungen zu finden und die Lebenssituation schwarzer Detroiter zu verbessern. Er arbeitet nicht nur mit Keep Growing Detroit und anderen Organisationen in Sachen urbaner Landwirtschaft zusammen, ein kürzlich bewilligter Zuschuss der Kellogg Foundation wird jetzt auch die Umsetzung eines ganz neuen Projekts ermöglichen: Ein Supermarkt mit Café und

---

2 Kathryn J. A. Colasanti/Michael W. Hamm, Assessing the local food supply capacity of Detroit, Michigan, in: Journal of Agriculture, Food Systems, and Community Development 1, 2 (2010), S. 41–58.

professioneller Küche an einer der großen Ausfallstraßen. An einem Punkt sind sich die Aktivisten in Sachen urbaner Landwirtschaft in Detroit einig: Gemüsegärten anzulegen und Grundkenntnisse des Anbaus zu vermitteln ist ein erster, sehr wichtiger Schritt, der auch zur Verbesserung der Ernährungsgewohnheiten führt.

b. Profit – aber nicht nur mit Gemüse

Die logischen nächsten Schritte sind Vermarktung und Verarbeitung – und beides kann die so dringend benötigten Arbeitsplätze schaffen. Der Supermarkt mit angeschlossenem Café, der, so hofft Malik Yakini, in den nächsten zwei Jahren eröffnen wird, soll Arbeitsplätze und Ausbildungsmöglichkeiten schaffen und profitabel sein. »Pro Jahr entgehen Detroit ungefähr $250 Millionen weil die Leute die ein Auto haben zum Einkaufen in die Supermärkte außerhalb der Stadt fahren«, erklärt Malik Yakini. In Detroit gibt es etwa achtzig unabhängige Supermärkte, die großen Ketten haben ihre Läden in der Stadt schon vor Jahren geschlossen und der einzige Anbieter, der in diesem Sommer eine Filiale in Midtown eröffnete, ist der Bio-Supermarkt Whole Foods – einkaufen kann dort allerdings nur wer gut verdient. Wer über Beihilfen wie das staatliche SNAP Programm überleben muss, dem bleibt in Detroit weiterhin oft keine andere Möglichkeit, als Lebensmittel in Tankstellen und »corner shops« zu kaufen, kleine Läden, meist an einer Straßenecke gelegen, daher der Name. Im Angebot sind dort vor allem Alkohol, Zigaretten und Lotterietickets, der Kassenplatz in einer Art Drahtkäfig ist meist zusätzlich mit schusssicherem Glas umgeben und das Angebot an Lebensmitteln besteht aus Fertigprodukten, Fertiggerichten und mit etwas Glück Kartoffeln, Zwiebeln und Eisbergsalat.

Dieses Angebotsproblem lernte Noam Kimelman erst kennen, als er zum Studium von seiner Heimatstadt Boston nach Detroit kam. Zusammen mit einigen Kommilitonen gründete er 2010 das Fresh Corner Cafe. Das Geschäftsmodell bei dem es nicht nur um Profit, sondern auch um people und planet, Menschen und Umwelt, geht hat sich grundlegend geändert. Die ursprüngliche Idee war, gesunde Produkte wie Salate und Wraps in möglichst vielen Tankstellen und Corner Shops anzubieten. Die Praxis ergab sehr schnell, dass die wenigsten vom kalorienreichen Fertiggericht auf Salat umsteigen. Die Rezepte wurden geändert – ein Essig/Öl-Dressing würden nur wirklich Gesundheitsbewusste wollen, sagt Noam, sie müssten auch Nudelsalat mit Mayonnaise führen, in der Hoffnung, dass die Kunden dann auch mal etwas anderes probieren. Inzwischen beliefert Noams Team nur noch zwanzig Tankstellen und Läden, und fünf davon liegen jenseits der Stadtgrenze in den Suburbs. Wer die Fresh Corner Cafe Produkte führen will, muss helle, saubere, ansprechende Verkaufsräume haben und eine (sehr geringe) Mindestmenge abnehmen. Wraps und Salate werden in Läden mit einem besser verdienenden Kundenstamm (in den Suburbs und Midtown) teurer angeboten. Aus dem Gewinn finanziert man – so der Bedarf besteht –

das billigere Angebot in den Geschäften in ärmeren Gegenden. »Wir versuchen etwas von dem Geld zu verdienen, dass in den Suburbs ausgegeben wird und den Gewinn nach Detroit zurückzubringen«, sagt Noam.

c. Gemeinschaftsgärten statt Drogenhandel und Prostitution

Ganz im Westen von Detroit liegt der Stadtteil Brightmoor. In den zwanziger Jahren entstand Brightmoor als Arbeitersiedlung für das nahegelegene Ford-Autowerk. In den siebziger Jahren zogen immer mehr weiße Bewohner in die Vororte und »in den achtziger Jahren kam die Crack-Epidemie«, erzählt Riet Schumack. »Die Folge war eine Welle von Kriminalität, Prostitution und Brandstiftung.« Brightmoor umfasst ein Gebiet von etwa 10 km², 60 % davon seien inzwischen verwildertes Brachland. Von den Häusern, die noch stehen, seien 10–20 % unbewohnt, Fenster und Türen mit Brettern vernagelt oder nach einem Feuer schwarz verkohlt. Bis 2006 lebten Riet Schumack und ihre Familie in Rosedale, dann beschlossen die Schumacks aus Gewissensgründen nach Brightmoor zu ziehen: Solchem Verfall direkt vor der eigenen Haustür könne man doch nicht einfach tatenlos zusehen. Auch Riet sieht eine Lösung für Probleme wie die in Brightmoor in urbaner Landwirtschaft. Es habe drei Jahre gedauert, bis die ersten drei Familien sich an einem community garden beteiligt hätten, der Anfang von Neighbors Building Brightmoor, weitere vier Jahre später sind es 75 Familien in 25 Gärten. Die Ernte aus einem Garten ist ausschließlich für die Suppenküche ein paar Straßen weiter bestimmt. 2006 startet Riet Schumack das Youth Garden Projekt. Unter ihrer Anleitung sind 25 elf- bis 14-Jährige zwischen April und Oktober dabei Beete anzulegen, zu pflanzen und zu säen, Unkraut zu jäten und zu ernten. Sie lernen das Gemüse zu wiegen, für den Verkauf auf dem Markt zu packen und mit Preisen auszuzeichnen. Der Erlös wird geteilt – $ 500 für jeden in einer guten Saison. »Die Kinder lernen, dass man mit einem Garten Geld verdienen kann«, sagt Riet, »und wir kochen zusammen, damit sie wissen wie das was sie ernten nicht nur gesund ist, sondern auch schmeckt.« Immer mehr African Americans kauften inzwischen auf den Märkten ein, und in diesem Jahr hätten die schwarzen Detroiter Grünkohl-Smoothies entdeckt, Grünkohl sei kaum noch zu haben gewesen. Wirklich schockiert sei sie gewesen, als ihr klar geworden sei, dass die vernagelten und ausgebrannten Häuser für die Kinder Normalität bedeuteten. Neighbors Building Brightmoor machte sich zusammen mit den Kindern daran, die Hausruinen mit Farbe und Phantasie zu verschönern. Jetzt prangen Blumen, riesige schillernde Wassertropfen und Regenbogen auf den Wänden, die gesamte Seite eines Hauses wurde zur Tafel umfunktioniert, so dass man sich über Kurse, Aktivitäten oder ein Fest in den nächsten Wochen informieren kann. Überdimensioniertes, aus Holz ausgesägtes und bemaltes Gemüse ziert die Tafel und macht sie zu einem spektakulären Blickfang. Wie z. B. für das dunkelhäutige Paar, das Kinder samt Fensterrahmen und Gardine auf ein Haus gegenüber gemalt hat. Seit dieser kleine Zipfel von Brightmoor so bunt daher kommt und oft jemand in einem der Gärten vorbeischaut haben sich Dealer, Prostituierte und Kunden in eine andere Gegend abgesetzt. Natürlich ist die Verlagerung des Problems keine Lösung, aber Neighbors Building Brightmoor hat bewiesen, dass Veränderung möglich ist. Urbane Landwirtschaft werde Detroit nicht retten, meint Riet, aber die Gärten seien weit mehr als eine Quelle für billige, gesunde Lebensmittel: sie würden helfen den Kreislauf von Arbeitslosigkeit, Armut, Krankheit (Übergewicht, Diabetes, Drogenabhängigkeit, vor allem psychische Erkrankungen) und Kriminalität zu unterbrechen. Die sieben schwarzen Teenager, die in der ersten Saison im Youth Garden dabei waren, haben alle den Highschool-Abschluss geschafft, eine riesige Leistung angesichts einer Abbruchrate in Brightmoor von 60 %. Alle sieben haben eine wirkliche Chance, einen Arbeitsplatz zu finden.

Arbeitsplätze in Brightmoor zu schaffen, versucht auch Jeff Adams, der urbane Landwirtschaft ebenfalls für ideal hält. Der ehemalige Marketing-Manager in einer Technologiefirma in der Automobilzuliefererindustrie kam mit seiner Familie 2007 nach Detroit. In diesem Jahr mietete er ein altes Fabrikgebäude an, das gerade zu einem vertikalen Gewächshaus umgebaut wird. Im Januar sollen die ersten zehn Pflanztürme stehen, zwei junge Leute aus Brightmoor haben einen Arbeitsplatz. Innerhalb von zwei Jahren sollen es dreißig Pflanztürme und acht Jobs werden und Jeff hofft, dass sich seine Mitarbeiter wenn sie die Technologie beherrschen mit einem eigenen Gewächshaus selbständig machen. Das Geschäftsmodell sieht vor, neben Salat auch Küchenkräuter wie Petersilie, Koriander und Basilikum anzubauen, die mit einer großen Marge verkauft werden können. Ein Drittel des Gewinns geht an die Investoren, die das Projekt finanziert haben, mit einem Drittel will Jeff kostenlose Salatlieferungen an Schulküchen finanzieren und das letzte Drittel soll in Absprache mit den Mitarbeitern zunächst angelegt werden und später als Startkapital für die dienen, die ihr eigenes Gewächshaus aufmachen wollen. Zu den Kunden wird nicht nur Noam Kimelmans Fresh Corner Cafe gehören, sondern vor allem Gourmets mit Geld in den Suburbs, die ihre Kräuter rund ums Jahr übers Internet ordern können.

d. Thinking big – das Recovery Park Projekt

Gary Wozniak hat noch weit größere Pläne. Mit der Arbeit am Recovery Park Projekt begann er 2008. An einem frühen Dienstagmorgen stehen wir im Osten Detroits hinter einer ehemaligen Fleischfabrik. Gary, dem sein früheres Hobby, Gewichtheben, noch immer anzusehen ist, inspiziert die Arbeit des Sanierungsteams. Bereits im nächsten Jahr sollen hier Salsas und Soßen für eine bekannte und US-weit operierende Firma hergestellt werden – und das alles aus Tomaten, Paprika und anderen Zutaten, die in Gewächshäusern in Detroit gezogen und geerntet wurden.

In Bezug auf urbane Landwirtschaft »hat Detroit Möglichkeiten in einer Größenordnung zu experimentieren wie keine andere Stadt«, sagt Gary Wozniak, der sich selbst als Serien-Unternehmer bezeichnet. Detroit braucht Arbeitsplätze, erklärt er, das sei die Voraussetzung dafür, dass die Stadt sich erholen könne. Aber es müssen geeignete Arbeitsplätze sein, für Menschen denen »Barrieren den Zugang zum Arbeitsmarkt erschweren«, – die politisch korrekte Beschreibung für geringe Schulbildung, Drogenabhängigkeit und Vorstrafenregister, sagt Gary, der offen über seine eigene Alkohol- und Drogenabhängigkeit spricht, die ihm eine Gefängnisstrafe einbrachte. »Der Tomate im Gewächshaus ist es egal, ob jemand gerade aus dem Knast kommt oder ein Drogenproblem hat.« Umgekehrt sei für die Reintegration in die Gesellschaft nichts wichtiger, als ein sicherer Arbeitsplatz, sagt Gary.

Er kennt und schätzt die vielfältigen Organisationen und Projekte, die in Detroit mit Gartenbau und kommunalen Gärten zu tun haben. Die meisten seien gemeinnützig und müssten jedes Jahr neu um Zuschüsse, Spenden und die Finanzierung der Arbeitsplätze kämpfen. Detroit brauche dringend profitable Firmen. »Ohne Steuereinkommen für die Stadt können die kommunalen Dienste nicht funktionieren. Dann ist noch nicht einmal Geld da, die ausgebrannten Hausruinen abreißen zu lassen.« Recovery Park soll gewinnbringend arbeiten und bereits in der ersten Phase 500 Arbeitsplätze für ehemalige Drogenabhängige und frisch aus dem Strafvollzug Entlassene schaffen. Die Investitionen in Gewächshäuser, ein Aquaponics-Projekt, das Fischzucht mit Gemüseanbau verbinden wird (ähnlich wie im GrowHaus in Denver, nur um ein Vielfaches größer) und die Verarbeitung belaufen sich auf $ 25 Millionen. Recovery Park selbst ist als not-for-profit angelegt, die drei für Gewächshäuser, Aquaponics und Verarbeitung zuständigen Tochterfirmen sind kommerzielle Unternehmen. Ein Job auf der Seite des Anbaus von Gemüse schafft drei bis fünf Jobs in der Verarbeitung. Gary arbeitet mit mehr als 120 Firmen, Non-Profit Organisationen und Universitäten zusammen, denn das Recovery Park Project hat Modellcharakter für urbane Landwirtschaft und Verarbeitung kombiniert mit Rehabilitation. Ein Zuschuss aus dem Budget des Strafvollzugssystems wird ein 14-tägiges intensives Training für frisch entlassene Häftlinge finanzieren. Danach stehen Trainer und »life coaches« zur Verfügung, die bei praktischen Fragen wie Wohnungssuche, Finanzen und Drogenrehabilitation helfen und damit die Bedingungen für eine erfolgreiche berufliche Integration schaffen sollen.

Charles Cross vom Detroit Collaborative Design Center glaubt, dass urbane Landwirtschaft zusammen mit der Ernährungsindustrie, also nicht nur der Anbau von Obst und Gemüse, sondern auch Verarbeitung, Vermarktung, Fertigung, Gewächshaustechnologie, etc., eine gute Grundlage für die wirtschaftliche Entwicklung von Detroit sein könnten. Die Voraussetzungen sind gut: Im 500 km-Radius um Detroit liegen zwei sehr große Absatzmärkte, Chicago und Toronto, Detroit hat einen Hafen mit Anbindung an den Atlantik, gute Eisenbahnverbindungen und bald zwei Brückenverbindungen nach Kanada. Ein florierender Lebensmittelverarbeitungssektor würde sich nicht auf das beschränken, was in Detroit angebaut wird. Detroit könnte zum Umschlagplatz für Obst und Gemüse aus ganz Michigan werden.

e. Eastern Market – Growtown wird Realität

An der Umsetzung dieser Vision arbeitet Dan Carmody, seit 2006 ist der Städteplaner und Agrarwissenschaftler Präsident der Eastern Market Corporation. Eastern Market sind die ältesten noch in Betrieb befindlichen Markthallen der USA. Und sie liegen mitten in der Stadt, nur etwa einen Kilometer von Downtown entfernt. Inzwischen wurden Hallen für rund $ 13 Millionen renoviert und saniert. Während der Woche sind sie von Mitternacht bis fünf Uhr morgens für die Großhändler da, am Samstag und vom Frühjahr bis in den Spätherbst auch am Dienstag ist der Markt tagsüber für das allgemeine Publikum geöffnet. Am Samstag kommen zwischen 30.000 und 40.000 Besucher aus Detroit, aber vor allem aus der Umgebung: Der Eastern Market bringt Menschen (und ihr Geld) aus den Suburbs zurück in die Stadt.

»Detroit hustles harder« steht auf dem Aufkleber, der Dan Carmodys Laptop ziert. Übersetzen lässt sich das in etwa mit: Detroit drängt, schiebt und schubst ein bisschen mehr als alle anderen, um ins und ans Geschäft zu kommen. Das Motto passt für Dan Carmody, der den Eastern Market zu einem Knotenpunkt für alles und jeden gemacht hat, der in Detroit mit urbaner Landwirtschaft, Lebensmittelverarbeitung, Vermarktung und Vertrieb zu tun hat. Natürlich gibt es spezielle Marktstände, an denen die Helfer aus den community gardens ihr Gemüse unter dem Banner »Grown in Detroit« anbieten können. Natürlich arbeitet er mit Gary Wozniak von Recovery Park zusammen, genauso wie mit Malik Yakini von D-Town Farm oder Noam Kimelman von Fresh Corner Cafe. Der Eastern Market hat eine Pipeline Funktion, sagt Dan Carmody, und es gehe um einen ganzheitlichen Ansatz. Über kleine Produzenten und örtliche Betriebe werden Jobs in Detroit geschaffen und mehr Bewohner bekommen die Möglichkeit, gesunde, frische Produkte zu kaufen.

In Zusammenarbeit mit Verkehrsplanern und mit einem Budget von $ 24 Millionen wird derzeit ein alter Gleisstrang entlang des Eastern Market Areals begrünt und zum einladenden Fuß- und Fahrradweg umgebaut. Straßen werden so ausgebaut, dass sie die An- und Abfahrt für Kunden und Zulieferer erleichtern und mehrere neue oder reparierte Brücken schaffen die Anbindung an andere Stadtteile. Im westlichen Umfeld der Markthallen wird Platz für kleine Läden und Restaurants geschaffen, die ersten haben bereits geöffnet und beginnen das Gesicht des gesamten Viertels zu verändern. Als nächstes will Dan Carmody eine moderne Großküche einrichten, die man rund um die Uhr mieten kann. Damit haben kleine Produzenten die Chance, mehr herzustellen, als sie in der heimischen Küche produzieren könnten, sie müssen aber zunächst nicht selbst in eine teure Produktionsstätte investieren. Was immer produziert wird, Marmelade, eingelegte Gurken und Mixed Pickles, hausgemachte Wurst, frisches Brot oder Kuchen – alles kann an Markttagen verkauft oder im Eastern Market verpackt und versandfertig gemacht werden. In einem weiteren großen Gebäude sollen Wohn-, Arbeits- und Produktionsräume für angehende Produzenten unter einem Dach vereint werden. Für bestehende Unternehmen, z. B. Wolverine, die einzige Firma, die in Detroit noch schlachtet und Fleisch verarbeitet, sollen Anreize geschaffen werden, sie in der Stadt zu halten. Ist für Wolverine, ein Unternehmen, das auch noch Ziegen- und Schaffleisch verarbeitet, mit Hilfe des Eastern Market eine Expansion in den Markt für Halal geschlachtetes Fleisch denkbar? Dan Carmody »hustles harder« für Detroit, bislang kommt ein Drittel des Budgets durch Einnahmen wie Standmieten zusammen, zwei Drittel sind Fördermittel und Spenden. Innerhalb der nächsten fünf Jahre soll sich das Verhältnis umkehren.

Spätestens beim Gang durch den Eastern Market erscheint der Plan Detroit von Motown in Growtown zu verwandeln realisierbar. Die kleinen und großen Projekte und Initiativen, die es überall in Detroit gibt, haben sich inzwischen zu einer deutlich wahrnehmbaren Grundströmung für eine positive Veränderung vereint, meint Riet Schumack von Neighbors Building Brightmoor. Fast täglich erhält sie Anfragen von jungen Leuten, die überlegen, ob sie nach Detroit ziehen sollen, um ein Gartenprojekt aufzubauen. »In zehn bis 15 Jahren könnte Detroit unterm Strich zwanzig bis 25 % Anteil am gesamten Ernährungssektors (in Michigan) haben«, sagt Dan Carmody. Damit meint er Obst und Gemüse, das in Detroit angebaut, verarbeitet und innerhalb oder außerhalb der Stadt verkauft wird, und Nahrungsmittel, die in Detroit hergestellt werden, deren Rohstoffe aber aus dem übrigen Michigan oder sogar anderen US-Bundesstaaten kommen. 20 % würden grob geschätzt 5.000 Jobs bedeuten, sagt Carmody, und $ 20 Millionen Steuereinnahmen für die Stadt.

Niemand geht davon aus, dass der Agrar- und Lebensmittelsektor in Detroit dieselbe Zahl an Arbeitsplätzen schaffen wird, die in der Automobilindustrie verloren gegangen sind. Aber Obst- und Gemüseanbau, Verarbeitung und Vermarktung, können zu einem Wirtschaftszweig werden, der das Image von Detroit prägt, wie es einst die Automobilindustrie getan hat. Und langfristig könnten zusätzliche Arbeitsplätze in der Zulieferindustrie entstehen – von Gewächshäusern und Gewächshaustechnologie bis hin zu Maschinen für die Lebensmittelverarbeitung und Verpackung. Die Monopolstellung der Autoindustrie, die Wirtschaftskrise, Korruption in der Stadtverwaltung – viele Faktoren haben über mehrere Jahrzehnte dazu geführt, das Detroit in manchen Gegenden aussieht wie die Kulisse zu einem post-apokalyptischen Film. Die Detroiter sind dabei, Chancen in diesem Szenario zu sehen und sie zu nutzen.

In Denver ist man glücklich mit innovativen Technologiefirmen, die junge, gut ausgebildete Leute in die *Mile high city* locken – community gardens und urban agriculture sind eine ideale Ergänzung.

Denver und Detroit – zwei Städte an entgegengesetzten Enden des urbanen Spektrums, mit einer Vielzahl von Initiativen und Projekten in der urbanen Landwirtschaft, non-profit und kommerziell und mit sehr unterschiedlichen Ausrichtungen. Doch allen geht es um Obst und Gemüse, das ohne Einsatz von Herbiziden und Pestiziden umweltverträglich und nachhaltig produziert wird. Die Ernährungszukunft liegt zwischen Denver und Detroit.

Anne Siebert und Julian May

Urbane Landwirtschaft und das Recht auf Stadt

Theoretische Reflektion und ein Praxisbeispiel aus George, Südafrika

Obwohl der landwirtschaftliche Anbau klassisch in ruralen Gebieten verortet wird, erfreut sich die städtische Landwirtschaft im aktuellen Entwicklungsdiskurs zunehmender Popularität und wird als ein möglicher Lösungsansatz in der langjährigen Debatte um Ernährungssicherheit im globalen Süden angepriesen. Auch im globalen Norden stößt urbaner Gartenbau im Rahmen nachhaltiger Lebensstile auf wachsendes Interesse. Sowohl im Norden als auch im Süden sowie regionenspezifisch haben diese Formen der Kultivierung unterschiedliche Hintergründe und Intentionen. Global betrachtet bietet urbane Landwirtschaft vielversprechende Möglichkeiten in formellen sowie informellen Ernährungssystemen. Positive Aspekte werden in vielen Studien zu urbaner Landwirtschaft betont, dazu zählen steigende Ernährungssicherheit, (alternative) Einkommensmöglichkeiten, das Aneignen von neuen Anbaumethoden, die Verbesserung der Ernährung oder auch positive Effekte im Bereich sozialer Netzwerke.[1] Der Anbau im städtischen Raum wird oft mit ausgeprägter Partizipationskultur und nachhaltiger Entwicklung impliziert.

Der Begriff urbane Landwirtschaft wurde in den letzten zehn Jahren vielfältig definiert. Weitverbreitet ist Mougeots Definition als »an industry located within or on the fringe of a town, city or a metropolis«.[2] Wobei der Begriff Industrie kommerzielle Produktion betont. Andere Wissenschaftler wiederum ergänzen die Definition um verschiedene Formen des urbanen Gartenbaus, dessen Ernte nicht zwangsläufig für den Verkauf sondern für den Eigenverbrauch be-

---

1 Einschließlich Jonathan S. Crush/G. Bruce Frayne, Urban Food Insecurity and the new International Food Security Agenda, in: Development Southern Africa 28, 4 (2011), S. 527–544; Diana Lee-Smith, The Dynamics of Urban and Peri-Urban Agriculture, in: Akinyinka Akinyoade u. a. (Hg.), Digging Deeper: Inside Africa's Agricultural, Food and Nutrition Dynamics, Brill 2014, S. 210; Luc JA Mougeot (Hg.), Agropolis: the Social, Political and Environmental Dimensions of Urban Agriculture, London 2005; Mark Redwood, Agriculture in Urban Planning: Generating Livelihoods and Food Security, London 2008; John R. Taylor/Sarah Taylor Lovell, Urban home food gardens in the Global North: Research traditions and future directions, in: Agric Hum Values 31, 2 (2014), S. 285–305.
2 Luc JA Mougeot, Urban agriculture: definition, presence, potentials and risks, in: Nico Bakker u. a. (Hg.), Growing cities, growing food: Urban agriculture on the policy agenda. A reader on urban agriculture, Feldafing 2000, S. 1–42, S. 10.

stimmt ist.[3] Diese Art der Gemeindegärten, zum Teil Privatgärten sowie damit einhergehende Kooperationen und insbesondere deren unzureichende politische Integration in städtische Ernährungssysteme sind im Fokus dieses Beitrags. Diskutiert wird in diesem Rahmen die Rolle der Bürger, deren Wahrnehmungen und Forderungen für die angemessene Gestaltung von urbanem Raum und der notwendige Dialog darüber. Wie bereits mehrfach im Entwicklungskontext kritisiert, korrespondieren die angewandten, messbaren Top-Down-Ansätze oftmals nicht direkt mit den Wünschen der Zielgruppe, insbesondere in marginalisierten Regionen. Dieser Beitrag geht über Projekte, die vorwiegend durch Städte und Entwicklungsorganisationen angeleitet werden, hinaus und betont die Ansichten der Akteure und somit die Wichtigkeit von Bottom-Up-Ansätzen im urbanen Gartenbau und der Landwirtschaft. Die Debatte, um die Verantwortung der Stadt und partizipatorische Entscheidungsfindung, wird durch ein weltweit steigendes Interesse an Alternativen zu kapitalistisch orientierten Lebensweisen und der nachhaltigen Kultivierung von Gemeindeland bestärkt. Eine zunehmende Loslösung von dominanten neoliberalen Ernährungsregimen wird dabei oft favorisiert.

Für die folgende Argumentation wird insbesondere Lefebvres Theorieansatz zum »Recht auf Stadt« als Grundlage verwendet. Seine Ideen und die neueren Interpretationen (u. a. Harvey, Park, Marcuse), welche bisher vorwiegend in der Geografie und in der Raumplanung diskutiert werden, bieten dafür ideale Ansatzpunkte. Durch den eigenen Anbau und solidarische Landwirtschaft fordern Bewohner das Recht auf Stadt und Wandel in der Herstellung von Nahrung ein.[4] Bekräftigt wird diese Forderung von der meist vorherrschenden Abhängigkeit der Städter von ländlicher Produktion. Ernährung ist somit weitreichend als Urbanisierung der Natur und Entfremdung zu erachten. In diesem Kontext wird auch das Konzept der Ernährungssouveränität vorgestellt. Eine interessante Perspektive zeigt in diesem Kontext die innovative Gemeindeinitiative »Kos en Fynbos«[5] aus George, Südafrika, auf, die im Folgenden als Fallbeispiel vorgestellt wird. Die Erläuterungen sollen dazu beitragen, die Kluft zwischen Stadtverwaltungen, Bewohnern und Initiatoren (Aktivisten) zu überwinden. Als ein möglicher politischer Lösungsansatz wird die Praxis der Food Policy Councils, bekannt aus verschieden Städten der USA, vorgestellt.

---

3 Bianca Ambrose-Oji, Urban Food Systems and African Indigenious Vegetables: Defining the Spaces and Places for African Indigenous Vegetables in Urban and Peri-Urban Agriculture, in: Charlie M. Shackleton u. a. (Hg.), African Indigenous Vegetables in Urban Agriculture, London 2009, S. 1–33, S. 8 f.

4 Laura J. Shillington, Right to food, right to city: Household urban agriculture, and socionatural metabolism in Managua, Nicaragua, in: Geoforum 44 (2013), S.103–111, S. 104.

5 Der afrikaanse Name der Initiative »Kos en Fynbos« kann im Deutschen als »Ernährung und feine Gewächse« übersetzt werden.

Das Recht auf Stadt

Lefebvres Konzept zum Recht auf Stadt hat seinen Ursprung in den 1960er und 1970er Jahren und ist eng mit den gesellschaftlichen Verhältnissen dieser Zeit verknüpft. Seine Bestrebungen nach mehr Demokratisierung, weg vom ausufernden Kapitalismus und dominanter staatlicher Herrschaft, werden derzeit umfangreich diskutiert. Er kritisiert das kapitalistische System und dessen Konsequenzen, welche die Bedürfnisse der Bürger selbst ausschließen. Sein Leitgedanke konzentriert sich auf die Produktion von Raum, den er als begrenzt und damit umkämpft erachtet. In diesem Zusammenhang wird soziale Ungleichheit deutlich. Die zentralen Begrifflichkeiten seines Ansatzes, die Produktion von Raum, Urbanisierung und Revolution sind Prozesse des Wandels, die sich auf mögliche soziale Bedingungen in der Zukunft beziehen.[6] Im folgenden Teil wird dies kurz erläutert.

Um die Produktion von Raum zu verstehen, ist es notwendig die gesellschaftlichen Verhältnisse, Alltagsroutinen und ihren Wandel zu ergründen. Raum ist ein soziales Produkt, welches durch soziale Interessen und Bedürfnisse hergestellt wird. Es ist ein Instrument des Denkens und Handelns oder ein Instrument der Kontrolle und Macht.[7]

Darüber hinaus beschreibt Lefebvre verschiedene Stadttypen. Ausgangspunkt sind die traditionellen Städte, welche durch aggressive kapitalistische Entwicklung ausgelöscht wurden, genauer genommen im Kontext der Transformation von der Agrar- zur Industriegesellschaft, angetrieben durch Urbanisierung. Damit ist die landwirtschaftliche Produktion in die industrielle Produktion übergegangen.[8] Explosives städtisches Wachstum findet ohne Rücksicht auf soziale, ökologische und politische Konsequenzen statt. Die Standardisierung der industriellen Produktion (z. B. Schichtarbeit, öffentlicher Transport), räumliche Abtrennung und fehlende Interaktion zwischen Bewohnern sind dabei unausweichlich. Gleichzeitig fehlt in diesem Kontext das Problembewusstsein für die existierenden gesellschaftlichen Bedingungen. Politisches Denken und kollektives Handeln geraten in den Hintergrund. Monotonie wird ein allzeit gegenwärtiger Begleiter im Alltag.[9] Während die Städte an Quantität gewinnen, verlieren sie an Qualität. Park beschreibt diese Situation der Gefangenschaft in der Stadt und das gleichzeitige Potential für Veränderung – eine Revolution – sehr treffend:

---

6 Klaus Ronneberger/Anne Vogelpohl, Henri Lefebvre: Die Produktion des Raumes und die Urbanisierung der Gesellschaft, in: Jürgen Oßenbrügge/Anne Vogelpohl (Hg.), Theorien in Raum- und Stadtforschung, Münster 2014, S. 251–270, S. 254.

7 Henri Lefebvre, The Production of Space, Oxford 1991 (orig. 1974), S. 26.

8 Ders., The Urban Revolution, Minneapolis 2003 (orig. 1970), S. 15.

9 Ders., Kritik des Alltagslebens, Bd. 2: Grundrisse einer Soziologie der Alltäglichkeit (1), Kronberg 1977, S. 40 f.

»The city is man's most consistent and on the whole, his most successful attempt to remake the world he lives in more after his heart's desire. But, if the city is the world which man created, it is the world in which he is henceforth condemned to live. Thus, indirectly, and without any clear sense of the nature of his task, in making the city man has remade himself.«[10]

In diesem Zusammenhang impliziert das Recht auf Stadt eine Möglichkeit, eine Stadt nach den tiefsten Wünschen ihrer Bewohner zu verändern, zu kreieren und zu konzeptionalisieren. Harvey betont dabei, dass dies mehr ist als ein individueller Prozess. Das Recht auf Stadt basiert auf kollektiver Macht das Selbst aber ebenso die Stadt zu erneuern.[11] Mit Lefebvres Worten:

»The right to the city is like a cry and demand [...] a transformed and renewed right to urban life.«[12]

Lefebvre ruft zu einer urbanen Revolution auf, die sozialen Wandel hervorbringt: von der gegenwärtigen zu einer Stadt der Zukunft. In diesem Transformationsprozess streben Bürger nach mehr Souveränität und bestimmen sich zunehmend selbst – sie lösen sich von der Autorität des Staats bzw. der Stadt als solche. Die Menschen fordern ihr Recht durch das Aktivwerden als Gruppe und zielen auf Selbstmanagement ab.[13] Um Entfremdung abzuwenden, müssen die Menschen sich den Raum wieder zu Eigen machen, somit zurückerobern und die Kontrolle zurückgewinnen. Beschrieben werden vor allem politische Rechte an Stelle von legalen. Diese Intention zu kämpfen impliziert kein konkretes Ende – es handelt sich vielmehr um eine Bewegung in Richtung eines Horizonts.

Durch die Revolution entsteht eine alternative Version der traditionellen Stadt. Lefebvre nennt sie »œuvre«, ein kreatives Produkt aus alltäglichen Routinen, welches keiner rationalen und ökonomischen Logik folgt. Es wird Tag für Tag durch die Stadtbewohner gestaltet und weitergestaltet. Eine wichtige Rolle spielt das Recht auf aktive Partizipation beim Treffen von Entscheidungen. Passive Konsumenten, wie im Zuge eines kapitalistisch geprägten Systems, sollen aktiv werden. Marcuse beschreibt den Prozess in drei Schritten: offenlegen, anregen, politisieren (»expose, propose, politicise«).[14] Das kritische Offenlegen eines Problems und das Erkennen von Änderungsmöglichkeiten – das Implizieren des Falschen und Realisieren des Erwünschten – sind richtungsweisend für einen Wandel (Schritt eins und zwei). Harvey konkretisiert Lefebvres Recht

10 Robert E. Park, On Social Control and Collective Behavior, Chicago 1967, S. 3.
11 David Harvey, The Right to the City, in: New Left Review 53 (2008), S. 23–40, S. 23.
12 Henri Lefebvre, Writings on the City, Oxford 1996, S. 158.
13 Mark Purcell/Shannon K. Tyman, Cultivating Food as Right to the City, in: Local Environment: The International Journal of Justice and Sustainability (2014), S. 1–16, S. 4.
14 Peter Marcuse, From Critical Urban Theory to the Right to the City, in: City 13, 2–3 (2009), S. 185–195, S. 194.

auf Stadt als das Recht in einer neuen (zukünftigen) Stadt zu leben, zu gestalten und teilzuhaben sowie andere dazu anzuregen. Ein Programm, Ziele, Strategien oder ein Rahmen sind notwendig, um sich in die gewünschte Richtung zu begeben.[15] Der dritte Schritt, das Politisieren, befasst sich mit politischer Aktion und mit der Umsetzung dessen, was durch die vorherigen Schritte angeregt wurde. Dieser Schritt wird in einem separaten Kapitel im Rahmen der Fallstudie diskutiert.

Diese theoretischen Implikationen spiegeln den Weg und das Veränderungspotential von Grassroots-Bewegungen idealistisch wider. Im Folgenden wird eine beispielhafte Anwendung des Rechts auf Stadt im Kontext gegenwärtiger urbaner Landwirtschaft vorgestellt. Diese Umsetzung bleibt in der bisherigen wissenschaftlichen Literatur vage.[16] Aber gerade in der täglichen Ernährung und somit auch im Anbau von Gemüse und Obst spielen Wünsche und Bestrebungen der Bewohner (deren Souveränität) eine wichtige Rolle und können zu einer Transformation der Städte beitragen.

Ernährungssouveränität: die Produktion von Nahrung als Produktion von Raum in der Stadt

Die Verfügbarkeit von Nahrung ist für viele Menschen eine Selbstverständlichkeit geworden. Ihre Herkunft und Herstellung bleibt meist abstrakt und wird außerstädtischen Gebieten zugeordnet. Dennoch, es ist ein Wandel im Gange – seit etwa zehn Jahren werden im globalen Norden Bewohner wieder zunehmend aktiv in urbaner Landwirtschaft und Gärtnerei. Weitaus verbreiteter ist städtische Landwirtschaft in vielen Regionen des globalen Südens. Allgemein ist die Kultivierung in (Gemeinschafts-)Gärten ein Weg urbanen Raum mitzubestimmen und dementsprechend das Recht auf städtischen Wandel (Metabolismus) zu beanspruchen. Auf Grundlage von physiologischen Bedürfnissen und ebenso dem Wunsch nach ökologischer Nachhaltigkeit fordern Haushalte beispielsweise die Inklusion in die städtische räumliche Praxis. Sie befassen sich mit zunehmender Unsicherheit im Zugang zu Nahrung, ungesundem Ernährungsverhalten und innovativen Anbaumethoden (wie Direktsaat und Permakultur[17]). Vor allem das Heim und Zuhause wird als ein Ort von zentraler Bedeutung im Alltag

---

15 David Harvey, Social Justice and the City (Geographies of Justice and Social Transformation), Athens 2009.

16 Wichtige Beiträge kommen von: Purcell/Tyman; Shillington; Chiara Tornaghi, Critical geography of urban agriculture, in: Progress in Human Geography (2014), S. 1–17.

17 Direktsaat bedeutet, Saatgut oder Sprösslinge ohne Vorbereitung des Bodens (z. B. Auflockern der Erde, Unkrautjäten) zu pflanzen. Der Hintergedanke ist, förderliche Prozesse in der Bodenschicht, u. a. durch Mikroorganismen, zu schützen. Permakultur ist ein ökologisch nachhaltiger Ansatz, bei dem Gemeinde- und Landwirtschaftssysteme entsprechend der Prinzipien eines natürlichen Ökossystems gestaltet werden.

und bei der Produktion von städtischem Raum erachtet.[18] Die Weise, in der Lebensmittel erworben, hergestellt, und konsumiert werden, ist eng verknüpft mit der sozialen und natürlichen Produktion städtischen Raumes in verschiedenen Bereichen.[19] Das Verstehen dieser Prozesse kann dazu beitragen, potentielle Bereiche für die Unterstützung von Haushalten oder Gemeinden in der urbanen Landwirtschaft zu identifizieren.

Städtische Landwirtschaft repräsentiert bestimmte Interessen der Bewohner und Gemeinschaftssinn sowie soziale Bindungen werden gestärkt. In diesem Zusammenhang sind urbane Gärtner als ein dynamischer Teil einer Bewegung zu sehen. Diese Entwicklung ist der Nährboden für soziale Bewegungen. Sie entstehen, »when people organize to collectively claim urban space, organize constituents, and express demands«.[20] Bewegungen von unten können dazu beitragen Innovationen zu demokratisieren (sogenannte Food Democracies), Beziehungen und soziale Verbindungen zu stärken und Widerstand (z. B. gegen ein einseitig bestimmtes Ernährungssystem) zu entwickeln. Lebensmittelproduktion in der Stadt und lokale Ernährungssysteme stärken die Selbstbestimmung der Einheimischen und sind oft alternative Wege zur Abhängigkeit von einem global orientierten Agrarsystem, welches geprägt ist von monopolistisch-transnationalen Korporationen.

Eine Reaktion auf die Unterdrückung durch das vielseitig kritisierte globale Ernährungssystem ist die Bewegung um Ernährungssouveränität, die auf Aufstände von Kleinbauern, vor allem in Lateinamerika, zurückgeht. Die Menschen selbst, vor allem die Produzenten und Konsumenten, sind die Akteure der Ernährungssouveränität und somit diejenigen, die Raum für diese Art der Autonomie zurückerobern müssen. Betont werden die transformativen Kapazitäten des existierenden Ernährungssystems.[21] Ernährungssouveränität kann als ein alternativer Lösungsansatz für zukünftige Nachhaltigkeit erachtet werden und wird wie folgt definiert:

»Food sovereignty is the right of peoples to healthy and culturally appropriate food produced through ecologically sound and sustainable methods, and their right to define their own food and agriculture systems. It puts those who produce, distribute and consume food at the heart of food systems and policies rather than the demands of markets and corporations. Food sovereignty prioritises local and national economies and markets and empowers peasant and family farmer-driven agriculture [...] based on environmental, social and economic sustainability.«[22]

---

18 Lefebvre, The Production of Space.
19 Shillington, S. 104.
20 Justus Uitermark u. a., Guest Editorial, in: Environment and Planning 44 (2012), S. 2456–
    2554, S. 2546.
21 Steven Engler u. a., Farmers Food Insecurity Monitoring. Identifying Situations of Food
    Insecurity and Famine, in: IFHV Working Paper 4, 3 (2013).
22 Nyéléni, Editorial: Food sovereignty now! Nyéléni Declaration on Food Sovereignty, in:
    Nyéléni Newsletter 13 (2013), S. 1–6, S. 1.

Es ist wichtig hervorzuheben, dass der Kampf um Ernährungssouveränität mit den Bemühungen der Menschen selbst beginnt. Ihre Intention sollte es sein, Macht über ihr Leben, vor allem die Herstellung und den Verbrauch von Lebensmitteln, zurückgewinnen. Nach Lefebvre ist nicht an erster Stelle der Staat ausschlaggebend. Purcell und Tyman bringen dies sehr klar auf den Punkt:

»In the short term, the state can assist urban farmers in their work (e.g. more secure leases, zoning changes, and public grants) or it can hinder them (e.g. selling the land and bulldozing the garden), but in the long term it should not produce and manage the gardens on behalf of inhabitants. Inhabitants should.«[23]

Den Anstoß müssen die Bauern und Konsumenten geben und Partizipation fordern. Die Betroffenen selbst müssen in den Entscheidungen der städtischen Politik aktiv werden, zum Beispiel bezüglich der Nutzung von Land und wirtschaftlicher Entwicklung.

Kos en Fynbos, George, Südafrika

Die oben aufgeführte Debatte um die fehlende Berücksichtigung und Wahrnehmung der kleinbäuerlichen Interessen, findet sich sowohl im Norden als auch im Süden. Wenngleich das folgende Fallbeispiel aus Südafrika stammt, wird es als möglich erachtet, diese Ansätze auch im Norden wiederzufinden bzw. anzuwenden.

Das Projekt Kos en Fynbos veranschaulicht, wie Städter ihr Viertel durch urbane Landwirtschaft und Gartenbau verändern, um gesunde Ernährung und Solidarität in der Gemeinde zu fördern. Diese Reflektion stellt eine praktische Anwendung von Lefebvres Ideen im Rahmen des Rechts auf Stadt dar, insbesondere den Wunsch nach räumlichem Selbstmanagement. Da das Projekt erst Ende 2013 etabliert wurde, gibt es bisher keine Literatur oder Forschungsberichte. Die Informationen, die im Folgenden verwendet werden, beziehen sich auf Gespräche mit den Projektpartnern, Berichte aus der lokalen Zeitung George Herald und einen Bericht aus der Abteilung für Wirtschaftliche Entwicklung der Stadtverwaltung in George.[24]

Die Stadt George ist im Eden Bezirk in der Region Western Cape gelegen. Die Stadt hat etwa 160.000 Einwohner und ist umgeben von Wäldern und Ackerland.[25] Die Freiwilligen-Initiative Kos en Fynbos wurde 2013 durch Bewohner

---

23 Purcell/Tyman, S. 12.
24 Der Bericht »Permaculture food garden pilot project (Ward 4)« beschreibt ein Permakulturprojekt in George, welches 2013 durch die Stadt implementiert wurde und im Nachhinein als nicht erfolgreich empfunden wurde. Als Fortschritt im Bereich urbaner Landwirtschaft wird die innovative und vielversprechende Arbeit von Kos und Fynbos hervorgehoben.
25 http://www.citypopulation.de/SouthAfrica-UA.html [letzter Zugriff: 10.06.2015].

der Gemeinde Blanco ins Leben gerufen. Blanco liegt am nördlichen Rand von George. Das frühere Dorf ist Anfang des 20. Jahrhunderts entstanden und wurde mit wachsender Einwohnerzahl Teil von George. Dennoch verleiht die einst unabhängige Geschichte dem Stadtteil ganz eigene Charakterzüge.[26] Alte Gebäude sind mittlerweile umringt von neueren Häusern. Dem Zensus von 2001 zufolge haben in Blanco etwa 5.500 Menschen gelebt, davon etwa 70 % Coloureds.[27] Die fehlende Integration unterschiedlicher kultureller Gruppen ist ein schwieriges Thema im Stadtbezirk. Noch 2001 haben ca. 2 % der Bewohner in informellen Behausungen gelebt und etwa 18 % von 52 % aller Arbeitsfähigen waren ohne Arbeit.[28] Wer arbeiten geht, ist meist im Zentrum von George angestellt. Basierend auf diesen Zahlen kann behauptet werden, dass es sich um ein marginalisiertes Viertel handelt.

Die ausschlaggebende Initiative für einen Wandel ergriff eine ortsansässige Ärztin der Blanco Klinik. Sie hatte bereits über einen längeren Zeitraum Mangelernährung bei den dortigen Bewohnern festgestellt. Dadurch kam ihr Wunsch auf, dies durch den Zugang zu frischem und gesundem Essen zu verbessern und Ernährungssicherheit zu stärken. Zu diesem Zweck ist es ihr Anliegen, Menschen zu motivieren, ihr eigenes Gemüse und Kräuter anzubauen. Ausgehend vom vorgestellten theoretischen Ansatz, implizieren diese Ideen den Ausgangspunkt für Aktivismus. Sie zeigen die Stärken und Schwächen des existierenden Ernährungssystems auf und schlagen eine Veränderung vor. Das Ernährungsverhalten wird kritisch hinterfragt, insbesondere ob es gesund und erschwinglich ist.

Durch einen Gartenwettbewerb im Jahr 2013 wurde der Startschuss für erste Aktivitäten gegeben. Organisiert wurde alles von interessierten Anwohnern gemeinsam mit der Nelson Mandela Metropolitan University (NMMU) und zwei lokalen Nichtregierungsorganisation (NROs), Wildlife and Environment Society of South Africa (WESSA) und Permaculture South Africa. So entstand eine Austauschplattform und neue Anbaumethoden wie Permakultur und Direktsaat wurden vorgestellt. Diese vielversprechende Auftaktveranstaltung hat auch das Interesse weiterer Bewohner, der Stadtverwaltung und der Zeitung George Herald geweckt, welche der Bewegung seither als Medienpartner zur Seite steht.

Im Kontext des Rechts auf Stadt sind die Bewohner von Blanco die potentiellen Akteure und Betreiber des Wandels. Durch das Projekt kommen die Menschen zusammen, entwickeln neue Ideen und Ziele, bringen diese in den Anpassungsprozess und die Kultivierung von Raum durch Gartenbau und die landwirtschaftliche Bewirtschaftung ein. Bereits im Frühjahr 2014 haben sich die Gemeinden Pascaltsdorp und Touwsranten, auch in George, den Aktivitäten angeschlossen. Neben der Ernährungssicherung ist es Ziel der Bewegung,

---

26 W. M. de Kock/Marike Vreken, Blanco. Local Structure Plan (Draft), S. 11.
27 Ebd. S. 13.
28 Ebd. S. 13.

ökologische Nachhaltigkeit durch den Anbau von organischen Lebensmitteln (nicht genmodifiziert und ohne Pestizidbelastung) umzusetzen, George grüner zu machen und harmonischer miteinander zu leben. Über den Auftaktwettbewerb hinaus finden im Rahmen des Projekts mittlerweile regelmäßig Wettbewerbe statt, bei denen der beste Gemüsegarten, der beste Kompostgarten und der kreativste Garten ausgezeichnet werden. Diese Wettbewerbe werden von Anwohnern für Anwohner veranstaltet. Dadurch wird ein gesundes Wettbewerbsklima geschaffen, während gleichzeitig soziales Kapital, Wissensaustausch und Vertrauen in der Gemeinde gefördert werden. Die Aktivitäten machen es notwendig in verschiedenen Bereichen dazu zu lernen. So ist es zum Beispiel hilfreich den Zusammenhang von Wasser und Boden sowie die Nährstoffentwicklung besser zu verstehen, ebenso die Bedürfnisse und Merkmale unterschiedlicher Nutzpflanzen. Die Gärtner bauen auf vorhandenen Kenntnissen auf und erlernen schnell neue Fähigkeiten. Schulungen unter Nachbarn oder durch die NRO-Partner zu verschiedenen Praktiken, wie Permakultur, sind wichtiger Teil von Kos en Fynbos.

Ergebnisse bisheriger Arbeit sind die Verbesserung des Ernährungsnetzes, die zunehmende Begrünung des Viertels, die Abnahme illegaler Müllentsorgung und damit die Zunahme von Recycling und Kompostieren. Im Allgemeinen sprechen die Bewohner von besseren Lebensbedingungen. Die Teilnehmer sind stolz auf ihre Arbeit und wollen weitere inhaltliche Komponenten aufnehmen. So werden in Blanco eine Pflanzschule, eine Ausleih- und Tauschstelle für Werkzeug und Gartengeräte aufgebaut. Dort sollen auch die Wettbewerbe auf verschiedene Straßen ausgeweitet werden. Auch die Müllentsorgung und Begrünung auf Bürgersteigen und Plätzen wird ins Auge gefasst. Ein Forum aus Repräsentanten, besonders Engagierten und Partnern versucht die Aktivitäten zu koordinieren. Es gibt bereits Pläne für die weitere Zusammenarbeit mit anderen NROs und gemeindebasierten Organisationen wie z.B. der Landmark Foundation und dem botanischen Garten an der Garden Route. Viele Aktivitäten werden durch die NMMU unterstützt und in Forschungsaktivitäten einbezogen wie z.B. im Bereich Bodenkunde und in nachhaltigem Pflanzenbau.

Kos en Fynbos kann nicht als eine bewusst politische Bewegung erachtet werden. Die Teilnehmer sehen sich vielmehr als Antreiber des Wandels hin zu einer gesünderen und nachhaltigeren Ernährung. Der Enthusiasmus soll über den Edenbezirk hinaus auf andere übertragen werden. Die Methoden (u.a. Permakultur, Kompostierung), die sich im Rahmen von Kos en Fynbos etabliert haben, sollen in traditionellen Gärten zum Anbau von Gemüse und Obst noch weitläufiger Fuß fassen. Basierend auf den bisherigen Erfolgen wird davon ausgegangen, dass dies automatisch geschieht, wenn bisherige Teilnehmer ihre Erfahrungen mit anderen teilen.

Durch das Konzept der Ernährungssouveränität und die regional orientierte Initiative Kos en Fynbos wird Lokalität besonders stark betont. Im folgenden Abschnitt soll das Verständnis von »lokal« kritisch beleuchtet werden und somit die Definition geschärft werden.

Eine Betrachtung von »lokal«

Begriffe wie Glokalisierung, Locavore[29] sowie lokal produzieren und konsumieren sind Slogans vieler Akteure geworden. Neben urbanen Gärtnern und gesundheitsbewussten Bürgern zählen u.a. auch Marketingunternehmen und Supermarktketten sowie Bauernmärkte und Food Festivals dazu. Es scheint, als ob diese Sammelbegriffe für jeden die passenden Aspekte bieten.

Menschen, die im Rahmen von Kos en Fynbos aktiv sind, insbesondere in Blanco, der »Muttergemeinde« der Bewegung, können als umweltbewusste Menschen mit einem ausgeprägten Sinn für die Gemeinschaft erachtet werden. Im Rahmen einer Untersuchung zum Verbraucherverhalten in Goerge von 2013, stellte sich heraus, dass 84 % der Bewohner Blancos dort seit mehr als drei Jahren leben.[30] Es ist erwiesen, dass Menschen, die länger an einem Ort leben, enger damit verbunden sind, ein ausgeprägtes Zugehörigkeitsgefühl haben und mehr Bereitschaft zeigen, die dortigen Lebensbedingungen zu verbessern.[31] Die Gemeinschaft ist ebenso also ein Ort zu verstehen, an dem Menschen eine ähnliche Geschichte und Wertvorstellungen teilen. Dieses Element kann »Lokalität« genannt werden.

In Blanco werden 70 % des Obsts und Gemüses innerhalb des Viertels gekauft. Dies ist nicht zuletzt auf die Entfernung zum Stadtzentrum zurückzuführen sondern auch auf die Präferenz der Bewohner. Darüber hinaus kaufen 50,8 % ihr Obst und Gemüse in den lokalen Spaza Shops[32] und 20 % in den Läden des Viertels (keine Supermärkte), die übrigen 30 % gehen zu den großen Shopping Malls außerhalb Blancos. Sehr ähnliche Zahlen werden für andere Lebensmittel (ohne Obst und Gemüse) aufgeführt. Die Mehrheit der Anwohner bevorzugt es, in der Nachbarschaft einzukaufen. Das rahmt das Bild von Bewohnern, die ihre Gemeinde und den dortigen lokalen Verkauf wertschätzen und sich bei Kos en Fynbos engagieren.

---

29 Glokalisierung hat ihren Ursprung in der Betriebswirtschaft. Es werden die Begrifflichkeiten Globalisierung und Lokalisierung verknüpft und impliziert, dass beides notwendig ist, um die Reichweite einer bestimmten Strategie zu vergrößern. Ein Locavore ist eine Person, die lokal angebaute Produkte bevorzugt.

30 Die Verbraucheruntersuchung wurde 2013 durch die Stadt in George in Auftrag gegeben und von InstantAfrica durchgeführt. Der Consumer Research Report ist ein internes Dokument der Stadt. Die Teilnahme an der Befragung war freiwillig und anonym. Insgesamt wurden 7148 Umfragen ausgefüllt. 893 Bewohner aus Blanco haben teilgenommen. Die im Abschnitt aufgeführten Zahlen berufen sich auf diese Untersuchung.

31 Beispielsweise: Colin Bell/Howard Newby, Community Studies, London 1971; Graham Crow/Graham Allan, Community Life. An introduction to local social relations, Hemel Hempstead 1994; Michael Savage u.a., Globalization & Belonging, London 2005.

32 Nach Ligthelm sind Spaza Shops kleine, oft informelle Ladengeschäfte, welche meist in festen Ständen oder auch im Wohnhaus operieren. A.A. Ligthelm, Informal retailing through home-based micro-enterprises: The role of spaza shops, in: Development Southern Africa 22, 2 (2005), S. 199–214.

Lokal wird hier als Alternative zu Supermärkten und Shopping Malls gesehen. Allerdings werden an diesem Beispiel auch die Schwierigkeiten, die mit einer Vereinheitlichung des Lokalen verbunden sind deutlich. Ein wichtiger Beitrag zur sogenannten »lokalen Falle« kommt von Born und Purcell. Basierend auf der weitverbreiteten Annahme, dass lokale Ernährungssysteme gerecht, ökologisch nachhaltig und demokratischer sind – zusammengefasst in umfangreicher Weise »gut« sind – argumentieren sie, dass dieser Maßstab sozial festgelegt wird. Besonders folgende Aussage veranschaulicht ihre Argumentation sehr gut:

»Localizing food systems, therefore, does not lead inherently to greater sustainability or to any other goal. It leads to wherever those it empowers want it to lead.«[33]

Beispielsweise wird häufig angenommen, dass das Obst- und Gemüseangebot in größeren Supermärkten nicht lokal angebaut wurde und somit nicht nachhaltig ist (u. a. nicht pestizidfrei, angeliefert über lange Transportwege). Dennoch kann auch Gemüse aus einem örtlichen Gemeinschaftsgarten von genetisch modifiziertem oder F1-Saatgut gezogen werden oder dortiges Obst mit Kunstdünger behandelt werden. Auch kann lokale Landwirtschaft zu Umweltbeeinträchtigung oder Ungleichheit zwischen Gemeinden beitragen. Dieser kritische Gedanke wird auch durch eine aktuelle Studie zu Bauernmärkten in San Diego, Kalifornien, USA, veranschaulicht. Hinter dem positiven Slogan des Lokalen werden hier Exklusion und Gentrifizierung aufgezeigt und die Idee von gerechten, nachhaltigen und inklusiven Nahrungslandschaften rückt in den Hintergrund.[34] Es ist wichtig zu berücksichtigen, dass global ausgerichtete Landwirtschaft nicht automatisch kapitalistische oder industrielle Landwirtschaft impliziert. Auch herkömmliche, gewinnorientierte Ernährungssysteme können sich den Interessen lokaler Ernährungstrends anpassen, wie es der Fall für die zunehmende Popularität von biologischen Erzeugnissen und dem damit steigenden Angebot ist.[35]

Lokalisierung muss daher als eine Größe ohne bestimmte Richtung verstanden werden und nicht als ein definiertes Ziel. Lokalisierung kann zwar zu verschiedenen Aspekten beitragen, z. B. gesünderer Ernährung, ökologischer Nachhaltigkeit, Solidarität innerhalb der Gemeinde – sie ist aber nicht damit gleichzusetzen. Es kommt auf die Agenda hinter der Strategie von Lokalisierung an.

Über die Verortung von »lokal« hinaus, stellt dieser Beitrag im nächsten Kapitel die Frage, wie die Bestrebungen und Forderungen engagierter Bewohner den Weg in die politische Agenda finden.

33 Branden Born/Mark Purcell, Avoiding the local trap. Scale and Food Systems in Planning Research, in: Journal of Planning Education and Research 26, 2 (2006), S. 195–207, S. 196.
34 Pascale Jossart-Marcelli/Fernando J. Bosco, Alternative Food Projects, Localization and Neoliberal Urban Development. Farmers' Markets in Southern California, in: Métropoles 15 (2014), S. 1–21.
35 Katreena E. Baker, Understanding the Local Food Phenomenon: Academic Discourse, Analytical Concepts, and an Investigation of Local Food Initiatives, in: Vis-à-Vis: Explorations in Anthropology 11, 1 (2011), S. 3–24, S. 5.

Wie politisieren?

Neben den Erfolgen die Kos en Fynbos auszeichnen, muss sich die Bewegung mit Herausforderungen organisatorischer Natur befassen. Im Kos en Fynbos-Forum kommen die erwähnten Akteure und Gemeinderepräsentanten regelmäßig zusammen, um die Aktivitäten abzustimmen und zu organisieren. Mit wachsender Reichweite der Tätigkeiten werden die Kapazitäten der komplett auf Freiwilligenarbeit basierenden Bewegung überschritten. Derzeit wird diskutiert, ob ein offizieller Rahmen diesen Anforderungen besser gerecht werden könnte. Diese Betrachtung öffnet die Diskussion dieses Beitrags für ein weiteres wichtiges Thema: die Formalisierung und Politisierung von artikulierten Forderungen. Im Falle von Kos en Fynbos wird die Integration in die Landwirtschaftsabteilung der Stadt in Erwägung gezogen, allerdings nicht in der nächsten Zeit.

Die Fragestellung ist nicht nur relevant für das Beispiel aus George. Eine der Herausforderungen urbaner Landwirtschaft ist die politische Anerkennung und damit adäquate Unterstützung und Implementierung in existierende Politikprogramme.[36] Begünstigt wird dieses Problem durch die fehlende Wahrnehmung des Potentials kleinbäuerlicher Aktivitäten im städtischen Raum. Dennoch müssen lokale Bedürfnisse nicht nur wahrgenommen werden – im Sinne von Partizipation hat die Regierung die Aufgabe, sich aktiv für die Anliegen (der Unterprivilegierten) einzusetzen. Während für die Integration von urbaner Landwirtschaft in die Politik viele Bereiche wie beispielsweise Landbesitz und Wasserversorgung relevant sind, bezieht sich dieser Beitrag auf Bottom-up-Forderungen und deren Einbettung. In der wissenschaftlichen Literatur wird dieses Thema oft unter dem Sammelbegriff Food Governance, mit Bezug auf die Verbindung von Regierung und Bürgern, betrachtet.

Entsprechend der Aussage Marcuses »offenlegen, anregen, und politisieren« (expose, propose, politicise) betrachtet dieses Kapitel den letzteren Schritt.[37] Die Frage nach einer Einbindung in eine NRO soll nicht im Vordergrund stehen. Erläutert wird insbesondere, wie die offengelegten und vorgeschlagenen Aktivitäten und Interventionen engagierter Bürger in politische Strategien und den organisatorischen Politikrahmen integriert werden. Impliziert werden muss direkte Demokratie und insbesondere:

»…re-politicization of food politics, through a call for people to figure out for themselves what they want the right to food to mean in their communities, bearing in mind the community's needs, climate, geography, food preferences, social mix and history.«[38]

36 Lee-Smith, S. 210.
37 Marcuse, S. 186–187.
38 Raj Patel, Stuffed and Starved: Markets, Power and the Hidden Battle for the World Food System, London 2007, S. 91.

Das Recht auf Nahrung wird hier nicht als ein legaler Anspruch oder ein individuelles Recht gesehen. Es besteht aus verschiedenen moralischen Ansprüchen für ein besseres System (im Kontext von Lefebvres Ansatz: »einer Stadt, die dem Wunsch des Herzens entspricht«) welche zum Beispiel das Recht auf öffentlichen Raum und Transparenz in der Regierung einschließen. Das entspricht der entgegengesetzten Richtung von hierarchischen Entwicklungsmodellen. Ernährungssouveränität ist in diesem Zusammenhang relevant:

»…to demand the right to control policies, the distribution of resources, and (…) decision-making for those who are directly affected by these policies.«[39]

In jedem Fall impliziert Marcuse bei der Ausgestaltung einen engeren Austausch zwischen Verbrauchern und Produzenten.

International betrachtet, gibt es verschiedene Modelle, die sich mit institutioneller Ausgestaltung von städtischen Ernährungsthemen befassen. Im globalen Norden, insbesondere in den USA, gibt es informelle Food Policy Councils, die außerhalb der Regierungsstrukturen existieren und weit verbreitet bei der Beratung von Regierungsentscheidungen zu Ernährung sind.[40] Es handelt sich meist um eine übergreifende Organisation bestehend aus Initiativen der Zivilgesellschaft und lokalen Politikern. Bürger und NROs spielen eine wichtige Rolle bei der umfangreichen Kontrolle und Evaluation des städtischen Ernährungssystems. In dieser Koalition werden verschiedene Aspekte der Nahrungskette in enger Abstimmung mit der lokalen Regierung in formaler Weise diskutiert und Aktivitäten verschiedener städtischer Behörden werden koordiniert.[41] Die Tätigkeiten des Rates können Bildungsprojekte, Interessenvertretung in der Politik, Gemeindeentwicklung und das Bereitstellen von Dienstleistungen einschließen.[42] Das Ziel ist es, Austausch zu fördern und eine Vielzahl von Interessen in die Ernährungspolitik zu integrieren und damit zu gerechteren und ökologisch nachhaltigeren Ernährungssystemen beizutragen. Harper u. a. betonen in ihrem Bericht »Food Policy Councils: Lessons Learned«:

»Local and state governments are the testing ground for innovative policy ideas that often become part of the national norm. They are also the places where we as citizens and well-informed organizations can have the most influence.«[43]

39 Michael Windfuhr/Jennie Jonsén, Food Sovereignty. Towards Democracy in Localised Food Systems, Warwickshire 2005, S. 33.
40 Kameshwari Pothkuchi/Jerome L. Kaufman, Placing the Food System on the Urban Agenda: The Role of Municipal Institutions in Food System Planning in: Agriculture and Human Values 16, 2 (1999), S. 213–224, S. 219.
41 Martin Bourque, Policy Options for Urban Agriculture, in: Bakker u. a., S. 119–145, S. 128.
42 Pothkuchi/Kaufman, S. 220.
43 Harper, A. u. a., Food Policy Councils: Lessons Learned, online unter: http://www.jhsph. edu/research/centers-and-institutes/johns-hopkins-center-for-a-livable-future/_pdf/pro jects/FPN/how_to_guide/getting_started/Food%20Policy%20Councils%20Lessons%20 Learned.pdf (letzter Zugriff: 12.08.2015).

Food Policy Councils sind eine Arena in der die Öffentlichkeit und ihre Vertreter das Recht auf Stadt einfordern können. Sie können der Ort sein, an dem ein umfangreicheres Verstehen des städtischen Ernährungssystems ermöglicht und gestaltet wird.

In Afrika ist der häufigste Weg zur Institutionalisierung urbaner Landwirtschaft die Dezentralisierung der Verantwortlichkeiten der lokalen Regierung. In einigen afrikanischen Städten wurden unter den lokalen Behörden eigenständige Einheiten etabliert, die sich mit urbaner Landwirtschaft befassen, so zum Beispiel in Kapstadt, Südafrika.[44] Während diese Einheiten institutionalisiert sind, was bei den Food Policy Councils in den USA nicht der Fall ist, bieten beide eine partizipative Plattformen für viele Akteure. Die Erfahrungen in Kapstadt offenbaren jedoch, dass in der bisherigen Politik die Anliegen städtischer Gärtner und Teilnehmer nicht berücksichtigt werden – vielmehr wird eine ökonomische Perspektive gestärkt.[45] Dennoch können interessierte Bürger ihre Belange in den Gestaltungsprozess der Strategie für städtische Landwirtschaft einbringen. Auch im afrikanischen Kontext zeigt sich vielerorts beispielhaft, dass diese Art der semi-partizipativen Entscheidungsgremien eine kritische Komponente bei der Ausgestaltung von Ernährungspolitik sein können: Partnerschaften zwischen der Stadt und den Bürgern werden gepflegt und intensiviert und verschiedene Perspektiven sowie praktisches Wissen werden integriert. Auch in Kapstadt hat die Einheit für städtische Landwirtschaft das Potential, diese Funktion zu übernehmen.[46]

In ähnlicher Weise muss die Politisierung und die Implementierung von Zielen städtischer Gärtner im Kontext des Konzepts von Ernährungssouveränität diskutiert werden. Das Konzept reflektiert kritische Aspekte des internationalen und nationalen Ernährungssystems sowie deren Einfluss auf die lokale Ebene. Besonders werden die Kontrolle von Ressourcen und die Autonomie in der Entscheidungsfindung in Gemeinden betont. Um verschiedene politische Einheiten zusammenzubringen und ein autonomes Ernährungssystem im Sinne der Ernährungssouveränität zurückzugewinnen, schlägt Pimbert vor, konföderalistische Prinzipien umzusetzen:

»Confederalism involves a network of citizien-based (as opposed to government) bodies or councils with members or delegates elected from popular face-to-face democratic assemblies, in villages, tribes, towns and even neighbourhoods of large cities. ...a confederation [is] based on shared responsibilities, full accountability, firmly mandated representatives and the right to recall, if necessary.«[47]

44 Lee-Smith, S. 210.
45 Zum Beispiel: Jane Battersby/Maya Marshak, Growing Communities: Integrating the Socialand Economic Benefits of Urban Agriculture in Cape Town, in: Urban Forum 24 (2013), S. 447–461; Gareth Haysom, Position Paper: Urban Agriculture in Cape Town 2011.
46 Bruce Frayne u. a., Urban food security in South Africa: Case study of Cape Town, Msunduzi and Johannesburg, in: Development Planning Division Working Paper Series 15 (2009), S. 27. Verfügbar unter: http://www.ruaf.org/ruaf_bieb/upload/3455.pdf [letzter Zugriff: 03.01.2016]
47 Michel Pimbert, Towards Food Sovereignty, London 2009, S. 13.

Dieser Ansatz repräsentiert verschiedene Elemente des Rechts auf Stadt: vor allem die Forderungen nach Autonomie und Selbstmanagement, welche im Rahmen der Food Policy Councils keine Berücksichtigung finden.

Beim Vergleich beider Ansätze zur Politisierung zeigt sich ein kritischer Unterschied in der Beziehung zwischen Staat und Zivilgesellschaft. Während Food Policy Councils Kooperation betonen, bleibt die Stadtverwaltung erster Entscheidungsträger, wenngleich die Ideen anderer Akteure in Erwägung gezogen werden. Schwachstellen dieser Räte sind, dass ihr Erfolg oft stark von charismatischen Persönlichkeiten, bestimmten Projekten und finanziellen Ressourcen abhängt.[48] Beim Konföderalismus-Modell hingegen wird davon ausgegangen, dass die duale Macht (Staat und konföderale Einheiten) die Implementierung der vielversprechenden Strategien schwächt. Praktische Anwendungsbeispiele existieren für den Ansatz bisher keine.

Zusammenfassend muss herausgestellt werden, dass die beiden vorgestellten Modelle zeigen, dass die Bürger, ihr Aktionismus und ihre Forderungen Teil der Politikgestaltung sein müssen und Raum für Abstimmung geschaffen werden muss. Das kann eine unabhängige Entscheidungseinheit sein, eine Abteilung oder Behörde. Ziel soll es sein, einen politischen Rahmen zu schaffen in dem Bürger Einfluss auf Lösungen und praktische Anwendungen ausüben und ihre Ideen zur Diskussion stellen können.

Abschließende Betrachtung

In vielen Städten weltweit spielen Bewohner, Gemeindegruppen und gemeinderepräsentierende NROs eine führende Rolle bei der Gestaltung produktiver Räume innerhalb der Stadt. Landwirtschaft und Gartenbau können ein wichtiger Einflussfaktor in der urbanen Lebenswelt und Umwelt sein, wenn Bürger ihr Recht auf Stadt durchsetzen und damit eine Transformation des städtischen Raums anregen. Der Beitrag legt einen Schwerpunkt auf Lefebvres Recht auf Stadt und die Schlüsselaspekte des Konzepts der Ernährungssouveränität.

Das Beispiel Kos en Fynbos aus George, Südafrika, veranschaulicht, wie eine Gruppe enthusiastischer Stadtbewohner ihr Recht auf Stadt auf eigene Initiative und durch verschiedene Aktivitäten im urbanen Gartenbau formuliert und umsetzt. Um es in den radikaleren Wortlaut Lefebvres zu fassen, wird mit diesem Beispiel gezeigt, wie der Kampf um räumliche Selbstverwaltung durch die Bewohner angeleitet wird ohne dominierende Einflussnahme der Stadt oder kapitalistische Produktionsweisen. Durch Kos en Fynbos wird gesunde und frische Nahrung angebaut, Solidarität innerhalb der Gemeinde gefördert, die Stadt grüner und innovative Anbaumethoden werden umgesetzt. Das vitale Engagement und die Kooperation in der Gemeinde weckt die Aufmerksamkeit weiterer Bewohner und Akteure einschließlich der Stadtverwaltung.

48 Pothkuchi/Kaufman, S. 220.

In diesem Kontext wird diskutiert, wie diese Art der Bottom-Up-Ansätze aufrechterhalten und unterstützt werden können. Ein umfassenderer Blick auf das städtische Ernährungssystem ist ein erster Schritt, um die Schnittstellen für mehr Partizipation zu identifizieren und politische Eingliederung in Betracht zu ziehen, zum Beispiel in ein Food Policy Council oder die Unterstützung einer städtischen Planungsbehörde.

In der aktuellen Ernährungsdebatte, im Kontext von Ernährungssouveränität und auch in der Kos en Fynbos Initiative werden umfangreich lokale Perspektiven und Werte betont. Ausgehend davon greift der Beitrag eine kritische Diskussion zu Lokalisierung auf. Oft wird lokal als per se gut und als Gegenteil der per se schlechten globalen Produktion gesehen. Daher ist es wichtig, zu hinterfragen, was das eigentliche Ziel einer Strategie ist. Lokalisierung kann ein Maßstab und Mittel sein, aber kein Ziel. Vielmehr können soziale Gerechtigkeit, Demokratisierung, Inklusion, ökologische Nachhaltigkeit und gesunde Ernährung als mögliche erreichbare Ziele fungieren.

Der Artikel ist ein Plädoyer für die Einflusskraft von landwirtschaftlichen Gemeindebewegungen. Die Wünsche und Forderungen von engagierten Bewohnern in der urbanen Landwirtschaft müssen in politischen Strategien verstärkt integriert werden. Ernährungssysteme sind vielfältig und oft im Wettbewerb mit anderen städtischen Sektoren, daher müssen sie detailliert analysiert werden. Nur wenn die verschiedenen Akteure des urbanen Ernährungssystems, deren Agenda und Bedürfnisse reflektiert und einbezogen werden, können inklusivere und nachhaltigere Städte, einschließlich einem gesünderen Ernährungsangebot, für die Zukunft gestaltet werden.

Innovativ und gesund

Karl von Koerber und Nadine Bader[1]

Nachhaltige Ernährung – mehr als nur gesund

Gewinne für Umwelt, Wirtschaft, Gesellschaft, Gesundheit und Kultur

Seit den 1950er Jahren hat sich grundlegend verändert, was wir essen, wie wir essen und wo wir essen. Anders als damals ist unsere Kost heute zu üppig sowie zu fett- und eiweißhaltig. Problematisch ist vor allem der hohe Fleisch- und Wurstkonsum und der zunehmende Verzehr stark verarbeiteter Erzeugnisse – besonders von Fertigprodukten. Tiefkühlpizzen & Co liegen im Trend, Fast Food ist allgegenwärtig, Snacks treten an die Stelle traditioneller Gerichte.

Neben diesem bedenklichen Wandel der Esskultur hat die Art und Menge unserer Nahrungsauswahl auch erheblichen Einfluss auf die Dimensionen Umwelt, Wirtschaft, Gesellschaft und Gesundheit – und zwar regional wie global. Die Problemfelder und Vernetzungen in diesen fünf Dimensionen des Ernährungssystems werden im Folgenden erläutert (Abb. 1). Anschließend werden als Lösungsmöglichkeiten sieben Grundsätze für eine nachhaltige Ernährung aufgezeigt und systematisch begründet.

Die Betrachtungen erfolgen vor dem gesellschaftlichen Leitbild der »Nachhaltigkeit«. Dieses wurde 1992 auf der UN-Konferenz für Umwelt und Entwicklung in Rio de Janeiro von den 178 Teilnehmerstaaten beschlossen. Es bezeichnet eine gesellschaftliche Entwicklung, in der die Bedürfnisse heutiger Generationen befriedigt werden sollen, ohne die Bedürfnisbefriedigung kommender Generationen zu gefährden. Dies bedeutet beispielsweise, nur so viele Ressourcen zu verbrauchen, wie sich erneuern können. Ziel ist ferner, Chancengleichheit für alle Menschen auf der Erde zu erreichen, d. h. dass die Menschen in Industrieländern nicht weiter auf Kosten der Menschen in sog. Entwicklungsländern leben (auch als Länder des globalen Südens bezeichnet).[2]

---

1 Arbeitsgruppe Nachhaltige Ernährung, Beratungsbüro für ErnährungsÖkologie, München. Besonderer Dank für die wertvolle Mitarbeit an diesem Artikel gilt Marie-Christine Scharf (speziell bei den Abschnitten zur Ernährungskultur), Theresa Mühlthaler und Andreas Beier (speziell im Kapitel Ressourcenschonendes Haushalten).

2 Uwe Schneidewind, Nachhaltige Entwicklung – wo stehen wir?, in: UNESCO heute 2 (2011), S. 7–10.

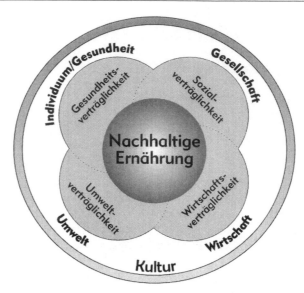

Abb. 1: Fünf Dimensionen einer Nachhaltigen Ernährung.[3]

Fünf Dimensionen einer nachhaltigen Ernährung

a. Umwelt – Schonung der Ökosysteme

Die Umwelt und damit die natürlichen Lebensgrundlagen werden von uns Menschen vielfach überbeansprucht – vor allem durch den sehr aufwändigen Lebensstil in den Industrieländern. Naturressourcen wie landwirtschaftlicher Boden, sauberes Wasser und saubere Luft werden immer knapper. Unsere Ernährung, also die Erzeugung, Verarbeitung, Vermarktung und Zubereitung von Lebensmitteln, trägt zur Belastung der Umwelt auf vielfältige Weise bei:
- Belastung von Luft, Wasser, Böden und Nahrung mit Schadstoffen (chemisch-synthetische Dünger, Pestizide, Tierarzneimittel usw.)
- weltweiter Klimawandel: mehr Treibhausgase in der Atmosphäre und steigende Temperaturen (Folgen: Dürren, Waldbrände, Überschwemmungen, Meeresspiegelanstieg, Stürme, Schmelzen von Gletschern und Polareis)
- Zerstörung der Ozonschicht (»Ozonloch«)
- Bodenverluste durch Erosion, Verdichtung, Versalzung usw., vor allem durch Übernutzung und Monokulturen

---

3 Karl von Koerber, Fünf Dimensionen der Nachhaltigen Ernährung und weiterentwickelte Grundsätze – Ein Update, Ernährung im Fokus (9–10), 2014, S. 260–266. Weiterentwickelt nach Karl von Koerber u. a., Vollwert-Ernährung. Konzeption einer zeitgemäßen und nachhaltigen Ernährung, Stuttgart 2012.

- Waldsterben und Abholzung der (Regen-)Wälder, unter anderem zur Gewinnung von Ackerflächen für den Sojaanbau als Futtermittel
- Veränderungen der Kulturlandschaft, z. B. Beseitigung von Hecken in der Intensiv-Landwirtschaft
- Artenschwund bei Pflanzen und Tieren, etwa durch Monokulturen
- Überfischung der Meere aufgrund des weltweit steigenden Fischverzehrs
- Wassermangel in vielen Regionen der Erde, auch infolge der Bewässerung in der Landwirtschaft, verstärkt durch den Klimawandel.

Der Klimawandel – mit teilweise schon dramatischen Auswirkungen – ist inzwischen für jeden spürbar geworden. Seit Mitte des letzten Jahrhunderts verändert sich das Klimasystem auf eine Weise, wie sie in den zurückliegenden Jahrhunderten bis Jahrtausenden noch nie aufgetreten ist. Neben Temperaturanstieg, Erwärmung der Ozeane, Abtauen der Gletscher und Erwärmung von Permafrostböden wird dies auch durch die Reduzierung der Eisschilde und den Anstieg des Meeresspiegels deutlich. Es zeigt sich, dass natürliche Faktoren wie Schwankungen der Sonnenaktivität oder Vulkanausbrüche auf die langfristige Erwärmung gegenwärtig nur einen geringen Einfluss haben. Der fünfte Sachstandsbericht des IPCC[4] erhärtet die Gewissheit, dass der Mensch mit sehr hoher Wahrscheinlichkeit hauptverantwortlich für die Erwärmung des Klimasystems ist. Deshalb können unsere derzeitige Wirtschaftsweise und unser Lebensstil nicht dauerhaft weitergeführt werden, wenn wir unsere lebensnotwendigen Umweltressourcen erhalten wollen.

Auch der sog. ökologische Fußabdruck – ein Maß für die (Über-)Nutzung der Biosphäre – zeigt, dass die biologisch produktive Fläche durch die Menschheit seit mehr als 40 Jahren stärker genutzt wird, als sie »ertragen« kann. Es ist eine Regenerationskapazität von eineinhalb Erden von Nöten. Wenn sich das Handeln der Menschen nicht ändert, steigt die ökologische Überbelastung (»Overshoot«) an und es wird bis 2050 mehr als die 2,9-fache Kapazität der Erde beansprucht. Würde heute schon jeder Mensch so leben wie die US-Amerikaner, wäre sogar die Kapazität von vier Erden erforderlich.[5] In Deutschland werden jährlich pro Person etwa elf Tonnen Treibhausgase ausgestoßen. Die maximal vertretbare, treibhausgasneutrale Menge wird in einer aktuellen Studie des Umweltbundesamtes jedoch mit nur etwa einer Tonne pro Person

---

4 IPCC, Climate change 2014: Synthesis report. Contribution of Working Groups I, II and III to the Fifth Assessment Report of the Intergovernmental Panel on Climate Change, Genf 2014. Verfügbar unter: http://www.ipcc.ch/pdf/assessment-report/ar5/syr/SYR_AR5_FINAL_full_wcover.pdf [letzter Zugriff: 29.2.2016].

5 WWF International, Living Planet Report 2012. Biodiversität, Biokapazität und neue Wege, Gland 2012, S. 38f., 44 u. 100; WWF International, Living Planet Report 2014. Species and spaces, people and places, Gland 2014, S. 32ff. Verfügbar unter: http://www.wwf. de/fileadmin/fm-wwf/Publikationen-PDF/WWF-LPR2014-EN-LowRes.pdf [letzter Zugriff: 11.9.2015].

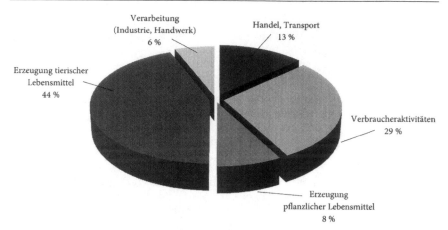

Abb. 2: Verteilung der Treibhausgas-Emissionen im Bereich Ernährung (in % des Gesamtausstoßes von CO_2-Äquivalenten im Ernährungsbereich).[6]

und Jahr angegeben. Dafür müssen wir in den reichen Industrieländern den Treibhausgasausstoß bis 2050 drastisch, nämlich um etwa 80–95 %, gegenüber 1990, vermindern.[7]

Es gibt einen Zusammenhang zwischen unserer täglichen Ernährung und der Energie- bzw. Klimaproblematik: In Deutschland sind etwa 20 % des Energieverbrauchs auf den Ernährungssektor zurückzuführen.[8] Und auch bei den Treibhausgasen entfallen in Deutschland rund 20 % auf den Ernährungsbereich.[9] Die absolute Summe im Ernährungsbereich umfasst 260 Millionen Tonnen pro Jahr und entspricht dem genannten Fünftel der Treibhausgas-Emissionen. Etwa die Hälfte davon entsteht bei der Erzeugung von Lebensmitteln, der größte Teil

---

6 Enquête Kommission des Deutschen Bundestages »Schutz der Erdatmosphäre«, Landwirtschaft, Band 1/II. Landwirtschaft und Ernährung – Quantitative Analysen und Fallstudien und ihre klimatische Relevanz. Bonn 1994, S. 24. Zu den Verbraucheraktivitäten zählen Küchen- und Essraum-Heizung (9 %), Kühlen (6 %), Gastgewerbe (4 %), Lebensmitteleinkauf (4 %), Kochen (3 %) und Spülen (3 %). Zum Handel zählen Verpackung (5 %), Transport (4 %) und Sonstiges (4 %).

7 UBA, Treibhausgasneutrales Deutschland im Jahr 2050, Dessau-Roßlau 2013, S. 4 u. 8. Verfügbar unter: https://www.umweltbundesamt.de/sites/default/files/medien/378/publikationen/climate-change_07_2014_treibhausgasneutrales_deutschland_2050_0.pdf [letzter Zugriff: 11.3.2016].

8 BUND u. a., Zukunftsfähiges Deutschland in einer globalisierten Welt: ein Anstoß zur gesellschaftlichen Debatte, Frankfurt a. M. 2010. Verfügbar unter: http://wupperinst.org/projekte/details/wi/p/s/pd/384/ [letzter Zugriff: 25.10.2013].

9 Weiter berechnet nach: UBA, Die CO_2 Bilanz des Bürgers. Recherche für ein internetbasiertes Tool zur Erstellung persönlicher CO_2 Bilanzen, Heidelberg 2007. Verfügbar unter: http://www.umweltbundesamt.de/sites/default/files/medien/publikation/long/3327.pdf [letzter Zugriff: 31.10.2013].

davon bei der Produktion tierischer Erzeugnisse (Abb. 2). Einen bedeutsamen Anteil verursachen die einzelnen Verbraucher. Ein kleinerer Teil entfällt auf den Handel und die Verarbeitung.

b. Wirtschaft – Faire Handelsbeziehungen

Viele Menschen verdienen ihren Lebensunterhalt damit, dass sie für andere Menschen Nahrung erzeugen, verarbeiten, handeln, zubereiten, entsorgen – oder darüber beraten bzw. dafür werben. Die Ernährungsindustrie erzielte 2014 einen Branchenumsatz von 172,2 Milliarden Euro. Damit ist der Ernährungsbereich der viertgrößte Industriezweig in Deutschland.[10] Er ist jedoch in einen teilweise ruinösen Preiskampf verwickelt. Bei immer niedrigeren Verbraucherpreisen können viele Landwirte, Verarbeiter und Händler nicht mehr kostendeckend arbeiten. Infolge einer fragwürdigen Agrarpolitik wurde und wird die Rationalisierung und Konzentrierung der Landwirtschaft, der Verarbeitungsbetriebe und des Lebensmittelhandels gefördert. Kleinere und mittlere Betriebe können dabei wirtschaftlich immer weniger konkurrieren und müssen vielfach ihre Existenz aufgeben. So fielen beispielsweise in Deutschland seit 1965 von den ursprünglich 1,4 Millionen landwirtschaftlichen Betrieben über eine Million dem sog. »Hofsterben« zum Opfer.[11] Im Jahr 2013 gab es nach Ergebnissen der Landwirtschaftszählung in Deutschland nur noch rund 285.000 landwirtschaftliche Betriebe.[12]

Außerdem geben die niedrigen Lebensmittelpreise die tatsächlichen Produktionskosten nicht »ehrlich« wieder. Ein Beispiel sind die Erzeugerpreise für Milch: Sie fielen von 2001 bis 2006 auf etwa 26 Cent/l, gefolgt in 2009 mit einem Tief von etwa 22 Cent/l. Im Jahr 2014 lag der Milchpreis bei etwa 31 Cent/l.[13] Mit diesem zwar gestiegenen Milchpreis werden die Vollkosten der Milcherzeugung dennoch nicht gedeckt.[14] Die niedrigen Preise beinhalten nicht die ökologischen und sozialen Folgekosten einer kostensparenden Produktion, wie verursachte Klimaschäden, Nitrat im Oberflächen- und Trinkwasser, Schadstoffe im Boden oder verloren gegangene Arbeitsplätze in der Landwirtschaft. Diese Folgekosten

---

10 Bundesvereinigung der Deutschen Ernährungsindustrie, Jahresbericht 2014_2015, Berlin 2015, S. 13. Verfügbar unter: www.bve-online.de/download/jahresbericht-2015 [letzter Zugriff: 11.9.2015].

11 BMVEL, Ernährungs- und agrarpolitischer Bericht der Bundesregierung 2002. Berlin 2002. Verfügbar unter: http://dip21.bundestag.de/dip21/btd/14/082/1408202.pdf [letzter Zugriff: 13.11.2013].

12 BMEL, Agrarpolitischer Bericht der Bundesregierung 2015, Berlin 2015, S. 47

13 BMEL, Erzeugerpreise für Milch in Deutschland, Berlin 2015. Verfügbar unter: http://www.bmel.de/SharedDocs/Bilder/Diagramme/Milchpreis-klein.jpg?_blob=poster&v=6 [letzter Zugriff: 11.9.2015].

14 BDM, Aktueller Milchpreis längst nicht kostendeckend, 2010. Verfügbar unter: http://bdm-verband.org/html/index.php?module=News&func=display&sid=170 [letzter Zugriff: 28.07.2015].

Abb. 3: Extrem unterschiedliche Verteilung des Welteinkommens.[15]

werden teilweise über Steuermittel auf alle Bürger umgelegt – oder auf die Beteiligten in der Produktion oder auf nächste Generationen abgewälzt – bzw. auch
auf Menschen in anderen Ländern, besonders in Entwicklungsländern.

Bei Betrachtung der globalen Wirtschaftssituation fällt ein starkes Nord-Süd-
Gefälle hinsichtlich der Verteilung des Welteinkommens auf, die als ungerecht zu
bezeichnen ist. Ein Fünftel der Weltbevölkerung, nämlich die reichen Menschen
in Industrieländern, konzentriert den größten Teil des Welteinkommens auf
sich, während drei Fünftel der Weltbevölkerung, nämlich die armen Menschen
in Entwicklungsländern, ihre Situation bisher kaum verbessern konnten (Abb. 3).

Nach wie vor werden ausreichend Lebensmittel für alle auf der Welt lebenden
Menschen produziert. Die Hungernden der Welt sind aber meistens schlicht-
weg zu arm, um sich die durchaus vorhandenen Lebensmittel kaufen zu können.
Dieser Missstand wird durch ein weltweites Wirtschaftssystem hervorgerufen,
das den Menschen in armen Ländern keine fairen Preise für ihre Produkte oder
Dienstleistungen gewährt.

Es bestehenauch Vernetzungen zwischen gesundheitlichen und ökonomischen Aspekten der Ernährung. Die sehr hohen Kosten für ernährungsabhängige Krankheiten stellen – neben der Belastung für die Betroffenen – einen be-

15 Neueste verfügbare Zahlen für 2007: UNICEF, Global Inequality: Beyond the Bottom
Billion. A Rapid Review of Income Distribution in 141 Countries, New York 2011, S. 12.
Verfügbar unter: http://www.unicef.org/socialpolicy/files/Global_Inequality.pdf [letzter
Zugriff: 20.12.13]; Grafik nach Walter Schug, Armut und Ernährung, in: Ernährung im Fo-
kus 3/10 (2003), S. 294.

deutenden Wirtschaftsfaktor dar. Somit verdienen viele Akteure auf dem sog. Gesundheitsmarkt gut an der Therapie von Krankheiten. Schätzungen des Bundesministeriums für Gesundheit ergaben, dass rund ein Drittel der Kosten im Gesundheitswesen direkt oder indirekt den ernährungsabhängigen Krankheiten zuzurechnen ist. Dies waren im Jahr 2013 etwa 105 Milliarden Euro.[16]

c. Gesellschaft – Soziale Zusammenhänge

Unter anderem durch die globale Industrialisierung der Landwirtschaft und Lebensmittelverarbeitung haben in Entwicklungsländern Landflucht und Verstädterung stark zugenommen. Seit dem Jahr 2007 leben weltweit gleich viele Menschen in Städten wie auf dem Land.[17] Millionen von Menschen verloren somit ihre sozio-kulturellen Wurzeln. In zahlreichen Städten, vor allem in den Slums armer Länder, sind die Hygiene- und Ernährungsverhältnisse deutlich schlechter als auf dem Land, teilweise sogar völlig unzureichend.

In den letzten Jahrzehnten ist vor allem in den reichen Industrieländern eine starke Zunahme des Verzehrs von tierischen Erzeugnissen sowie von vorgefertigten Lebensmitteln (sog. Convenience-Produkten) und Fast-Food-Produkten feststellbar. Aufgrund der bedenklichen Anziehungskraft der Konsumgesellschaft des reichen Nordens für die Menschen in den armen Ländern des globalen Südens ziehen diese Lebensmittel mittlerweile auch verstärkt in die Esskultur der dortigen Städte ein. Die teuren Luxusprodukte verdrängen die traditionellen »street foods« (Mahlzeiten auf der Straße). Frauen verlieren damit die Möglichkeit, das Familieneinkommen aufzubessern.[18] Ein derartig veränderter Ernährungsstil geht auch in diesen Ländern mit Fehlernährung sowie der Zunahme sog. Zivilisationskrankheiten einher.

Viele unserer aus Entwicklungsländern importierten Konsumartikel – Kaffee, Tee, Schokolade, Blumen, Bananen sowie anderes Obst und Gemüse – werden dort unter fragwürdigen, teilweise auch unmenschlichen Bedingungen erzeugt. Auch Kinder sind davon betroffen, etwa bei der Ernte von Kaffee- und Kakaobohnen oder bei der Herstellung von Orangensaft. Besonders die sog. schlimmsten Formen der Kinderarbeit sind ethisch nicht vertretbar. Dabei bekommen die Kinder sehr wenig oder gar keinen Lohn, erleiden gesundheitliche Schäden und erhalten keine Ausbildung – manche leiden unter Zwangsarbeit, Leibeigenschaft,

---

16 Weiter berechnet nach BMELV/BMG, Gesunde Ernährung und Bewegung – Schlüssel für mehr Lebensqualität, Bonn 2007; Statistisches Bundesamt, Gesundheitsausgaben im Jahr 2013 bei 314,9 Milliarden Euro, Wiesbaden 2015. Verfügbar unter: https://www.destatis. de/DE/PresseService/Presse/Pressemitteilungen/2015/04/PD15_132_23611.html [letzter Zugriff: 11.09.2015].

17 Bundeszentrale für politische Bildung, Dossier Megastädte, 2013. Verfügbar unter: http:// www.bpb.de/gesellschaft/staedte/megastaedte/ [letzter Zugriff: 28.07.2015].

18 Helga Rau/Claus Leitzmann, Fast Food und Welternährung, in: BUKO Agrar Koordination (Hg.), Fast Food Schmetterling, Stuttgart 1998, S. 88–95, S. 89.

Sklaverei oder Missbrauch. Weltweit befinden sich 85 Millionen Kinder in diesen schlimmsten Formen von Kinderarbeit.[19] Von den arbeitenden Kindern sind die meisten (60 %) im Sektor Landwirtschaft tätig.[20]

Nur etwa die Hälfte der Weltgetreideproduktion dient der unmittelbaren Ernährung. Über ein Drittel der Weltgetreideernte wird an Tiere verfüttert, um Fleisch(waren), Milch und Eier zu produzieren.[21] In Deutschland wurden 2011/12 59 % der pflanzlichen Produktion als Futtermittel eingesetzt.[22] Aus energetischer Sicht ist die Umwandlung pflanzlicher Lebensmittel, die auch der Mensch direkt verzehren könnte, in tierische Produkte wenig effektiv: Für die Erzeugung von beispielsweise einem Kilo Fleisch werden sieben bis zehn Kilo Getreide verbraucht.[23] Dabei gehen 70–90 % der Nahrungsenergie aus den Futterpflanzen als sog. Veredelungsverluste verloren.[24] Dies stellt nach ökologischen und sozialen bzw. ethischen Kriterien eine riesige Ressourcenverschwendung dar. Durch den überhöhten Fleischverzehr in Deutschland nehmen wir uns somit mehr von der weltweit produzierten Nahrungsmenge, als uns nach Aspekten der Gerechtigkeit zusteht. Das Welternährungsproblem ist folglich kein Produktionsproblem, sondern ein Verteilungsproblem.

d. Gesundheit – hohe Lebensqualität

Eine nachhaltige Ernährung soll nicht nur ökologische, ökonomische und soziale Erfordernisse erfüllen, sondern auch unsere Gesundheit erhalten sowie den Genuss beim Essen fördern. Eine ungünstige Ernährung sowie Bewegungsarmut, Rauchen, Alkoholkonsum und Stress schaden jedoch der Gesundheit. Zu

---

19 ILO, Marking progress against child labour. Global estimates and trends 2000–2012, Genf 2013, S. 3. Verfügbar unter: http://www.ilo.org/wcmsp5/groups/public/---ed_norm/---ipec/documents/publication/wcms_221513.pdf [letzter Zugriff: 28.10.2013].

20 IAA, Das Vorgehen gegen Kinderarbeit forcieren. Gesamtbericht im Rahmen der Folgemaßnahmen zur Erklärung der IAO über grundlegende Prinzipien und Rechte bei der Arbeit, Genf 2010, S. 12. Verfügbar unter: http://www.ilo.org/wcmsp5/groups/public/@ed_norm/@relconf/documents/meetingdocument/wcms_127684.pdf [letzter Zugriff: 30.10.2013].

21 FAO, Food Outlook. Global Market Analysis. Cereals, Rom 2009. Verfügbar unter: http://www.fao.org/docrep/011/ai482e/ai482e02.htm [letzter Zugriff: 28.07.2015].

22 BMEL, Statistisches Jahrbuch über Ernährung, Landwirtschaft und Forsten 2014, Münster 2015.

23 UNCCD, Food Security. Worsening factors. High prices on commodity market, 2012. Verfügbar unter: http://www.unccd.int/en/programmes/Thematic-Priorities/Food-Sec/Pages/Wors-Fact.aspx [letzter Zugriff: 28.07.2015].

24 Eric Bradford u.a., Animal Agriculture and Global Human Food Supply, Task Force Report No. 135, Ames, Iowa, USA 1999. Verfügbar unter: http://agrienvarchive.ca/bioenergy/download/anag.pdf [letzter Zugriff: 03.01.2016] Zu »Veredelungsgewinnen« bei der Grasnutzung durch Wiederkäuer s. Kap. 2a.

den Kennzeichen einer Fehlernährung zählen unter anderem zu viele Kalorien, zu viel Fett, Zucker und Salz sowie zu wenige lebensnotwendige und gesundheitsfördernde Inhaltsstoffe. Vor allem der übermäßige Konsum von tierischen Lebensmitteln wie Fleisch und Wurst sowie von stark verarbeiteten Produkten begünstigt sog. Wohlstandskrankheiten, wie Übergewicht, Herz-Kreislauf-Erkrankungen, Bluthochdruck, Diabetes Typ 2, chronische Verstopfung, Gicht, Karies und auch Krebs. Herz-Kreislauf-Erkrankungen und Krebs sind in Deutschland die Haupttodesursachen.[25]

Die Ursache für ernährungsabhängige Krankheiten ist zumeist eine übermäßige, hinsichtlich der Hauptnährstoffe unausgewogene oder bezüglich der essenziellen Nährstoffe unzureichende Ernährung. Diese kann die Aufgabe der Struktur- und Funktionserhaltung des Organismus nicht befriedigend erfüllen. Auf der Lebensmittelebene bedeutet das ein Zuviel an Fleisch, Wurst und Eiern sowie ein Zuviel an stark verarbeiteten zucker- oder salzhaltigen Nahrungsmitteln – wie Fertiggerichte, Süßigkeiten, Pommes frites, Chips, Alkohol usw. Damit einher geht ein Zuwenig an pflanzlichen, gering verarbeiteten Lebensmitteln mit hoher Nährstoffdichte.

In den armen Ländern existieren ganz andere Problemfelder als in Deutschland: Obwohl ausreichend Lebensmittel für die gesamte Weltbevölkerung von derzeit ca. 7,4 Milliarden Menschen[26] erzeugt werden, leben noch immer Millionen von Menschen in ständiger Unterernährung. Für den Zeitraum 2014–2016 wird die Zahl der Hungernden mit etwa 795 Millionen weltweit angegeben.[27] Dies entspricht etwa 11 % der Weltbevölkerung – jeder neunte Mensch hungert dauerhaft. Die Folgen von Mangel- und Unterernährung tragen jedes Jahr zum Tod von 3,1 Millionen Kindern unter fünf Jahren bei. Das entspricht etwa 8.500 gestorbenen Kindern täglich – alle zehn Sekunden stirbt auf der Welt ein Kind, weil es nicht genug zu essen bekommt.[28]

Weit verbreitet ist außerdem ein Mangel an Mikronährstoffen: Der Eisenmangel betrifft weltweit etwa 1,6 Milliarden Menschen, vor allem Frauen und Kinder,[29]

---

25 Statistisches Bundesamt, Todesursache 2011: Krebs immer häufiger, Wiesbaden 2013. Verfügbar unter: https://www.destatis.de/DE/ZahlenFakten/GesellschaftStaat/Gesundheit/Todesursachen/Aktuell.html [letzter Zugriff: 28.10.2013].

26 Stiftung Weltbevölkerung, Die Weltbevölkerungsuhr. Verfügbar unter: http://www.weltbevoelkerung.de/meta/whats-your-number.html [letzter Zugriff: 11.03.2016].

27 FAO/IFAD/WFP, The State of Food Insecurity in the World 2015. Meeting the 2015 international hunger targets: taking stock of uneven progress. Rom 2015, S. 8. Verfügbar unter: http://www.fao.org/3/a-i4646e.pdf [letzter Zugriff: 11.03.2016].

28 Welthungerhilfe, Hunger – Ausmaß, Verbreitung, Ursachen. Die häufigsten Fragen zum Thema, Bonn 2015. Verfügbar unter: http://www.welthungerhilfe.de/ueber-uns/mediathek/whh-artikel/faktenblatt-hunger.html [letzter Zugriff: 31.01.2016].

29 WHO, Worldwide prevalence of anaemia 1993–2005. WHO Global Database on Anaemia, Genf 2008, S. 7. Verfügbar unter: http://whqlibdoc.who.int/publications/2008/9789241596657_eng.pdf [letzter Zugriff: 31.10.2013].

der Jodmangel knapp zwei Milliarden[30] und der Vitamin-A-Mangel ungefähr 25 % der Vorschulkinder in Entwicklungsländern. Vitamin-A-Mangel führt jährlich zum Tod von eins bis drei Millionen Kindern.[31]

Paradoxerweise gibt es inzwischen auf der Welt mehr Überernährte als Unterernährte, nämlich 1,9 Milliarden im Jahr 2014.[32] Daher rief die Weltgesundheitsorganisation (WHO) Übergewicht als weltweite Epidemie Nr. 1 aus.

e. Ernährungskultur – Nachhaltig essen im Alltag

Unsere Beziehung zum Essen hat sich grundlegend gewandelt. Ernährung wird immer mehr zur Nebentätigkeit und zum Bestandteil einer »Fremdversorgung«. Wir essen Nahrungsmittel, deren »Geschichte« wir selten kennen. Wir wissen häufig wenig über deren Erzeugung und Verarbeitung, Herkunft, Transportmittel, Handel sowie Zutaten oder Zusatzstoffe. Unser gegenwärtiges Essverhalten ist durch einen hohen Konsum an tierischen Lebensmitteln und an importierten, teilweise weit transportierten Produkten gekennzeichnet. Zudem kaufen wir häufig stark verarbeitete, vorgefertigte und tiefgefrorene Erzeugnisse sowie aufwändig verpackte Produkte. Viele Verbraucher bevorzugen billige Lebensmittel. Herstellung, Herkunft oder Qualität spielen dabei meist nur eine geringe Rolle. Es wird immer seltener selbst gekocht, stattdessen nehmen der Außer-Haus-Verzehr und der Konsum von Fertigprodukten und Fast Food zu.[33]

Diese Entwicklung führt zu einem Wissens- und Erfahrungsmangel hinsichtlich der Zubereitung von Lebensmitteln. Unser Essverhalten ist zudem immer weniger an feste Regeln und Zeiten gebunden. Außerdem nutzen wir bestimmte Produkte als Statussymbol – beispielsweise den täglichen Fleischverzehr als Zeichen von Wohlstand.[34]

Wie eine aktuelle Studie zeigt, ist daraus auch eine entgegengesetzte Entwicklung entstanden: Viele Konsumenten suchen wieder nach einer Ernährung, die mehr Orientierung, Sicherheit und Transparenz bietet. Als Trends, die ins-

---

30 DGE, Jodunterversorgung wieder auf dem Vormarsch? Fisch, jodiertes Speisesalz und Milch sind gute Jodquellen, Bonn 2013. Verfügbar unter: http://www.dge.de/pdf/presse/2013/DGE-Pressemeldung-aktuell-01-2013-Jod.pdf [letzter Zugriff: 28.10.2013].

31 UN, Resources for Speakers on Global Issues, Child Hunger 2013. Verfügbar unter: http://www.un.org/en/globalissues/briefingpapers/food/childhunger.shtml [letzter Zugriff: 28.07.2015].

32 WHO, WHO Media Center, Obesity and overweight, Fact sheet No. 311, 2015. Verfügbar unter: http://www.who.int/mediacentre/factsheets/fs311/en/index.html [letzter Zugriff: 28.07.2015].

33 Harald Lemke, Klimagerechtigkeit und Esskultur – oder »lerne Tofuwürste lieben!«, in: Gunther Hirschfelder u.a. (Hg.), Die Zukunft auf dem Tisch. Analysen, Trends und Perspektiven der Ernährung von morgen, Wiesbaden 2011, S. 167–185, hier S. 169.

34 Gunther Hirschfelder, Die kulturale Dimension gegenwärtigen Essverhaltens, in: Ernährung – Wissenschaft und Praxis 1, 4 (2007), S. 156–161, hier S. 161.

gesamt Vertrauen schaffen, werden genannt: Natürlichkeit von Lebensmitteln, Traditionsbewusstsein bei der Lebensmittelauswahl und -zubereitung, Sicherheit durch wissenschaftliche Erkenntnisse und ästhetischer Umgang mit Ernährung durch z. B. Gourmet-Produkte.[35]

Immer wichtiger wird auch ein Ernährungsstil, bei dem Genuss und Verantwortung miteinander verbunden werden und bei dem die Auswirkungen des eigenen Ernährungsverhaltens berücksichtigt sind – so wie es eine »Nachhaltige Ernährung« darstellt. Denn eine Ernährungskultur, die auf nachhaltigen Aspekten basiert, ermöglicht Orientierung und verbindet verantwortliches Handeln mit gutem Gewissen und Genuss. Sie unterstützt eine nachhaltige Entwicklung auf sozialer, ökonomischer, ökologischer und gesundheitlicher Ebene.[36]

Lösungsmöglichkeiten: Grundsätze für eine nachhaltige Ernährung

Als praktische Schlussfolgerungen aus den vorherigen Betrachtungen lassen sich sieben »Grundsätze für eine Nachhaltige Ernährung« ableiten.[37] Die Herausforderung dabei ist, möglichst zu allen fünf Dimensionen einer nachhaltigen Ernährung (Umwelt, Wirtschaft, Gesellschaft, Gesundheit, Kultur) integrierte Lösungsmöglichkeiten anzubieten. Sie werden nachfolgend jeweils aus den fünf Dimensionen heraus begründet (Übersicht 1).

Übersicht 1: Sieben Grundsätze für eine nachhaltige Ernährung[38]

1. Bevorzugung pflanzlicher Lebensmittel (überwiegend lakto-vegetabile Kost)
2. Ökologisch erzeugte Lebensmittel
3. Regionale und saisonale Erzeugnisse
4. Bevorzugung gering verarbeiteter Lebensmittel
5. Fair gehandelte Lebensmittel
6. Ressourcenschonendes Haushalten
7. Genussvolle Esskultur

---

35 Rheingold-Institut, Vernunft und Versuchung. Ernährungstypen und -trends in Deutschland, Köln 2012, S. 40–54. Verfügbar unter: http://www.lebensmittelzeitung.net/studien/pdfs/391_.pdf [letzter Zugriff: 28.10.2013].

36 Karl von Koerber/Hubert Hohler, Nachhaltig genießen. Rezeptbuch für unsere Zukunft, Stuttgart 2012.

37 Ausgangsbasis und Literaturangaben für die folgenden Aussagen in Publikationen zur »Vollwert-Ernährung« bzw. »Ernährungsökologie«: Karl von Koerber/Jürgen Kretschmer, Ernährung nach den vier Dimensionen. Wechselwirkungen zwischen Ernährung und Umwelt, Wirtschaft, Gesellschaft und Gesundheit, in: Ernährung & Medizin 21 (2006), S. 178–185; von Koerber u.a.; Ingrid Hoffmann u.a. (Hg.), Ernährungsökologie. Komplexen Herausforderungen integrativ begegnen, München 2011; von Koerber/Hohler.

38 Weiterentwickelt nach von Koerber/Kretschmer; von Koerber u.a.

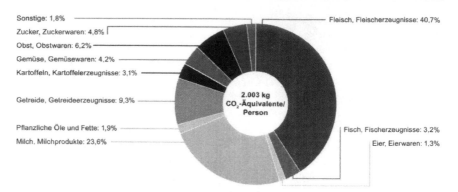

Abb. 4: Anteil der Lebensmittelgruppen an den Treibhausgas-Emissionen der Ernährung in Deutschland.[39]

Bevorzugung pflanzlicher Lebensmittel (überwiegend lakto-vegetabile Kost)

Umwelt: Wer den Anteil tierischer Lebensmittel (besonders von Fleisch) in der Ernährung reduziert, kann am meisten für die Umwelt tun: Tierische Lebensmittel, insbesondere Fleisch und Milchprodukte, verursachen in unserer Durchschnittsernährung fast 70 % der Treibhausgase. Allein die Produktion von Fleisch und Fleischerzeugnissen ist für etwa 40 % der ernährungsbedingten Klimagase verantwortlich, obwohl diese Produktgruppe nur rund 13 % der Lebensmittelmenge ausmacht[40] (Abb. 4). Bei einer Halbierung des Fleischverzehrs, wie ihn die Deutsche Gesellschaft für Ernährung aus gesundheitlichen Gründen ohnehin seit langem empfiehlt, lassen sich die Treibhausgas-Emissionen des Ernährungssystems demnach um etwa 20 % vermindern. Systembedingt verursachen tierische Produkte mehr Treibhausgase als pflanzliche, denn der Futtermittelanbau erfordert viel Energie, besonders in der Chemieindustrie zur Synthese der mineralischen Stickstoffdünger (in der konventionellen Land wirtschaft). Hinzu kommt die wenig effiziente Umwandlung pflanzlicher Futtermittel in tierische Erzeugnisse – sowie die Treibhausgase, die während der Aufzucht und Haltung von Tieren entstehen. Hieraus ergibt sich, dass die Umwelt ganz erheblich entlastet wird, wenn weniger tierische Produkte verzehrt werden.

Auch das »verborgene« Wasser, das für die Erzeugung eines Produktes verbraucht wird, ist bei tierischen Lebensmitteln meist vielfach höher als bei pflanz-

---

39 WWF Deutschland, Klimawandel auf dem Teller, Berlin 2012, S. 28. Verfügbar unter: http://www.wwf.de/fileadmin/fm-wwf/Publikationen-PDF/Klimawandel_auf_dem_Teller.pdf [letzter Zugriff: 07.11.2013].
40 WWF Deutschland, ebd., S. 27 f.

lichen. Der Hauptgrund ist der hohe Wasserbedarf für den Futtermittelanbau.[41] Dieser Wasserverbrauch wird »virtuelles Wasser« genannt – im Gegensatz zum Wassergehalt der Produkte. Zum Beispiel werden für die Erzeugung von einem Kilo Rindfleisch aus Intensivhaltung mehr als 15.000 Liter Wasser benötigt. Neben der Bewässerung beim Anbau der Futtermittel zählen dazu das Trinkwasser der Tiere selbst sowie Wasser für die Reinigung der Ställe, das Schlachten und die Verarbeitung. Für die Herstellung aller Konsumartikel, die wir täglich verwenden, sind rund 4.000 Liter virtuelles Wasser pro Person und Tag erforderlich.[42] Jeder von uns verbraucht direkt im Haushalt etwa 120 Liter Wasser, v. a. für Baden, Duschen, Toilettenspülung, Wäsche waschen, Spülen, Wohnung reinigen, Kochen und Trinken.[43]

Gesellschaft: Bei einer Ernährung mit überwiegend pflanzlichen Erzeugnissen und Milchprodukten sind die »Veredelungsverluste« deutlich vermindert. Wer pflanzliche Lebensmittel bevorzugt, trägt damit zu einer gerechteren Verteilung der weltweiten Nahrungsressourcen bei.

Weltweit sind knapp fünf Mrd. Hektar landwirtschaftliche Nutzfläche verfügbar: 1,5 Mrd. Hektar als Ackerland und 3,5 Mrd. Hektar als Weideland. Folglich ist der größte Teil (ca. 70 %) der weltweiten Landwirtschaftsfläche Weideland, das nur durch Viehwirtschaft landwirtschaftlich produktiv nutzbar ist. Dazu kommt ein großer Teil der weltweiten Ackerflächen, nämlich etwa ein Drittel, der zum Anbau von Futtermitteln wie Getreide und Soja verwendet wird. Somit ergeben sich etwa 80 % der weltweiten landwirtschaftlichen Nutzfläche, die der Viehhaltung dienen.[44]

Wenn auf den Äckern, die dem Anbau von Futtermitteln dienen, zum Beispiel Getreide, Kartoffeln oder Hülsenfrüchte angebaut würden, könnte die Welternährung eher gesichert werden. Sehr problematisch ist es, wenn Futtermittel aus Entwicklungsländern für unsere Intensivtierfütterung importiert werden, weil deren Anbau dort in Konkurrenz zur einheimischen Nahrungserzeugung

---

41 Mesfin M. Mekonnen/Arjen Y. Hoekstra, A Global Assessment of the Water Footprint of Farm Animal Products, in: Ecosystems 15, 3 (2012), S. 201–415. Verfügbar unter: http://www.waterfootprint.org/Reports/Mekonnen-Hoekstra-2012-WaterFootprintFarmAnimal Products.pdf [letzter Zugriff: 06.11.2013].

42 Vereinigung Deutscher Gewässerschutz e. V., »Wasser im Einkaufskorb« – versteckter Wasserkonsum, 2013. Verfügbar unter: http://virtuelles-wasser.de/ [letzter Zugriff: 28.07.2015].

43 Statistisches Bundesamt, Wasserwirtschaft. Öffentliche Wasserversorgung in Deutschland von 1991 bis 2010, Wiesbaden 2013. Verfügbar unter: https://www.destatis.de/DE/ZahlenFakten/GesamtwirtschaftUmwelt/Umwelt/UmweltstatistischeErhebungen/Wasser wirtschaft/Tabellen/Wasserabgabe1991_2010.html [letzter Zugriff: 05.11.2013].

44 Brot für die Welt/FDCL, Brot oder Trog – Futtermittel, Flächenkonkurrenz und Lebensmittelsicherheit, Stuttgart 2011, S. 14. Verfügbar unter: https://www.brot-fuer-die-welt.de/fileadmin/mediapool/2_Downloads/Fachinformationen/Analyse/analyse_34_futtermittel studie.pdf [letzter Zugriff: 06.12.13].

steht. Besonders die Rodung von Regenwäldern für Viehweiden oder Sojaanbau ist wegen der Vertreibung von Menschen und unter Klimaaspekten besonders nachteilig, beispielsweise im Amazonasgebiet.

Die Produktion tierischer Lebensmittel beansprucht somit viel mehr landwirtschaftliche Nutzfläche als die von pflanzlichen Lebensmitteln. So werden für die Herstellung von 1.000 Kilokalorien in Form von Schweinefleisch nach einer Fallstudie etwa sieben Quadratmeter landwirtschaftliche Nutzfläche benötigt – und für 1.000 Kilokalorien in Form von Rindfleisch etwa dreißig Quadratmeter (davon 25,9 Quadratmeter Weideland). Bei Gemüse sind es für 1.000 Kilokalorien nur 1,7 Quadratmeter und bei Getreide nur 1,1 Quadratmeter.[45] Allerdings ist zu bedenken, dass Wiederkäuer wie Rinder, Schafe und Ziegen nicht auf Getreide oder Soja vom Ackerland angewiesen sind, sondern auch Gras vom Grünland fressen können (dies gilt aber nicht für Rinder in Intensivtierhaltung unter Einsatz großer Mengen an Kraftfuttermitteln). Gras ist bekanntlich für Menschen nicht direkt verwertbar – insofern können Wiederkäuer Gras in wertvolle Lebensmittel verwandeln (hierfür prägten wir den Begriff »Veredelungsgewinne«) und sie stellen – im Falle mehrjähriger, nachhaltiger Weidehaltung – keine Nahrungskonkurrenten für die Menschen dar.[46]

Gesundheit: Auch aus gesundheitlicher Sicht ist es empfehlenswert, weniger tierische Lebensmittel zu essen, insbesondere Fleisch, Wurst und Eier. Durch einen größeren Anteil pflanzlicher Lebensmittel, wie Gemüse, Obst, Vollkornprodukte und Hülsenfrüchte, steigt die Zufuhr komplexer Kohlenhydrate und sinkt der Fettanteil der Kost. Ferner werden mehr Vitamine und Mineralstoffe zugeführt – bei geringerer Nahrungsenergieaufnahme. Darüber hinaus gewährleistet der Verzehr von Pflanzenölen, Nüssen und Ölsamen eine günstigere Zusammensetzung an essenziellen Fettsäuren als der Verzehr tierischer Lebensmittel. Letztere liefern jedoch teilweise erhebliche Mengen an ungünstigen Inhaltsstoffen, wie gesättigte Fettsäuren, Cholesterin und Purine. Gesundheitsfördernde Ballaststoffe und sekundäre Pflanzenstoffe finden sich ausschließlich in pflanzlichen Lebensmitteln. Sie verstärken die Sättigungswirkung bei gleichzeitig geringerer Nahrungsenergieaufnahme. Studien mit Vegetariern zeigen, dass deren Diabetes-, Osteoporose- und Krebsrisiko geringer ist. Sie weisen außerdem niedrigere Blutdruckwerte auf und leiden seltener an Herz-Kreislauf-Erkrankungen. Ein reichlicher Verzehr von pflanzlichen Nahrungsmitteln trägt insgesamt zu einer guten Nährstoffversorgung und einem besseren Gesundheitszustand bei.[47] Die Empfehlung der Deutschen Gesellschaft für Ernährung lautet, pro

45 Christian J. Peters u. a., Testing a complete-diet model for estimating the land resource requirements of food consumption and agricultural carrying capacity: The New York State example, in: Renewable Agriculture and Food Systems 22, 2 (2007), S. 145–153.
46 Anita Idel, Die Kuh ist kein Klima-Killer! Wie die Agrarindustrie die Erde verwüstet und was wir dagegen tun können, Marburg 2010.
47 Claus Leitzmann/Markus Keller, Vegetarische Ernährung, Stuttgart 2013, S. 189.

Abb. 5: Entwicklung des Fleischverzehrs in Deutschland.[48]

Woche maximal 300–600 g Fleisch und Wurst zu essen.[49] Tatsächlich verzehren Frauen hierzulande etwa 600 g und Männer sogar 1.100 g pro Woche.[50]

Wirtschaft:Fleisch- und Wurstwaren sind meist teure Lebensmittel (wenn es nicht gerade billiges Fleisch niedriger Qualität ist). Fleisch- und Wurstwaren haben einen hohen Anteil an den Ausgaben für Lebensmittel, bei geringerem Verzehr sinken daher die Ausgaben. Die Einkommens- und Verbrauchsstichprobe 2008 ergab, dass Zwei-Personen-Haushalte in Deutschland monatlich etwa 214 Euro für Nahrungsmittel ausgeben, wovon knapp 27 % (57 Euro) für Fleisch und Fisch aufgewendet werden. Obst, Gemüse und Kartoffeln liegen zusammen bei etwa 22 %.[51]

48 Eigene Darstellung nach DFV, Geschäftsbericht 2012/2013, Frankfurt a.M. 2013, S. 41. Verfügbar unter: http://www.fleischerhandwerk.de/medien--und-presseservice/daten-und-fakten/geschaeftsbericht/auszge-aus-dem-geschaeftsbericht.html unter Fleischverzehr [letzter Zugriff: 12.11.2013].

49 DGE, Vollwertig essen und trinken nach den 10 Regeln der DGE, Bonn 2013. Verfügbar unter: http://www.dge.de/modules.php?name=Content&pa=showpage&pid=15 [letzter Zugriff: 05.11.2013].

50 MRI, Nationale Verzehrsstudie II. Ergebnisbericht, Teil 2. Die bundesweite Befragung zur Ernährung von Jugendlichen und Erwachsenen, Karlsruhe 2008, S. 44. Verfügbar unter: http://www.bmelv.de/SharedDocs/Downloads/Ernaehrung/NVS_Ergebnisbericht Teil2.pdf?__blob=publicationFile [letzter Zugriff: 04.11.2013].

51 Statistisches Bundesamt, Rund 25 % der Nahrungsmittelausgaben wird für Fleisch und Fisch aufgewendet. Einkommens- und Verbrauchsstichprobe (EVS 2008), Wiesbaden 2013. Verfügbar unter: https://www.destatis.de/DE/ZahlenFakten/GesellschaftStaat/Einkommen KonsumLebensbedingungen/Konsumausgaben/Aktuell_Nahrungsmittelausgaben_EVS. html [letzter Zugriff: 04.11.2013].

Kultur: Unser Konsum von tierischen Nahrungsmitteln ist in den letzten Jahrzehnten stark gestiegen (Abb. 5). Noch vor sechzig Jahren war Fleisch etwas Besonderes. Meist kam es – wenn überhaupt – nur einmal in der Woche auf den Tisch, beispielsweise in Form des »Sonntagsbratens«. Heutzutage ist das anders: Die meisten Menschen in Deutschland essen täglich Fleisch und Wurst, manche sogar mehrmals am Tag. Männer konsumieren im Jahr durchschnittlich etwa 58 kg Fleisch- und Wurstwaren pro Person. Frauen greifen häufiger zu Gemüse, Obst und Getreideerzeugnissen und kommen so auf etwa dreißig Kilo Fleisch im Jahr.[52] Dieser Geschlechterunterschied in der Ernährung ist kulturell bedingt – biologische Gründe gibt es dafür keine. Unser Essverhalten wird somit stark durch das soziale Umfeld und Traditionen geprägt.

Durch eine fleischreduzierte Ernährung gibt es vielfältige neue Geschmackserlebnisse zu entdecken: in Vergessenheit geratene Gemüse wie Pastinaken oder schwarzer Rettich, verschiedenste Getreideerzeugnisse wie Hirse, Buchweizen, Couscous, Bulgur oder Quinoa, die bunte Palette der Hülsenfrüchte, Kräuter und Gewürze, naturbelassene Öl-Spezialitäten usw.

Ökologisch erzeugte Lebensmittel

Umwelt: Lebensmittel aus ökologischer Landwirtschaft belasten die Umwelt weniger als konventionelle Erzeugnisse. Die Erzeugung von ökologischen Produkten benötigt in der Regel weniger Rohstoffe und Energie, wodurch weniger Treibhausgase entstehen. Da im Öko-Landbau keine leichtlöslichen Mineraldünger und keine chemisch-synthetischen Pestizide eingesetzt werden dürfen, verbraucht der biologische Pflanzenbau auf einen Hektar bezogen nur etwa die Hälfte der Energie des konventionellen Pflanzenbaus.[53] Da die Erträge im Bio-Bereich meist geringer liegen, ist es sinnvoll, die Treibhausgas-Emissionen auf gleiche geerntete Produktmengen zu beziehen. So ergab eine Vergleichsstudie, dass im Bio-Pflanzenbau durchschnittlich um ein Viertel weniger Treibhausgase entstehen als bei konventionellen Betrieben.[54] Der Bio-Landbau fördert die natürliche Bodenfruchtbarkeit und ermöglicht damit einen stärkeren Humusaufbau, der CO_2 aus der Atmosphäre rückbindet. Dieser Prozess wirkt auch der Bodenerosion entgegen. Die Überdüngung von Feldern ist ein großes klimarelevantes Problem, weil dabei viel Lachgas (N_2O) freigesetzt wird. Lachgas weist ein sehr hohes Treibhausgaspotenzial auf (etwa 300-mal höher als CO_2). Verglichen

---

52 MRI, S. 44.

53 FiBL, Bio fördert Bodenfruchtbarkeit und Artenvielfalt. Erkenntnisse aus 21 Jahren DOK-Versuch, Frick, Schweiz 2000. Verfügbar unter: https://www.fibl.org/fileadmin/documents/shop/1089-dok.pdf [letzter Zugriff: 28.10.2013].

54 Kurt-Jürgen Hülsbergen/Björn Küstermann, Optimierung der Kohlenstoffkreisläufe in Öko-Betrieben, in: Ökologie & Landbau 36, 1 (2008), S. 20–22.

mit konventionellen Betrieben fällt die Lachgas-Emission bei ökologischem Anbau durchschnittlich um etwa 40 % geringer aus.[55]

In der Tierhaltung hängt die Klimawirksamkeit von der Art der Fütterung, der Intensität der Futterpflanzendüngung, der Lebensleistung der Tiere und vom Umgang mit deren Ausscheidungen ab. Ein Vorteil der Bio-Landwirtschaft ist der weitgehende Einsatz von Futtermitteln vom eigenen Hof – weite Transporte entfallen damit großenteils. So entstehen bei Öko-Milch etwa 10 % weniger Treibhausgase als bei konventioneller Milch. Bei biologischem Schweinefleisch ist es etwa ein Drittel weniger, bei Hühner- und Rindfleisch sind die Differenzen nicht klar zu erkennen.[56]

Zudem fördert der Öko-Landbau natürliche Kreisläufe und die Artenvielfalt. Außerdem berücksichtigt er tiergerechtere Haltungsbedingungen (z. B. mehr Platz und Auslauf im Freien) und verzichtet auf umstrittene Technologien (wie Gentechnik und Bestrahlung).

Wirtschaft: Der ökologische Landbau bietet in der Regel den Erzeugern infolge höherer Erlöse eine bessere Existenzsicherung. Allerdings sind in den letzten Jahren durch den Preisdruck auch im Bio-Bereich die Erzeugerpreise deutlich gesunken – und damit das Einkommensniveau. Dabei schafft die Öko-Landwirtschaft zusätzliche Arbeitsplätze durch höhere Arbeitsintensität, Weiterverarbeitung auf dem Hof und Direktvermarktung über Hofläden, Wochenmärkte und Lieferdienste (Abo-Kisten).

Gesellschaft: Bei einer Umfrage unter Öko-Landwirten zeigte sich, dass diese nach erfolgter Umstellung auf ökologische Landwirtschaft mit ihrer Arbeit zufriedener waren als vorher. Neben Markt- und Umweltleistungen erbringt die ökologische Landwirtschaft auch soziale und kulturelle Leistungen. Zu nennen sind hier besonders Kindergarten- und Schulbauernhöfe, Betriebe zur Therapie und Integration von Menschen mit Behinderung und psychisch Kranken, sowie Höfe, die ältere Menschen in ihren Betrieb einbeziehen.

Die meisten Bio-Verbände verzichten bewusst auf die Verwendung von Import-Futtermitteln aus Entwicklungsländern. Ein Grund hierfür ist, dass deren Erzeugung in Flächenkonkurrenz zur Nahrungsproduktion für die einheimische Bevölkerung steht.[57] Da die Bio-Verbände und ihre Mitgliedsbetriebe möglichst geschlossene Betriebskreisläufe anstreben, müssen mindestens 50–60 %

---

55 Karl-Jürgen Hülsbergen/Harald Schmid, Treibhausgasemissionen ökologischer und konventioneller Betriebssysteme. Emissionen landwirtschaftlich genutzter Böden, in: KTBL-Schrift 483 (2010), S. 229–245.

56 IÖW, Klimawirkungen der Landwirtschaft in Deutschland, Berlin 2008, S. 39 f., 82, 104, 138 f. Verfügbar unter: http://www.ioew.de/uploads/tx_ukioewdb/IOEW-SR_186_Klima wirkungen_Landwirtschaft_02.pdf [letzter Zugriff: 29.10.2013]

57 von Koerber/Hohler, S. 132.

der Futtermittel auf dem eigenen Hof erzeugt werden oder von anderen Öko-Betrieben aus der Region stammen.[58]

Gesundheit: Viele Menschen kaufen Bio-Lebensmittel in der Annahme, dass sie gesünder sind als konventionelle Lebensmittel. Bei den Vitaminen und Mineralstoffen von Gemüse und Obst sind kaum relevante Unterschiede zu finden (nur der Vitamin-C-Gehalt ist meist höher). Dagegen weisen Knollen- und Wurzelgemüse aus ökologischer Erzeugung tendenziell einen höheren Trockensubstanzgehalt auf, wodurch pro Kilogramm Gemüse eine größere Nährstoffmenge geliefert wird. Außerdem liegen in der Regel höhere Gehalte an sekundären Pflanzenstoffen vor. Für zuletzt genannte ist eine positive Wirkung unter anderem auf Herz-Kreislauf-Erkrankungen, Krebs und das Immunsystem nachgewiesen.

Eine höhere Gesundheitsverträglichkeit von Bio-Lebensmitteln bewirken auch die deutlich niedrigeren Nitratgehalte und das weitestgehende Nichtvorhandensein von Rückständen an Pestiziden und Tierarzneimitteln. Bei Bio-Lebensmitteln sind nur etwa 10 % der für konventionelle Lebensmittel zugelassenen Zusatzstoffe erlaubt. Farbstoffe, Süßstoffe, Stabilisatoren und Geschmacksverstärker sind verboten, auch die fragwürdigen sog. natürlichen Aromen werden zumeist nicht eingesetzt. Die »natürlichen Aromastoffe« werden zwar nicht chemisch synthetisiert, wie die »naturidentischen« oder die »künstlichen Aromastoffe«. Der Begriff sagt lediglich, dass sie natürlichen Quellen entstammen, also z. B. aus Bakterien, Hefen oder (Schimmel-)Pilzen isoliert wurden, aber in der Regel nicht aus den namengebenden Früchten. Beispielsweise wird »natürliches Aroma«, das nach Erdbeeren riecht, nicht aus Erdbeeren gewonnen – es führt daher nicht zu »ehrlichen Produkten«. Viele Verbraucher schätzen bei ihrer Kaufentscheidung den intensiveren Geschmack von ökologisch erzeugtem Gemüse und Obst sowie von Fleisch.

Kultur: Bio-Lebensmittel entsprechen dem Bedürfnis vieler Menschen nach mehr Natürlichkeit. Sie wollen ihre Lebensweise, besonders ihren Ernährungsstil, stärker mit der Natur in Einklang bringen. So können sie auch eher Informationen erhalten, wo ihre Lebensmittel herkommen, wie sie erzeugt und verarbeitet wurden usw. Durch diese erhöhte Transparenz entwickeln viele Verbraucher ein höheres Vertrauen in Bio-Lebensmittel.

---

58 BÖLW, Nachgefragt: 28 Antworten zum Stand des Wissens rund um Öko-Landbau und Bio-Lebensmittel, Berlin 2012, S. 28. Verfügbar unter: http://www.boelw.de/uploads/media/pdf/Themen/Argumentationsleitfaden/Bio-Argumente_BOELW_Auflage4_2012_02.pdf [letzter Zugriff: 05.11.2013].

Regionale und saisonale Erzeugnisse

Umwelt: Lebensmittel stammen heutzutage großenteils nicht mehr aus der umliegenden Region und entsprechen oft auch nicht mehr der jeweiligen Jahreszeit. Zur Umweltschonung sollten vielmehr Lebensmittel bevorzugt werden, die regional erzeugt und verarbeitet sind. Diese haben aufgrund kürzerer Transportwege das Potenzial, Energie und Treibhausgase einzusparen, sofern die Gütermengen und die Transportmittel nicht zu klein und damit ineffizient sind.[59] Beispielsweise erzeugen – pro Kilogramm Produkt berechnet – einige Kisten im Lieferwagen transportiert deutlich mehr Treibhausgase als die Anlieferung großer Paletten für einen Supermarkt. Ähnliches gilt für schlecht ausgelastete Transportmittel. Ökologisch fragwürdig sind Transporte von Lebensmitteln über weite Strecken, die auch in der Region erzeugt werden könnten, beispielsweise Obst, Gemüse, Getreide oder Milch. Häufig legen Lebensmittel unnötigerweise auch für einzelne Zwischenschritte der Verarbeitung weite Strecken zurück, z. B. Nordseekrabben zum Pulen per Kühl-LKW nach Marokko – und zurück zum Krabbenbrötchen an die Nordsee. Als Transportmittel ist die Bahn dem LKW eindeutig vorzuziehen (nur ein Drittel des Energieverbrauchs; wenn die Bahn mehr Ökostrom beziehen würde, ließe sich die Klimabelastung weiter deutlich senken). Extrem umweltschädlich sind Transporte mit dem Flugzeug, nämlich etwa 170-mal höher als solche mit Hochseeschiffen.[60] Daher sollte flugimportierte Ware besser nicht gekauft werden, z. B. die berühmten Erdbeeren im Winter. Durch einen saisonalen Anbau von Gemüse und Obst, d. h. während der einheimischen Saison im Freiland, lassen sich massiv Heizöl (Energie) und CO_2-Emissionen einsparen. Auf die Erzeugung in sehr energieintensiven beheizten Treibhäusern und Folientunneln im Winter sollte bewusst verzichtet werden, da sie eine bis zu 30-mal höhere »Treibhaus-Belastung« verursachen.[61] Im Winter ist es besser, winterharte Saisongemüse wie Feldsalat, Grünkohl oder lagerfähige Gemüse- und Obstarten und -sorten zu bevorzugen, wie Kohl, Möhren, Lauch etc. Saisonkalender helfen dabei, verloren gegangenes Erfahrungswissen wiederzugewinnen.

Wirtschaft: Regionales Wirtschaften stärkt die kleinen und mittleren Betriebe, vor allem in der bäuerlichen Landwirtschaft. Es schafft eine bessere Existenzsicherung durch Kooperationen von Landwirten, Verarbeitern, Händlern und Verbrauchern (Netzwerke).

59 Martin Demmeler/Alois Heißenhuber, Handels-Ökobilanz von regionalen und überregionalen Lebensmitteln: Vergleich verschiedener Vermarktungsstrukturen, in: Berichte über Landwirtschaft: Zeitschrift für Agrarpolitik und Landwirtschaft 81, 3 (2003), S. 437–457.

60 Ingrid Hoffmann/Ilka Lauber, Gütertransporte im Zusammenhang mit dem Lebensmittelkonsum in Deutschland. Teil II: Umweltwirkungen anhand ausgewählter Indikatoren, in: Zeitschrift für Ernährungsökologie 2, 3 (2001), S. 187–192.

61 Niels Jungbluth, Umweltfolgen des Nahrungsmittelkonsums: Beurteilung von Produktmerkmalen auf Grundlage einer modularen Ökobilanz, Berlin 2000.

Gesellschaft: Der Einkauf regionaler Erzeugnisse schafft in einem ansonsten globalisierten Ernährungssystem die Voraussetzungen für soziale Beziehungen mit den Menschen, die die Lebensmittel für uns anbauen, verarbeiten oder handeln. Die überschaubaren Strukturen schaffen Transparenz und damit Vertrauen für alle Beteiligten – dies mindert die Gefahr von unerlaubten Praktiken und Lebensmittel-Skandalen, die immer wieder zu einem Vertrauensverlust seitens der Verbraucher führen.

Gesundheit: Da regionale Erzeugnisse keine langen Transporte überstehen müssen, können sie auf dem Feld ausreifen und brauchen nicht vorzeitig unreif geerntet werden. Diese sind meist schmackhafter, da sich das Aroma natürlicherweise voll ausbilden kann. Außerdem sind sie reicher an essenziellen und gesundheitsfördernden Substanzen. Schließlich enthalten Freilanderzeugnisse durchschnittlich weniger Rückstände als Treibhausware, z. B. an Nitrat und Pestiziden.

Kultur: Regionale und saisonale Produkte fördern eine nachhaltige Ernährungskultur – und führen zu einer Wertschätzung regionaler Spezialitäten und der biologischen Vielfalt (Biodiversität). Durch das abwechslungsreiche Angebot aufgrund saisonaler Schwankungen wird unsere Ernährungsweise automatisch vielfältiger. Die Wahrung traditioneller Speisen und alter Sorten gewinnt dadurch wieder an Bedeutung. Außerdem wird durch regionalen und saisonalen Lebensmitteleinkauf das Wissen um die heimische Landwirtschaft gestärkt, nämlich was, wann und wo in der eigenen Region wächst.

Die genannten Aspekte lassen sich auf eine kurze Formel bringen: »*Bio wird durch Regio erst Öko – und alles zu seiner Zeit*«: Biologische Landwirtschaft wird durch *regio*nale Verarbeitung und Vermarktung erst umfassend *öko*logisch verträglich – und das im natürlichen Ablauf der Jahreszeiten.

Bevorzugung gering verarbeiteter Lebensmittel

Gesundheit: Ein ganz wesentlicher Vorteil gering verarbeiteter Lebensmittel ist, dass sie mehr essenzielle Inhaltsstoffe und gesundheitsfördernde Substanzen enthalten. Denn bei den meisten Verfahren der Lebensmittelverarbeitung, z. B. bei Erhitzungsprozessen oder der Herstellung von weißen Mehlen, werden wertvolle Inhaltsstoffe wie Vitamine, Mineralstoffe, Ballaststoffe und sekundäre Pflanzenstoffe vermindert oder abgetrennt. Die Nährstoffdichte wird herabgesetzt und die Energiedichte häufig erhöht. Die Wahrscheinlichkeit, dass mit der Nahrung alle für Leben, Gesundheit und Wohlbefinden notwendigen Inhaltsstoffe geliefert werden, ist bei gering verarbeiteten Lebensmitteln am größten. Gleichzeitig wird die unerwünschte Aufnahme von Zusatzstoffen vermieden (Konservierungsstoffe, Farbstoffe, Aromastoffe usw.). Fertigprodukte enthalten außerdem häufig viel Fett, Zucker oder Salz.

Die Bevorzugung gering verarbeiteter Lebensmittel beinhaltet unter anderem frisches Gemüse und Obst, Kartoffeln, Vollkornprodukte, Hülsenfrüchte, Nüsse, Samen und Kräuter. Dies bedeutet aber nicht, dass alle landwirtschaftlichen Erzeugnisse roh gegessen werden sollten: zur Orientierung ist empfehlenswert, etwa die Hälfte der täglichen Nahrungsmenge in roher Form zu essen. Erhitzte Lebensmittel sind als »mäßig verarbeitet« zu bewerten und sollten etwa die andere Hälfte unserer Nahrung betragen. Die Orientierung am Verarbeitungsgrad der Lebensmittel hat den Vorteil, dass Verbraucher dieses Prinzip leicht nachvollziehen und umsetzen können – damit wird ihnen eine gesunderhaltende Ernährung erleichtert.

Umwelt: Durch weniger intensive Verarbeitungsverfahren werden der Energieverbrauch und damit der Schadstoffausstoß gesenkt. Umgekehrt sind Erhitzungs- und Kühlungsverfahren besonders energieintensiv und damit klimabelastend. Ein wichtiger Faktor dabei ist, dass bei geringerer Verarbeitungsintensität das Transportaufkommen zwischen den einzelnen Verarbeitungsstufen wesentlich niedriger ist, ebenso der Aufwand an Zwischenverpackungen. Außerdem wird bei gering verarbeiteten Produkten weniger virtuelles Wasser verbraucht. Auch beim Einkauf lassen sich Verpackungen einsparen bzw. Transportbehälter mehrfach verwenden, z. B. bei Gemüse, Obst, Kartoffeln usw.

Gesellschaft: Die Zubereitung unverarbeiteter Lebensmittel im Haushalt fördert eine höhere Wertschätzung der landwirtschaftlichen Rohprodukte sowie die Wertschätzung gegenüber den in Landwirtschaft, Verarbeitung und Handel tätigen Menschen. Zudem unterstützen wir durch den Kauf von frischen bzw. handwerklich hergestellten Lebensmitteln kleinere und mittlere Erzeugerbetriebe.

Wirtschaft: Grundnahrungsmittel sind zumeist preiswerter als stark verarbeitete Produkte sowie Convenience- und Fertigerzeugnisse, weil kostenintensive Verarbeitungsschritte entfallen. Dies stellt beim Einkauf einen ökonomischen Vorteil für die Verbraucher dar. Es gibt auch Gegenbeispiele, wie stark verarbeitetes helles Auszugsmehl, das billiger ist als ungemahlene Getreidekörner. Aber gerade Süßigkeiten, manche Snacks und Alkoholika kosten unverhältnismäßig viel – vor allem gemessen an ihrem niedrigen Gesundheitswert.

Kultur: Tiefkühlpizza, Tütensuppen, Mikrowellen-Gerichte – wir nehmen uns immer weniger Zeit zum Kochen und Essen. »Snacking« und Essen im Vorübergehen oder schnell am Schreibtisch sind gerade bei Berufstätigen aufgrund des zunehmenden Zeitdrucks sehr verbreitet.[62] Auch Singles greifen oft zu Fertigprodukten

---

62 Nestlé (Hg.), Nestlé-Studie 2011 – So is(s)t Deutschland. Ein Spiegel der Gesellschaft (Zusammenfassung), 2011, S. 2. Verfügbar unter: http://www.nestle.de/Unternehmen/Nestle-Studie/Nestle-Studie-2011/Documents/Nestle_Studie_2011_Zusammenfassung.pdf [letzter Zugriff: 28.07.2015].

und Fast Food. Selber kochen und neue Rezepte ausprobieren erfordert zwar Zeit, schult aber die oft als mangelhaft beklagten kochtechnischen Fertigkeiten und bereitet außerdem mehr Genuss und Spaß – vor allem gemeinsam mit der Familie und Freunden, denn Essen ist nicht zuletzt auch ein soziales Erlebnis. Mit frischen, naturbelassenen Lebensmitteln zu kochen, stärkt außerdem die sinnliche Wahrnehmung des Essens. Hierfür die Voraussetzungen zu schaffen, ist eine lohnende Aufgabe und Chance für die Ernährungsbildung, einschließlich der Förderung von Transparenz bezüglich Inhaltsstoffen und Verarbeitungsverfahren.

Fair gehandelte Lebensmittel

Um dem Ziel der Chancengleichheit für alle Menschen auf der Erde näher zu kommen, ist eine sozialverträgliche Nahrungsversorgung unverzichtbar. Dazu gehören angemessene, faire Lebensmittelpreise für Erzeuger, Verarbeiter und Händler, um deren Existenzen zu sichern. Dies gilt sowohl für unsere Länder in Europa, als auch weltweit. Kleinbauern in Entwicklungsländern sind vielfach durch die Globalisierung der Wirtschaftsbeziehungen und die gegebenen Machtstrukturen strukturell benachteiligt und arbeiten unter menschenunwürdigen Bedingungen. Umgekehrt sind die Nutznießer des weltweiten Handels vor allem die Menschen in den reichen Industrieländern. Aus Entwicklungsländern importierte Produkte, wie Kaffee, Kakao/Schokolade, Tee, Bananen und andere exotische Früchte, Orangensaft sowie Baumwolle und Blumen, sollten daher ein Siegel des Fairen Handels tragen und deren Richtlinien erfüllen.

Wirtschaft: Kernstück des Fairen Handels mit Entwicklungsländern ist der »faire Preis«, also ein höherer Lohn, den Erzeuger für ihre Produkte erhalten. Dieser liegt deutlich über dem Weltmarktpreis. Weitere ökonomische Vorteile für die Produzenten sind garantierte Abnahmemengen, die in langfristige Verträge zur Planungssicherheit eingebettet sind – sowie die Vorauszahlungen durch die Importeure, um Investitionen zu ermöglichen. Die höheren Erlöse in Entwicklungsländern lassen sich unter anderem durch Direktimporte unter Vermeidung von Zwischenhändlern realisieren, aber auch durch etwas höhere Verkaufspreise bei uns. Der Mehrpreis bei uns ist erklärungsbedürftig, aber z. B. auf eine Tasse Kaffee umgerechnet minimal und sicher »seinen Preis wert«.

Verständlicherweise brauchen auch unsere Landwirte in Deutschland und Europa faire und stabile kostendeckende Preise. Die Kosten beispielsweise zur Produktion eines Liters Milch liegen für die meisten Milchbauern über dem Erlös, der auf dem Markt zu erzielen ist – was natürlich nicht dauerhaft durchzuhalten ist.[63] Ein Liter Milch kostet oft nur die Hälfte von dem, was ein Liter

---

63 BDM, Aktueller Milchpreis längst nicht kostendeckend, 2010. Verfügbar unter: http://bdm-verband.org/html/index.php?module=News&func=display&sid=170 [letzter Zugriff: 28.07.2015].

Benzin kostet – und bei den Bauern kommt davon nur wenig an. Während die Produktionskosten sogar steigen, ist der Milch-Erzeugerpreis ständigen Preisschwankungen ausgesetzt, vielfach sogar gesunken. Beim Kauf heimischer Produkte direkt beim Erzeuger können wir persönlich fragen, ob der Preis auch »stimmt«.

Gesellschaft: Der Faire Handel fördert aktiv den Bau sozialer Einrichtungen wie Schulen, Krankenhäuser, Altenheime und Gesundheitsvorsorgeeinrichtungen. Ebenso werden Sozialversicherungen für Arbeiter und die Gründung von Gewerkschaften unterstützt. Weiterhin werden Qualifizierungen für die Produzenten vor Ort ermöglicht und damit ihre Berufs- und Lebenssituationen stabilisiert. Als einzige Handelsform garantiert sie den Ausschluss der schlimmsten Formen von Kinderarbeit (s. S. 177 f.).[64]

Auf unsere europäischen Länder bezogen, tragen wir durch Zahlung von fairen Preisen zur Sicherung von bäuerlichen Existenzen und zur Schaffung von Arbeitsplätzen im ländlichen Raum bei. Außerdem helfen diese Betriebe, die Kulturlandschaften einschließlich der Tiere zu erhalten, z. B. durch Almwirtschaft in den Alpen oder Schafherden in der Lüneburger Heide.

Umwelt: Die Produktionsbedingungen des Fairen Handels beinhalten auch Umweltschutzauflagen wie Trinkwasserschutz, Wiederaufforstung, Abfallbeseitigung oder einen möglichst geringen Chemikalieneinsatz. Inzwischen stammen darüber hinaus etwa zwei Drittel der fair gehandelten Lebensmittel aus zertifizierter ökologischer Erzeugung.[65]

Gesundheit: Durch diese Umweltauflagen und Schutzmaßnahmen bei der Anwendung (z. B. Schutzanzüge und Einhaltung von Bestimmungen) werden Pestizidvergiftungen der Arbeiter vermieden – was ansonsten in Entwicklungsländern ein großes Problem darstellt. Durch die höheren Löhne im Fairen Handel steht den Erzeugern mehr Geld für Lebensmittel und Bildung zur Verfügung, was zu einer besseren Ernährungssituation und Gesundheit beiträgt.

Kultur: Im Zusammenhang mit Ernährungskultur soll »fair« nicht nur im ökonomischen Sinne von fairen Preisen verstanden werden, sondern auch im sozial-ethischen Sinne als »gerecht«: in Form von Verantwortung und Fairness. Durch Bildungs- und Öffentlichkeitsarbeit bei uns kann ein wichtiger Beitrag zu mehr weltweiter sozialer Gerechtigkeit geleistet werden. Ziel ist es, das Bewusstsein und die Bereitschaft der Menschen in Industrieländern zu erhöhen,

---

64 Fair Trade e. V., Was ist Fairer Handel? Verfügbar unter: www.fairtrade.de/index.php/mID/1.1/lan/de [letzter Zugriff: 28.07.2015].
65 Ökotest, Fairtrade. Siegel im Überblick, 2010. Verfügbar unter: www.oekotest.de/cgi/index.cgi?artnr=10523&gartnr=91&bernr=04&seite=10 [letzter Zugriff: 28.07.2015].

einen Teil ihrer bestehenden Vorteile aufzugeben, die sich zwar durch politische, technische und ökonomische Entwicklungen ergeben haben, aber aus ethischen Gründen nicht zu rechtfertigen sind.

Ressourcenschonendes Haushalten

Ökostrom: Die Erzeugung, Verarbeitung und Vermarktung von Lebensmitteln sowie Tätigkeiten im Haushalt, wie Kühlung und Zubereitung der Lebensmittel und Geschirrspülen, verbrauchen viel Energie. Stammt die Energie aus Kohle, Erdgas oder Erdöl, werden indirekt viele Treibhausgase erzeugt. Beim Strom aus unserer Steckdose handelt es sich um einen Mix aus der Erzeugung unterschiedlicher Energieträger (Abb. 6, links). Durch die Bereitstellung des in Deutschland im Jahr 2011 verbrauchten Stroms entstanden rund 570 g CO_2-Äquivalente pro erzeugter Kilowattstunde Strom.[66] Beim durchschnittlichen Jahres-Stromverbrauch in Deutschland von 1.720 Kilowattstunden ergibt sich damit rund eine Tonne CO_2-Äquivalente pro Person und Jahr.[67] Allein durch den Stromverbrauch wird somit schon die maximal vertretbare Menge von einer Tonne an individuellen Treibhausgas-Emissionen erreicht (s. S. 172 ff.).

Die weltweiten Reserven fossiler Energieträger sind begrenzt, was zur Verteuerung sowie zur Zunahme inner- und zwischenstaatlicher Konflikte führen dürfte. Eine klimaschonende, ungefährliche und nachhaltige Möglichkeit der Stromerzeugung bietet die Nutzung erneuerbarer Energien (Abb. 6, rechts). Insbesondere Energie aus Wind, Wasser, Sonne und Erdwärme ist unbegrenzt verfügbar. Mit dem Wechsel zu einem Ökostrom-Anbieter, der in den Ausbau erneuerbarer Energien investiert, werden zukunftsfähige Technologien der Stromerzeugung unterstützt und klimaschädliche Treibhausgase auf ein Minimum reduziert. Ein Anbieterwechsel ist sehr einfach und schnell durchführbar, ohne Komfortverlust und meist nicht oder nur unwesentlich teurer – aber er ist ein wichtiges politisches Signal für die notwendige Energiewende und für den Klimaschutz.

Energiesparen: Trotz Nutzung von Ökostrom im Haushalt lohnt es sich, Energie und somit Geld zu sparen. Durch die Anschaffung von neuen energieeffizienteren Haushaltsgroßgeräten (Kühl- und Gefriergeräte, Backöfen, Geschirrspüler,

---

66 UBA, Entwicklung der spezifischen Kohlendioxid-Emissionen des deutschen Strommix in den Jahren 1990 bis 2012, Dessau-Roßlau 2013, S. 2. Verfügbar unter: http://www.umweltbundesamt.de/sites/default/files/medien/461/publikationen/climate_change_07_2013_icha_co2emissionen_des_dt_strommixes_webfassung_barrierefrei.pdf [letzter Zugriff: 28.10.2013].

67 BDEW, Stromverbrauch im Haushalt: Haushaltsgröße beeinflusst Energiebedarf. Zahl der Kleinhaushalte wächst, Berlin 2010. Verfügbar unter: http://www.bdew.de/internet.nsf/id/de_20100225_pm_haushaltsgroesze_beeinflusst_energiebedarf [letzter Zugriff: 05.11.2013].

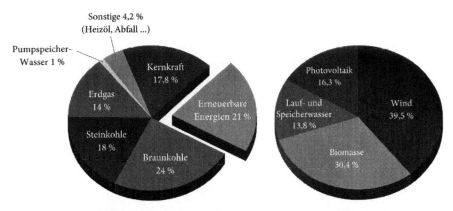

Abb. 6: Zusammensetzung des »Deutschen Strommix« im Jahr 2011 (links) und der Anteil von Ökostrom (rechts).[68]

Waschmaschinen) können oftmals langfristig Stromkosten gespart werden. Und es werden außerdem schädliche Treibhausgase vermieden. Voraussetzung dafür ist, dass das alte Gerät nicht andernorts weitergenutzt wird.[69]

Die meisten Haushaltsgroßgeräte tragen das EU-Energielabel. Auf diesem Zeichen sind unter anderem die jeweiligen Verbrauchswerte für Strom und Wasser abzulesen, die mit Hilfe von Buchstabenklassen bewertet werden. Ein Kühlschrank der höchsten Energieeffizienzklasse – also dem geringsten Stromverbrauch – trägt zum Beispiel die Kennzeichnung A+++. Ein Kühlschrank der Energieeffizienzklasse A verbraucht dem gegenüber bis zu 60 % mehr Strom pro Jahr. Ist der Kühlschrank älter als zehn Jahre, lohnt sich in der Regel der Kauf eines neuen Gerätes mit einer Energieeffizienzklasse von mindestens A++. Der über die Nutzungsdauer eines energieeffizienteren Gerätes eingesparte Strom ist bares Geld wert und kann teilweise die höheren Anschaffungskosten ausgleichen.[70]

Natürlich lohnt sich auch das Energiesparen im Haushalt bei vielen alltäglichen Gelegenheiten, also beim Kochen und Backen, beim Kühlen und Tiefkühlen sowie beim Geschirrspülen. Hier gibt es zahlreiche Tipps z. B. der Verbraucherzentralen.[71]

---

68 UBA, Strommix in Deutschland – Nettostromerzeugung im Jahr 2011 in Deutschland, Dessau-Roßlau 2013. Verfügbar unter: www.umweltbundesamt.de/sites/default/files/medien/ 377/bilder/dateien/strommix-karte.pdf [letzter Zugriff: 02.10.2013]."

69 Verbraucherzentrale Rheinland Pfalz e. V./Öko-Institut e. V., Energieverbrauch von Kühl- und Gefriergeräten. Mainz/Freiburg 2012. Verfügbar unter: http://www.ecotopten.de/sites/ default/files/infoblatt_kuehlschrank.pdf [letzter Zugriff: 11.09.2015].

70 Ebd.

71 Siehe auch von Koerber/Hohler.

Einkaufswege: Viele Verbraucher benutzen das Auto für ihre Einkaufsfahrten, was eine erhebliche Umweltbelastung zur Folge hat. Gerade bei kurzen Fahrten, also auf den ersten Kilometern, verbraucht ein Auto überdurchschnittlich viel Sprit. Selbst ein Einkauf, der aus ökologischen, regionalen und saisonalen Produkten besteht und somit klimafreundlich ist, kann durch eine Autofahrt diese CO_2-Einsparung wieder zunichtemachen. Im Gegensatz dazu können durch Einkaufsfahrten mit Bus oder Bahn bis zu zwei Drittel der Treibhausgas-Emissionen vermieden werden.[72] Am besten ist natürlich die klimaneutrale Variante des Einkaufens: zu Fuß oder mit dem Fahrrad.

Lebensmittelverschwendung: Von den Lebensmitteln, die weltweit für den menschlichen Verzehr produziert werden, gehen jährlich etwa ein Drittel (1,3 Milliarden Tonnen) verloren.[73] In Entwicklungsländern entstehen häufig Verluste direkt nach der Ernte, noch bevor sie auf den Markt kommen. Hier bei uns in Deutschland sind es etwa elf Millionen Tonnen Lebensmittel, die jedes Jahr in den Müll geworfen werden. Die privaten Haushalte sind daran zu rund zwei Dritteln beteiligt, nämlich mit durchschnittlich gut achtzig Kilogramm Lebensmittel jährlich – im Wert von 235 Euro pro Haushalt und Jahr. Davon sind rund zwei Drittel noch verzehrfähig.[74] Außerdem tragen auch Gaststätten, Kantinen, (Hoch-) Schulmensen sowie die Lebensmittelindustrie zur Lebensmittelverschwendung bei. Da jedes weggeworfene Lebensmittel während seiner Erzeugung Energie, Rohstoffe, Wasser und Landfläche benötigt und Klimagase verursacht hat, sollte es auch verzehrt und nicht weggeworfen werden. Besonders angesichts weltweit etwa 795 Millionen Hungernder ist diese Verschwendung von Lebensmitteln ethisch nicht verantwortbar.[75] Ein Grund hierfür ist in unseren Ländern sicherlich die mangelnde Wertschätzung von Lebensmitteln. Gut ist, sich in Hofläden oder auf Wochenmärkten im Gespräch mit Produzenten ein Bild zu machen, von wem und wie die Erzeugnisse angebaut wurden und wie viel Mühe damit verbunden ist (z. B. bei Hofbesichtigungen, die auch für Schulen angeboten werden). Dies kann zu einem bewussteren Umgang mit Lebensmitteln führen und das Verschwenden beenden.

72   VCD, CO_2-Einsparpotenziale. ÖPNV statt Auto. Verfügbar unter: http://www.vcd.org/ co2-einsparpotenziale.html [letzter Zugriff: 28.07.2015].

73   FAO, Global food losses and food waste. Rom 2011, S. 4. Verfügbar unter: http://www.fao. org/docrep/014/mb060e/mb060e00.pdf [letzter Zugriff: 28.10.2013].

74   Martin Kranert u. a., Ermittlung der weggeworfenen Lebensmittelmengen und Vorschläge zur Verminderung der Wegwerfrate bei Lebensmitteln in Deutschland, Stuttgart 2012. Verfügbar unter: http://www.bmelv. de/SharedDocs/Downloads/Ernaehrung/WvL/ Studie_Lebensmittelabfaelle_Langfassung. pdf [letzter Zugriff: 03.01.2016]

75   FAO/IFAD/WFP, The State of Food Insecurity in the World 2015. Meeting the 2015 international hunger targets: taking stock of uneven progress. Rom 2015, S. 8. Verfügbar unter: http://www.fao.org/3/a-i4646e.pdf [letzter Zugriff: 11.03.2016].

Verpackung: In Deutschland werden jährlich rund zwölf Millionen Tonnen Verpackungsmüll weggeworfen, was etwa 145 kg pro Person entspricht.[76] Die Verpackungen von Lebensmitteln tragen erheblich zu unseren Müllbergen bei. Im globalen Maßstab landet ein beträchtlicher Teil des Verpackungsmülls in der Umwelt und trägt zur Verschmutzung von Landschaften, Flüssen, Seen und Meeren bei – und gefährdet auch Menschen und Tiere.

Durch die Vermeidung von mehrfach verpackten Produkten sowie von Waren in Kleinst- und Einwegverpackungen kann Müll vermindert werden. Vorteilhafter sind unverpackte Erzeugnisse bzw. solche in Mehrwegverpackungen. Frische Lebensmittel auf dem Wochenmarkt sind kaum verpackt – besonders viele Gemüse- und Obstarten sowie Kartoffeln lassen sich gut ohne oder in von Verbrauchern selbst mitgebrachten Tüten oder Behältern nach Hause transportieren. Beim Einkauf im Supermarkt hingegen sammelt sich eine große Menge an Verpackungen an. Diese dienen zwar dazu, dass Lebensmittel nicht so schnell verderben – und helfen damit, eine erhebliche Nahrungsverschwendung zu vermeiden. Durch den Ressourcenverbrauch bei der Herstellung der Verpackungen, vor allem aber bei deren »Entsorgung« als Müll, ergeben sich jedoch unübersehbare Umweltprobleme. Bei unverarbeiteten Grundnahrungsmitteln entfallen auch die aufwändigen Transportverpackungen zwischen den einzelnen Produktionsstufen in verschiedenen Betrieben.

Genussvolle Esskultur

Bei aller Verantwortung gegenüber der Umwelt und der eigenen Gesundheit sowie bei aller Solidarität mit anderen Menschen sollte der Genuss beim Essen keinesfalls zu kurz kommen. Spaß und Lebensfreude sind bei der Ernährung unverzichtbare Voraussetzungen für eine dauerhafte Umstellung oder Anpassung der täglichen Essgewohnheiten. Dies steht jedoch – glücklicherweise – nicht im Widerspruch zu den ökologischen, ökonomischen, sozialen und gesundheitlichen Erfordernissen. Zum Beispiel gibt es durch bisher nicht verwendete Gemüse- und Getreidearten, Hülsenfrüchte, Gewürze und Kräuter sogar neue Geschmackserlebnisse zu entdecken.

Eine hohe Lebensmittelqualität im umfassenden Sinne ist Grundlage für genussvolle und bekömmliche Speisen. Das gemeinsame Zubereiten von Mahlzeiten mit der Familie oder Freunden kann zur Entspannung und Entschleunigung sowie zu einer höheren Esskultur beitragen und zu einem freudigen Erlebnis werden.

---

76 Statistisches Bundesamt, 455 Kilogramm Haushaltsabfälle pro Einwohner im Jahr 2009, Bonn 2011. Verfügbar unter: https://www.destatis.de/DE/PresseService/Presse/Presse mitteilungen/2011/02/PD11_050_321.html [letzter Zugriff: 02.11.2013].

Höhere Preise – Faire Preise

Wer Bio-Lebensmittel und Produkte aus Fairem Handel kaufen will, den halten oft die höheren Preise ab. Doch wer genauer hinsieht, kann erkennen: Konventionelle Nahrungsmittel sind häufig erstaunlich billig. Sie werden mit einem hohen Einsatz an Technik, chemisch-synthetischen Düngemitteln und Pestiziden hergestellt. Die Folgen für Umwelt und Gesellschaft sind teilweise gravierend, deren Folgekosten finden sich aber nicht in den Preisen wieder. Würden diese »externen Kosten« im Sinne ehrlicher Preise aufgeschlagen, wären konventionelle Produkte teurer als vergleichbare Bio-Ware. Ökologisch wirtschaftende Bauern erzielen zwar nicht so hohe Ernteerträge wie ihre konventionell wirtschaftenden Kollegen, entlassen aber weniger Treibhausgase in die Atmosphäre. Zusätzlich erbringen sie weitere wertvolle Umweltleistungen (s. S. 186 ff.).

Entsprechend bieten Lebensmittel aus Fairem Handel entscheidende Vorteile für die Menschen in Entwicklungsländern. Fair gehandelte Erzeugnisse ermöglichen den dortigen Produzenten höhere Einnahmen und damit ein menschenwürdiges Leben ohne Hunger und Unterernährung. Diese Menschen können damit ausreichend Lebensmittel für sich und ihre Familie kaufen – und die Kinder können eine Schule besuchen statt durch Kinderarbeit zum Lebensunterhalt beitragen zu müssen (s. S. 192 ff.).

Diese besondere Qualität von Bio-Lebensmitteln bzw. fair gehandelten Lebensmitteln gibt es natürlich nicht zum Nulltarif. Es gilt daher, in der Informations- und Bildungsarbeit den Verbrauchern diesen Mehrwert für sich und andere zu verdeutlichen und sie zum Kauf dieser hochwertigen Erzeugnisse zu motivieren. Genau hier setzt die »Bildung für nachhaltige Entwicklung« (BNE) an, zu der von zahlreichen Bildungsträgern Maßnahmen im Rahmen der von der UNESCO ausgerufenen »Weltdekade Bildung für nachhaltige Entwicklung 2005–2014« durchgeführt werden. Diese wird ab 2014 mit dem »Weltaktionsprogramm Bildung für nachhaltige Entwicklung« fortgeführt.[77]

Außerdem entfällt bei »ehrlichen«, sprich höheren bzw. fairen Erzeugerpreisen der Anreiz für kostensparende, teilweise unerlaubte Machenschaften bei Erzeugung, Verarbeitung und Vermarktung. Die Probleme der gehäuft auftretenden Lebensmittel-Skandale bei der billigen Massenproduktion lassen sich somit an der Wurzel packen, z.B. Tierhaltungsprobleme, BSE, Gammelfleisch, fragwürdige minderwertige Zutaten und verbotene Futterzusätze.

Wer hohe Qualität wertschätzt, ist eher bereit, mehr dafür zu zahlen. Bei Kleidung, Wohnung, Auto oder Urlaub ist dies für Viele selbstverständlich – beim Essen sollte das ebenso tägliche Praxis werden. In Deutschland geben wir ohnehin einen immer kleineren Teil unseres Einkommens für Lebensmittel aus –

---

77 Siehe www.bne-portal.de.

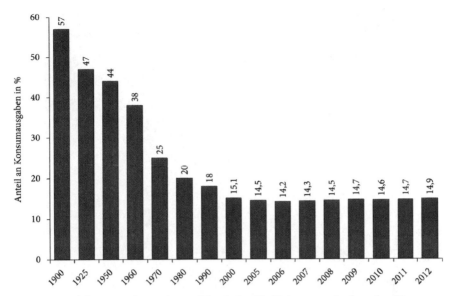

Abb. 7: Anteil der Ausgaben privater Haushalte für Nahrungsmittel an den Konsumausgaben (Deutschland, 1900 bis 2012).[78]

obwohl sich unser Einkommen zwischen 1950 und heute durchschnittlich mehr als verfünffacht hat.[79] Für Lebensmittel liegt der Anteil inzwischen nur noch bei durchschnittlich 15 % – wohingegen er vor gut einhundert Jahren noch bei knapp 60 % lag (Abb. 7).[80]

Bei der Preisdiskussion entscheidend ist die Tatsache, dass Lebensmittel über die letzten Jahrzehnte immer erschwinglicher wurden. Das bedeutet, wir müssen immer weniger Zeit aufwenden, um das nötige Geld zum Kauf eines Lebensmittels zu verdienen (Abb. 8). Beispielsweise waren 1970 durchschnittlich noch 96 Minuten Arbeit für ein Kilo Schweinekotelett nötig, heute dauert dies nur noch 23 Minuten – demnach ist die Kaufkraft viel höher geworden.[81]

78 Statista, Anteil der Ausgaben der privaten Haushalte in Deutschland für Nahrungsmittel an den Konsumausgaben in den Jahren von 1900 bis 2012, Hamburg 2014. Verfügbar unter: http://de.statista.com/statistik/daten/studie/75719/umfrage/ausgaben-fuer-nahrungs mittel-in-deutschland-seit-1900/ [letzter Zugriff: 22.1.2014].

79 IW Köln, IW-Dossier 3: Wohlstand in Deutschland, Köln 2010. Verfügbar unter: http:// www.iwkoeln.de/de/infodienste/iw-dossiers/beitrag/einkommensentwicklung-20276? highlight=einkommensentwicklung [letzter Zugriff: 28.10.2013].

80 Statista.

81 DBV, Situationsbericht 2013/14. Trends und Fakten zur Landwirtschaft, Berlin 2013, S. 30. Verfügbar unter: http://www.bauernverband.de/situationsbericht-2014 [letzter Zugriff: 10.2.2014].

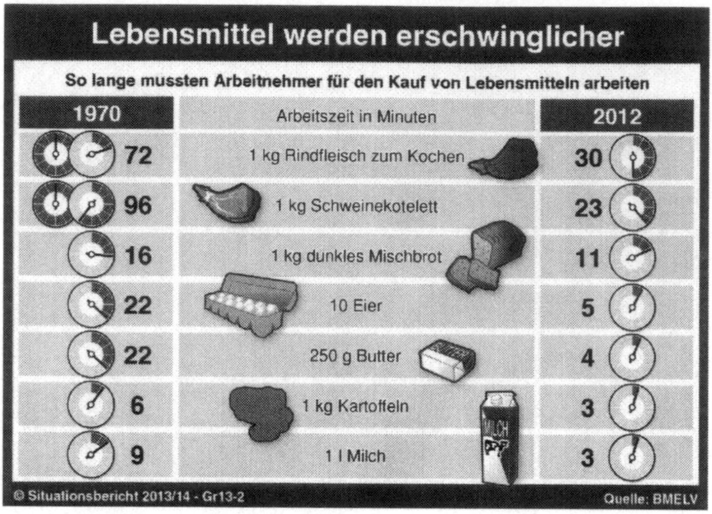

Lebensmittel werden erschwinglicher

So lange mussten Arbeitnehmer für den Kauf von Lebensmitteln arbeiten

1970	Arbeitszeit in Minuten	2012
72	1 kg Rindfleisch zum Kochen	30
96	1 kg Schweinekotelett	23
16	1 kg dunkles Mischbrot	11
22	10 Eier	5
22	250 g Butter	4
6	1 kg Kartoffeln	3
9	1 l Milch	3

© Situationsbericht 2013/14 - Gr13-2   Quelle: BMELV

Abb. 8: Notwendige Arbeitszeit für den Kauf von Lebensmitteln.[82]

Die verständlicherweise höheren Preise für Bio-Lebensmittel und Waren aus Fairem Handel müssen jedoch das Haushaltsbudget nicht unbedingt stärker belasten. Der Einkauf wird beispielsweise unnötig verteuert durch reichlich Fleisch und andere tierische Produkte sowie durch außerhalb der Saison gekauftes Gemüse und Obst, zudem durch Fertigprodukte und gesundheitsbedenkliche Luxusgüter wie Süßigkeiten, Alkohol oder Zigaretten. Vorwiegend pflanzliche, regionale und saisonale Grundnahrungsmittel sind – auch in Bio-Qualität – eine preiswerte Alternative. Günstiger wird der Lebensmitteleinkauf ferner durch eigene Zubereitung, statt Convenience-Produkten und häufigem Außer-Haus-Verzehr. Schließlich lässt sich Geld einsparen durch größere Abnahmemengen (verbunden mit häuslicher Vorratshaltung) und geeignete Einkaufsquellen (wie Direktbezug vom Landwirt).

Fazit

Essen ist lebensnotwendig und besitzt hohe psychologische und soziale Bedeutung. Umso wichtiger ist es, dass wir hier genauer hinsehen: Was verleiben wir uns täglich ein und welche Folgen hat dies für uns selbst, für andere Menschen auf der Welt, für die nachfolgenden Generationen und für unsere Lebensumwelt? Hochwertige, nachhaltige Lebensmittel sind nicht nur die Grundlage für schmackhafte Mahlzeiten und sinnlichen Genuss. Wir tun damit auch etwas für den vorbeugenden Gesundheitsschutz, für die Erhaltung der Umwelt, für saube-

82 Ebd.

res Trinkwasser und ein attraktives Landschaftsbild, für den Tierschutz – sowie für faire Wirtschaftsbeziehungen, soziale Gerechtigkeit und eine Belebung der Ernährungskultur.

Wir entscheiden als Konsumenten mit unserem Kaufverhalten mit darüber, was in vorgelagerten Gliedern der Produktionskette erfolgt, nämlich in Landwirtschaft, Verarbeitung und Vermarktung. Jeder Euro, den wir an der Ladenkasse ausgeben, kann ein nachhaltiges Produktionssystem unterstützen – oder eben nicht – und ist damit auch eine politische Handlung. Mit der Umsetzung der genannten Grundsätze können wir entscheidende Weichen zu einer nachhaltigen Entwicklung stellen. Das Wissen um diesen Mehrwert, verbunden mit einem entsprechenden Handeln, ist für Viele ein großer persönlicher Gewinn. Und eine lohnende Investition in die Zukunft.

Das Motto einer nachhaltigen Ernährung lautet: »Essen mit Genuss und Verantwortung – für alle Menschen auf der Erde und für die kommenden Generationen«.

Martina Shakya, Christoph Steiner, Volker Häring,
Marc Hansen und Wilhelm Löwenstein

Biokohle, Ernährungssicherung und Nahrungsmittelsicherheit in westafrikanischen Städten

Ökologische, ökonomische und soziale Perspektiven

Nahrungsmittelknappheit, Bodendegradation und Klimawandel sind globale Probleme, von denen Entwicklungsländer in besonderer Weise betroffen sind. Seit einigen Jahren propagieren Wissenschaftlerinnen und Wissenschaftler verstärkt den Einsatz von verkohlter Biomasse (Biokohle) als Beitrag zur Lösung dieser Probleme, mit besonderer Relevanz für Entwicklungsländer. Der Eintrag von Biokohle in landwirtschaftlich genutzte Böden gilt nicht nur als vielversprechendes Mittel zur Steigerung von Bodenfruchtbarkeit und Erträgen, sondern auch als sichere Methode, um Kohlenstoff dauerhaft im Boden einzulagern – mit erwarteten positiven Wirkungen auf den Klimawandel. Allerdings gibt es auch kritische Stimmen, die eine flächendeckende Nutzung von Biokohle insbesondere in Entwicklungsländern vehement ablehnen. Der Beitrag beschreibt den Stand der Forschung zu den Einsatzmöglichkeiten von Biokohle und die sich hieraus ergebenden Potentiale und Risiken für Entwicklungsländer. Am Beispiel eines aktuellen deutsch-afrikanischen Forschungsvorhabens zu städtischer Landwirtschaft in Westafrika werden mögliche Implikationen des Biokohle-Einsatzes für Ernährungssicherung und Nahrungsmittelsicherheit in den Ländern Subsahara-Afrikas diskutiert.

Was ist Biokohle?

Als Bio- oder Pflanzenkohle (englisch: biochar) wird das feste, stark kohlenstoffhaltige Produkt bezeichnet, das bei der Verschwelung (Pyrolyse) von Biomasse unter Luftabschluss und ohne Zufuhr von Sauerstoff entsteht. In Abgrenzung zur Holzkohle, die von der Menschheit als Energieträger bereits seit Jahrtausenden hergestellt und genutzt wird, steht der erst seit wenigen Jahren gebräuchliche Begriff der Biokohle ganz allgemein für verkohlte Biomasse aus unterschiedlichen organischen Ausgangsmaterialien, die nicht als Brennstoff verwendet werden. Neben Holz und anderen nachwachsenden Rohstoffen können zur Biokohleherstellung auch landwirtschaftliche Abfallprodukte

(z. B. Stroh, Getreidespelzen, Nussschalen und Grüngutabfälle mit hohem Holzanteil) genutzt werden.[1] Abbildung 1 beschreibt die Eignung unterschiedlicher Abfallprodukte für die Biokohleherstellung im Vergleich zur Kompostierung als alternativer Verwertungsart im Kontext von Westafrika.

Das aktuelle wissenschaftliche Interesse an der Biokohle geht zurück auf die »Wiederentdeckung« außerordentlich fruchtbarer Böden im Amazonasgebiet, der sogenannten *terra preta de índio*. Bereits Ende des 19. Jahrhunderts hatte Herbert H. Smith, Teilnehmer einer geologischen Expedition der amerikanischen Cornell-Universität, über auffällig schwarze Böden im Amazonasgebiet berichtet:

»This is the rich terra preta, ›black land,‹ the best on the Amazons. It is a fine, dark loam, a foot, and often two feet, thick. Strewn over it we find fragments of Indian pottery, so abundant in some places that they almost cover the ground.«[2]

Fachleute sind sich einig, dass es sich bei den von Smith beschriebenen Terra Pretas des Amazonasbeckens um Anthrosole, also vom Menschen geprägte Böden handelt.[3] Diese bildeten sich durch Anhäufung von Asche, verkohlten Pflanzenresten, Exkrementen und Knochen in der Nähe ehemaliger Siedlungen. Die Terra Preta-Funde und darauf aufbauende archäologische Untersuchungen legen nahe, dass das Amazonasgebiet bis vor wenigen Jahrhunderten insbesondere in der Nähe von Flussläufen dicht besiedelt war und intensiv landwirtschaftlich genutzt wurde.[4]

Die Beobachtung, dass die mächtigen, bis zu 7000 Jahre alten Terra Preta-Böden weitaus fruchtbarer sind als die typischerweise stark verwitterten Tropenböden in direkter Umgebung und die Tatsache, dass deren organische Substanz über die Zeit erhalten blieb, inspirierte die moderne wissenschaftliche Erforschung der Terra Preta seit den 1960er und 1970er Jahren.[5] Terra Preta enthält im Oberboden (0–30 cm) durchschnittlich 2,7- mal höhere Vorräte an organischer Substanz (ca. 250 t $ha^{-1} m^{-1}$) wie benachbarte, ungestörte Tropenböden wie Ferralsols (ca. 100 t $ha^{-1} m^{-1}$).[6] Außerdem weist sie im Vergleich zu menschlich unbeeinflussten Tropenböden ein besseres Nährstoffverhältnis und Nährstoff-

---

1 Andreas Möller/Heinrich Höper, Bewertung des Einsatzes von Biokohle in der Landwirtschaft aus Sicht des Bodenschutzes, in: GeoBerichte 29 (2014), S. 7.

2 Herbert H. Smith, Brazil, the Amazons and the Coast, New York 1879, S. 144–145.

3 William I. Woods, Development of Anthrosol Research, in: Johannes Lehmann u.a. (Hg.), Amazonian Dark Earths: Origin Properties Management, Dordrecht 2003, S. 3–4; Christoph Steiner, Soil Charcoal Amendments Maintain Soil Fertility and Establish a Carbon Sink—Research and Prospects, in: Tian-Xiao Liu (Hg.), Soil Ecology Research Developments, New York 2008, S. 1.

4 Thomas P. Myers u.a., Historical Perspectives on Amazon Dark Earths, in: Lehmann u.a., S. 15.

5 Woods, S. 12.

6 Bruno Glaser u. a., The ›Terra Preta‹ phenomenon: a model for sustainable agriculture in the humid tropics, in: Naturwissenschaften 88 (2001), S. 39.

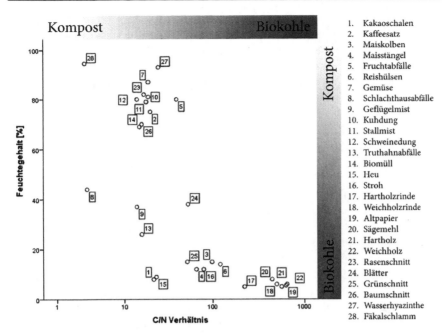

1. Kakaoschalen
2. Kaffeesatz
3. Maiskolben
4. Maisstängel
5. Fruchtabfälle
6. Reishülsen
7. Gemüse
8. Schlachthausabfälle
9. Geflügelmist
10. Kuhdung
11. Stallmist
12. Schweinedung
13. Truthahnabfälle
14. Biomüll
15. Heu
16. Stroh
17. Hartholzrinde
18. Weichholzrinde
19. Altpapier
20. Sägemehl
21. Hartholz
22. Weichholz
23. Rasenschnitt
24. Blätter
25. Grünschnitt
26. Baumschnitt
27. Wasserhyazinthe
28. Fäkalschlamm

Abb. 1: Feuchtegehalte und C/N Verhältnisse von organischen Abfällen, die in Westafrika häufig anfallen. Ausgangsstoffe mit hohen C/N-Verhältnissen und geringen Feuchtegehalten bieten sich eher für die Biokohleherstellung an, wohingegen geringe C/N Verhältnisse und hohe Feuchtegehalte eher zum Kompostieren geeignet sind (Quelle der C/N- und Feuchtedaten: http://compost.css.cornell.edu/download.html und eigene Messungen).

speichervermögen sowie eine deutlich erhöhte Produktivität auf.[7] Bodenkundler führen diese Eigenschaften vor allem auf den hohen Anteil verkohlter Pflanzenmasse in den Terra Pretas zurück. Die Untersuchungen zur Terra Preta legen somit nahe, dass sich unfruchtbare und landwirtschaftlich an sich kaum nutzbare Böden durch Eintrag verkohlter Biomasse in hochproduktive Böden umwandeln lassen.[8] Zwar ist die ökologische Bedeutung von Feuer für das Pflanzenwachstum schon seit langem bekannt, und die »düngende« Wirkung von Asche wird bis heute unter anderem in Form des tropischen Brandrodungsfeldbaus (slash and burn) vom Menschen genutzt.[9] Doch ist es vor allem den Erkenntnissen aus

7 Steiner, Soil Charcoal Amendments, S. 1; Emma Marris, Black is the new green, in: Nature 442, 10. August 2006, S. 624–625; Möller/Höper, S. 9.
8 Steiner, Soil Charcoal Amendments, S. 1.
9 Axel Steensberg, Fire-clearance husbandry: traditional techniques throughout the world, Herning 1993. Zur Anwendung von Kohle in der amerikanischen Landwirtschaft des 19. Jahrhunderts, vgl. Richard Allen Lamb, A Brief Compend of American Agriculture, New York ³1847, S. 45.

der Terra Preta-Forschung zu verdanken, dass sich Wissenschaftler heute systematisch mit den Einsatzmöglichkeiten von Biokohle zur Bodenverbesserung auseinandersetzen. Damit einher geht die Frage, ob Biokohle zu einer nachhaltigen Steigerung der weltweiten Nahrungsmittelproduktion beitragen und die landwirtschaftliche Produktivität insbesondere in Entwicklungsländern erhöhen kann. Diese Frage steht im Vordergrund des vorliegenden Beitrages.

Wissenschaftler setzen jedoch noch eine weitere, global nicht weniger bedeutsame Hoffnung in die Biokohle. Wie die Terra Preta-Studien belegen, kann der in pyrolisierter Biomasse konzentrierte Kohlenstoff über Jahrhunderte oder gar Jahrtausende im Boden in stabilen Verbindungen gegen den Abbau geschützt werden.[10] Die praktische Relevanz für das Weltklima klingt revolutionär, ist aber einleuchtend: Durch den Entzug von Kohlendioxid aus der Atmosphäre könnte die Einlagerung verkohlter Biomasse im Boden eine effiziente, dauerhafte und sichere Methode zur Verringerung der Erderwärmung darstellen.[11] Dies gilt insbesondere dann, wenn zur Verkohlung in ausreichender Menge vorhandene und bisher ungenutzte Abfallstoffe herangezogen werden. Schätzungen zufolge könnte der globale, anthropogen bedingte Treibhausgas-Ausstoß durch Einlagerung von nachhaltig produzierter Biokohle um jährlich 12 % reduziert werden.[12] Zudem könnte Biokohle durch die Verbesserung des Wasserhaushaltes die Dürreanfälligkeit und durch die Erhöhung der Gefügestabilität die Anfälligkeit für Bodenerosion als Folge von Starkregen verringern und so zur Anpassung der Agrarökosysteme an den Klimawandel beitragen.

Die temporäre Bindung von photosynthetisch erzeugtem Kohlenstoff durch Aufforstung und Vermeidung von Entwaldung, die Nutzung von Energieträgern aus nachwachsenden Rohstoffen anstelle fossiler Brennstoffe oder die Kohlenstoffabscheidung und -einlagerung sind weitere Möglichkeiten, um den globalen Ausstoß von Treibhausgasen zu reduzieren. Wie der REDD-Mechanismus (Reducing Emissions from Deforestation and Forest Degradation) der UN-Klimarahmenkonvention (UNFCCC) und die EU-Biokraftstoffrichtlinie belegen, wurden diese Alternativen in den vergangenen zehn Jahren intensiv diskutiert und ihre Umsetzung politisch vorangetrieben. Biokohle bietet sich diesen zum Teil schwer kontrollierbaren und technisch aufwendigen Verfahren gegenüber als effektive Alternative an, um der Atmosphäre klimaschädliche Gase zu entziehen und Kohlenstoff dauerhaft einzulagern.[13] Trotz der aktiven Bemühungen von Wissenschaftlern und privatwirtschaftlichen Akteuren, die u. a. auch an der Entwicklung kostengünstiger Pyrolyseverfahren arbeiten, gelang es bislang jedoch nicht, die klimarelevanten Potentiale der Biokohle etwa durch

---

10 Johannes Lehmann, A handful of carbon, in: Nature 447, 10.05.2007, S. 143; Steiner, Soil Charcoal Amendments, S. 3.
11 Lehmann, S. 143.
12 Dominic Woolf u. a., Sustainable biochar to mitigate global climate change, in: Nature Communications, 10.08.2010, S. 1.
13 Lehmann, S. 143.

Einbeziehung in den internationalen Emissionshandel auszuschöpfen. So scheitert die Herstellung und Nutzung von Biokohle in größerem Stil bislang neben fehlender politischer Unterstützung auch an der mangelnden Wirtschaftlichkeit.

Biokohle, Bodenfruchtbarkeit und landwirtschaftliche Produktion

Woraus ergibt sich aber nun der potentielle Nutzen der Biokohle für die Welternährung und insbesondere für die landwirtschaftliche Produktion in Entwicklungsländern? Auch wenn Biokohle an sich keine düngende Wirkung hat (mit Ausnahme der Asche, die mit der Kohle appliziert wird), so belegen verschiedene wissenschaftliche Untersuchungen und Metastudien, dass die Einbringung verkohlter Biomasse die Bodenfruchtbarkeit signifikant erhöhen kann. Dies lässt sich u. a. anhand erhöhter Kohlenstoff- und Nährstoffkonzentrationen, verbesserter pH-Werte der Böden sowie landwirtschaftlicher Ertragssteigerungen nachweisen.[14] Die besonderen physikalischen Eigenschaften der Biokohle (hohe Porosität und dadurch bedingt große Oberfläche) verbessern u. a. Struktur, Nährstoff- und Wasserspeicherkapazität, Bodenatmung und pflanzliche Verfügbarkeit von Nährstoffen im Boden.[15] Auch wurde nachgewiesen, dass Biokohle Pathogene im Boden binden und damit unschädlich machen sowie zu einer effizienteren Ausnutzung bzw. Reduzierung von Mineraldüngergaben beitragen kann.[16] Einer Metastudie zufolge liegt die landwirtschaftliche Ertragssteigerung durch Biokohle bei durchschnittlich 10 %.[17] In Verbindung mit anderen Düngemitteln, z. B. Kompost, könnten die positiven Wirkungen der Biokohle noch gesteigert

---

14 Christoph Steiner, Slash and Char as Alternative to Slash and Burn, Göttingen 2007; Lori A. Biederman/W. Stanley Harpole, Biochar and its effects on plant productivity and nutrient cycling: a meta-analysis, in: Global Change Biology Bioenergy 5 (2013), S. 204; Steiner, Soil Charcoal Amendments, S. 3; S. Jeffery u. a., A quantitative review of the effects of biochar application to soils on crop productivity using meta-analysis, in: Agriculture, Ecosystems and Environment 144 (2011), S. 182–183; Moses Hensley Duku u. a., Biochar production potential in Ghana—A review, in: Renewable and Sustainable Energy Reviews 15 (2011), S. 3547.

15 Steiner, Slash and Char; Lehmann, S. 143; Christoph Steiner u. a., Charcoal and Smoke Extract Stimulate the Soil Microbial Community in a Highly Weathered Xanthic Ferralsol, in: Pedobiologia 51 (2008) S. 359–366; Christoph Steiner u. a., Nitrogen Retention and Plant Uptake on a Highly Weathered Central Amazonian Ferralsol amended with Compost and Charcoal, Journal of Plant Nutrition and Soil Science 171,6 (2008), S. 893–899.

16 Steiner, Slash and Char; Mark Hertsgaard, As Uses of Biochar Expand, Climate Benefits Still Uncertain, Yale Environment, 21.04.2014. Verfügbar unter: http://e360.yale.edu/feature/as_uses_of_biochar_expand_climate_benefits_still_uncertain/2730/ [letzter Zugriff: 05.08.2015]; Ute Scheub, Revolution aus den Graswurzeln, in: Umwelt aktuell, Juli (2010), S. 2; Kelsi S. Bracmort, Biochar: Examination of an Emerging Concept to Mitigate Climate Change, S. 3–4.

17 Jeffery u. a., S. 181.

werden.[18] Allerdings sind diese Effekte u. a. von der Art des verkohlten Ausgangsmaterials, dem angewandten Pyrolyseverfahren, der Ausbringungsmenge, dem Anbauprodukt und den vorhandenen Bodeneigenschaften abhängig und können folglich große Spannweiten aufweisen.[19] Allgemein gehen Fachleute davon aus, dass insbesondere Entwicklungsländer mit semi-aridem Klima und mit nährstoffverarmten, sauren und sandigen Böden von den bodenverbessernden Eigenschaften der Biokohle stark profitieren könnten.[20]

Während es nunmehr weitgehend unstrittig ist, dass Biokohle Bodenfruchtbarkeit und -produktivität durch Veränderungen der chemischen, biologischen und physikalischen Bodeneigenschaften erhöhen kann, so sind die zugrundeliegenden Wirkmechanismen komplex und längst nicht hinreichend erforscht.[21] Auch hinsichtlich der Herstellung und praktischen Einsetzbarkeit von Biokohle in der Landwirtschaft bleiben viele Fragen offen. So erfordert die Produktion von Biokohle ausreichende Mengen an Biomasse, die alternativ auch direkt im Anbauzyklus genutzt werden könnten und diesem bei Verkohlung entzogen würden (vgl. Abb. 1). Auch wenn Befürworter die Pyrolyse ungenutzter Abfallprodukte propagieren, befürchten Kritiker, dass eine kommerzielle Herstellung von Biokohle unter Berufung auf den Klimawandel zur Anlage großflächiger Plantagen und »Landgrabs« zum Anbau der benötigten Biomasse führen könnte – in Analogie zur aktuellen Problematik um die Produktion von Biotreibstoffen.[22] Auch wenn solche Befürchtungen aufgrund der bisher nur kleinmaßstäblichen Produktion von Biokohle rein spekulativ erscheinen, so sind sie doch nicht gänzlich abwegig. Denn bisher fällt Biokohle in größeren Mengen lediglich als Nebenprodukt bei der Herstellung von Bioöl an.[23] Eine stärkere kommerzielle Nutzung der Biokohle läge daher zweifellos im Interesse der Biotreibstoffindustrie. Sie könnte auch für Betriebe interessant sein, die in größeren Mengen organische Abfälle produzieren oder verwerten, z. B. Kompost- und Erdenwerke.[24]

Zur Produktion von Biokohle müssen Kosten und Zeit aufgewendet werden. Das macht die Wirtschaftlichkeit trotz möglicher Einsparungen bei Düngemitteln und einer effizienteren Verwertung landwirtschaftlicher Abfallprodukte

18 Christoph Steiner u. a., Biochar as an additive to compost and growing media, in: Johannes Lehmann/Stephen Joseph (Hg.), Biochar for environmental management, London ²2015, S. 715–735.
19 Möller/Höper, S. 6; Biederman/Harpole, S. 203; Jeffery u. a., S. 179–182.
20 Woolf u. a., S. 7; Steiner, Slash and Char; Möller/Höper, S. 6; Hertsgaard.
21 Steiner, Soil Charcoal Amendments, S. 2; Steiner, Slash and Char; Möller/Höper, S. 17; Jeffery u. a., S. 186; Biederman/Harpole, S. 209–210.
22 The African Biodiversity Network u. a., Biochar Land Grabbing: The impacts on Africa.„ Dezember ²2010. Verfügbar unter: www.biofuelwatch.org.uk/docs/biochar_africa_briefing.pdf [letzter Zugriff: 05.08.2015]; Biofuelwatch, Biochar: A Critical Review of Science and Policy, November 2011. Verfügbar unter http://www.biofuelwatch.org.uk/2011/a-critical-review-of-biochar-science-and-policy/[letzter Zugriff:20.08.2015].
23 Steiner, Soil Charcoal Amendments, S. 3; Marris, S. 625.
24 Marris, S. 626.

fraglich. Und auch wenn schon die einmalige Einarbeitung von Biokohle einen langjährigen Nutzen verspricht, so erfordern Herstellung und Einbringung von Biokohle spezifische Kenntnisse und erzeugen zusätzliche Arbeit. Insbesondere die Frage der Wirtschaftlichkeit aus der Sicht kleinbäuerlicher Produzenten muss also geklärt werden, bevor Biokohle als »Wundermittel« zur Steigerung der Nahrungsmittelproduktion insbesondere in Entwicklungsländern propagiert werden sollte. Nur wenn die bodenverbessernde Wirkung der Biokohle mit einem handfesten ökonomischen Nutzen für kleinbäuerliche Produzenten einhergeht, kann mit einer Akzeptanz dieser landwirtschaftlichen Innovation gerechnet werden. Trotz der zu erwartenden Ertragssteigerungen bleibt daher offen, ob der Einsatz von Biokohle tatsächlich einen Beitrag zur Lösung der globalen Ernährungskrise leisten kann. Das weiter unten vorgestellte Forschungsprojekt Urban Food[Plus] will diesen Fragen am Beispiel von vier westafrikanischen Städten nachgehen. Der nächste Abschnitt skizziert zunächst die aktuelle Situation der Nahrungsmittelunsicherheit in den Ländern Subsahara-Afrikas und die potentielle Rolle agrartechnologischer Innovationen zur Lösung der Ernährungskrise in der Region.

Ernährungssicherung und landwirtschaftliche Produktivität in Subsahara-Afrika

Die globale Finanzkrise und die eng mit ihr verbundene Nahrungsmittelkrise der Jahre 2008 und 2009 hat das politische und wissenschaftliche Interesse am Thema Ernährungssicherung erneut entfacht. Schätzungen der Landwirtschaftsorganisation der Vereinten Nationen (FAO) zufolge leidet noch immer jeder achte Mensch weltweit an chronischem Hunger. Am stärksten betroffen hiervon ist Subsahara-Afrika. Ein Viertel der Bevölkerung leidet an Unterernährung, auch hat die absolute Zahl der Unterernährten in der Region seit den 1990er Jahren weiter zugenommen.[25] Folgt man internationalen Analysen und Prognosen, ergibt sich auch für die Zukunft ein wenig optimistisch stimmendes Bild:[26] Bei derzeit 875 Millionen Menschen und einer jährlichen Wachstumsrate von 2,5 % wird sich die Bevölkerung Subsahara-Afrikas bis zum Jahr 2050 nahezu verdoppeln. Der wachsenden Nachfrage stand bislang jedoch keine ausreichende Steigerung der Nahrungsmittelproduktion entgegen. Im Gegenteil: Drei Viertel des nutzbaren Agrarlandes gelten schon jetzt als degradiert, und der voranschreitende Verlust von Bodennährstoffen wirkt sich negativ auf die landwirtschaftliche Wertschöpfung aus. Die Anbaufläche wurde nur mäßig erweitert, und das pro Kopf verfügbare potentielle Agrarland ist geschrumpft.

25 FAO, The State of Food Insecurity in the World. The multiple dimensions of food security, Rom 2013, S. 8.
26 The Montpellier Panel, Sustainable Intensification: A New Paradigm for African Agriculture, London 2013, S. 5.

Im Vergleich zu Asien und Lateinamerika erzielte Subsahara-Afrika in den vergangenen Jahrzehnten nur eine bescheidene Steigerung seiner Getreideernten. Prognosen zufolge wird der Klimawandel ohne Anpassungsmaßnahmen sogar zu einem Rückgang der landwirtschaftlichen Produktion führen. In Anbetracht der Verknappung fossiler Energieträger und der bislang nicht ausreichend berücksichtigten Umweltkosten der »Grünen Revolution« erscheint es fragwürdig, ob die dringend erforderlichen Produktionssteigerungen allein mit den altbekannten Rezepten (Hochertrags-Saatgut und massiver Einsatz von Mineraldünger) erreicht werden können.[27] Eine »grünere Revolution«[28] erscheint daher für Subsahara-Afrika unabdingbar, um die wachsende Bevölkerung bei knapper werdenden Ressourcen vor einer weiteren Ausweitung von Hunger und Unterernährung zu bewahren.

Dieser Situation tragen auch die jüngst von den Vereinten Nationen verabschiedeten Ziele für eine nachhaltige Entwicklung (Sustainable Development Goals) Rechenschaft. Dem nachhaltigen Entwicklungsziel Nr. 2 zufolge sollen der weltweite Hunger bekämpft, die Ernährungssicherung verbessert und eine nachhaltige Agrarwirtschaft gefördert werden. Es wird angestrebt, dieses ehrgeizige Ziel bis zum Jahr 2030 über eine Verdoppelung der landwirtschaftlichen Produktivität und der Einkommen kleinbäuerlicher Lebensmittelproduzenten, die Förderung nachhaltiger und klimaschonender landwirtschaftlicher Produktionssysteme sowie gesteigerte Investitionen in ländliche Infrastruktur und Agrarforschung zu erreichen.[29] Denn auch wenn die Ursachen von Armut und Ernährungsunsicherheit komplex sind, so besteht doch weitgehend Einigkeit, dass Maßnahmen zur Steigerung der landwirtschaftlichen Produktivität und ein Fokus auf Kleinbäuerinnen und Kleinbauern zu ihrer Bekämpfung erforderlich sind.[30] So erzielte Ghana in den vergangenen Jahrzehnten große Erfolge bei der Steigerung seiner Nahrungsmittelproduktion sowie bei der Reduzierung absoluter Armut, was u. a. auf massive Investitionen im Agrarsektor zurückgeführt wird.[31]

Produktivitätssteigernde Innovationen könnten eine dringend erforderliche »nachhaltige Intensivierung« der kleinbäuerlichen Landwirtschaft in Subsahara-

27 Christoph Steiner/Paul Taylor, The Greener Revolution, in: Paul Taylor (Hg.), The Biochar Revolution, Lilydale 2010, S. 270–272.
28 David Tilman u. a., Forecasting Agriculturally Driven Global Environmental Change, in: Science 292 (2001), S. 283.
29 Vereinte Nationen, Präsident der Generalversammlung, Transforming Our World: The 2030 Agenda for Sustainable Development, 11. August 2015, S. 12–13. Verfügbar unter: https://dgroups.org/?96jqp2mq.0[letzter Zugriff: 19.08.2015].
30 FAO, The State of Food Insecurity in the World, S. 41; Policy and Operations Evaluation Department, Ministry of Foreign Affairs of the Netherlands, Improving Food Security. Emerging Evaluation Lessons, in: Evaluation Insights 5, January 2012, S. 11; Max Spoor/ Martha Jane Robbins (Hg.), Agriculture, Food Security and Inclusive Growth, Den Haag 2012, S. 10; Sustainable intensification revisited, IIED Briefing Food and Agriculture, März 2015; The Montpellier Panel.
31 FAO, The State of Food Insecurity in the World, S. 32.

Afrika befördern. Intensivierung kann dann als nachhaltig bezeichnet werden, wenn höhere landwirtschaftliche Erträge mit einem effizienteren Ressourceneinsatz unter Vermeidung negativer Umweltwirkungen (einschließlich Reduktion von Treibhausgasen) und unter sozial akzeptablen Produktionsbedingungen dauerhaft erzielt werden.[32] Landwirtschaftliche Effizienzsteigerungen lassen sich u.a. durch die Ausweitung von Bewässerung, durch eine gezieltere Dosierung von Wasser, Nährstoffen und Pestiziden, durch den Einsatz von Hochertrags-Saatgut, durch standortgerechte Mischkulturen, integrierten Pflanzenschutz und bodenerhaltende Maßnahmen erreichen. Voraussetzung für die Anwendung solcher Technologien ist, dass sie für die Produzentinnen und Produzenten erschwinglich und technisch leicht anwendbar sind und zu einer spürbaren Verbesserung ihrer Einkommenssituation führen. Daneben muss jedoch auch das politische und institutionelle Umfeld für die Nutzung agrartechnischer Innovationen förderlich sein. So brauchen kleinbäuerliche Produzenten als Voraussetzung für die Adaption neuer Technologien faire Marktbedingungen, gesicherte Landrechte, landwirtschaftliche Beratung sowie Zugang zu Betriebsmitteln und Kredit.[33]

Vor diesem Hintergrund erscheint die Nutzung von Biokohle zur Bodenverbesserung und Steigerung landwirtschaftlicher Erträge in Subsahara-Afrika als eine naheliegende Lösung. Die vielerorts übliche intensive Dauernutzung kleinster Anbauflächen führt unter den gegebenen klimatischen Bedingungen zu einem raschen Abbau der organischen Substanz in den Böden und Auswaschung von Nährstoffen.[34] Biokohle könnte die Wasser- und Nährstoffspeicherkapazität verarmter Böden verbessern, zu einer Erhöhung landwirtschaftlicher Erträge auf der bestehenden Anbaufläche beitragen und dadurch das Einkommen kleinbäuerlicher Produzentinnen und Produzenten erhöhen. Wenn dann, abhängig vom Umfang der durch den Biokohle-Eintrag erzielten Produktionssteigerungen, das Angebot auf den lokalen Märkten wächst, würden die Preise für den Verbraucher fallen. Grundnahrungsmittel, Obst und Gemüse wären dann erschwinglicher, und mehr Menschen könnten sich und ihre Familien angemessen ernähren.

In der Theorie klingt diese Argumentationskette logisch und überzeugend. Wie empirische Untersuchungen zur Terra Preta im Amazonasgebiet belegen, kann Biokohle tatsächlich zu einer deutlichen Verbesserung der kleinbäuerlichen Anbaubedingungen selbst unter den extremen klimatischen und pedologischen Bedingungen der immerfeuchten Tropen beitragen.[35] Doch lässt sich das Terra Preta-Konzept auch auf bevölkerungsreiche, wechselfeuchte Gebiete Subsahara-Afrikas übertragen, und wenn ja, unter welchen Bedingungen? Bei dieser Frage setzt das Projekt Urban Food[Plus] in Westafrika an.

32 The Montpellier Panel, S. 11–12.
33 Ebd.
34 Duku u.a., S. 3540; The Montpellier Panel, S. 5.
35 Steiner, Slash and Char.

Biokohle in der städtischen Landwirtschaft Westafrikas: Das Forschungsprojekt Urban Food^Plus

Dass Biokohle – in Anlehnung an die »Grüne Revolution« in Asien und Latein-amerika – eine »Schwarze Revolution«[36] in Subsahara-Afrika auslösen und neben einer nachhaltigen Steigerung der Nahrungsmittelproduktion sogar noch zu einer Verbesserung des Weltklimas beitragen könnte, klingt verheißungsvoll. Wie oben angedeutet, stellen sich jedoch noch viele praktische Fragen zu den Möglichkeiten und Grenzen einer weltweiten Übertragung des Terra Preta-Prinzips durch Pro-duktion und Nutzung von Biokohle. Diese Fragen können nur durch systematische wissenschaftliche Untersuchungen und standortbezogene Feldversuche beantwor-tet werden. Seit 2013 untersucht das vom Bildungs- und Forschungsministerium (BMBF) der Bundesrepublik Deutschland geförderte Projekt Urban Food^Plus (UFP) den potentiellen Beitrag von Biokohle zur Steigerung der Ernährungssicherung und Nahrungsmittelsicherheit in vier westafrikanischen Städten.[37]

a. Fokus auf städtische und periurbane Landwirtschaft

Auch wenn inzwischen weltweit mehr Menschen in Städten als auf dem Land leben, hatte die Urbanisierung im Jahr 2010 erst gut ein Drittel (37 %) der Bevölkerung Subsahara-Afrikas erreicht.[38] Schätzungen zufolge wird sich die afrikanische Stadtbevölkerung in den kommenden 50 Jahren jedoch verdreifa-chen.[39] Gegenüber anderen Weltregionen geht die Urbanisierung in Subsahara-Afrika bislang nicht mit einem vergleichbaren Wirtschaftswachstum einher. Die Gründe hierfür liegen in schwachen administrativen und planerischen Ka-pazitäten staatlicher Institutionen, einer unzureichenden Versorgung der Be-völkerung mit grundlegender Infrastruktur (Wasser, Energie, Gesundheit und sanitäre Einrichtungen) und ungemindert starkem natürlichen und migrations-bedingten Wachstum einer Bevölkerung mit geringem Bildungsstand, die von den Vorzügen städtischen Lebens bisher kaum profitieren konnte.[40]

Für innerstädtische und stadtnahe landwirtschaftliche Aktivitäten bietet die Urbanisierung vielfältige Chancen, birgt jedoch auch Probleme. Die rasch wach-

36 Marris, S. 624.
37 Urban Food^Plus—African-German partnership to enhance resource use efficiency and improve food security in urban and peri-urban agriculture of West African cities Verfüg-bar unter: http://www.urbanfoodplus.org [letzter Zugriff: 06.08.2015].
38 Agnes Andersson Djurfeldt/Magnus Jirström, Urbanization and changes in farm size in Sub-Saharan Africa and Asia from a geographical perspective, a review of the literature, A Foresight Study of the Independent Science and Partnership Council, Lund 2013, S. 4.
39 Maria E. Freire u.a., Africa's Urbanization: Challenges and Opportunities, Washington 2014, S. 1.
40 Freire u.a., S. 21–22.

sende Bevölkerung afrikanischer Städte muss mit Nahrungsmitteln versorgt werden. Insbesondere leicht verderbliches Obst und Gemüse muss im näheren Umfeld der Städte produziert werden, da die Transportinfrastruktur meist unzureichend und Kühlmöglichkeiten nicht vorhanden sind. Veränderte Ernährungsgewohnheiten der Stadtbewohner lassen neue Nachfragestrukturen und Nischenmärkte, beispielsweise für Fastfood und aus afrikanischer Sicht »exotische« Gemüsesorten (z.B. Kohl, Karotten und Blattsalat) entstehen. Es ergeben sich vielfältige, der landwirtschaftlichen Produktion vor- und nachgelagerte Beschäftigungsmöglichkeiten, z.B. in Handel, Transportwesen und Gastronomie. Neben der kommerziellen Produktion und dem Vertrieb von Grundnahrungsmitteln, Gemüse und Obst trägt die städtische und stadtnahe (periurbane) Landwirtschaft auch zur Selbstversorgung der urbanen Bevölkerung bei und leistet dadurch einen Beitrag zur Ernährungssicherung.

Mit dem Wachstum der Städte und der Ausweitung von Siedlungsflächen, bei gleichzeitig unsicheren landrechtlichen Verhältnissen droht städtischen Produzenten jedoch zunehmend der Verlust ihrer Anbauflächen. Intensive Agrarproduktion, oft auf kleinsten Parzellen, findet daher typischerweise an den Rändern der Städte, d.h. im periurbanen Raum oder aber auf innerstädtischen »Nischenflächen« statt, die nicht bebaut oder anderweitig genutzt werden können, z.B. in der Nähe von Staudämmen und anderen Wasserflächen, entlang von Flussläufen oder unter Stromleitungen. Nährstoffreiche städtische Abwässer stehen auch in ariden Gegenden Subsahara-Afrikas permanent für Bewässerung zur Verfügung, ermöglichen einen ganzjährigen Anbau und reduzieren den Düngemittelbedarf städtischer Kleinlandwirte. Die Nutzung von kontaminiertem Bewässerungswasser hat jedoch den Nachteil, dass sie Produzenten und Konsumenten potentiellen gesundheitlichen Risiken aussetzt.

Vor diesem Hintergrund widmet sich das UFP-Projekt der Frage, wie die Ernährungssicherung durch eine effizientere Ressourcennutzung in der städtischen Landwirtschaft gesteigert und dabei auch die Nahrungsmittelsicherheit erhöht werden kann. Räumlicher Schwerpunkt der bisherigen Untersuchungen sind die westafrikanischen Städte Tamale (Ghana) und Ouagadougou, die Hauptstadt von Burkina Faso. Beide Städte liegen im wechselfeuchten afrikanischen Savannengürtel mit einer ausgeprägten Trockenzeit, die der landwirtschaftlichen Nutzung enge Grenzen setzt. Eine Ausweitung des UFP-Projektes auf Bamenda (Kamerun) und Bamako (Mali) ist vorgesehen.

Das interdisziplinäre Team afrikanischer und europäischer UFP-Wissenschaftler untersucht die Einsatzmöglichkeiten von Biokohle in der städtischen und periurbanen Landwirtschaft gleich aus mehreren Perspektiven. Zum einen wird Biokohle als Möglichkeit betrachtet, die städtische Nahrungsmittelproduktion durch verbesserte Bodenfruchtbarkeit zu steigern. Zum anderen experimentieren UFP-Forscher mit der Verwendung von Biokohle als Filtermedium (Filterkohle) zur Wasserreinigung und der Optimierung von Bewässerungstechnologien, um die landwirtschaftliche Nutzung städtischer Abwässer für Produzenten und Konsumenten effizienter und sicherer zu machen.

b. Biokohle und Ernährungssicherung

Die landwirtschaftliche Produktion von Grundnahrungsmitteln und Gemüse findet in Tamale und Ouagadougou vorwiegend auf intensiv genutzten innerstädtischen Freiraumflächen (open space areas) mit Bewässerungsmöglichkeit statt. In Ouagadougou werden ganzjährig Salat und andere Gemüsesorten auf kleinsten Parzellen intensiv angebaut. Um schnelle Fruchtfolgen und ausreichende Erträge zu ermöglichen, kommen Mineraldünger und Pflanzenschutzmittel zum Einsatz. Zur Bewässerung dienen oftmals kontaminierte Brunnen. In Tamale beschränkt sich die kommerzielle Produktion von Gemüse für den städtischen Markt auf open space-Flächen überwiegend auf die Trockenzeit, wenn die Preise hoch sind und sich der Anbau aus Sicht der Produzenten lohnt. Dann wird auch kostenpflichtiges Leitungswasser aus der städtischen Trinkwasserversorgung zur Bewässerung eingesetzt. In der Regenzeit werden auf diesen Flächen überwiegend Grundnahrungsmittel wie Mais und Reis angebaut, die wenige Inputs benötigen. Zielgruppe der Forschungen von UFP sind überwiegend die kommerziellen Gemüsefarmer auf den open space-Flächen. Eine saisonale oder ganzjährige Produktion für den städtischen Markt findet in geringerem Umfang allerdings auch auf kleinen »Hinterhof-Farmen« (backyard farms, home gardens) sowie in periurbanen Dörfern am Stadtrand statt.

Agrarwissenschaftler, Bodenkundler, Wasserbauingenieure, Ethnologen, Ökonomen und Geographen arbeiten im UFP-Projekt eng zusammen und erforschen die Einsatzmöglichkeiten von Biokohle integrativ aus ökologischer, ökonomischer und sozialer Perspektive. In beiden Städten wurden aufwendige Versuchsflächen angelegt, um die Interaktionen zwischen Biokohle (aus lokal vorhandenen Reisspelzen und Maisstrünken), Bewässerungsmenge (ortsübliche und reduzierte Bewässerung), Bewässerungsqualität (Frischwasser und Abwasser), der Kohlenstoff- und Nährstoffdynamik der Böden sowie des Pflanzenwachstums zu untersuchen (Abb. 2). Auf den Versuchsflächen werden marktübliche Gemüsesorten angebaut, um Erträge auf unterschiedlich bearbeiteten Flächen miteinander vergleichen zu können: (1) Flächen mit lokal üblicher Anbaupraxis (u. a. Gabe von Mineraldünger), (2) Flächen mit Biokohle zur Bodenverbesserung, (3) Flächen mit Kombination von üblicher Anbaupraxis und Biokohle sowie (4) unbearbeitete Kontrollflächen. Ersten Untersuchungsergebnissen zufolge führt der Eintrag von Biokohle in fast allen Fällen zu einer Erhöhung der Erträge. Im Mittel wurden Ertragssteigerungen von 36 % im Vergleich von Biokohle- und unbehandelten Kontrollflächen erzielt. Im Vergleich zur normalen Anbaupraxis erzielten die mit Biokohle verbesserten Böden Ertragssteigerungen von durchschnittlich 16 %.[41]

---

41 Edmund Akoto-Danso/Delphine Manka'abusi, mündliche Kommunikation (Doktoranden im UFP-Projekt, die im Rahmen ihrer Forschungsarbeiten Daten zu Ertragssteigerungen auf den zentralen Versuchsflächen in Tamale und Ouagadougou erheben).

Abb. 2: Luftbild der Urban Food^{Plus}-Versuchsfläche in Ouagadougou, Burkina Faso (Foto: Johannes Schlesinger).

Seit Anfang 2015 arbeiten die Forscher zudem eng mit zwölf lokalen Bauern in Tamale zusammen, die in der Herstellung von Biokohle geschult wurden und diese nun auf ihren eigenen Feldern einsetzen. Die Biokohle wird von den Kleinbauern aus Reisspelzen mit selbst gebauten Öfen direkt im Feld erzeugt und in den Boden eingearbeitet (Abb. 3). Im direkten Vergleich zu ihren herkömmlich bearbeiteten Feldern können sich die Produzenten nun selbst überzeugen, ob sich der Biokohle-Einsatz für sie unter Berücksichtigung ihres Kosten- und Zeitaufwandes lohnt. Diese Feldversuche werden von den UFP-Ethnologen begleitet, um Einflussfaktoren der Innovationsbereitschaft und Technologieakzeptanz städtischer Produzenten zu ergründen.

Die Wirtschaftswissenschaftler im UFP-Team nutzen die Ergebnisse der bodenkundlichen und agronomischen Untersuchungen, um die ökonomischen Implikationen des Biokohle-Einsatzes zur Bodenverbesserung zu simulieren.

Abb. 3: Herstellung von Biokohle aus Reisspelzen in Tamale, Ghana (Foto: Christoph Steiner).

Den ersten Versuchsergebnissen zufolge bewirkt Biokohle eine Qualitätsverbesserung des Produktionsfaktors Boden und kann somit zur Steigerung landwirtschaftlicher Erträge bei gleichbleibender Anbaufläche, d. h. einer erhöhten Produktivität beitragen. Biokohle könnte auch zu einer effizienteren Ausnutzung von Betriebsmitteln wie Mineraldünger und Pflanzenschutzmitteln führen und dadurch Produktionskosten senken. Gleichzeitig erzeugt der Einsatz von Biokohle jedoch neue Kosten für die städtischen Farmer. Biokohle muss entweder gekauft oder selbst hergestellt werden. Für letzteres ist ein Pyrolyseofen erforderlich, es braucht ausreichend Biomasse zur Verkohlung, und die Herstellung und Einarbeitung der Biokohle erfordert zusätzliche Arbeitskraft. Auf der Basis der agronomischen und bodenkundlichen Untersuchungsergebnisse sowie einer umfassenden Befragung von 395 Produzentenhaushalten kann geschätzt werden, unter welchen Umständen und in welchem Ausmaß die städtischen Gemüsebauern vom Biokohle-Einsatz in Form von höherem Einkommen profitieren könnten. Die für diese Simulationen erforderlichen Modelle werden an den jeweiligen Kontext der untersuchten Städte angepasst.

Die ökonomischen Analysen der UFP-Wissenschaftler gehen jedoch noch einen Schritt weiter. Abgesehen von der Abschätzung des ökonomischen Nutzens aus Sicht der Produzentenhaushalte simuliert das UFP-Projekt auch die potentiellen Wirkungen eines flächendeckenden Einsatzes von Biokohle auf die Ernährungssituation in Ouagadougou und Tamale. Wenn der Biokohle-Einsatz das Angebot auf den städtischen Gemüsemärkten nachhaltig erhöht, lassen sich

Preissenkungen für diese Produkte erwarten, wobei jedoch auch eine eventuelle Nachfragesteigerung (z.B. durch Bevölkerungswachstum) zu berücksichtigen ist. Sollten die Preise fallen, kommt dies insbesondere armen Konsumenten zugute. Andererseits könnten fallende Marktpreise den Produktionsanreiz reduzieren und eine Drosselung der städtischen Agrarproduktion nach sich ziehen. Die ökonomische Modellierung wird die Stärke auch solcher Effekte zutage fördern.

Das UFP-Projekt untersucht zudem die Rahmenbedingungen und Voraussetzungen für den Einsatz von Biokohle zur Bodenverbesserung in den jeweiligen Untersuchungsstädten, z. B. die lokale Verfügbarkeit geeigneter Biomasse, die unterschiedlichen Eigenschaften verschiedener Ausgangsmaterialien (vgl. Abb. 1), die Eignung einfacher Pyrolyseöfen sowie die Adoptionsherausforderungen und -potentiale aus Sicht der Kleinbauern. Auf Basis der Forschungsergebnisse des Projektes können Szenarien zur Biokohle-Förderung durch staatliche und nichtstaatliche Institutionen, z. B. im Rahmen von öffentlichen Investitionen, landwirtschaftlichen Beratungsdiensten oder Entwicklungsprojekten, entwickelt werden. Die Erkenntnisse der Sozialwissenschaftler (Ökonomen, Ethnologen) im UFP-Projekt werden hier wichtige Hinweise liefern, da das Handeln städtischer Produzenten nur in ihrem jeweiligen ökonomischen, sozialen und kulturellen Kontext zu verstehen ist und dieser Handlungsrahmen die Akzeptanz und Wirksamkeit möglicher Fördermaßnahmen maßgeblich beeinflusst.

c. Biokohle und Nahrungsmittelsicherheit

Wie oben angedeutet, widmet sich das UFP-Projekt auch der Problematik der Abwasserbewässerung und den sich daraus ergebenden Risiken für städtische Produzenten und Konsumenten. So belegen Studien aus Ghana, dass städtisches Bewässerungswasser massiv mit fäkalen Pathogenen (Bakterien, Viren, Protozoen) belastet ist.[42] UFP untersucht, ob Biokohle auch zur Lösung dieses Problems einen Beitrag leisten kann. So ergründen die Wasserbau-Ingenieure des Projektteams in Labor- und Feldversuchen, ob eine aus pflanzlichen Reststoffen produzierte Biokohle zur Filterung von stark verschmutzten städtischen Abwässern geeignet ist. Ersten Ergebnissen zufolge erweist sich Biokohle tatsächlich gegenüber alternativen Filtermedien wie Sand als überlegen.[43]

Trotz dieser Erkenntnis ist es noch ein weiter Weg bis zur praktischen Nutzung von Biokohle-gefiltertem Bewässerungswasser für die Gemüseproduktion in den westafrikanischen Untersuchungsstädten. Als ersten Schritt in diese Richtung

42 Bernard Keraita u. a., Quality of Irrigation Water Used for Urban Vegetable Production, in: Pay Drechsel/Bernard Keraita (Hg.), Irrigated Urban Vegetable Production in Ghana. Characteristics, Benefits and Risk Mitigation, Colombo ²2014.

43 Korbinian Kätzl u. a., Slow sand and slow biochar filtration of raw wastewater, in: Nobutada Nakamoto u. a. (Hg.), Progress in Slow Sand and Alternative Biofiltration Processes: Further Developments and Applications, London 2014, S. 297–305.

haben die UFP-Ingenieure eine einfache und kostengünstige Kleinfilteranlage entwickelt, die nun auf den landwirtschaftlichen Versuchsflächen in Westafrika erprobt wird. In Kombination mit Tröpfchenbewässerung, die durch die Herausfilterung fester Partikel erst ermöglicht wird, kann das Filtersystem nicht nur zu einer für Bauern und Verbraucher weniger risikobehafteten Gemüseproduktion, sondern auch zu einer effizienteren Bewässerung gegenüber der weit verbreiteten, arbeitsintensiven Praxis der Gießkannenbewässerung beitragen.

Neben den ingenieurwissenschaftlichen Aktivitäten widmet sich das Forschungsprojekt auch den ökonomischen Aspekten der Biokohle-Filterung. Denn auch was technisch möglich ist, wird nur dann von den städtischen Produzenten akzeptiert werden, wenn es aus ihrer Sicht einen spürbaren wirtschaftlichen Nutzen bringt. Um die Einflussfaktoren von Krankheit und einen möglichen Zusammenhang mit der Abwasserbewässerung zu ermitteln, wurden zunächst 300 *open space*- und *backyard*-Farmhaushalte in Tamale zu typischen Krankheitsbildern und Gesundheitskosten befragt. Der Studie zufolge wenden die befragten Haushalte im Durchschnitt immerhin 16 % ihres Monatseinkommens für krankheitsbedingte Kosten (Behandlungskosten, Medikamente, Verdienstausfall) auf. Allerdings ergab sich auch, dass mit der Abwasserbewässerung direkt assoziierte Krankheitsbilder wie Magen-Darm-Erkrankungen und Wurmbefall in der Wahrnehmung der Befragten weniger Gesundheitsprobleme und Kosten hervorrufen als die in Westafrika insbesondere in der feuchten Jahreszeit weit verbreitete Malaria. Damit scheint es unwahrscheinlich, dass städtische Farmer allein aus Sorge um ihre eigene Gesundheit auf Abwasserbewässerung verzichten und in Biokohle-Filteranlagen investieren würden.

Daher untersucht das Projekt noch einen weiteren und möglicherweise stärkeren Anreiz zur Nutzung gefilterten Bewässerungswassers. Wenn die Verbraucher in den Untersuchungsstädten bereit sind, einen Mehrpreis für gesundheitlich unbedenkliches Gemüse zu zahlen, könnte die Wasserfilterung für die Produzenten einen ökonomischen Nutzen haben. Um die Zahlungsbereitschaft städtischer Konsumenten für »sicher« produziertes und idealerweise offiziell zertifiziertes Gemüse zu ermitteln, sind erste Untersuchungen in Tamale angelaufen und werden bald in Ouagadougou fortgeführt. Sollte eine prinzipielle Zahlungsbereitschaft der Konsumenten vorhanden sein, müssen Überlegungen angestellt werden, ob und wie die hierfür erforderlichen Zertifizierungsverfahren für Gemüse im Kontext von Westafrika in der Praxis umgesetzt werden können.

Doch auch wenn die ermittelte Zahlungsbereitschaft für sicheres, zertifiziertes Gemüse einen ausreichenden Anreiz für die Akzeptanz kombinierter Filterungs- und Bewässerungstechnologien für die Bauern darstellen sollte und Zertifizierung praktisch umsetzbar erscheint, müssen die UFP-Forscher noch einen weiteren Rückkoppelungseffekt bei ihren Untersuchungen berücksichtigen. Denn durch die Filterung werden den städtischen Abwässern auch ertragsfördernde Nährstoffe entzogen. Auch zur Ermittlung derartiger Opportunitätskosten werden die Sozialwissenschaftler und Naturwissenschaftler des UFP-Projektes eng zusammenarbeiten und die zu erwartenden Effekte in verschiedenen Szenarien modellieren.

Schlussfolgerungen und Ausblick

Das durch die Terra Preta-Forschung entfachte Interesse an der Biokohle fußt einerseits auf den bodenverbessernden Eigenschaften verkohlter Biomasse. Damit einher geht die Hoffnung, dass sich die landwirtschaftlichen Erträge insbesondere in Entwicklungsländern durch Nutzung von Biokohle spürbar steigern lassen könnten. Biokohle könnte dann einen Beitrag zur Lösung der globalen Ernährungskrise leisten. Andererseits stellt Biokohle bei großflächiger Nutzung eine nachhaltige Kohlenstoffsenke dar und könnte durch den Entzug von Kohlendioxid aus der Atmosphäre sowie durch die Reduktion weiterer klimaschädlicher Gase einen effektiven Beitrag zur Abmilderung der globalen Erwärmung leisten. Auch kann über die Verringerung von Dürreanfälligkeit und Bodenerosion die Anpassung an den Klimawandel verbessert werden.

Das BMBF-geförderte Forschungsprojekt Urban Food^{Plus}, das den Einsatz von Biokohle zur Bodenverbesserung und Ertragssteigerung sowie als Filtermedium zur Optimierung der Abwasserbewässerung in westafrikanischen Städten untersucht, legt den Schwerpunkt auf den potentiellen Beitrag von Biokohle zur Steigerung von Ernährungssicherung und Nahrungsmittelsicherheit. Mit seinem interdisziplinären, integrativen Forschungsansatz konnten die UFP-Wissenschaftler diesbezüglich bereits neue Erkenntnisse zur Biokohle-Forschung beitragen. Für die weitere Projektlaufzeit werden die systematischen Untersuchungen in Ghana und Burkina Faso fortgeführt und auf zwei weitere westafrikanische Städte (Bamako/Mali und Bamenda/Kamerun) ausgeweitet.

In Anbetracht der noch laufenden wissenschaftlichen Analysen wäre es verfrüht, endgültige Aussagen über den Nutzen und die Kosten eines Biokohle-Einsatzes in westafrikanischen Städten zu treffen. Die bisherigen Forschungsergebnisse stimmen jedoch vorsichtig optimistisch, dass sich die Vision des Chemikers und Öko-Visionärs James Lovelock auch für eine Verbesserung der Ernährungssicherung in Subsahara-Afrika verwirklichen lassen könnte:

»Each farm will have a charcoal generator, and each farmer will put all of the stuff that isn't food into his charcoal generator. Each year he will have a harvest of charcoal which he will plow back into his fields. In addition to that, he would get a small byproduct of biofuel (bio-oil) which he could sell, or use to drive his tractor.«[44]

Trotz des aufwendigen Untersuchungsansatzes des UFP-Projektes sind weitere systematische Forschungen nötig, um die komplexen Wirkmechanismen von Biokohle auf landwirtschaftlich genutzte Böden, auf das Klima und auf die Welternährung zu ergründen. Analog zum Ansatz von UFP erscheinen insbesondere

---

44 Elegant explanation of biochar by Dr. James Lovelock. Verfügbar unter: http://www.re-char.com/2009/06/16/elegant-explanation-of-biochar-by-dr-james-lovelock/[letzter Zugriff: 08.08.2015].

längerfristige Lokalstudien mit Feldversuchen sinnvoll, die den Nutzen von Biokohle nicht nur aus naturwissenschaftlicher Perspektive, sondern vor allem hinsichtlich der praktischen Relevanz für die Menschen unter Berücksichtigung sozialer und ökonomischer Aspekte untersuchen. Auch in Tamale und Ouagadougou bleiben viele Fragen zu den praktischen Einsatzmöglichkeiten von Biokohle offen, aber es gibt auch noch weitere Chancen. So könnten ohnehin anfallende und bislang nicht genutzte städtische Abfälle pyrolysiert oder kompostiert werden (vgl. Abb. 1) und als kostengünstige Alternative oder Ergänzung zu Mineraldünger vermarktet werden. Hieraus ergeben sich auch neue Geschäftsfelder für privatwirtschaftliche Akteure, die durch die Schaffung neuer Arbeitsplätze zu einer Belebung der städtischen Wirtschaft in Westafrika beitragen könnten. Für die Wissenschaft wird Biokohle auch zukünftig ein spannendes Forschungsfeld bleiben.

Ingo Haltermann, Monica Ayieko,
Munyaradzi Mawere und Motshwari Obopile

Auf sechs Beinen gegen die Ernährungskrise?

Entomophagie und ihre Akzeptanz unter Betrachtung
dreier afrikanischer Fallbeispiele

Der menschliche Verzehr von Insekten (Anthropo-Entomophagie) ist nach wie
vor ein No-Go in weiten Teilen der westlichen Welt. Bereits der Gedanke daran
in einen Käfer zu beißen löst bei den meisten Menschen zwischen Lappland und
Sizilien, Vancouver und Sankt Petersburg Gefühle von Ekel und Abscheu aus.[1]
Die kulturelle Aversion gegenüber dem Verzehr landgebundener Invertebraten
ist so stark, dass dieser sich gar als Mutprobe etabliert hat.[2] Ob das Schlucken
eines Regenwurms auf dem Schulhof oder das Verspeisen eines Skorpions im
Trash-TV – ein anerkennendes Schaudern ist den Protagonisten gewiss. Doch
es gibt erste Zeichen für Veränderung. Sind dies auch nach wie vor Ausnahmen,
tauchen Insekten mittlerweile auf den Menükarten der Sterneköche und in speziellen Kochbüchern auf.[3] Start-Ups konkurrieren um den besten Marktzugang
für insektenbasierte Ernährungsprodukte und auch die Zucht von Insekten zum
menschlichen Verzehr macht, verbunden mit dem entsprechenden Lebensmittel-
recht, auch abseits der Frage wie viele Insektenteile Erdnussbutter enthalten darf
Fortschritte. Erst kürzlich machte die Welternährungsorganisation FAO auf das
Potenzial von Insekten im Kampf gegen Unter- und Fehlernährung sowie für
den Schutz unserer natürlichen Ressourcen und des Klimas aufmerksam.[4] Die
EU stellt derzeit drei Millionen Euro zur Erforschung von Insekten als nachhaltige Proteinquelle für die Ernährung von Mensch und Tier zur Verfügung,[5]

---

1 Z. B. Kenichi Nonaka, Feasting on insects, in: Entomological Research 39 (2009), S. 304–312,
  S. 304; Arnold van Huis, Insects as Food in Sub-Saharan Africa, in: Insect Science and
  its Application 23 (3), 2003, S. 163–185, S. 164; Alan L. Yen, Edible insects: Traditional
  knowledge or western phobia? in: Entomological Research 39 (2009), S. 289–298, S. 294.
2 Im Gegensatz dazu stellen aquatische Invertebraten wie etwa Hummer und Langusten
  (trotz ihrer unappetitlichen Ernährungsweise – sie ernähren sich von Aas) entweder besondere Spezialitäten dar oder sind wie etwa Shrimps längst akzeptierte Zutaten unserer alltäglichen Küche.
3 Julieta Ramos-Elorduy, Creepy crawly cuisine: the Gourmet Guide to Edible Insects, Ro-
  chester, Vermont 1998.
4 Arnold van Huis u. a., Edible insects – Future prospects for food and feed security, FAO
  Forestry Paper 171, Rom 2013.
5 Vgl. http://cordis.europa.eu/project/rcn/105074_en.html [letzter Zugriff: 03.01.2016].

während die aktuelle Gesetzeslage hinsichtlich ihrer Verwendung in der menschlichen Nahrungskette in vielen Ländern und auch auf EU-Ebene einer Überprüfung unterzogen wird.[6] Sicherlich ist es noch ein weiter Weg bis Insekten auch in unseren Breitengraden als akzeptierter Teil der täglichen Ernährung gelten können, doch der Trend ist offensichtlich.[7]

Obschon Fritz S. Bodenheimer mit seinem Buch *Insects as human food* bereits 1951 Entomophagie als Forschungsfeld etablierte, mehren sich die Stimmen derer, die Insekten als Nahrung der Zukunft propagieren erst seit rund 20 Jahren.[8] Wie dies mit der zunehmenden Offenheit der westlichen Welt gegenüber Entomophagie zusammenhängt, gilt es noch zu klären, doch aufgrund des günstigen Verhältnisses von Protein zu Fett, dem geringen Anteil von Kohlenhydraten und dem hohen Gehalt an Vitaminen, Mineral- und Ballaststoffen macht eine insektenbasierte Ernährung zumindest aus ernährungswissenschaftlicher Sicht Sinn.[9] Auch unter Nachhaltigkeitsgesichtspunkten sind Insekten herkömmlichen tierischen Proteinquellen deutlich überlegen. Sie verbrauchen deutlich weniger Futter und Wasser zur Produktion einer Kalorie, da sie als Kaltblüter keine Energie zur Einstellung ihrer Körpertemperatur »verschwenden«. Zudem produzieren sie weit weniger Treibhausgase und benötigen weit weniger Platz zur Aufzucht als ihre konventionellen Counterparts.[10]

Rund ein Drittel der Weltbevölkerung isst auf regulärer oder zumindest sporadischer Basis Insekten. Laut Ramos-Elorduy werden rund zweitausend Insektenspezies von Menschen in etwa hundertdreißig Ländern gegessen – hauptsächlich in Asien, Afrika und Lateinamerika.[11] Bisher basiert der menschliche

6 Afton Halloran, Discussion paper: Regulatory frameworks influencing insects as food and feed, o. O. 2014; van Huis u. a., Edible insects, S. 157 ff.

7 Gene DeFoliart, Insects as Food: Why the Western Attitude is Important, in: Annual Review of Entomology 44 (1999), S. 21–50, S. 44 ff.; David Gracer, Filling the plates: serving insects to the public in theUnited States, in: Patrick B. Durst u. a. (Hg.), Forest insects as food: humans bite back, Bangkok 2010, S. 217–220; Ramos-Elorduy, Creepy crawly cuisine, S. 10 u. 26 ff.

8 Gene DeFoliart, Insects as Human Food, in: Crop Protection 22 (1992), S. 395–399, S. 395; ders., Insects as Food, S. 44 ff.; Victor B. Meyer-Rochow, Entomophagy and its impact on world cultures: the need for a multidisciplinary approach, in: Patrick B. Durst u. a., Humans bite back, S. 23–36.

9 Van Huis u. a., Edible insects.

10 Ebd.

11 Julieta Ramos-Elorduy, Anthropo-entomophagy: Cultures, evolution and sustainability, Entomological Research 39 (2009), S. 271–288. Andere Quellen sprechen von 1400 bis 2000 Spezies und von bis zu 124 entomophagen Ländern. Vgl. Patrick B. Durst/Kenichi Shono, Edible forest insects: exploring new horizons and traditional practices, in: Patrick B. Durst u. a., Humans bite back, S. 1–4, S. 1; M. Premalatha u. a., Energy-efficient food production to reduce global warming and ecodegradation: The use of edible insects, in: Renewable and Sustainable Energy Reviews 15 (2011), S. 4357–4360; Ramos-Elorduy, Creepy crawly cuisine, S. 3; David Raubenheimer/Jessica M. Rothman, Nutritional Ecology of Entomophagy in Humans and Other Primates, in: Annual Review of Entomology 58 (2013), S. 141–160, S. 142; van Huis u. a., Edible insects, S. 9 u. 15 ff.; ders., Insects as Food in Sub-Saharan Africa, S. 166; Alan L. Yen, Edible insects, S. 290.

Insektenverzehr fast ausschließlich auf Wildfängen – also dem Absammeln der Tiere aus ihren natürlichen Habitaten.[12] Der geringe Bedarf an Ressourcen und Pflege sowie hohe Produktions- und Reproduktionsraten bieten jedoch weitreichende Möglichkeiten hinsichtlich ihrer Zucht (»Mini-Livestock«) und dem Aufbau lokaler und regionaler Märkte.[13]

Dieser Artikel beginnt mit einer Übersicht über den aktuellen Status von Entomophagie sowie dem potenziellen Nutzen für Ernährungssicherheit, nachhaltiger Lebenshaltung (Sustainable Livelihoods Approach, SLA) sowie für Umweltbelange wie Klimawandel und den Schutz von Biodiversität und (vor allem Wald-)Ökosystemen. Da die meisten Vorteile unter Experten größtenteils unbestritten sind, Entomophagie aber dennoch weitestgehend ein Schattendasein fristet, werden wir anschließend die kulturellen Aspekte des Insekten-Essens – und speziell die Frage der Akzeptanz – einer eingehenderen Betrachtung unterziehen. Hierfür kombinieren wir die emische Perspektive aus drei afrikanischen Fallstudien mit Ergebnissen sowohl aus aktueller als auch grundlegender Literatur. Der Artikel schließt mit einigen Gedanken zur Frage, ob und wie Entomophagie als Alternative oder Supplement zu unserem heutigen globalen Ernährungssystem gefördert werden kann und welche Empfehlungen sich daraus für die weitere Forschung und die Politik ergeben.

Warum Insekten essen?

Laut dem aktuellen Welthunger-Index leiden nach wie vor rund zwei Milliarden Menschen unter Fehl-, Mangel- und Unterernährung.[14] Dies bedeutet zwar einen Rückgang von 39 % im Vergleich zu den 1990ern,[15] doch dieser Erfolg wurde letztlich »erkauft« mit der Umsetzung der »Grünen Revolution« auf Kosten der globalen Ressourcen, lokaler Märkte und Ökosysteme. Im Jahre 2050, wird sich die Menschheit der Aufgabe gegenübersehen weitere 2,4 Milliarden Menschen ernähren zu müssen.[16] Ein »Weiter so!« kann es nur geben, wenn wir bereit sind weitere schwerwiegende, zum Teil unabsehbare Konsequenzen für unsere Öko- und Sozialsysteme in Kauf zu nehmen.

Schon heute überschreiten wir durch die Aufrechterhaltung unseres globalen Ernährungssystems die Grenzen dessen, was im Sinne eines nachhaltigen Umgangs mit unserem Planeten vertretbar wäre (vgl. den Beitrag von Bönisch, Engler und Leggewie in diesem Band). Innerhalb unseres Ernährungssystems ist vor allem die Land- und Viehwirtschaft für einen großen Teil der Umweltdegradation verantwortlich, sei es ihr immenser Flächenverbrauch auf Kosten

12 Durst/Shono, Edible forest insects, S. 1.
13 Van Huis u. a., Edible insects, S. 99 ff.
14 Von Grebmer u. a., Welthunger-Index 2014.
15 Ebd.
16 United Nations, World Population Prospects: The 2015 Revision, S. 3.

von v. a. Waldökosystemen, ihr Beitrag zum Klimawandel oder die Überdüngung und Versauerung unserer Böden und Gewässer. Bereits heute werden rund 70 % der globalen landwirtschaftlich nutzbaren Fläche für die Viehzucht verwendet (bzw. 30 % der gesamten globalen Landmasse). Dabei verbraucht die Viehzucht jährlich 77 Millionen Tonnen Protein zur Produktion von 58 Millionen Tonnen Protein für die menschliche Ernährung. Die Viehzucht ist verantwortlich für 9 % des globalen CO_2-Ausstoßes, für 37 % der Methan-, 65 % der Lachgas- und 64 % der Ammoniak-Emissionen.[17] Und die Nachfrage nach Produkten aus der Viehzucht steigt weiter. Nicht nur das globale Bevölkerungswachstum hält weiter an, sondern auch der Pro-Kopf-Verbrauch von Nahrungsmitteln tierischen Ursprungs steigt kontinuierlich, vor allem in den Entwicklungsländern, befeuert durch steigende Einkommen, zunehmende Urbanisierung und die Adoption westlicher Lebensstile.[18] Nimmt man all diese Trends zusammen,

»[g]lobal production of meat is projected to more than double from 229 million tonnes in 1999/01 to 465 million tonnes in 2050, and that of milk to grow from 580 to 1 043 million tonnes. The environmental impact per unit of livestock production must be cut by half, just to avoid increasing the level of damage beyond its present level.«[19]

Bisher sind jedoch keine Hinweise in Sicht, wie es möglich wäre die genannten Umwelteinflüsse zu verringern, geschweige denn zu halbieren. Der voranschreitende Klimawandel sowie aktuelle Urbanisierungstrends tragen zu einer weiteren Verschärfung der Lage bei. Der Bedarf nach alternativen Proteinquellen ist offensichtlich. Neben der Synthetisierung von Fleisch (vgl. den Beitrag von Oliver Stengel in diesem Band) sowie der vermehrten Nutzung von Meeresalgen, Gemüse und Pilzen, ist auch die Insektenzucht für den menschlichen Konsum eine vielversprechende Alternative zum Protein aus herkömmlicher Viehzucht.[20] Entomophagie bietet große Potenziale zur Sicherung der globalen Ernährungssicherheit wie auch zur Minderung des ökologischen Fußabdrucks unseres bisherigen globalen Ernährungssystems. Aufgrund der vielen guten Eigenschaften von Insekten als Nahrung hypothetisieren neueste Ansätze sogar bereits den Nutzen von Entomophagie für die Raumfahrt.[21] Die Frage müsste also weniger lauten »Warum Insekten essen?« als vielmehr »Warum nicht?«.

17 Henning Steinfeld, Livestock's long shadow. Environmental issues and options, Rome 2006, S. xxi.
18 Arnold van Huis, Potential of Insects as Food and Feed in Assuring Food Security, Annual Review of Entomology 58 (2013), S. 563–583, S. 564.
19 Steinfeld, Livestock's long shadow, S. xx.
20 Van Huis, Potential of Insects, S. 565.
21 Jun Mitsuhashi, The future use of insects as human food, in: Durst u. a., Humans bite back, S. 115–122; Premalatha u. a., The use of edible insects, S. 4358.

a. Der Nährwert

Einer der wichtigsten und meistgenannten Gründe für menschlichen Insekten verzehr ist der, dass viele von ihnen sehr günstige Nährwertprofile aufweisen.[22]

»[They] provide satisfactory amounts of energy and protein, meet amino acid requirements for humans, are high in monounsaturated and/or polyunsaturated fatty acids, and are rich in micronutrients such as copper, iron, magnesium, manganese, phosphorous, selenium and zinc, as well as riboflavin, pantothenic acid, biotin and, in some cases, folic acid.«[23]

Die in Insekten enthaltene Nährstoffkombination ähnelt stark den von der FAO und der WHO empfohlenen Referenzstandards für eine ausgewogene Ernährung.[24] Insekten sind eine sehr gute Proteinquelle. Während der Energiegehalt etwa dem von Rindfleisch, Lamm oder Hühnchen gleicht, ist der Proteingehalt höher als bei all den zuvor Genannten. Die meisten Insekten weisen einen Rohproteingehalt zwischen 30 und 85 %, viele davon über 60 % auf.[25] Und Insektenproteine gelten ernährungsphysiologisch als wesentlich wertvoller, bestehen sie doch zu großen Teilen aus essenziellen Aminosäuren.[26] Auch rein pflanzlichen Proteinen wie etwa denen aus Sojabohnen, sind zumindest einige Insekten überlegen.[27] Ähnlich sieht es beim Fettgehalt aus: während dieser abhängig von Spezies, Entwicklungsstadium und Ernährung deutlich variieren kann, bleibt doch festzustellen, dass Insektenfett tendenziell eher aus ungesättigten Fettsäuren aufgebaut ist.[28] Zusammen mit dem hohen Gehalt an Vitamin- und Mineralstoffen[29] macht sie dies zu einer nahrhaften, gesunden Alternative zum Ernährungs-Mainstream à la Hühnchen, Schwein, Rind und Fisch.

Es ist also nicht weiter verwunderlich, dass es gerade Ernährungswissenschaftler sind, die die Speerspitze bei der Forderung nach mehr Entomophagie zur globalen Ernährungssicherheit bilden. DeFoliart und Jacob weisen zudem darauf hin, dass Insekten aufgrund ihres hohen Gehalts an essenziellen Nährstoffen prädestiniert für die Ernährung derer sind, die unter Fehl- und

22 U.a. DeFoliart, Insects as Human Food, S. 396ff.; Premalatha u.a., The use of edible insects, S. 4359; Ramos-Elorduy, Creepy crawly cuisine, S. 38 ff.; Birgit A. Rumpold/Oliver K. Schlüter, Potential and challenges of insects as an innovative source for food and feed production, in: Innovative Food Science and Emerging Technologies 17 (2013), S. 1–11; van Huis u.a., Edible insects, S. 67 ff.; Chen Xiaoming u.a., Review of the nutritive value of edible insects, in: Durst u.a., Humans bite back, S. 85–92.
23 Van Huis u.a., Edible insects, S. 67.
24 Paul Vantomme, Edible forest insects, an overlooked protein supply, in: Unasylva 236, 61 (2010), S. 19–21, S. 19.
25 DeFoliart, Insects as Human Food, S. 396; Ramos-Elorduy, Creepy crawly cuisine, S. 44.
26 Ramos-Elorduy, Creepy crawly cuisine, S. 44; Rumpold/Schlüter, Potential and challenges of insects, S. 6.
27 Rumpold/Schlüter, Potential and challenges of insects, S. 6.
28 Paul Vantomme, Edible forest insects, S. 19.
29 DeFoliart, Insects as Human Food, S. 396.

Mangelernährung leiden.[30] Insekten können essenzielle Aminosäuren zu primär Getreide-basierten Diäten beisteuern. Weizen, Reis, Cassava und Mais sind in weiten Teilen der sich entwickelnden Welt Hauptbestandteil der Nahrung. Ihnen mangelt es jedoch an den essenziellen Aminosäuren Lysin, Threonin und Tryptophan (v. a. in Mais), deren Fehlen die Hauptursache der Mangelerscheinungen Kwashiorkor und Marasmus, verbunden mit den typischen klinischen Erscheinungsbildern Apathie, Hungerbauch, Wachstumsstörungen, Durchfall und Abmagerung, ist. Gerade diese Aminosäuren sind in einigen Insektenarten jedoch reichlich vorhanden.[31] Entsprechend existieren Studien, die belegen, dass sich der Gesundheitszustand von Menschen, die ihre Ernährungsgewohnheiten von insektenbasierten zu »modernen« Diäten im Sinne des westlichen Lifestyle geändert haben, massiv verschlechtert hat.[32] So stellt die FAO in ihrem Bericht *Biodiversiy and nutrition, a common path* von 2009 fest:

»The food systems of indigenous people show the important role of a diversified diet based on local plant and animal species and traditional food for health and wellbeing. In most cases, the increase of processed and commercial food items over time results in a decrease in the quality of the diet. Countries, communities or cultures that maintain their own traditional food systems are better able to conserve local food specialties with a corresponding diversity of crops and animal breeds. They are also more likely to show a lower prevalence of diet-related diseases.«[33]

Generell erhöht die Diversifizierung lokaler Diäten nicht nur die Resilienz der Betroffenen gegenüber mangelbedingten Krankheiten sondern auch gegenüber Lebensmittelknappheiten. Auch unter diesem Aspekt ist der hemmende Einfluss westlicher Ernährungskulturen auf entomophage Gesellschaften kritisch zu sehen.[34]

Generell variiert die Nährstoffzusammensetzung von Insekten abhängig von Entwicklungsstadium, Habitat und Nahrung.[35] Dies erschwert zwar die Vergleichbarkeit mit anderen Lebensmitteln sowie von verschiedenen Insektenspezies untereinander, eröffnet jedoch auch Möglichkeiten. So könnten etwa durch eine adäquate Fütterung unter kontrollierten Zucht- und Wachstumsbedingungen – wie etwa bei der Viehmast – die Protein-, Fett- oder sonstigen Nährstoffgehalte je nach Bedarf verändert werden. Hierzu bedarf es jedoch noch weiterer Grundlagenforschung hinsichtlich der Massenzucht von Insekten.

30 Ebd.; Adegbola A. Jacob, Entomophagy: A Panacea for Protein-Deficient-Malnutrition and Food Insecurity in Nigeria, in: Journal of Agricultural Science 5, 6 (2013), S. 25–31, S. 27.
31 DeFoliart, Insects as Human Food, S. 397; van Huis u. a., Edible insects, S. 70.
32 Premalatha u. a., The use of edible insects, S. 4359.
33 Zitiert nach: van Huis u. a., Edible insects, S. 76.
34 Muniirah Mbabazi, Edible insects in eastern and southern Africa: Challenges and opportunities, in: Barbara Burlingame/Sandro Dernini (Hg.), Sustainable diets and biodiversity – Directions and solutions for policy research and action, Rome 2012, S. 198–205, S. 205.
35 Van Huis u. a., Edible insects, S. 67.

b. Die Umweltverträglichkeit

Insekten sind Kaltblüter. Sie benötigen keine Energie um ihre Körpertemperatur auf einem bestimmten Level zu halten. Dies macht sie äußerst effizient, wenn es um die Umwandlung von Nahrung in Proteine geht.[36] Die Hausgrille (auch Heimchen genannt, Acheta domesticus) beispielsweise, braucht, wenn bei einer konstanten Temperatur von 30°C gehalten und mit derselben Nahrung gefüttert wie konventionelles Vieh, etwa zwölf Mal weniger Futter als Rinder, vier Mal weniger Futter als Schafe und halb so viel Futter wie Schweine oder Masthähnchen um dieselbe Menge an Protein zu produzieren.[37] Dies bedeutet letztlich auch eine Reduktion des zur Produktion dieses Futters benötigten Landverbrauchs um denselben Faktor. Zudem muss Insektenzucht nicht zwingend an Land erfolgen, was den Verbrauch wertvollen Agrarlands zumindest potenziell weiter reduziert. Darüber hinaus bedeutet weniger Futter auch weniger Wasser zur Produktion dieses Futters. Die Tatsache, dass Insekten zudem in der Lage sind ihren Flüssigkeitsbedarf weitestgehend über ihre Nahrung zu decken, verringert ihre Umweltauswirkungen in Punkto Wasser weiter.[38] Im Gegensatz zu herkömmlichem Mastvieh, welches aus bis zu 60 % ungenutzter Biomasse wie etwa Knochen, Haut, Blut und Gedärm besteht, generieren Insekten weit weniger Abfall, da nahezu ihre gesamte Biomasse (> 80 %) als Nahrung verwertbar ist.[39] Zudem übersteigen Wachstums- und Reproduktionsrate die von konventionellem Vieh bei weitem. Jedes Individuum kann tausende von Nachkommen produzieren, die innerhalb weniger Tage das adulte Stadium erreichen.[40] All diese Fakten zusammengenommen machen die Nutzung von Insekten als menschliche Nahrung weitaus ressourceneffizienter als die Nutzung konventioneller Nutztiere, seien es Rinder, Schafe, Schweine oder Hühner.

Aus Emissionssicht scheint Mini-Livestock seinen konventionellen Counterparts ebenfalls überlegen zu sein. Auch wenn die Forschung hierzu noch in den Kinderschuhen steckt, zeigen erste Ergebnisse, dass Insekten wahrscheinlich weniger Treibhausgase und Ammoniak emittieren als andere Nutztiere. Bereits deutlich weniger im Vergleich zu Schweinen, stellten Oonincx u.a. fest, dass die fünf in ihrer Versuchsanordnung untersuchten Insektenarten lediglich 1 % der von Wiederkäuern ausgestoßenen Menge an Treibhausgasen emittierten.[41] Die

---

36 Dennis G. A. B. Oonincx u. a., An Exploration on Greenhouse Gas and Ammonia Production by Insect Species Suitable for Animal or Human Consumption, in: PLoS ONE 5, 12 (2010), S. 1–7, S. 4; Ramos-Elorduy, Creepy crawly cuisine, S. 50 f.; van Huis, Potential of Insects, S. 565 f.; van Huis u. a., Edible insects, S. 2.

37 Jacob, Entomophagy, S. 26; Muniirah Mbabazi, Edible insects in eastern and southern Africa, S. 203 f.; van Huis u. a., Edible insects, S. 2.

38 Rumpold/Schlüter, Potential and challenges of insects, S. 8; van Huis, Potential of Insects, S. 566.

39 Meyer-Rochow, Entomophagy and its impact on world cultures, S. 24; Ramos-Elorduy, Creepy crawly cuisine, S. 50; van Huis, Potential of Insects, S. 565.

40 Premalatha u. a., The use of edible insects, S. 4358.

41 Oonincx u. a., Exploration on Greenhouse Gas and Ammonia Production, S. 6.

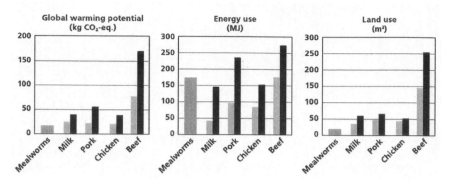

Abb. 1: Treibhausgasproduktion, Energie- und Flächenverbrauch für die Produktion von einem kg Protein aus Mehlwurm, Milch, Schwein und Rind.[42] Die hell- bzw. dunkelgrauen Balken zeigen in der Literatur zu findende Minimal- bzw. Maximalwerte an.

mit der Insektenzucht verbundenen Ammoniak-Emissionen waren ebenfalls deutlich geringer als die herkömmlichen Viehs, besonders als die von Schweinen.[43] Bedenkt man, dass Lebendvieh heute für 9 % des anthropogenen CO_2-Ausstoßes verantwortlich ist, sowie für 37 % des globalen CH_4, 65 % des N_2O und 64 % der NH_3 Emissionen, wird das wahre Potenzial von Entomophagie hinsichtlich des Klima-, Boden- und Gewässerschutzes deutlich.[44]

Ein weiterer interessanter, potenziell umweltwirksamer Aspekt ist der, dass manche potenziell als Viehfutter verwendbare Insektenarten wie die Soldatenfliege (Hermetica illucens) oder unterschiedliche Mehlwurmarten (Tenebrionidae) auch auf organischem Abfall oder anderen ungenutzten organischen Nebenprodukten gezüchtet werden können. Dies spart nicht nur wertvolle Ressourcen wie etwa Fischmehl (welche heute omnipräsent in der Viehzucht angewendet wird), es ist zudem eine Möglichkeit organischen Abfall zu recyceln und produziert nebenbei auch noch qualitativ hochwertigen Kompost.[45]

Last but not least bietet Entomophagie auch die Möglichkeit den Gebrauch von Pestiziden einzudämmen. Da einige essbare Insekten als Pflanzenschädlinge gelten, kann ihre kontrollierte Absammlung zum menschlichen Verzehr den Einsatz von Insektiziden überflüssig machen.[46]

42　Aus: van Huis u. a., Edible insects, S. 64.
43　Van Huis u. a., Edible insects, S. 2.
44　Rumpold/Schlüter, Potential and challenges of insects, S. 8; van Huis, Potential of Insects, S. 565.
45　Kelemu, African edible insects, S. 105; Rumpold/Schlüter, Potential and challenges of insects, S. 8; van Huis, Potential of Insects, S. 566; van Huis u. a., Edible insects, S. 2.
46　Rumpold/Schlüter, Potential and challenges of insects, S. 9.

c. Lebenshaltung (SLA)

Zusätzlich zum Nutzen aus ernährungsphysiologischer Sicht bietet Entomophagie weitere Möglichkeiten zur Diversifizierung und Stärkung der Lebenshaltung zahlreicher Haushalte besonders in der sich entwickelnden Welt. Das Sammeln von Insekten wie auch ihre Zucht stellt arbeitsintensive Tätigkeiten dar, verlangt jedoch nur geringe bzw. gar keine Kapital- oder Infrastruktur-Investments, beansprucht nur wenig oder auch gar keinen Raum und vergleichsweise wenig natürliche Ressourcen. Hierdurch offeriert diese Art der Einkommens- und/oder Nahrungsquelle Möglichkeiten auch für die ärmsten oder marginalisiertesten Segmente von Gesellschaften wie etwa Frauen, Kinder, Alte sowie Land- und Besitzlose.[47]

Zur Ernte von Insekten aus der Wildnis umfassen notwendige Investitionen Netze, Säcke, Kisten, Eimer, Lichter, Kleber und Plastikfolien für Fallen, allesamt kleinere Initial-Investments, was die ökonomischen Risiken minimiert. Wichtig ist jedoch, dass der Zugang zu Land – sei es Farmland oder Wald – nicht eingeschränkt ist. Auch wenn der Zugang zu Land für vulnerable Segmente von Gesellschaften ein häufiges Hindernis bei der Entwicklung von Strategien zur Sicherung der Lebensgrundlagen darstellt, kann das Sammeln von Insekten doch einfacher praktiziert werden als andere Formen der Landwirtschaft, da zumindest kein dauerhafter Anspruch auf ein Stück Land bestehen muss.[48]

Geschieht das Absammeln von Insekten aus Wäldern und Kulturflächen zumeist aus Subsistenz-Gründen, zielt das Züchten von Insekten als Tierfutter oder Lebensmittel primär auf das Generieren von Finanzmitteln. Der geringe Raumbedarf macht Insektenzucht zu einer Einkommensmöglichkeit sowohl in ruralen als auch in urbanen Gegenden. Auch wenn der Kapitaleinsatz vergleichsweise höher ist, als für den Wildfang von Insekten und zudem ständige Kosten anfallen, bleiben diese doch verglichen mit anderen Einkommensmöglichkeiten immer noch gering.[49] Andererseits kann die Insektenzucht – abhängig vom Kapitaleinsatz – auch auf elaborierte Art und Weise praktiziert werden. Dies geschieht bereits in den USA, Europa und Teilen von Asien, wo Insekten in großem Stile als Futter für Aquakulturen, Terrarientiere oder als Angelköder gezüchtet werden.[50]

Bisher existieren organisierte Marktstrukturen für essbare Insekten lediglich in einigen wenigen Hotspots weltweit, zumeist basierend auf lokalem oder gelegentlich auch auf regionalem Level.[51] In den meisten Fällen hängen sie von einigen wenigen nur saisonal vorkommenden und aus der freien Wildbahn entnommenen Spezies ab. Die wichtigsten Beispiele für organisierte Marktstrukturen sind jene in Südostasien (vor allem Thailand, Laos, Kambodscha und Vietnam), Süd-, Ost- und Zentralafrika (siehe Fallstudien in diesem Beitrag) sowie Mexiko.[52]

---

47 van Huis u. a., Edible insects, S. 125 ff.
48 Ebd., S. 127.
49 Ebd., S. 125 ff.
50 Ebd., S. 99 ff., 138.
51 Durst/Shono, Edible forest insects, S.1.
52 DeFoliart, Insects as Human Food, S. 395 f.; Kelemu u. a., African edible insects, S. 109.

Auch wenn diese Beispiele eher die Ausnahme als die Regel darstellen und zudem noch relativ wenig erforscht wurden, können sie doch als Beispiele dafür dienen, wie der Handel mit Insekten zum Lebensunterhalt vieler Haushalte und Gemeinden weltweit beitragen kann.[53]

In den meisten Fällen ist der Fang und Handel mit essbaren Insekten – vor allem aufgrund der Saisonalität – nicht die Hauptaktivität zur Sicherung des Lebensunterhalts, sondern ergänzt diese nur. Dennoch trägt die Diversifizierung der Einkommens- und Nahrungsquellen zur Resilienz der betreffenden Haushalte bei.[54]

d. Der Geschmack

Werden all die guten Argumente tatsächlich etwas ändern an unseren Essgewohnheiten? Wird es entomophage Gesellschaften davon abhalten sich Fast Food zuzuwenden? Wir wissen auch, dass Schokolade uns dick macht, wir lieben sie trotzdem. Wir wissen, dass Rindfleisch einen enormen ökologischen Fußabdruck hinterlässt, hören wir deshalb auf es zu essen? Wir wissen das Alkohol uns dümmer macht, aber wir trinken genüsslich weiter. Kann es also wirklich heißen »Vom Wissen zum Handeln?«. Eher nicht. Denn wie Tabelle 1 zeigt: It's all about taste, stupid!

Tab. 1: Gründe für das Essen von Insekten in Nordost-Thailand.[55]

Reasons for eating insects	Percentage of Respondents
Tasty	75
Snack	65
Use as ingredients in cooked meals	48
Traditional medicine	48
As food seasoning	32
Easy to find around the farm	30
Readily available food	22
Accessible for mass production	19
Cultural eating	9
Seasonal food source	2
Local food source	2
Pest control	0.38

53 Durst/Shono, Edible forest insects, S. 1.
54 Ebd.
55 Aus: Yupa Hanboonsong, Edible insects and associated food habits in Thailand, in Durst u. a., Humans bite back, S. 173–182, S. 174.

Die Frage der Akzeptanz

»[I]n all cultural groups, there exist animals or vegetables that are pleasant and savory, and therefore are sought, as well as foods that are refused by people and on occasion become a taboo.«[56]

Insekten sind die am meisten verbreitete Tiergruppe auf der Erde und umfassen etwa vier Fünftel aller Spezies.[57] Ein Drittel der Weltbevölkerung isst Insekten entweder regelmäßig oder zumindest sporadisch.[58] Einige Autoren gehen gar davon aus, dass Entomophagie kulturell universal sei und lediglich in Ort, Insektenpopulation und ethnischer Gruppe variiere.[59] Man könnte die Komponente »Zeit« hinzufügen, kann menschlicher Insektenverzehr doch bis in Ur-Zeiten, gar bis zur Entstehung der menschlichen Rasse zurückverfolgt werden, ist doch anzunehmen das wir bereits als entomophage Spezies entstanden.[60]

Erst mit beginnender Sesshaftigkeit und der Domestizierung von großen Landsäugern, begann Entomophagie ihren Reiz für unsere Vorfahren in Europa zu verlieren. Andere Theorien führen die steigende Anzahl der Menschen, die Entomophagie vermeiden auf die Ausbreitung von Speisegeboten durch die großen organisierten Religionen zurück.[61] Wie auch immer, Schritt für Schritt entstand in den westlichen Gesellschaften eine kulturelle Aversion gegen Entomophagie, die den Konsum von Insekten als veraltet, primitiv und unfortschrittlich brandmarkte.[62] Die Kolonialisierung und die damit verbundene Proklamation westlicher Überlegenheit verbreitete diese Voreingenommenheit rund um die Welt:

»Colonial invaders also frequently dismissed entomophagy as a primitive or barbaric practice, implying superiority of their own culture and food, while they themselves relished other invertebrates as well as molluscs as gourmet food.«[63]

---

56 Ramos-Elorduy, Anthropo-entomophagy, S. 276.
57 Segenet Kelemu u.a., African edible insects for food and feed: inventory, diversity, commonalities and contribution to food security, in: Journal of Insects as Food and Feed 1, 2 (2015), S. 103–119, S. 104; Premalatha u.a., The use of edible insects, S. 4359; Ramos-Elorduy, Creepy crawly cuisine, S. 4.
58 Van Huis u.a., Edible insects, S. 1.
59 Dennis V. Johnson, The contribution of edible forest insects to human nutrition and to forest management, in Durst u.a., Humans bite back, S. 5–22, S. 5.
60 Premalatha u.a., The use of edible insects, S. 4358; Ramos-Elorduy, Creepy crawly cuisine, S. 6f.; Dies., Anthropo-Entomophagy, S. 274, 276; Hans G. Schabel, Forest insects as food: a global review, in: Durst u.a., Humans bite back, S. 37–64, S. 24ff.; Raubenheimer/Rothman, Nutritional Ecology of Entomophagy, S. 142; van Huis u.a. Edible insects, S. 35.
61 Premalatha u.a., The use of edible insects, S. 4358.
62 Durst/Shono, Edible forest insects, S. 1.
63 Schabel, Forest insects as food, S. 42. Siehe auch Premalatha u.a., The use of edible insects, S. 4358; Ramos-Elorduy, Creepy crawly cuisine, S. 9.

Aktuell ist es die Adaption des westlichen Lebensstils im Zuge der Globalisierung und Urbanisierung die zu einem Rückgang der Vielfalt von kulturellen und traditionellen Gebräuchen und damit auch der Akzeptanz von Insekten als Nahrungsmittel führt.[64]

»The impact of globalization and the fascination among a large cross-section of population towards fast-food ›culture‹ has further weaned away a large number of protein-hungry people of the third world from what till now was a rich and affordable source of animal protein for them – i. e. insects.«[65]

Der negative Einfluss des westlichen Lebensstils auf die Entomophagie, verbreitet via Kolonialismus und Globalisierung, ist in der Literatur mehrfach nachgewiesen.[66] So ist Entomophagie heute vor allem in der globalen Peripherie verbreitet, die noch nicht bis in den letzten Winkel vom universalen kulturellen System westlicher Prägung durchdrungen ist.[67] Doch auch für diese Regionen erwartet van Huis einen weiteren Rückgang der Entomophagie, da

»increasing urbanization will change insect consumption in developing regions of the world if supply to cities remains small and unreliable and urban areas westernize.«[68]

Doch nicht nur die Praxis des Insekten-Essens verschwindet zusehends von der Bildfläche, zusammen mit ihr nimmt auch das traditionelle Wissen über essbare Insekten, über Spezies, Erntemethoden, Zubereitung und den Genuss essbarer Insekten ab.[69]

Tatsächlich gibt es jedoch auch Fälle, anhand derer sich belegen lässt, dass das Propagieren von Entomophagie via Medien und Lobby-Gruppen eine zunehmende Akzeptanz gegenüber dem Insektenkonsum nach sich zieht.[70] Bereits 1992 stellte DeFoliart fest:

»[D]uring the past few years there has been a new upsurge of interest in insects as food. One factor that may be responsible is an increasing awareness in the western world that insects are traditional and nutritionally important food for many non-European cul-

64 Van Huis u. a., Edible insects, S. 35, 38f.
65 Premalatha u. a., The use of edible insects, S. 4358. Siehe auch Mbabazi, Edible insects in eastern and southern Africa, S. 201.
66 DeFoliart, Insects as Food, S. 41; Mbabazi, Edible insects in eastern and southern Africa; Ramos-Elorduy, Creepy crawly cuisine, S. 44.
67 Arthur Y. C. Chung, Edible insects and entomophagy in Borneo, in: Durst u. a., Humans bite back, S. 141–150, S. 149; Nonaka, Feasting on insects, S. 311.
68 Van Huis u. a., Edible insects, S. 35.
69 Hanboonsong, Edible insects and associated food habits, S. 180.
70 Z. B. Monica Ayieko, Processed Products of Termites and Lake Flies: Improving Entomophagy for Food Security within the Lake Victoria Region, in: African Journal of Food, Agriculture, Nutrition and Development 10, 2 (2010), S. 2085–2095.

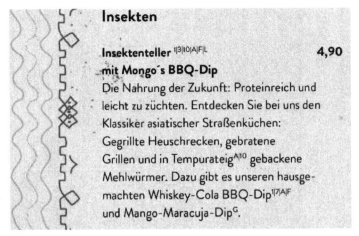

Insekten

Insektenteller I|3|10|A|F|L 4,90

mit Mongo´s BBQ-Dip

Die Nahrung der Zukunft: Proteinreich und leicht zu züchten. Entdecken Sie bei uns den Klassiker asiatischer Straßenküchen: Gegrillte Heuschrecken, gebratene Grillen und in Tempurateig$^{A|10}$ gebackene Mehlwürmer. Dazu gibt es unseren hausgemachten Whiskey-Cola BBQ-Dip$^{1|7|A|F}$ und Mango-Maracuja-Dip^G.

Abb. 2: Auszug aus der Speisekarte eines Duisburger Restaurants.[71]

tures. Other factors may be increased pride in ethnic roots and traditions, increased concern about environment and overuse of pesticides, and better communication among scientists who are interested in the subject. Edible insects may be closer now than ever before to acceptance in the western world as a resource that should be considered in trying to meet the world's present and future food needs.«[72]

Neuerdings gibt es gar Berichte über den Gebrauch von Insekten als exklusive Delikatessen in den Küchen der Oberklasse. So berichtet Ramos-Elorduy davon, das Insekten vielfach in die Hauptstädte der Welt exportiert werden um als Schokoladen-Ameisen oder Bienen in Sirup zu horrenden Preisen in Gourmet Shops angeboten zu werden. In Mexico City liegt der Marktpreis einiger essbarer Insekten mittlerweile deutlich über dem von Fleisch. So kostet ein Pfund Ameisen rund zehn Mal mehr als dieselbe Menge Rindfleisch, ein Pfund weiße Agaven-Würmer (Maguey) sogar 14 Mal mehr.[73] Durst & Shono berichten, dass

»[f]or some members of the rapidly growing upper and middle classes of urban society in some developing countries, insects are ›nostalgia food‹, reminding them of earlier, simpler days in the rural countryside.«[74]

71 http://www.mongos.de/downloads/speisekarten/deutsch/4_duis_web_sept%202015.pdf [letzter Zugriff: 27.09.2015].
72 DeFoliart, Insects as Human Food, S. 395.
73 Ramos-Elorduy, Creepy crawly cuisine, S. 17. Siehe auch Premalatha u. a., The use of edible insects, S. 4358.
74 Durst/Shono, Edible forest insects, S. 1.

Auch gibt es mittlerweile mehrere Internetshops, die essbare Insekten – meist thailändischen Ursprungs – anbieten, und auch die Zahl der Restaurants die essbare Insekten anbieten steigt, auch in Deutschland.[75]

Fallstudien: Akzeptanz von Entomophagie in Botswana, Kenia und Zimbabwe

Der aktuelle Welthunger-Index besagt, dass – neben Süd- und Südostasien – das Problem qualitativer und quantitativer Mangelernährung nach wie vor primär ein afrikanisches Problem ist.[76] So steigen auch die Publikationen, die Entomophagie als ein Mittel zur Lösung aktueller und künftiger Ernährungsprobleme in Afrika sehen.[77]

Ein einfacher Rückgriff auf die Tradition des Insektenessens in Afrika verbunden mit der Annahme diese müsse nur einfach ausgeweitet werden, vereinfacht jedoch die Diversität afrikanischer (Ess-)Kulturen unzulässig und greift viel zu kurz. Zwar ist Entomophagie tatsächlich weit verbreitet in einigen (aber keinesfalls allen!) afrikanischen Kulturen, doch selbst unter der Annahme die Akzeptanz von Entomophagie sei gegeben, ist es nahezu unmöglich die Praxis des Insektensammelns einfach auszuweiten, sind die Ressourcen doch limitiert. Bereits jetzt sind die Populationen vieler essbarer Arten aufgrund von Raubbau stark bedroht. Auch die Akzeptanz von Entomophagie ist keinesfalls statisch. In der Literatur wie auch in den Fallbeispielen lassen sich Belege für beiderlei Trends finden – also sowohl abnehmende Akzeptanz aufgrund von einer zunehmenden Orientierung an westlich geprägten Lebensstilen, als auch die zunehmende Akzeptanz bedingt durch aktive Förderung von Entomophagie sowie durch die zunehmenden Verknappung herkömmlicher Nahrungsressourcen.

Dieses Kapitel präsentiert Ergebnisse aus aktueller Feldforschung sowie der Literatur zur Akzeptanz von Entomophagie in unterschiedlichen afrikanischen Kulturen und zeigt Möglichkeiten und Hindernisse bei der Umsetzung von insekten-basierten nachhaltigen Ernährungssystemen.

---

75 Ramos-Elorduy, Creepy crawly cuisine, S. 33. Siehe auch: http://wuestengarnele.de/warum-insekten-essen/liste-insekten-restaurant-in-deutschland [letzter Zugriff: 27.09.2015]; http://www.trau-dich-shop.com/Insekten-Restaurants [letzter Zugriff: 27.09.2015].
76 von Grebmer u. a., Welthunger-Index 2014.
77 Unter anderem: Jaboury Ghazoul (Hg.), Mopane Woodlands and the Mopane Worm: Enhancing rural livelihoods and resource sustainability, o. O. 2006; Jacob u. a., Entomophagy; Kelemu u. a., African edible insects; F. J. Muafor u. a.; A Crispy Delicacy: Augosoma Beetle as Alternative Source of Protein in East Cameroon, in: International Journal of Biodiversity (2014), S. 1–8; L. Riggi u. a., Exploring Entomophagy in Northern Benin – Practices, Perceptions and Possibilities, o. O. 2013; van Huis, Insects as Food; van Huis u. a., Edible insects.

a. Verbreitung

In Botswana ist die Praxis des Insektenessens weit verbreitet. Aktueller Feld-forschung zur Folge[78] nutzen mehr als 85 % der Batswana[79] Insekten als Nahrung. Trotz der auf den ersten Blick bestehenden Einheitlichkeit bestehen große Unterschiede bei der Akzeptanz hinsichtlich bestimmter Spezies. Diese variiert stark zwischen den unterschiedlichen Distrikten, was vor allem auf kulturelle Unterschiede zurückzuführen ist. So werden etwa die Larven des Olean-derschwärmers (oleander hawk moth, *Daphnis nerii L*), der »arrow sphinx« genannten Schwärmer der Gattung *Lophostethus dumolinii* (Angas) sowie zweier Pfauenspinner-Arten (Willow emperor moth, *Imbrasia tyrrhea* Cramer und marbled emperor moth, *Heniocha* spp) im Kweneng und Kgalagadi Distrikt sehr gerne gegessen, während diese im Rest des Landes für die Ernährung keinerlei Bedeutung haben. Andererseits spielt das landesweit beliebteste und kulturell am meisten akzeptierte Nahrungsinsekt, die Mopane Raupe (*Imbrasia belina* Westwood), welche auch über die Grenzen Botswanas hinaus eine stark nachgefragte Nahrungsressource darstellt, speziell im Kweneng Distrikt nur eine untergeordnete Rolle.

Auch in Kenia ist Entomophagie weit verbreitet, wenngleich sich hier ein deutlich differenzierteres Bild ergibt.[80] Wie in Botswana existieren deutliche regionale Unterschiede hinsichtlich der Verwendung unterschiedlicher Spezies. Zum Teil ist dies eine Frage der Verfügbarkeit. So werden Zuck- und Büschel-mücken (Chironomidae und Chaoboridae) entsprechend ihres Hauptverbrei-tungsgebietes nur entlang des Viktoriasee gegessen, wo sie Lake Flies heißen. Sagowürmer, die Larven des Roten Palmrüsslers, sind an das Vorkommen von Palmen gebunden und stellen entsprechend ausschließlich entlang der Küste eine stark nachgefragte Nahrungsressource da. In Kontrast dazu beschränkt sich der Konsum landesweit vorkommender essbarer Termiten auf die Regionen rund um den Viktoriasee. Auch Grillen, die ebenfalls landesweit vorkommen, werden nur von einigen entomophagen Personen gegessen, da sie den meisten nicht als essbar bekannt sind.

---

78 Motshwari Obopile befragte 72 Informanten in 5 der 10 Distrikte Botswanas nach ihrem Wissen über essbare Insekten.

79 So die gängige Bezeichnung für die Einwohner Botswanas. Eine andere Bedeutung des Begriffs verweist auf die gleichnamige Ethnie die für die Namensgebung des Staates Botswana verantwortlich zeichnet, jedoch keineswegs mit der Definition »Einwohner Botswanas« gleichzusetzen ist, da ethnische Batswana (auch »Tswana« genannt) weit über die Grenzen Botswanas hinaus beheimatet sind und auch Menschen andere Nationalitäten, v. a. Südafrikaner, Namibier und Simbabwer umfassen. In dieser Publikation wird der Begriff in ersterem Sinne verwendet.

80 Die hier wiedergegebenen Daten zu Entomophagie in Kenia entstammen mehreren Feld-forschungsaufenthalten Monica Ayiekos zwischen 2009 und 2013.

b. Perspektiven

Auch hinsichtlich der Frage in welche Richtung sich die Akzeptanz von Entomophagie entwickelt ergibt sich ein uneinheitliches Bild. In Kenia sind es überwiegend ältere Leute, die Insekten essen. Dies hängt vor allem damit zusammen, dass viele junge Menschen ihr Glück in den Städten suchen, wo kulturelle, traditionelle Praktiken und Gebräuche und somit auch der Gebrauch von Insekten zu Nahrungszwecken abnehmen. So lässt sich auch in Kenia ein negativer Trend bezüglich der Nutzung von Insekten als Nahrung belegen. Interessanterweise wird dieser jedoch begleitet von einem Gegentrend: Besonders unter kenianischen Eliten, Forschern wie auch NGOs gibt es aufgrund der Überzeugung, dass Insekten zur Ernährungssicherheit im Lande beitragen, derzeit eine Menge positive Promotion bezüglich Entomophagie. Das gängige Stigma von Insekten als »Futter für die Armen« wird in den Medien zunehmend hinterfragt. Viele Kenianer essen Insekten wie Termiten und Grillen somit derzeit zum ersten Mal. Auch gibt es erste Versuche indigenes Wissen über Insekten mit Ernährungsweisen westlicher Prägung und modernen Verarbeitungsmethoden zu verbinden. So experimentiert Monica Ayieko seit fünf Jahren mit verarbeiteten Lebensmitteln aus unterschiedlichen Insektenarten, wie etwa Lake Fly-Kräckern oder Termiten-Würstchen.[81] Neben der Öffnung von Entomophagie gegenüber Personen, die bisher keine Insekten gegessen haben, liegt ein weiterer Vorteil in der verlängerten Haltbarkeit der Lebensmittel.[82]

Auch in Botswana sind es überwiegend ältere Menschen, die Insekten essen,[83] was letztlich auf einen Rückgang von Entomophagie schließen lässt. Dies wird auch von den Informanten bestätigt: 94 % der Befragten in Botswana sehen einen Rückgang beim menschlichen Verzehr von Insekten – wenngleich die meisten von ihnen aktiv andere Personen ermutigen Insekten zu essen. Die in Kenia festgestellte rural-urbane Trennung ließ sich in Botswana hingegen nicht finden. Dies kann wohl primär darauf zurückgeführt werden, das es sich bei einem Großteil der Stadtbewohner um erst kürzlich zugezogene Immigranten aus ländlichen Gebieten handelt und zudem zirkuläre Arbeitsmigration zu einem stetigen Austausch zwischen Dörfern, Städten und ländlichen Gebieten führt, was eine stete Vermischung städtischer und ländlicher Lebensstile nach sich zieht. Entsprechend konnte hier auch kein Einfluss von Gender, Bildung oder Einkommen auf die Praxis des Insektenessens festgestellt werden.

Eine dritte, anthropologisch/ethnographische Fallstudie im Südosten Zimbabwes wiederum liefert ein gänzlich anderes Bild. In der Norumedzo Communal Area, in der die Studie durchgeführt wurde,[84] bilden die essbaren Wanzen En-

81 Monica Ayieko, Processed Products.
82 Ebd.
83 In Botswana sind 51 % derer die Entomophagie praktizieren 46 Jahre oder älter.
84 Munyaradzi Mawere führte hier Interviews, Fokusgruppen-Diskussionen und informelle Diskussionen zur sozialen und ökonomischen Bedeutung der essbaren Wanze Encosternum delegorguei (*Harurwa*) für die lokale Bevölkerung.

costernum delegorguei, genannt *Harurwa* direkt oder indirekt die Existenz-grundlage für die meisten Haushalte. Sie werden in den Wäldern der Umgebung gesammelt und auf lokalen Märkten verkauft oder bis nach Mozambique und Südafrika exportiert. Bezüglich der Entwicklung von Entomophagie merkt eine lokale Harurwa-Händlerin an:

»I am happy the demand for harurwa is increasing in sub-Saharan Africa. I now sell some of harurwa to people from outside Zimbabwe. This is helping greatly in increasing my annual incomes ... Since I started dealing with buyers abroad in 2009, my annual sales have risen sharply. I sell some of my harurwa to a Mozambican and South African buyers and I am satisfied with the exchanging deals we make.«

c. Der Zweck des Insektenessens

Die Vorstellung, wonach Entomophagie eine Reaktion auf Hunger ist, ist nach wie vor weit verbreitet in westlichen Gesellschaften, kombiniert mit dem Irrglauben das Essen von Insekten sein eine Art »Überlebenstaktik«, die eine Überwindung der angenommenen natürlichen Abneigung Entomophagie gegenüber voraussetzt.[85] In der Tat gibt es Berichte über den Gebrauch von Insekten in Notzeiten. So berichteten Informanten in Kenia etwa davon, dass Insekten-Farmer, die eigentlich lediglich für den Futtermittelsektor produzieren, in Notzeiten dazu übergingen Teile ihrer Produktion an Nachbarn oder auf lokalen Märkten zu verkaufen. Dies ist jedoch eher die Ausnahme als die Regel, ist die Nutzung von Insekten doch keinesfalls an Notsituationen gebunden, sondern erfolgt zumeist aus freier Wahl. Bereits 1992 stellte Gene DeFoliart klar, dass

»[o]rdinarily, insects are not used as emergency food to ward off starvation, but are included as a planned part of the diet throughout the year or when seasonally available.«[86]

Diese Beobachtung ist mittlerweile auch durch andere Studien gut dokumentiert[87] und wird auch von unseren Informanten bestätigt. In Botswana nutzen 63 % der Befragten Insekten als Snacks. Die am zweitmeisten genannte Nutzungsart ist die als Genussmittel. Auch in Kenia werden Insekten hauptsächlich als Snacks gegessen. Andere genannte Nutzungen sind Tierfutter (für Hühner) oder als Medizin. Generell wird häufig auf den guten Geschmack hingewiesen. Exemplarisch hierzu die Aussage einer Haruwa-Händlerin aus der Masvingo Provinz:

---

85 van Huis, Insects as Food in Sub-Saharan Africa, S. 164.
86 Gene DeFoliart, Insects as Human Food, S. 395. Siehe auch Premalatha u. a., The use of edible insects, S. 4358.
87 Vgl. DeFoliart, Insects as Human Food, S. 395; Van Huis u. a., Edible insects, S. 38.

»You know there are many reasons why I like trading in harurwa. First, harurwa are favoured by many people who pass through this place as most of them are aware of the medicinal properties harurwa have. Second, harurwa are not as perishable as many food stuffs such as cooked meali-cobs, vegetables and fruits. They can stay for more than two weeks before they go bad which makes it difficult to run a loss when in the harurwa business. Third, harurwa are a delicious and nutritious source of food and many people are aware of this fact.«

Auch in der Literatur ist der Hinweis auf den delikaten Geschmack vieler Insekten gut dokumentiert.[88]

In Kenia wie auch in Botswana unterliegt die Nutzungsart der Insekten saisonalen Unterschieden. Wenn massenhaft verfügbar – beispielsweise beim Ausschwärmen der Termiten – können Insekten durchaus auch einen substanziellen Anteil der Nahrung ausmachen.

Interessanterweise gibt es eine ganze Reihe von Insektenprodukten wie Honig, Gelée Royal und Seide, die sowohl im Westen als auch in anderen Teilen der Welt, und so eben auch in Afrika als Luxusartikel angesehen werden.

d. Insekten und Lebenshaltung

Der Beitrag des Sammelns und Vermarktens von Insekten zur Sicherung der Lebenshaltung variiert zwischen den drei Fallstudien sehr stark. In Kenia sind essbare Insekten fast ausschließlich unter Subsistenzaspekten von Bedeutung, ein organisierter Handel mit Nahrungsinsekten besteht nicht. Lediglich zur Hauptsaison kommen einige wenige Insekten wie beispielsweise Termiten auf den Markt. Zu Zeiten des Ausschwärmens treten diese massenhaft auf und es entsteht ein Überangebot, welches auf lokalen Märkten verkauft wird. Doch auch vom umgekehrten Fall wurde berichtet: In Zeiten von Nahrungsknappheit gehen einige Insektenfarmer dazu über ihre eigentlich als Hühnerfutter gezüchteten Grillen auf den Märkten der Umgebung zu verkaufen.

In Botswana stellt das Sammeln und der Handel mit essbaren Insekten, vor allem der Mopane Raupe (Imbrasia belina), eine nicht zu verachtende Quelle zur Sicherung des Lebensunterhalts dar. Vantomme merkt an, dass in Botswana

»income from selling Imbrasia belina represents 13 % of the total household cash income in one year [while] labour input for that activity required only 5.7 % of that for all income generating activities. The sale of Imbrasia belina is the third biggest source of income after the sale of poles and livestock, and is thus an important part of household livelihoods.«[89]

---

88 Vgl. Durst/Shono, Edible forest insects, S. 1, 3; Kenichi Nonaka, Feasting on insects, S. 304; van Huis, Insects as Food in Africa, S. 164, 174; van Huis u. a., Edible insects, S. 37; Vantomme, Contribution of forest insects, S. 1, 3.
89 Vantomme, Contribution of forest insects, S. 2.

Die Raupen finden zu Saisonzeiten (von der es in Botswana zwei gibt) in getrockneter Form den Weg auf die Märkte der Städte und Dörfer. Die Vermarktung geschieht hier in der Regel über Zwischenhändler, die über entsprechende Transportkapazitäten verfügen. Erntehelfer werden auf den Lastwägen der Händler zu den Fundstellen und wieder zurückgefahren und für den Arbeitstag mit Essen und Wasser versorgt. Die Bezahlung erfolgt zumeist über einen zuvor ausgehandelten Anteil an der Ernte. Der Überschuss wird dann auf den Märkten der Städte und Dörfer verkauft, wo ein weit höherer Preis erzielt werden kann als am Ort der Ernte und in den umliegenden Dörfern. Auch in Zimbabwe werden Mopane Raupen gehandelt. Gelegentlich verkaufen Insektensammler (zumeist Frauen und Kinder) ihre Produkte selbst auf lokalen Landmärkten, doch häufiger wird der Fang an Groß- und Zwischenhändler verkauft (zumeist Männer), die die getrockneten Larven auf den Märkten der Dörfer und Städte mithilfe von Verkäufern (wiederum zumeist Frauen) vermarkten.[90]

Anders sieht es im Falle der Norumedzo Community aus, wo Harurwa direkt oder indirekt seit jeher einen Großteil zur Existenzsicherung der lokalen Bevölkerung beitragen. Das Sammeln und Handeln mit den Wanzen generiert verglichen mit dem Ackerbau ein weitaus verlässlicheres Einkommen sowohl in Form von Geld als auch als Nahrung, vor allem seit der Niederschlag in der Region seit zwei Dekaden nur noch unregelmäßig fällt und die Kosten für landwirtschaftliche Geräte, Saaten und Dünger kontinuierlich steigen. Auch kann Harurwa jedes Jahr zwischen März und September geerntet werden was die Erntephase von Feldfrüchten deutlich übersteigt. Zur Harurwa Ernte und zur Vermarktung bedarf es zudem weniger Input an Arbeitskraft und Finanzkapital. Die Bedeutung der Tiere für die lokale Bevölkerung lässt sich an folgender Aussage einer der Befragten verdeutlichen:

»For us who were born and grew up here, harurwa is our life. Our forefathers, parents and ourselves today have always depended on harurwa both as a source of food and a source of livelihood. With harurwa we manage to send our children to school, to buy our groceries and even big things like goats and herds of cattle.«

Ein generelles Problem beim Handel mit Nahrungsinsekten ist jedoch die Saisonalität ihrer Vorkommen, sowie ihre relativ kurze Haltbarkeit. Frisch halten sie sich nur wenige Tage, getrocknet und gesalzen immerhin bis zu zwei Monate. Entsprechend dem Fakt, dass der Handel fast ausschließlich auf Wildfang zurückgeht, bleibt somit eine Zeit zwischen den Saisons, in der kein Einkommen generiert wird, bzw. dieses aus anderen Quellen bezogen werden muss. Ein Beitrag zur Lösung wäre sicherlich die Insektenzucht, doch in keinem der drei Fallbeispiele spielte die Zucht von Insekten für den menschlichen Verzehr eine Rolle.

---

90 Johnson, Edible forest insects, S. 19; Paul Vantomme u. a., Contribution of forest insects to food security and forest conservation: The example of caterpillars in Central Africa, o. O. 2004, S. 2.

Auch aus der Literatur ist kein afrikanischer Fall bekannt. Der Grund hierfür ist vor allem, dass sich kaum jemand dieser Möglichkeit bewusst ist. Das Wissen darüber, dass Insekten gezüchtet werden können fehlt. Eine Ausnahme bildet die bereits angesprochene Zucht von Futterinsekten in Kenia, wo ja auch erste vorsichtige Schritte zur Verwertung als menschliche Nahrung gegangen werden.

Nicht zuletzt darf auch das Problem des Raubbaus nicht ausgeblendet werden. Viele essbare Insekten werden entweder durch ihre Übernutzung oder aber die Zerstörung ihrer Habitate immer seltener. Dies ist nicht nur unter Biodiversitätsgesichtspunkten, sondern auch für ihre Nutzung als Nahrungs- und Einkommensressource bedenklich. Je seltener ein Insekt wird, desto stärker steigt der Ernteaufwand und desto mehr sinken Ertrag und Einkommen. Seine Nutzung wird zunehmend unattraktiv.

Schlussfolgerungen

Diese Fallbeispiele verdeutlichen die unterschiedlichen Anforderungen, die sich aus regionalen und kulturellen Unterschieden für die Förderung von Entomophagie zur Ernährungssicherheit nicht nur im afrikanischen Kontext ergeben. Der Hinweis auf die Akzeptanz von Entomophagie in Afrika und ein daraus abgeleiteter »One-site-fits-all«-Ansatz greift hier zu kurz.

Bisher geht ein Großteil der Forschung und auch der Forschungsempfehlungen in Richtung der Dokumentation von Spezies und deren Verarbeitung, sowie der Frage wie die Massenzucht von Insekten sich technisch verwirklichen lässt. Hinweise auf eine notwendige Transformation von Esskulturen sind bisher selten oder beziehen sich primär auf die westliche Kultur. In den hier vorgestellten Fallbeispielen sollte jedoch deutlich geworden sein, dass hier zusätzliche Forschung vonnöten ist, die auf die Identifikation und Analyse kultureller Tendenzen im Hinblick auf Entomophagie gerichtet ist. Es gilt Wissen über Mechanismen und Dynamiken zu sammeln, wie kulturelle Regeln und Gebräuche verändert werden.[91] Dies ist nicht zuletzt auch eine Frage des Marketings. Generell darf die Konsumenten-Perspektive nicht marginalisiert werden. Lokales Wissen über Entomophagie muss gesichert und hinsichtlich ihrer Förderung mit anderen Wissenssystemen wie etwa dem westlich-wissenschaftlichen kombiniert und angewandt werden. Hier ist Forschung zur Wahrnehmung von Entomophagie in unterschiedlichen kulturellen Kontexten grundlegend.[92] Dies sollte sowohl Kulturen umfassen, die mit dem Essen von Insekten noch nicht vertraut sind, wie auch solche, bei denen Insekten Teil der alltäglichen Ernährung sind. Weiterer Forschungsbedarf besteht hinsichtlich der Marktstrukturen und

---

91 Man denke etwa daran, wie normal das Essen von rohem Fisch in Form von Sushi mittlerweile für uns ist.
92 Kelemu, African edible insects, S. 109.

Marktpotenziale die Entomophagie in Afrika wie auch anderswo bietet.[93] Generell bedarf es eines interdisziplinären Ansatzes. Sicher bildet die Entomologie eine Kerndisziplin, doch auch Beiträge aus unter anderem der Forst- und Agrarforschung, Ernährungsforschung, Medizin, Anthropologie, Tierzucht, Ökologie und Ökonomie sind dringend notwendig, die Vergangenheit und die Gegenwart des Insektenessens zu verstehen und daraus Schlüsse zu ziehen, welche Potenziale Entomophagie für die Ernährung von Morgen bieten kann.[94]

Nicht zuletzt braucht es für die Etablierung eines insektenbasierten nachhaltigen Ernährungssystems auch eine veränderte Haltung des Westens gegenüber Entomophagie, beeinflusst die westliche Kultur mit ihrem universalistischen Ansatz doch nach wie vor die Akzeptanz von Insektenkonsum weltweit.

»Westerners should become more aware of the fact that their bias against insects as food has an adverse impact, resulting in a gradual reduction in the use of insects without replacement of lost nutrition and other benefits.«[95]

Anmerkungen

Natürlich wollen die Autoren trotz aller Sympathie für die Entomophagie niemandem reinreden, was er/sie zu essen hat und was nicht. Vielmehr läge ihnen eine Emanzipation von Ernährungskulturen weltweit gegenüber der McDonaldisierung unseres Planeten mit all seinen Folgen am Herzen. Tatsächlich wird es zudem kaum möglich sein Entomophagie zu fördern während wir selber auf unserer ablehnenden Haltung bestehen. Daher soll an dieser Stelle auf das angehängte Rezept verwiesen werden, denn probieren geht bekanntlich über studieren!

93 Johnson, Edible forest insects, S. 6.
94 Ebd.
95 DeFoliart, Insects as Food, S. 41.

Anhang

Tortillas de Chapulines[96]

Zutaten:

Zubereitung:

40–50 Heuschrecken
1 Packung Tortillas
1 Eisbergsalat
Salsa
Saure Sahne
frischer Koriander

Für den Bohnenbrei:
2 Dosen Kidneybohnen
2 kleine Zwiebeln
2 Knoblauchzehen
Pfeffer
Salz

Für die Guacamole:
2 reife Avocados
1 Tomate
1 kleine Zwiebel
Salz
Pfeffer

1. Für den Bohnenbrei die Zwiebeln und den Knoblauch schälen und klein hacken, die abgetropften Bohnen hinzugeben und zerdrücken, bis eine gleichförmige Masse entsteht.
2. In der Pfanne etwas Öl erhitzen, dann den Bohnenbrei hinzugeben und aufbraten. Mit Salz und Pfeffer abschmecken.
3. Für die Guacamole die Avocados am Kern entlang schneiden, halbieren und das Fruchtfleisch herauslöffeln. Das Fruchtfleisch mit der Gabel zerdrücken.
4. Tomate und Zwiebel klein schneiden und mit dem Fruchtfleisch vermengen und mit Salz und Pfeffer abschmecken.
5. Die Tortillas in einer trockenen Pfanne anwärmen und anschl. in einem Geschirrtuch warmhalten.
6. Die Heuschrecken in einer Pfanne kurz anrösten. Flügel und Beine vorher entfernen!
7. Die Tortillas mit Bohnenbrei und Guacamole bestreichen und anschl. mit den Heuschrecken belegen. Darüber den geschnittenen Salat, etwas Salsa, die saure Sahne und Koriander.
8. Die Tortillas zusammenrollen und genießen. Guten Appetit!

---

96 Quelle: http://www.besteinsekten.de/rezepte/rezepte-heuschrecken/tortillas-de-chapulines/ [letzter Zugriff : 14.12.2015].

Michael M. Kretzer

Chancen und Grenzen von »Agriculture« als Schulfach für eine nachhaltige Lebensführung

Fallstudie Karonga, Nkhata Bay und Mzimba Distrikt in Malawi

Einleitung

»And indeed I am happy to state that within a short period of time Malawi has been transformed from being a food deficit and hungry nation to a huge food surplus nation. There is enough food for all people in Malawi. I can boldly say the country is self-sufficient in food and we are able to export and even donate surplus food to our neighbours.«[1]

Diese Rede des ehemaligen Präsidenten Bingu wa Mutharika aus 2009 bei seiner Preisübergabe des »Driver of Change Awards« zeigt deutlich den ökonomischen Schwerpunkt Malawis im Bereich der Landwirtschaft und der Ernährungssicherung.

Malawi, ein Binnenstaat im östlichen Afrika und einer der ärmsten Staaten der Welt, wird nachfolgend Gegenstand dieses Artikels sein. Dabei werden die Chancen und Grenzen des Schulfaches »Agriculture« für die landwirtschaftliche und ökonomische Entwicklung Malawis analysiert. Der Artikel beschreibt zunächst den diesbezüglichen Status Quo, ehe daran anschließend der Artikel die Potentiale des Schulfaches »Agriculture« benennt.

Weniger als 20 % einer Alterskohorte sind in einer weiterführenden Schule und nur ca. 15 % schließen die Sekundarschule erfolgreich ab. Diese Zahlen sind erheblich schlechter als der Durchschnitt in Sub-Sahara Afrika.[2] Kapitel zwei gibt einen Einblick in die methodische Herangehensweise und stellt den verwendeten Fragebogen vor. Im dritten Kapitel beschreibt der Autor die Rahmenbedingungen der Lebensführung im Norden Malawis, ehe daran anschließend sich das vierte Kapitel mit dem malawischen Bildungssystem befasst. Im fünften Kapitel gibt der Autor einen Überblick über die Ergebnisse der Interviews.

---

1 Godfrey Ch. Munthali, Tributes to Bingu wa Muthatika in Quotes, in Malawi Voice, 08.04.2013. Verfügbar unter: http://malawivoice.com/2013/04/08/tribute-to-bingu-wa-mutharika-in-quotes-15460/ [letzter Zugriff: 04.09.2015].

2 Vgl. The World Bank, The education system in Malawi, Washington 2010, S. 263, in der ein guter Überblick der malawischen Distrikte gegeben wird und deutlich wird, in wie vielen Distrikten weniger als 10 % die Sekundarschule erfolgreich abschließen.

Abschließend zieht der Autor im sechsten Kapitel ein Fazit bezüglich der Chancen und Grenzen des Schulfaches »Agriculture« für eine nachhaltige Lebensführung.

Methodik

Der Autor führte 14 Interviews mit Lehrern an öffentlichen Sekundarschulen in den Distrikten Karonga, Nkhata Bay und Mzimba durch (siehe Abbildung 1). Die Auswahl der drei Distrikte fand auf Grund unterschiedlicher ökonomischer Schwerpunkte dieser statt. Im Karonga Distrikt findet Reisanbau statt. Bauern in Karonga und Nkhata Bay sind zudem häufig Fischer. Bewohner im Mzimba Distrikt sind häufig in der Holzwirtschaft beschäftigt. Daneben analysierte der Autor den 2015 verwendeten Malawi School Certificate Examination (MSCE) – Examensfragebogen des Schulfaches »Agriculture«.

Eine qualitative Herangehensweise wurde gezielt gewählt, da detaillierte Informationen von den ausgewählten Schulen gesammelt werden sollten. Um den Einfluss des Interviewers zu reduzieren, führte der Autor alle Befragungen eigenständig durch. Zusätzlich fand im Mai 2015 ein Pre-Test mit Lehrern im Mzimba-Distrikt statt, in dessen Anschluss der Autor die Fragen geringfügig modifizierte. Durch diesen Pre-Test sollte vor allem sichergestellt werden, dass alle Fragen verständlich für die Lehrer formuliert waren.[3] Für die Interviews wurde ein semi-strukturierter Fragebogen verwendet.[4] Der Fragebogen bestand aus zehn Fragen. Neben allgemeinen Fragen zu der Position und den Zielen des Faches[5] und der generellen Ausstattung,[6] zielten andere Fragen auf Aspekte der Nachhaltigkeit.[7] Es wurde bei allen Interviews mit der ersten Frage des Fragebogens begonnen, im Anschluss daran aber, je nach Gesprächsverlauf die Reihenfolge der Fragen modifiziert. Um die Interviewsituation für die teilnehmenden Lehrer so angenehm wie möglich zu gestalten, fanden die Befragungen in deren bekanntem Umfeld statt. Die Erhebungen führte der Autor Ende Juni und Anfang Juli 2015 durch, da zu diesem Zeitpunkt die Schüler ihre MSCE Examensprüfungen schrieben. Dies ermöglichte eine sehr ruhige Atmosphäre, da

---

3 Vgl. Lois Oksenberg, u.a., New Strategies for pretesting survey questions, in: Journal of Official Statistics,7, 3 (1991), S. 349–365.

4 Vgl. Peter Atteslander, Methoden der empirischen Sozialforschung, Berlin 2010, S. 135.

5 Vgl. Frage 1: What is the role of the subject Agriculture at Malawian schools? Und Frage 2: What are the main aims of the subject Agriculture?

6 Vgl. Frage 3: How is the general situation/equipment (regarding human resources, materials and other aspects) of your school regarding teaching in general and teaching Agriculture in specific?

7 Vgl. Frage 4: What ideas and concepts are taught regarding the usage of soil, water or energy within Agriculture lessons or common school days? Und Frage 5: What kind of areas and aspects of the concept of sustainability are part of Agriculture?

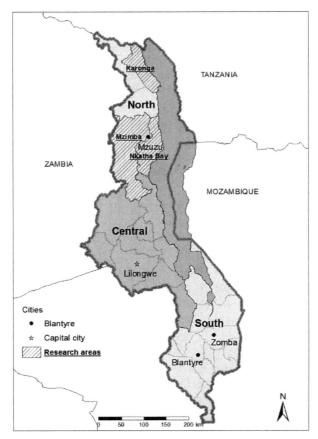

Abb. 1: Untersuchungsgebiet in Malawi.[8]

an jedem Tag nur in jeweils einem Fach Examensarbeiten geschrieben wurden und alle anderen Schüler sich nicht in der Schule befanden. Des Weiteren war es dadurch möglich, alle Befragungen im Lehrerzimmer oder in Klassenräumen beziehungsweise der Bibliothek durchzuführen. Zu Beginn des Interviews informierte der Autor die Informanten detailliert über Ziel und Zweck der Erhebung und ermöglichte den Lehrern auch am Ende jedes Gesprächs noch eigene Anmerkungen hinzuzufügen.[9] Insbesondere die erste Frage des Fragebogens wurde sehr gezielt ausgewählt, um als sogenannte »Eisbrecherfrage« zu fungieren.

---

8 Quelle: Eigene Zusammenstellung, abgeleitet von: Malawi Spatial Data Portal (MASDAP) 2013.

9 Vgl. Steinar Kvale, Doing Interviews, London 2007, S. 55–56.

»The setting of the interview stage should encourage the interviewees to describe their points of view on their lives and worlds. The first few minutes of an interview are decisive. The interviewees will want to have a grasp of the interviewer before they allow themselves to talk freely and expose their experiences and feelings to a stranger.«[10]

Zu Beginn der Befragung gaben alle Informanten ihre Zustimmung in Form einer Consent Form.[11]

Rahmenbedingungen der Lebensführung im Norden Malawis

Die Mehrheit der 17 Millionen Staatsbürger Malawis lebt in ländlichen Gebieten und arbeitet überwiegend in der Landwirtschaft. Lediglich 13 % der malawischen Bevölkerung leben im Untersuchungsgebiet der Northern Region mit sehr wenig urbanen Zentren. Innerhalb Malawis haben lediglich 2 % der ländlichen Bevölkerung einen eigenen Stromanschluss auf ihrem Grundstück, wohingegen dies in den urbanen Gebieten Malawis etwa 33 % sind.[12] Insgesamt haben nur etwa 8–9 % der malawischen Bevölkerung Zugang zum Stromnetz, wobei der einzige malawische Stromanbieter »The Electric Supply Corporation of Malawi (ESCOM)« selbst dies nur mittels »load-shedding« gewährleisten kann.[13] Dies bedeutet, dass Stadtteile oder Regionen auf Rotationsbasis stundenweise am Tag Elektrizität zur Verfügung gestellt bekommen, damit zumindest alle ans Stromnetz angeschlossenen Bürger für bestimmte Zeit täglich darauf zugreifen können. Bereits diese knappe Darstellung hinsichtlich des malawischen Stromnetzes gibt einen guten Einblick und eine Erklärung hinsichtlich des prekären Entwicklungsstandes in Malawi, wobei sich dies nicht nur hier ausdrückt. Des Weiteren weist Malawi eine sehr niedrige Lebenserwartung, ein sehr niedriges durchschnittliches Einkommen und sehr niedrige Einschulungsraten in den weiterführenden Schulen auf. Malawi nahm im 2014 erschienenen United Nations Development Programme (UNDP) Human Development Report lediglich Platz 174 von 187 untersuchten Staaten ein.[14] Damit gehört Malawi zu einem der am wenigsten entwickelten Staaten dieser Welt. Des Weiteren sind große Teile der

10 Steinar Kvale/Svend Brinkmann, Interviews: Learning the Craft of Qualitative Research Interviewing, London 2009, S. 128.
11 Vgl. Mick Couper u.a., Risk of Disclosure, Perceptions of Risk, and Concerns about Privacy and Confidentiality as Factors in Survey Participation, in: Journal of Official Statistics, 24, 2 (2008), S. 255–275.
12 Vgl. Republic of Malawi, Third Integrated Household Survey (IHS3), Household Socio-Economic Characteristics Report, Zomba 2012, S. 124.
13 Vgl. Collen Zalengera u.a., Overview of the Malawi energy situation and a PESTLE analysis for sustainable development of renewable energy, in: Renewable and Sustainable Energy Reviews 38 (2014), S. 335–347, S. 336.
14 Vgl.UNDP, Human Development Report 2014, Sustaining Human Progress: Reducing Vulnerabilities and building resilience, New York 2014, S. 162.

Bevölkerung dauerhaft Unter- beziehungsweise Mangelernährung ausgesetzt und haben eine extrem unausgeglichene und sehr einseitige Ernährung, die sich überwiegend auf Nsima, einer Art Brei aus Maismehl, beschränkt wodurch Malawi zu einem der höchsten globalen Pro-Kopf-Konsumenten von Mais gehört.[15] Insbesondere im Norden Malawis findet verhältnismäßig selten Zwischenfruchtanbau statt, wodurch die Abhängigkeit von Mais noch einmal erhöht und zudem die Fruchtbarkeit der Böden dieser Region abnimmt. Gerade nicht optimale Bewässerungs- und/oder Bodenbedingungen, auch hinsichtlich der Verfügbarkeit von Nährstoffen, wirken sich direkt auf das Maiswachstum aus. Insbesondere im Vergleich zu anderen Grundnahrungsmitteln ist Mais sehr viel stärker anfällig für nicht optimale Bedingungen.[16] Neben diesen landwirtschaftlichen Bedingungen spricht Harrigan zudem defizitäre Vermarktungsmöglichkeiten an und sieht Malawi dadurch in der Mais-Armutsfalle.

»The extremely low levels of purchasing power in Malawi, poorly developed marketing systems and limited export potential make rural livelihood diversification difficult for most of the rural poor. Hence they are caught in a maize poverty trap, unable to move beyond subsistence maize production and constantly facing the threat of food shortages.«[17]

Um dieser permanenten Gefahr von Lebensmittelknappheit entgegenzuwirken, führte der 2004 neu gewählte Präsident Bingu wa Mutharika eine Subventionierung der Landwirtschaft ein. In 2005/06 begann das sogenannte »Farm Input Subsidy Program« (FISP) welches signifikante positive Effekte auf die Ernährungssituation in Malawi hatte und zu einer starken Steigerung der Produktion führte, so dass sogar landwirtschaftliche Überflüsse in die Nachbarstaaten exportiert wurden.[18] Das FISP unterstützte bereits 2008/09 1,7 Millionen Bauern in Malawi vor allem mit Gutscheinen für je zwei 50 Kilogramm Säcken Maisdünger und Maishybridsamen, für das diese nur ein kleines Entgelt zahlen mussten. Dies unterstützte überwiegend die Kleinbauern und die malawische Regierung

15 Vgl. Peter Ranum u. a., Global maize production, utilization, and consumption, in: Annals of the New York Academy of Sciences, Issue: Technical Considerations for Maize Flour and Corn Meal Fortification in Public Health, 1312 (2014), S. 105–112, S. 110, die Malawi mit 293 g/person/day an zweiter Stelle des Pro-Kopf Konsums von Mais sehen und lediglich von Lesotho mit 328 g/person/day übertroffen werden. Demgegenüber sehen Melinda Smale and Thom Jayne, Maize in eastern and southern Africa: Seeds of success in retrospect, S. 6 Malawi mit 148 kg/person/year Malawi an erster Stelle des globalen Pro-Kopf-Konsums von Mais.
16 Vgl. Rachel Kerr u. a., Effects of a participatory agriculture and nutrition education project on child growth in northern Malawi, in: Public Health Nutrition 14, 8 (2010), S. 1466–1472, S. 1466.
17 Jane Harrigan, Food Insecurity, Poverty and the Malawi Starter Pack: False Start or Fresh Start?, in Food Policy 33, 3 (2008), S. 237–249, S. 238.
18 Masimba Tafirenyika, What went wrong? Lessons from Malawi's food crisis, Verfügbar unter: www.un.org/africarenewal/magazine/january-2013/what-went-wrong-lessons-malawi%E2%80%99s-food-crisis#sthash.phQed8Hn.dpuf, 2013, [letzter Zugriff: 15.07.2015].

verwendet etwa 15 % des jährlichen Haushaltes für das FISP. Demgegenüber diskutieren einige Autoren die Bedeutung von FISP für die Verbesserung der Situation oder ob dieses Programm lediglich geringfügige Effekte hatte.[19]

Des Weiteren erläutert der Third Integrated Household Survey, dass ca. 85 % der Bevölkerung landwirtschaftlich aktiv sind, so dass die gesamtwirtschaftliche Lage Malawis in erheblichem Umfang von der Landwirtschaft abhängig ist. Die Mehrheit der landwirtschaftlichen Aktivität konzentriert sich auf den Ackerbau. Neben dem Anbau von verschiedenen cash crops wie Tabak, Tee, Baumwolle und Kaffee, führen viele Malawier eine Subsistenzlandwirtschaft. Nur eine Minderheit der Farmer betreibt Viehwirtschaft, wobei es deutliche Unterschiede zwischen den Regionen gibt. Bei den Bauern der Northern Region Malawis ist die Viehhaltung im Gegensatz zu den Bauern der beiden anderen Regionen in erheblich größerem Umfang vertreten.[20]In der Northern Region sind dies ca. 60 %, in der Central und Southern Region dagegen lediglich ca. 40 % beziehungsweise ca. 50 %. Der Anteil von etwa 80 % von Tabak, Tee, Kaffee, Zucker und Baumwolle am gesamten Export belegt deutlich, dass Malawi ein sehr landwirtschaftlich geprägter Staat ist, welcher zugleich kaum über Industrie oder Rohstoffe verfügt.[21] Zugleich ist ein Großteil der landwirtschaftlich genutzten Flächen wenig technisch erschlossen, sondern wird sehr stark rein manuell durch die Bauern bearbeitet. Dies beinhaltet auch, dass die Mehrheit der landwirtschaftlich genutzten Flächen nicht bewässert wird und somit die landwirtschaftlichen Erträge sehr stark von der Häufigkeit und Intensität der Niederschläge abhängen. Auf Grund dessen ist auch die Anfälligkeit der malawischen Landwirtschaft gegenüber Veränderungen durch den Klimawandel relativ hoch, zudem auch die Verwendung von Kunstdüngern einer Mehrheit der Bauern nicht möglich ist, vor allem auf Grund der ungenügenden finanziellen Ressourcen. Trotz der Verfügbarkeit des Malawisees, dem drittgrößten See Afrikas, wird dennoch wenig landwirtschaftliche Fläche künstlich bewässert. Aktuelle Studien belegen die immensen positiven Folgen einer künstlichen Bewässerung agrarisch genutzter Flächen, insbesondere in Verbindung mit Zwischenfruchtbau und/oder für marginalisierte und sehr arme Haushalte.[22]

19 Vgl. Channing Arndt u. a., The Economywide Impacts and Risks of Malawi's Farm Input Subsidy Program, Verfügbar unter: http://purl.umn.edu/169903, 2014, [letzter Zugriff: 10.05.2015].
20 Vgl. Republic of Malawi, IHS 3, S. 130.
21 HLTF, MalawiFull Country Visit Report, S. 1. Verfügbar unter: http://un-foodsecurity.org/sites/default/files/2010_Malawi_Report.pdf [letzter Zugriff: 12.03.2015].
22 Vgl. Rudolf Nkhata u. a., Does irrigation have an impact on food security and poverty? Evidence from Bwanje Valley Irrigation Scheme in Malawi, Working Paper 4, IFPRI, Verfügbar unter: www.csrglobal.cn/upload/image/307402.pdf, 2014 [letzter Zugriff: 10.07.2015].

Bildungssystem in Malawi

Das malawische Bildungssystem besteht aus einem 8–4–4 System. Nach einer achtjährigen Grundschule folgt eine vierjährige Sekundarschule und eine vierjährige Hochschulausbildung. Um für die Sekundarschulen zugelassen zu werden, muss jeder Schüler[23] nach Beendigung der achten Klasse die Primary School Leaving Certificate Examination (PSLE) erfolgreich abschließen. Im Laufe der Sekundarschule finden zwei Abschlussprüfungen statt. In der zehnten Klasse das sogenannte Junior Certificate of Secondary Education (JCE) und zum Abschluss der Sekundarschule in der zwölften Klasse die Malawi School Certificate Examination (MSCE), welche ein Universitätsstudium ermöglicht. Eine Ausnahme in diesem Kontext besteht für Grundschullehrer, für die unter Umständen auch ein JCE ausreichend ist, wohingegen Lehrer an weiterführenden Schulen immer ein MSCE erwerben müssen, um ein entsprechendes Studium aufnehmen zu können. Nach den ersten freien, gleichen und demokratischen Wahlen in 1994 schaffte die United Democratic Front (UDF), die als Sieger aus der Wahl hervorgegangen war, unmittelbar die Schulgebühren ab. Somit war Malawi einer der ersten afrikanischen Staaten, der auf die Forderung einer Education for All (EFA), wie sie unter anderem 1990 auf der Jomtien World Conference on Education gefordert wurde, eingegangen ist. Die Abschaffung von Schulgebühren war zugleich eine der wichtigsten und anschaulichsten Reformen, um den Demokratisierungsprozess in Post-Banda Malawi widerzuspiegeln.[24] Die vorab existierenden Schulgebühren bevorzugten die Elite in Malawi und hielt viele Eltern davon ab ihre Kinder einzuschulen, da diese über keine oder nur unzureichende finanzielle Mittel verfügten. Neben der Umsetzung eines Wahlversprechens der UDF, welches zugleich eine sehr große Öffentlichkeitswirkung besaß, führte dies auch zu einem sehr starken Anstieg der Einschulungsraten von 1,9 Millionen auf etwa 2,6 Millionen Schüler.[25] Die vorab aufgeführten sehr positiven Einschulungsraten nach 1994 hielten bis 2001 an, ehe in 2002 und 2003 diese sehr stark sanken. Von 2004 an stiegen die Einschulungsraten wieder kontinuierlich und dauerhaft an. Der Grund für den Einbruch der Einschulungen in 2002 und 2003 war vor allem in der Landwirtschaft zu suchen, da in diesen beiden Jahren bedingt durch wiederholte Missernten eine

---

23 Die alleinige Verwendung des männlichen Genus schließt bei nicht ausdrücklicher anderslautender Nennung den weiblichen Genus mit ein. Dies geschieht vor allem auf Grund der praktikableren Lesbarkeit.

24 Vgl. Nancy Kendall, Education For All Meets Political Democratization: Free Primary Education and the Neoliberalization of the Malawian School and State, in: Comparative Education Review 51, 3 (2007), S. 281–305.

25 Vgl. Esme Chipo Kadzamira u. a., Review of the Planning and Implementation of Free Primary Education in Malawi, in: Birger Frederiksen/Dina Craissati (Hg.), Abolishing School Fees in Africa. Lessons from Ethiopia, Ghana, Kenya, Malawi, and Mozambique, Washington 2009, S. 161–202.

starke Hungersnot in Malawi herrschte. Dies verdeutlicht sehr anschaulich die wechselseitige Beeinflussung von Landwirtschaft und Bildung in Malawi.

Dennoch ist das Bildungssystem in Malawi nach wie vor unzähligen Herausforderungen ausgesetzt. Dabei handelt es sich um einige Herausforderungen, die auch in vielen Nachbarstaaten vorkommen, aber auch um solche, die insbesondere in Malawi auftreten. Malawis Bildungssystem ist nach wie vor sehr stark von der langen Diktatur Kamuzu Bandas beeinflusst. Banda bevorzugte seine eigene Muttersprache Chichewa gegenüber den anderen indigenen Sprachen Malawis und führte die ›kwanunkwanu‹ Politik durch, was übersetzt in etwa bedeutet, dass sich jeder in seiner Muttersprachregion befinden muss. Dies hatte zur Folge, dass Lehrer entsprchend ihrer Muttersprache an Schulen platziert wurden unabhängig davon ob diese in Englisch oder in indigener Sprache unterrichteten. Präsident Bakili Muluzi führte eine Vielzahl von Bildungsreformen durch, die er und seine UDF Partei vorab im Wahlkampf versprochen hatten. Die wichtigste Reform war die Free Primary Education (FPE) welche die Abschaffung von zuvor bestehenden Schulgebühren an staatlichen Grundschulen beinhaltete. Die neue malawische Verfassung schrieb dies fest, wenn diese in Chapter IV, Section 25 auf das Recht auf Bildung eingeht und anmerkt, dass »primary education shall consist of at least five years of education«.[26] Auf Grund dessen steigerten sich die Einschulungsraten nach 1994 nachhaltig sehr positiv.

»High enrollment in primary education is a direct result of the introduction of free primary education in 1994. The sudden decline in 2002 and 2003 was a result of a famine brought on by lack of rain and resulted in most pupils, especially the youngest, dropping out of school.«[27]

Da Malawis Bevölkerung eine sehr junge ist, circa 60 % sind jünger als 19 Jahre, führt dies dazu, dass ungefähr 40 % sich im Schulalter befinden.[28] Dies hat auch zur Folge, dass seitdem eine nahezu vollständige Geschlechtergleichheit an malawischen Grundschulen vorliegt. Auf Grund teilweiser verspäteter Einschulungen liegt die Einschulungsrate in Klassenstufe 1 sogar über 100 %. Im weiteren Verlauf der Grundschulzeit sinkt diese Quote allerdings signifikant. Der abrupte Anstieg der Einschulungsraten nach 1994 wirkte sich massiv auf die Unterrichtsqualität an malawischen Grundschulen und auf die Erfolgschancen der Schüler in den weiterführenden Sekundarschulen aus. Durch die Zunahme der Klassengrößen auf 80 oder sogar über 100 Schüler pro Klasse,[29]

---

26 Vgl. Republic of Malawi, Constitution of Malawi, Chapter IV, Section 25, Zomba 1998.
27 The World Bank, The education system in Malawi, Washington 2010, S. 142.
28 Vgl. National Statistical Office. Malawi. Demographic and Health Survey 2010, Verfügbar unter: http://www.nsomalawi.mw/images/stories/data_on_line/demography/MDHS2010/MDHS2010 %20report.pdf [letzter Zugriff: 08.03.2015].
29 Vgl. Joseph DeStefano. Teacher Training and Deployment in Malawi, in: Akiba Motoko, Teacher Reforms around the world: Implementation and Outcomes, Vol. 19, S. 77–97, Bingley 2013.

war es für das malawische Bildungsministerium sehr schwierig genügend qualifizierte Lehrer auszubilden. Qualitative Engpässe des malawischen Bildungssystems betreffen auch die Verfügbarkeit von Schulbüchern. Verschiedene Studien haben gezeigt, dass die Ausstattung in Malawi generell eher schlecht und vor allem in Fächern wie »Natural Science« oder »Agriculture« noch einmal schlechter ist, so dass sich beispielsweise in 2008 bis zu zweihundert Schüler ein Lehrbuch teilen mussten.[30] In diesem Zusammenhang sind auch die verschiedenen Studien der Southern and Eastern Africa Consortium for Monitoring Educational Quality (SACMEQ) bezüglich der Qualität des Unterrichts in verschiedenen süd- und östlichen afrikanischen Staaten sehr aussagekräftig. Malawi bildet hinsichtlich der Ausstattung mit Schulbüchern dort das Schlusslicht. Zwischen der SACMEQ II und SACMEQ III Studie hat sich dieser Umstand weiter erheblich verschlechtert.[31]

Zahlreiche verschiedene staatliche und auch geberfinanzierte Initiativen widmen sich in den letzten Jahren verstärkt diesen Herausforderungen, um neben dem rein quantitativen Aspekt der Einschulungsraten auch die qualitativen Aspekte von Bildung stärker zu berücksichtigen, damit dadurch allen Schülern in Malawi eine qualitative, lebensnahe und sinnstiftende Bildung ermöglicht werden kann. In diesem Zusammenhang ist auch das Schulfach »Agriculture« zu sehen, welches für ein sehr landwirtschaftlich geprägtes Land wie Malawi eine nicht unerhebliche Bedeutung hat.

Die Rolle von »Agriculture« im malawischen Bildungssystem

Das Ziel des Schulfaches »Agriculture« ist, neben der Vermittlung von grundlegendem landwirtschaftlichen Wissen und Fähigkeiten, die Schüler für eine zukünftige Beschäftigung im landwirtschaftlichen Sektor vorzubereiten und auszubilden.[32] Makombe weist darauf hin, dass eine verstärkte landwirtschaftliche Ausbildung an den öffentlichen Schulen, die Ernährungssicherheit in Malawi nachhaltig positiv beeinflussen würde.[33]

Weitere Herausforderungen des Faches »Agriculture« sind die geplanten praktischen Prüfungen, die bereits vor einigen Jahren von Seiten des »Malawi National Examination Board« (MANEB) als wichtig für das Fach »Agriculture«

---

30 Vgl. Vincent Castel u.a., Education and Employment in Malawi, Working Papers Series No. 110, African Development Bank, Tunis 2010.
31 Vgl. SACMEQ – Southern and Eastern Africa Consortium for Monitoring Educational Quality. SACMEQ III Main Report, 2011, S. 55. Verfügbar unter: http://www.sacmeq.org/ sites/default/files/sacmeq/reports/sacmeq-iii/national-reports/mal_sacmeq_iii_report-_ final.pdf, [letzter Zugriff: 22.02.2014].
32 Vgl. Tom Vandenbosch, Post-primary agricultural education and training in Sub-Saharan Africa: Adapting supply to changing demand, Nairobi 2006, S. 33.
33 Vgl. Tsitsi Makombe u.a., The determinants of food insecurity in rural Malawi:Implications for agricultural policy, in: IFPRI Policy Note 4 (2010), S. 1–4.

aufgeführt wurden. Die Pläne von MANEB sahen vor, dass die Schüler eigene Teilstücke von Schulgärten bearbeiten mittels verschiedenen Anbaumethoden und die Ergebnisse während der MSCE überprüft werden sollten. Dennoch finden sich in dem Prüfungsbogen 2015 keinerlei derartige Fragen wieder, vielmehr sind alle 14 Fragen theoriebezogen.[34] Auch die Ausstattung mit Schulgärten und/oder Exkursionen zu verschiedenen Farmen und Bauernhöfen ist von großer Bedeutung, so dass die Schüler vielfältige eigene praktische Erfahrungen machen können. Inwiefern dies umgesetzt wird und wie Theorie und Praxis im Schulfach »Agriculture« in Malawi verzahnt sind, wird Bestandteil dieses Kapitels sein. MANEB benennt acht Themengebiete, die sich in 22 Lerngebieten aufgliedern. Die Themengebiete umfassen »agriculture and environment«, »challenges in agricultural development«, »agricultural experimentation« und »agricultural technology«.[35] Als problematisch erweist sich, dass auf tertiärer Ebene lediglich das Bunda College of Agriculture eine universitäre landwirtschaftliche Ausbildung anbietet. Zusätzlich sind die Studierendenzahlen rückläufig und belaufen sich gegenwärtig auf weniger als vierhundert Studenten, so dass keineswegs ausreichend Lehrer für das Fach »Agriculture« ausgebildet werden.[36]

Die durchgeführten Interviews beinhalteten neben den allgemeinen Rahmenbedingungen und Inhalten ebenso spezifische Ziele des fraglichen Faches wie etwa Ernährungssicherheit und Nachhaltigkeit. Thematisiert wurde auch inwieweit und zu welchen Themen indigene Techniken und Pflanzen Bestanteil des Curriculums sind. Übereinstimmend merkten alle Befragten die immense Bedeutung des Faches »Agriculture« an, da Malawi ein sehr landwirtschaftlich geprägtes Land sei und eine »Agrobased Economy« darstelle. Gerade im Vergleich zu anderen Fächern stuften die Informanten »Agriculture« als Kernfach ein, nachdem der Autor dies bei den Gesprächen nachfragte. Studien aus anderen afrikanischen Staaten haben belegt, dass Schulbücher die alltagstauglich und relevant für das Leben der Schüler sind, diesen auch erheblich besser helfen. In Ghana wird indigenes Wissen und nationales kulturelles Wissen gleichberechtigt neben modernen Techniken der Landwirtschaft im Unterricht vermittelt.[37] Auch Lehrerin D hob die mangelhafte lebensnahe Ausrichtung des Faches »Agriculture« in Malawi hervor. Ihrer Ansicht nach liegt der wesentliche Grund dafür in der mangelhaften grundsätzlichen Ausstattung der meisten malawischen Schulen, die eine praktische und lebensnahe Ausrichtung nahezu unmöglich machen:

34 Vgl. Malawi National Examination Board (MANEB), 2015 Malawi School certificate of Education Examination, Agriculture, Zomba 2015.
35 Vgl. Tom Vandenbosch, Post-primary agricultural education and training in Sub-Saharan Africa: Adapting supply to changing demand, Nairobi 2006, S. 46–47.
36 Vgl. Geoffrey Evans/Pauline Rose, Support for Democracy in Malawi: Does Schooling Matter?, in: World Development 35, 5 (2007), S. 904–919.
37 Vgl. Ishmael Kwesi Anderson, The Relevance of Science Education, as seen by Pupils in Ghanaian Junior Secondary Schools, Kapstadt 2006.

»In fact I can say that the equipment is not enough, mostly the thing that we are doing in Malawi we just teach theory, we just say this is a plough, most of the student they don't know what is a plough they even, especially in this maybe ... remote areas they don't know what is a plough, you just tell them a plough has got this what? Parts, but they have not seen those things, so ... I can say that the situation is not very conducive, most of the things you just teach them as a theory, but in order to see the most practical it is very difficult and those practical's that are just very few, you can talk about soil, which is still there, talk about maybe plants like tomatoes, goats, locally goats, those are some of the things that are there, but the equipment and some of the things to do practical they are not, ... not really found in our schools.«

Dies deckt sich mit früheren Forschungsergebnissen aus einem der drei untersuchten Distrikte. Gerade die Integration lebensnaher Themen in den Schulalltag kann über das Fach hinauswirken.

»Therefore especially for rural areas the incorporation of agricultural aspects into every day school life can be very helpful. This could also help to reduce the still high numbers of illiterate pupils or pupils who have only an emergent or basic reading level. Agricultural contents may help to bridge the gap between learning to read in schools and the perceived benefit of that competency. Furthermore, higher literacy and numeracy competencies plus the learned theoretical knowledge and adapted skills regarding agricultural content help to improve agricultural efficiency.«[38]

In diesem Zusammenhang wies Lehrer A, der über eine lange Erfahrung im Fach »Agriculture« im Mzimba Distrikt verfügt, nachdrücklich auf die große Bedeutung des Faches »Agriculture« hin, indem er verdeutlichte welche immense Bedeutung die praktische Ausrichtung des Faches »Agriculture« für einen Lernerfolg der Schüler hat.

»The essence of teaching the subject agriculture was to introduce students to practical application of agriculture. They should be able to know these I mean they should acquire the skills and then be able to use those life skills in future for their sustainability.«[39]

Aspekte der Ernährungssicherheit wurden auch von Lehrerin B aus dem Karonga Distrikt sehr deutlich hervorgehoben, indem diese insbesondere auf die Bedeutung der Produktion verschiedener Grundnahrungsmittel hinwies. Ihrer Ansicht nach sei es sehr wichtig, die starke Konzentration auf den Maisanbau zu reduzieren und eine vermehrte Vielfalt hinsichtlich der Grundnahrungsmittel zu erreichen. Lehrer C, der auch im Karonga Distrikt unterrichtete, wies auf die immense Bedeutung des Faches hin, indem er die wesentlichen Ziele beschreibt.

---

38 Steven Engler/Michael M. Kretzer, Agriculture and Education: Agricultural Education as an Adaptation to Food insecurity in Malawi, in: Universal Journal of Agricultural Research 2, 6 (2014), S. 224–231, S. 229.

39 Zur besseren Lesbarkeit fand eine sprachliche Glättung aller nachfolgenden Zitate der Lehrer statt.

Abb. 2: Climate Change Awareness-Poster.[40]

Neben der Etablierung der Ernährungssicherung ist dies vor allem die Verbesserung der ökonomischen Situation Malawis. Des Weiteren wurde von mehreren Informanten der Einfluss des Klimawandels auf die Landwirtschaft in Malawi

40 Quelle: eigene Aufnahme, 3. Juli 2015, Sekundarschule in Mzimba Distrikt. In den besuchten Schulen wurde dieses Poster leider allerdings lediglich in Englisch aufgefunden und nicht in den jeweiligen lokalen indigenen Sprachen wie beispielsweise Chitumbuka, wie die Beispiele in der Veröffentlichung der Republik Malawi zeigen und vermuten lassen (Vgl. Malawi Government, Malawi's Strategy on Climate Change Learning, Deckblatt, Lilongwe 2013).

hervorgehoben und die zu ergreifenden Gegenmaßnahmen angesprochen. In einigen der untersuchten Beispielschulen waren dazu verschiedene Poster angebracht, die auf eben jene Aspekte des Klimawandels hinweisen und diese Thematik somit auch verstärkt zum Gegenstand des Unterrichts machen (siehe Abb. 2). Im Rahmen des Unterrichts sprachen die Informanten vor allem die verschiedenen natürlichen und anthropogen verursachten Ursachen des Klimawandels an. Ebenso führten diese aus, dass sie sehr detailliert die vielfältigen Folgen des Klimawandels für die verschiedenen Regionen und Pflanzen in Malawi besprechen und zudem auch Gegenmaßnahmen Bestandteil des Unterrichts seien.

Im Rahmen der Erhebung beklagten die interviewten Lehrer die mangelhafte Ausstattung ihrer jeweiligen Schule. Dies beinhaltete nicht nur die generelle Infrastruktur, wie Gebäude und Toiletten, sondern auch fachspezifische Aspekte, wie unzureichende Ausstattung mit Materialien oder der unzureichenden Ausbildung der Lehrer. Lehrer A zeigte dies anschaulich an einem Beispiel aus seiner Klasse.

»Books are in shortage of supply [...] I mean we are talking of 60 pupils sharing one book«.

Für Lehrer F stellte sich die gesamte Situation hingegen ungleich schlechter dar, da seine Klasse aus zweihundert Schülern bestand, aber nur ein einziges Lehrbuch für »Agriculture« für die gesamte Klasse vorhanden war. Einige der interviewten Lehrer merkten in diesem Kontext auch an, dass sie selbst nie »Agriculture« studiert haben und nun fachfremd unterrichten. Dies hätte nicht unerhebliche Effekte auf die Qualität des Unterrichts, da ein Lehrer dadurch manchmal unsicher sei und diejenigen Themengebiete auslasse, die er nicht studiert hat oder die er sich nicht mittels Selbststudium angeeignet hat. Dieser Aspekt wurde von Lehrerin C sehr nachdrücklich angesprochen. Für sie ist die unzureichende Ausbildung der Lehrer insgesamt und insbesondere im Fach »Agriculture« ein entscheidendes Hindernis für die Wirkung des Faches auf die Schüler und somit auf die Gesellschaft Malawis. Lehrerin C merkte an, dass sie selbst Mathematik studiert und ihre Kollegin Lehrerin E Mathematik und Biologie studiert hat, aber beide neben diesen Fächern auch in »Agriculture« eingesetzt werden. Lehrer F, der an einer benachbarten Sekundarschule »Agriculture« unterrichtet, hat Biologie und Geschichte studiert. Fachfremdes Unterrichten scheint demnach für das Fach »Agriculture« zur Realität zu gehören.

»In terms of human resources we can say, we are in a poor situation. Is because most of the colleges here in Malawi they don't offer education in Agriculture as a subject, so most of the teachers, who teach at secondary school level they are not teachers of agriculture. Just here as the four teachers, you can see we are four teachers, but if you can ask, who did agriculture at a college, none of us did study it. We studied mathematics, history, biology or other subjects, but none of us agriculture.«

Als wesentliches Hindernis für einen erfolgreichen »Agriculture«-Unterricht sahen Lehrer vor allem das Fehlen von Schulgärten an, beziehungsweise das generelle

Abb. 3: Schulgarten einer Sekundarschule in Karonga Distrikt.[41]

Ungleichgewicht zwischen Theorie und Praxis. Die Mehrzahl der besuchten Schulen verfügte über gar keine Schulgärten und die Lehrer sprachen diesen Mangel auch während der Interviews an. Ebenso bemängelten einige Informanten das Fehlen von Schulgärten auch an ihren vorherigen Schulen oder dass diese überwiegend privat durch Lehrer genutzt wurden. Falls dennoch Schulgärten vorhanden waren und diese auch nicht zweckentfremdet genutzt wurden, so existierte in der Trockenzeit ein nicht unerhebliches Konfliktpotential mit den umliegenden Gemeinden bezüglich der Wasserverwendung. Abbildung 3 und 4 zeigen Beispiele von Schulgärten. Für Lehrer H ist eine wesentliche Ursache in der mangelhaften praktischen Ausrichtung des Faches auch in der Struktur des Unterrichts zu sehen, da eine Schulstunde lediglich 35 Minuten beträgt und dadurch praktische Ansätze extrem schwierig integrierbar seien.

Diese hatten keinerlei räumliche Abgrenzung zum umliegenden Gebiet und befanden sich teilweise (Abb. 4) in etwa 500 Meter vom Schulgelände entfernt. Auf Grund der Stundenstruktur, der Ausgestaltung des gesamten Stundenplans und der verschiedenen Prüfungen wurden und werden die Schulgärten allerdings nur sehr selten zur Illustration beziehungsweise praktischen Veranschaulichung des vorab theoretisch gelernten Wissens eingesetzt.

41 Quelle: Eigene Aufnahme, 3. Juli 2015, Sekundarschule in Karonga Distrikt.

Abb. 4: Schulgarten einer Sekundarschule in Nkhata Bay Distrikt.[42]

Es wurde häufig angemerkt, dass der Unterricht zu theoriebezogen sei und den Schülern dadurch praktische Erfahrungen vorenthalten blieben. Viele Geräte, die beispielsweise in den Schulbüchern erwähnt werden, seien vielen Schülern völlig unbekannt, so dass bereits der Unterricht über den Einsatz eines Pfluges für die Mehrzahl der Schüler etwas unbekanntes und sehr lebensfremd sei, wie Lehrerin C bemerkte. Diese Tatsache wurde ebenso durch Lehrer A angeführt. Bei der Beantwortung der Frage nach den Zielen des Faches »Agriculture« hob dieser bereits die seiner Ansicht nach vorliegenden grundlegenden Probleme des Faches hervor:

»Now there are problems in teaching the subject because mostly we are teaching agriculture … theoretically, we are using a lot of theory other than practical because the skills can be transferred later if we apply or teach theory plus and then we go out into the gardens and then demonstrate how to do a particular practical, so that they should be able to acquire that skill practical as well and if that was the approach then that would help in … excellent. But now there is a shortfall in that, there is a problem in that, practical is lacking, we are testing mostly theory and then even the practical which we conduct during examinations they are … mostly theoretical, we don't go to the gardens, assess students in terms of what they are doing in the gardens. So … that is weakening the subject a little bit.«

42 Quelle: Eigene Aufnahme, 1. Juli 2015 in Nkhata Bay Distrikt.

Demgegenüber merkte eine Lehrerin das Potential des Faches »Agriculture« in Bezug zu anderen Fächern an, indem sie hervorhob, dass viele Schüler bereits über eigenes landwirtschaftliches Wissen verfügen und dies im Laufe des Unterrichts nun vertieft und ausgeweitet werden könne. Zudem helfe dieses Wissen auch Schulabbrechern und Schülern, die die Sekundarschule nicht mit dem MSCE abschließen.

»In another way I can say that this topic is important if somebody can really be serious about this topic is very important, if you talk about Geography, maybe you can compare it with Chichewa, Geography and other subjects. But this things, … maybe even a Form 4 student can stop maybe school from Form 4, but the knowledge that he has learned in class, he can also add them in their families, how you, he can raise animals, how he can do some cropping, some practical's in their homes, so even so he has not maybe done much in the school, but that knowledge can still help him or her in order to harvest more yield in their homes, so I think this subject is still important in our country.«

Aspekte der Nachhaltigkeit wurden in vielen Interviews als Kern der fachlichen Zielsetzung angeführt. Im Zusammenhang mit der Verwendung von Wasser, Energie und der Bodennutzung merkten die interviewten Lehrer die immense Bedeutung der Nachhaltigkeit an:

»It is part of the curriculum, for example earlier on I said, I talked of environmental conservation which is a sustainable aspect, so agriculture promotes that, [uh] promoting environmental conservation, so I think that is part of agriculture, ja for example conserving soil, conserving forests and others, that is part of agriculture, … and in addition to that, there is also sustainability in terms of food, food safe sufficiency, ja, so that you can be able to produce enough food, and sustain yourself so that you cannot depend on other people. […] Especially so, [uh] when you conserve for example the soil, that will promote conservation of water it means that will, I think that is part of water conservation, that is of course conserving soil but at the same way it means we also promoting high infiltration rate. … When it comes to usage you don't necessarily focus on usage, maybe we talk generally about agriculture and usage of water.«

Die Schüler werden über die Möglichkeiten der Solarenergie-Nutzung genauso unterrichtet wie über die Verwendung von Biomasse. Gerade für finanzschwache und sehr abgelegene Bauern werden allerdings auch kostengünstige beziehungsweise kostenneutrale Aspekte der Nachhaltigkeit gelehrt. Dies sind unter anderem Fruchtwechsel, Zwischenfruchtbau, Tröpfchenbewässerung, Vermeidung von Holzeinschlag. In diesem Zusammenhang sprachen die Informanten als Beispiel einer Gegenmaßnahme zum Klimawandel besonders die Bedeutung des Ausbaus des Elektrizitätsnetzes, insbesondere im ländlichen Malawi, an. Ansonsten verwende die Bevölkerung sehr häufig Holz oder Holzkohle zum Kochen und zur Beleuchtung. Lehrerin D wies auf den großen Einfluss des sehr starken Bevölkerungswachstums in Malawi hin, dessen Bevölkerungszahl sich etwa alle 20 bis 25 Jahre verdoppelt. Dies wird auch in der Literatur als eine der wesentlichen Herausforderungen für die zukünftige Entwicklung Malawis gesehen.

»Population growth is likely to increase pressures on land and on wider natural resources, such as forests and fisheries, with still more fragmented and smaller landholdings, loss of land to housing, extension onto steeper slopes, unsustainable cultivation methods, and soil loss.«[43]

Viele Informanten ließen eine erhebliche Unsicherheit bezüglich des Begriffs »Sustainability« erkennen. Zwar führten sie viele Nachhaltigkeitsaspekte als Kernelemente des Faches an, nutzten den Begriff »Sustainability« jedoch nicht. Bei gezielten Fragen hinsichtlich »Sustainability« verwiesen die interviewten Lehrer mehrfach darauf, dass es Ziel des Faches »Agriculture« sei »to sustain skills«.

Lehrerin B sprach zudem Unterschiede zwischen der Verwendung von Hybridsamen und traditionellen Samen in Malawi an. Eine Vielzahl der Bauern verwendet bei Süßkartoffeln und Cassava zumeist traditionelle Samen, wobei gerade für Mais die malawischen Schulbücher Hybridsamen bevorzugen. Der Hauptgrund dafür sei in den höheren Erträgen pro Fläche zu sehen:

»The curriculum in fact, for the, there are so many in fact crops, like sweet potatoes, so the Malawians they plant local varieties, but if we talk about maize, we encourage they must according to the book they talk about crop improvement, whereby we show them that, you know that in order to increase the, they must plant the hybrids, ... so in another way we still encourage like for maize that they should really buy those seeds from the shops, but for sweet potatoes, cassava they just use their home, the remaining ones, they take these stems and plant for another season, so this are one of the things they can do.«

Die Vermittlung von Vor- und Nachteilen indigener beziehungsweise für die Bauern »exotischer« Gemüsearten wurde von Lehrer G beschrieben. Je nach Gemüse und lokalen Gegebenheiten werden die unterschiedlichen Vor- und Nachteile den Schülern vermittelt. Lehrerin H, die im Mzimba Distrikt unterrichtet, wies auf die Tatsache hin, dass ein Großteil der malawischen Bevölkerung einheimische Hühner gegenüber den verschiedenen importierten Hühnern bevorzuge. Dies sei zum einen auf der Angebotsseite der Farmer hinsichtlich der Haltungsbedingungen zu sehen, zum anderen aber auch auf der Nachfrageseite, da Malawier den Geschmack der indigenen Hühner bevorzugen.

Lehrer F und G aus dem Nkhata Bay Distrikt merkten zudem die Bedeutung der Fischerei und Forstwirtschaft für das Fach »Agriculture« an. Gerade auch Aqua-Farming als nachhaltige Form der Fischerei als Gegenstand des Unterrichts wurde hervorgehoben. Insbesondere Lehrer G beschrieb die wachsende Bedeutung von Agroforestry, die ebenso Gegenstand des Curriculums ist und dadurch eine nachhaltige Forstwirtschaft ermöglicht und zugleich der Bodendegradation entgegenwirkt.

---

43 Andrew Dorward/Ephraim Chirwa, Strategic Option for Agriculture and Development in Malawi, 2015, S. 9. Verfügbar unter: http://reliefweb.int/sites/reliefweb.int/files/resources/masspwp13.pdf [letzter Zugriff: 10.05.2015].

Fazit

Abschließend bleibt festzuhalten, dass die Sekundarschullehrer trotz der nach wie vor sehr ungenügenden Ausstattung und der sehr großen Herausforderungen hinsichtlich der Lehrerausbildung dem Fach »Agriculture« eine große Bedeutung beimessen und darin Chancen für die weitere positive ökonomische Entwicklung Malawis sehen. Als ein wesentlicher Vorteil dieses Faches, gerade auch im Vergleich zu anderen Schulfächern, ist die Wirkung auf diejenigen Schüler hervorzuheben, die ihre Schullaufbahn nicht erfolgreich abschließen. Ihnen bietet das Fach große Vorteile, da die gelernten Aspekte unmittelbar an das Lebensumfeld der Schüler anknüpfen und diese die Lerninhalte unmittelbar anwenden können, unabhängig davon wie lange sie erfolgreich eingeschult sind. Demgegenüber wurden allerdings auch sehr viele Aspekte deutlich, die den Einfluss des Schulfaches »Agriculture« nachhaltig einschränken. Neben den allgemeinen, sehr schwierigen Rahmenbedingungen im malawischen Bildungssystem, wurden auch sehr viele fachspezifische Einschränkungen deutlich. Als wesentlicher Hinderungsgrund für einen erfolgreicheren Unterricht ist neben der unzureichenden Ausbildung der Lehrer und der mangelhaften Ausstattung mit Schulbüchern, vor allem die zu starke theoretische Ausrichtung des Faches zu sehen. Schulgärten sind nur in wenigen Schulen anzutreffen und werden auch nur teilweise mit dem Schulunterricht verknüpft, um das vorab theoretisch gelernte Wissen anzuwenden. Häufig werden die Schulgärten sich selbst überlassen oder die Lehrer nutzen diese als eine Erweiterung ihrer eigenen privaten Gärten, wie in den Abbildungen deutlich wurde. Ebenso findet auch eine Anknüpfung der Inhalte an den Alltag der Schüler nur in sehr geringem Umfang statt, was den Lernerfolg für die Schüler ungleich erschwert. Inhaltlich spielen Aspekte der Ernährungssicherheit eine herausragende Rolle im Curriculum des Faches, wobei allerdings auch vielfältige Aspekte der Nachhaltigkeit Gegenstand des Unterrichts sind. Diese beschränken sich nicht nur auf eine nachhaltige Landwirtschaft im engeren Sinne, sondern umfassen auch die nachhaltige Nutzung von Wasser und Energie. Aspekte wie die Vermeidung von Bodenerosion und Vermeidung einer zunehmenden Entwaldung stehen hierbei im Vordergrund. Ziele des Faches beschränken sich nicht nur auf eine nachhaltige Landwirtschaft, sondern konzentrieren sich vielmehr auf eine nachhaltige Lebensführung. Wie im Verlauf dieses Artikels deutlich wurde, hat der anthropogen (mit-)verursachte Klimawandel ebenso einen Anteil am Unterricht. In diesem Zusammenhang kann allerdings die begriffliche Unsicherheit der Lehrer problematisch gesehen werden, die durchaus häufiger »sustainability« und »to sustain food security« kongruent und somit missverständlich verwendeten. Allerdings beeinflusst dies nicht zwingend die Vermittlung von Kenntnissen einer nachhaltigen Landwirtschaft, da auch diese Lehrer viele Methoden nachhaltiger Landwirtschaft als Gegenstand des Schulfaches hervorhoben, auch wenn diesen begriffliche Ambivalenzen zu Grunde lagen.

Oliver Stengel

Die Neuerfindung der Land- und Viehwirtschaft

Das Problem

Abgesehen von den zyklisch wiederkehrenden Eiszeiten, hat die Erdoberfläche in den letzten Jahrmillionen nichts so sehr verändert wie die Land- und Viehwirtschaft. Menschen benötigen Land zum Wohnen; menschliche Siedlungen nehmen jedoch nur 3 % der Erdoberfläche ein. Menschen benötigen vor allem Land zum Anbau von Nahrungsmitteln. Mehr als 90 % der menschlichen und nutztierischen Nahrung werden an Land produziert. Seit Jahrtausenden roden Menschen Wälder, pflügen die Erdoberfläche oder verwandeln sie in Weiden, vermindern dadurch die Artenvielfalt und vervielfältigen wenige Arten so sehr, dass sie ihnen rund 30 % der Landfläche der Erde überlassen: Weizen, Mais, Reis und Soja liefern etwa 75 % des Kalorienbedarfs der Menschheit für Viehfutter und vegetarischer Ernährung. Von Rindern, Schweinen, Schafen, Ziegen und Hühnern stammen über 90 % der weltweit konsumierten Fleischmenge.[1]

Paläontologen werden in ferner Zukunft für einen kurzen Zeitabschnitt einen bedeutenden Flora- und Fauna-Schnitt in einer Erd- und Gesteinsschicht registrieren: Zum einen taucht, durch Monokulturen und Massentierhaltung bedingt, eine große Zahl von Arten in den Fossilien nicht mehr auf, indes wenige Arten, die Hauptkalorienlieferanten, in derselben Schicht sprunghaft auftreten.

Die Produktion der meisten menschlichen Nahrungsmittel ist einer der bedeutendsten Faktoren auch für die Erosion fruchtbarer Böden. In der Mehrzahl der Fälle resultiert diese aus einem Missverhältnis zwischen Bodenqualität und -nutzung, expandierender Viehhaltung, künstlicher Bewässerung, Wetterextremen oder Entwaldung. Von fruchtbaren Böden aber hängen die Sicherstellung der Ernährung und die politische Stabilität vieler Länder ab, zumal auf unfruchtbar gewordenen Böden auch gentechnisch veränderte Pflanzen schlecht gedeihen können. Die Bildung fruchtbaren Bodens ist ein Jahrhunderte währender Prozess, gegenwärtig aber erodieren jedes Jahr weltweit rund 24 Milliarden Tonnen wertvoller Bodenkrume und gehen so für lange Zeit verloren.[2] Zum Ver-

---

1 FAO, What is Agrobiodiversity? Rom 2004. Verfügbar unter: ftp://ftp.fao.org/docrep/fao/007/y5609e/y5609e00.pdf [letzter Zugriff: 09.10.2015]

2 UNCCD, Land and soil in the context of a green economy for sustainable development, food security and poverty eradication, Bonn 2011. Verfügbar unter: http://www.unccd.int/Lists/SiteDocumentLibrary/Publications/Rio%206 %20pages%20english.pdf [letzter Zugriff: 09.10.2015].

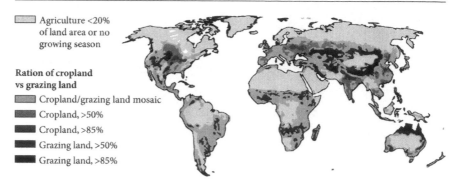

Agriculture <20%
of land area or no
growing season

**Ration of cropland
vs grazing land**

Cropland/grazing land mosaic

Cropland, >50%

Cropland, >85%

Grazing land, >50%

Grazing land, >85%

*Sources: Redrawn from Sebastian 2006, derived from FAO and IIASA 2000,
Ramankutty 2002, Ramankutty 2005, and Sieber and others 2006*

Abb. 1: Ungefähre Darstellung der Fläche, die im Jahr 2006 weltweit als Weideland (Grazing Land) oder Ackerland (Cropland) genutzt wurde.[3] Damals bevölkerten 6,5 Milliarden Menschen die Erde, in wenigen Jahrzehnten werden es voraussichtlich zehn Milliarden sein.

gleich: Das 200 Etagen bzw. 828 Meter hohe und derzeit höchste Gebäude der Welt, das Burj Khalifa in Dubai, wiegt leer etwa 500.000 Tonnen. 48.000 Burj Khalifas ergeben zusammen das Gewicht des fruchtbaren Bodens, der jährlich abgetragen wird.

Obendrein beschleunigt sich der globale Erosionsprozess, weshalb die agrarwirtschaftliche Produktivität stagnieren oder sinken könnte, obwohl die Weltbevölkerung nummerisch zunimmt.[4] Aber nicht nur Böden erodieren durch die Landwirtschaft. Auch die Artenvielfalt nimmt gerade in Regionen ab, die landwirtschaftlich intensiv genutzt werden:

Durch die agrarischen Eingriffe in die Ökosysteme treten Verknappungen auf, die für viele Menschen in einen absoluten Mangel umschlagen können: Die globalen Ökosysteme stellen fruchtbare Böden, Nahrung, saubere Luft, Trinkwasser, Holz, Fasern, medizinische und genetische Ressourcen zur Verfügung, sie inspirieren Bioniker, sie entsorgen Abfallstoffe und neutralisieren Schadstoffe, sie regulieren das Klima und unterstützen den Nährstoffkreislauf und die Bodenneubildung. Und eben diese Ökosystemleistungen schwinden.[5]

---

3 UNEP, Global Environment Outlook 4, o. O. 2007, S. 172. Verfügbar unter: http://www.unep. org/geo/GEO4/report/GEO-4_Report_Full_en.pdf [letzter Zugriff: 09.10.2015].
4 Toufic ElAsmar, Fruchtbarer Boden, in: Ugo Bardi (Hg.): Der geplünderte Planet, München 2013, S. 65–73; vgl. Ronald Amundson u. a., Soil and human security in the 21st century, in: Science 6235 (2015), S. 641–647.
5 Steffen u. a., Planetaty Boundaries; Millennium Ecosystem Assessment (MEA), Ecosystems and Well-Being, Washington, D.C. 2005. Verfügbar unter: http://www.millenniumassessment. org/documents/document.356.aspx.pdf [letzter Zugriff: 09.10.2015].

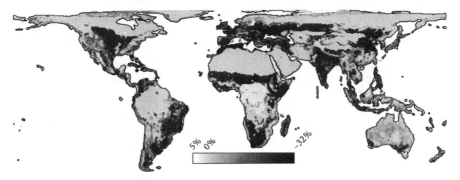

Abb. 2: Die Veränderung der Artenvielfalt überwiegend verursacht durch ackerbauliche Landnutzung von 1500 bis zum Jahr 2000.[6]

Da die Nachfrage nach Lebensmitteln in den nächsten Jahrzehnten aufgrund der Zunahme der Weltbevölkerung weiter wachsen wird, ist es notwendig über Alternativen nachzudenken, welche die Weltbevölkerung auf gesunde Weise sättigen, ohne die Agrarfläche auszudehnen und ohne die Ökosysteme wie bisher zu schädigen.

Nun könnten Lebensmittel möglicherweise auch für zehn oder elf Milliarden Menschen in ausreichender Menge zur Verfügung gestellt werden, sollte sich der globale Konsum von Fleisch- und Milchprodukten mindestens halbieren, Anbauflächen für Energiepflanzen der Lebensmittelproduktion verfügbar gemacht und die Verschwendung von Lebensmitteln gestoppt werden. Doch mehr wäre gewonnen, wenn die Menschheit künftig nicht mehr wie seit Jahrtausenden von der klassischen Agrarwirtschaft und der Qualität der Ernte abhängig wäre.

Denn mit der Erderwärmung steigt das Risiko häufiger eintretender Wetterextreme – von Überschwemmungen bis zu Dürren. Diese könnten eine regionale Versorgungssituation beeinträchtigen und Preise für betroffene Ernteprodukte verteuern.[7] In der Einleitung wurde außerdem darauf verwiesen, dass die Agrarwirtschaft gleich mehrere planetare Grenzen strapaziert, was eine sichere Entwicklung menschlicher Gesellschaften in Zukunft gefährden könnte (siehe dazu auch Bönisch u. a. in diesem Sammelband).

Prinzipiell ist vorstellbar, dass pflanzliche und tierische Lebensmittel in großen Mengen außerhalb von Weiden- und Ackerflächen hergestellt oder molekular »nachgebaut« werden. Die Verwirklichung dessen wäre vorteilhaft für Mensch (geringere Abhängigkeit von natürlichen Einflüssen, geringere Vulnerabilität) und Ökosysteme (verringertes Artensterben, höhere Resilienz). Je mehr sich die

---

6 Tim Newbold u. a., Global effects of land use on local terrestrial biodiversity, in: Nature 520 (2015), S. 45–50, S. 47.
7 John R. Porter u. a., Food Security and Food Production Systems, in: IPCC, Climate Change 2014, S. 485–520.

Menschheit von Ökosystemen emanzipieren und von ihr unabhängig werden kann, desto weniger muss sie selbige beinträchtigen. Zudem ist die Regeneration von Flächen, die sich selbst überlassen bleiben groß, wie Industriebrachen im Ruhrgebiet oder das Sperrgebiet um Tschernobyl zeigen. Gibt man terrestrischen Ökosystemen Flächen zurück, können sich diese erholen und in artenreiche Lebensräume wandeln.

Auch dem Versuch, den Anstieg der CO_2-Konzentration in der Atmosphäre und damit die anthropogene Erderwärmung zu bremsen oder gar umzukehren, käme eine Neuerfindung der Lebensmittelherstellung entgegen. In seinem Gutachten zur Großen Transformation hält der Wissenschaftliche Beirat der Bundesregierung Globale Umweltveränderungen (WBGU) fest, dass »die Umwandlung natürlicher Ökosysteme (Wälder, Grasland, Feuchtgebiete) in landwirtschaftlich genutzte Flächen eine der wichtigsten Quellen für Treibhausgasemissionen« ist.[8] Das Handlungsfeld »Landnutzung« ist für den WBGU eines von drei zentralen, um eine weitere Erderwärmung zu minimieren. Die Historie scheint einen Zusammenhang von Landnutzung und Klimawandel zu belegen: Zwischen den Jahren 1570 und 1620 ging der globale CO_2-Wert um 7–10 ppm zurück, wie durch Eisbohrkerne dokumentiert ist. Dieses Ereignis ging nach Lewis und Maslin auf spanische Konquistadoren zurück, die ungefähr in jenem Zeitraum fast 90 % der lateinamerikanischen Ureinwohner ausrotteten – primär durch virale Krankheiten, die einst vom Vieh auf die Viehwirte der Alten Welt übergegangen waren. In der Folge wurden etwa 65 Millionen Hektar Agrarland nicht mehr bestellt und von Wäldern und Grasland zurückerobert. Diese entzogen der Atmosphäre das CO_2.[9] Die gegenwärtige globale Agrarfläche umfasst heute rund fünf Milliarden Hektar – 1,4 Mrd. Hektar Acker- und 3,6 Mrd. Hektar Weideland –, in etwa also das Siebzigfache des damaligen lateinamerikanischen Wertes. Eine entsprechende Verringerung der Agrarfläche und die Einhaltung der 2°C-Marke wäre wahrscheinlich.

Gegenwärtig aber geschieht das Gegenteil: Da fruchtbarer Boden durch die Agrarwirtschaft weltweit verloren geht, schrumpft die absolute Vegetationsfläche, kann der Atmosphäre jedes Jahr weniger CO_2 durch Pflanzenwachstum entzogen werden.

Vor diesem Hintergrund hat dieser Aufsatz primär zwei Funktionen. Einmal beschreibt er innovative Verfahren der Herstellung tierischer und pflanzlicher Lebensmittel. Dann nennt er Gründe, die dafür sprechen, dass jene Verfahren in ihrer Summe eine Maßnahme zur Einhaltung planetarer Grenzen (siehe Einleitung) sein und überdies die Lebensmittelsicherheit erhöhen können.

---

8 WBGU, Welt im Wandel. 2011, Berlin, S. 4
9 Simon L. Lewis/Mark A. Maslin, Defining the Anthropocene, in: Nature 519 (2015), S. 171–180.

Viehwirtschaft ohne Vieh

War die Moderne eine Epoche der *Domestizierung* der Natur[10], könnte der nächste (oder übernächste) Schritt die *Emanzipierung* von der Natur sein.

Dieser Schritt wäre ein effektiver *Umweltschutz*, denn der agrarische Anbau von Lebensmitteln im Allgemeinen und die Viehwirtschaft im Besonderen sind ein negativer ökologischer Eingriff, so sie in großem Maßstab erfolgen.[11]Ist die Weltbevölkerung nummerisch aber groß, müssen erhebliche Mengen an Nahrung bereitgestellt und Ökosysteme dafür umgepflügt und in Weiden umfunktioniert werden. Die Herstellung von Milch oder Fleisch ohne Tiere dafür melken oder töten zu müssen, wäre überdies effektiver *Tierschutz*: Zum einen wären die moralischen Bedenken der Massentierhaltung[12] aufgehoben, zum anderen könnte der Verlust der Biodiversität gestoppt werden.

Angenommen, sämtliches Weideland läge brach, ebenso jene 30 % der Ackerfläche, auf denen Viehfutter angebaut wird, dann reduzierte sich die vom Menschen beanspruchte Agrarfläche grob geschätzt um 70 %. Obendrein gingen die Methanemissionen des Viehs, und ihr Anteil am Klimawandel beträgt 15–19 %, auf null zurück. Entfernte man die globalen Viehbestände und überließe die einst fürs Vieh reservierte Fläche sich selbst, würde der Atmosphäre zudem CO_2 entzogen werden. Die Herstellung von Milch oder Fleisch ohne Tiere wäre also auch ein effektiver *Klimaschutz*. Könnte so etwas möglich sein?

2014 grasten über eine Milliarde Rinder auf der Erde, geboren nur zum Zweck, Menschen Fleisch und Milch zu liefern.[13] Und das muss man wörtlich nehmen, denn die heute verbreitetsten Rinderrassen sind nicht aus der natürlichen Evolution hervorgegangen. Abstammend vom Auerochsen wurden sie zu dem gezüchtet, was sie heute sind: kultivierte Kreaturen. Und Menschen haben die heutigen Milchkühe (die weiblichen Rinder) geschaffen, weil sie viel Milch wollten. Menschen sind die einzige bekannte Säugetierart, die auch im Erwachsenenalter Milch trinkt und Milchschaum schlürft. Sie müssten es nicht, aber sie tun es, weil ihnen Milch, vor allem Kuhmilch, schmeckt. Zwar haben sich in den letzten Jahren pflanzliche Substitute am Markt etablieren können (vor allem Soja-, Reis- und Hafermilch), sind dort bislang aber nur ein Nischenprodukt.

Die konventionelle Milchproduktion ist ein ineffizientes Verfahren: Bis eine einzelne Kuh erstmals gemolken werden kann, vergehen 2–3 Jahre. In dieser Zeit verbraucht sie im Durchschnitt etwa 55.000 Liter Wasser, 41 Tonnen Futter

---

10 Hans van der Loo/Willem van Reijen, Modernisierung. München 1997.

11 Gidon Eshel u. a., Land, irrigation water, greenhouse gas, and reactive nitrogen burdens of meat, eggs, and diary production in the United States, in: Proceedings of the National Academy of Sciences of the United States of America 33 (2014), S. 11996–12001.

12 Ursula Wolf, Das Tier in der Moral, Frankfurt a. M. 2004.

13 Statista, Rinderbestand weltweit in den Jahren 1990 bis 2014, o. O. 2015. Verfügbar unter: http://de.statista.com/statistik/daten/studie/28931/umfrage/weltweiter-rinderbestand-seit-1990/ [letzter Zugriff: 09.10.2015].

und emittiert dabei 456.200 Liter Methan. Wird eine Kuh zwölf Jahre alt, verfünffachen sich diese Werte. Zwar produzieren Kühe auf Grund entsprechender Zucht viel und zunehmend mehr Milch (bis zu acht Tonnen im Jahr), bezahlen dies aber mit einer Reihe von Erkrankungen (z. B. Euterentzündungen, Milchfieber, Fettleber, übersäuertem Pansen). Aus bäuerlicher und industrieller Sicht sind Kühe Maschinen, die Gras oder einen Mix aus Kraftfutter mit Glycerinpropylenglykol, sauren Salzen, Harnstoff und Antibiotika in Milch transformieren. Mit der aus Kinderbüchern und von Milchpackungen bekannten Bauernhofromantik hat das nichts zu tun und darum sollte der Übergang zu synthetischer Milch eigentlich nicht schwer fallen – zumal die Milch in ihrem weiteren Verarbeitungsprozess, bei dem sie zerlegt, gerüttelt, neu zusammengebaut und erhitzt wird, endgültig ihre Natürlichkeit verliert.

Im Grunde wird auch synthetische Milch zerlegt und neu zusammengebaut. Und schon darin zeigt sich die Zweideutigkeit des Begriffs »synthetisch«. Im eigentlichen Wortsinn bedeutet er »zu einer Einheit zusammengefügt, verknüpfend und zusammensetzend«. Im Alltagsverständnis meint synthetisch dagegen »künstlich, artifiziell und unnatürlich« und ist, geht es um Ernährung, negativ besetzt. Dem liegt ein allgemeines Vorurteil zu Grunde wonach »natürlich« gleich »gut« und »künstlich« gleich »schlecht« ist. Viele Beispiele demonstrieren indes den Fehlschluss, der diesen Annahmen inhärent ist: Ein Tumor ist etwas Natürliches, aber nicht gut, eine Brille dagegen eine künstliche Sehprotese und besser als ein (auf natürliche Weise) deformierter Augapfel. Ein Android, eine künstliche Lebensform, mag in Zukunft moralischer handeln als ein durchschnittlicher Mensch und obendrein ein besserer Arzt sein. Können synthetische Bakterien das Makro- und Mikroplastik in den Weltmeeren verstoffwechseln (oder Krebszellen), ist das für viele Lebewesen in den Weltmeeren gut und letztlich auch für den Menschen, da das Plastik so nicht länger in die Nahrungskette und via Fisch auch auf seinen Teller gelangt.

Was es für die Synthetisierung von Milch braucht, sind zunächst ihre einzelnen Bauteile: Kuhmilch besteht zu 87 % aus Wasser, zu 4 % aus Milchfett, zu ca. 2 % aus Proteinen, zu 7 % aus Kohlenhydraten und sie enthält Spuren von Vitaminen. Das Milcheiweiß besteht wiederum aus sechs verschiedenen Pflanzenproteinen, wobei vier Caseine rund 80 % der Proteine ausmachen. Das Genom der Milchproteine kann in Hefezellen eingebaut werden und diese produzieren dann das Milcheiweiß. Milchfett besteht aus acht Fettsäuren, auch diese lassen sich künstlich herstellen. Mischt man alle Zutaten im richtigen Verhältnis zusammen, erhält man Milch.

In der Praxis ist es freilich nicht gar so einfach, alle Bestandteile der Milch originalgetreu nachzubilden. Mehrere Versuche sind in der Vergangenheit bereits gescheitert. Das heißt aber nicht, dass es unmöglich ist: Muufri, ein kleines aus Tierschützern bestehendes Biotech-Unternehmen aus Kalifornien, plant den Verkauf kuhfreier Milch ab 2017.

Ihre synthetische Milch wird vielleicht nicht exakt wie Kuhmilch schmecken, vielleicht enthält sie auch weniger Kalzium als diese (obzwar Kalzium der Milch auch nachträglich beigemengt werden kann), aber sie weist interessante Vorzüge auf: Beim Erhitzen der Kuhmilch in Molkereien denaturieren die Proteine der Milch und gehen viele ihrer Vitamine verloren. Im synthetischen Prozess können sie dagegen in ihrem natürlichen Vorkommen erhalten bleiben, da diese so gewonnene Milch nicht mit Bakterien in Kontakt kommt und folglich nicht erhitzt werden muss. Laktose, gegen die viele Menschen eine Intoleranz haben, lässt Muufri im synthetischen Prozess weg, Cholesterin ebenso.[14] Aus dieser so gewonnen Milch lassen sich zudem Joghurt, Käse und Quark herstellen.

Die Milchindustrie wird zu verhindern versuchen, dass sich Muufri's Produkt »Milch« nennen darf. Die meisten Verbraucher werden die tierfreie Milch wahrscheinlich zunächst nicht akzeptieren wollen. Seit etwa 9.000 Jahren melken Menschen Kühe, nun soll das anders und Milch obendrein synthetisch werden? Andererseits erfreuen sich eine ganze Reihe künstlicher Getränke – von Coca Cola bis Red Bull – weltweit großer Beliebtheit. Auch das unter Naturromantikern verbreitete Akzeptanzdefizit in Bezug auf synthetische Produkte ist im Grunde unangemessen, da gerade die klassische Viehwirtschaft zur Degradierung natürlicher Lebensräume beiträgt. Da das Original hochgradig umweltproblematisch ist, sollte eine ökologische (und tierethische) Bilanz seines veganen Substituts besser abschneiden. Der Beweis hierzu steht in Ermangelung entsprechender Studien derzeit allerdings noch aus. Für andere tierische Produkte, vor allem für Fleisch, ist eine günstigere Umweltbilanz durch synthetische Verfahren allerdings nachgewiesen.[15]

Moralisch ist es nicht zu rechtfertigen, Tiere wegen ihres Geschmacks zu essen, aber dadurch wird den meisten Menschen ihr Appetit auf Fleisch kaum vergehen. Für eine gesunde Ernährung ist Fleisch nicht notwendig (im Gegenteil) und billiger als Getreide, Obst oder Gemüse ist es in der Regel auch nicht. Obendrein vernichtet die Fleischproduktion mehr Lebensmittel, als sie welche liefert: Damit ein Rind ein Kilo essbares Gewicht zulegen kann, benötigt es im Durchschnitt neun Kilo Futter, ein Schwein immerhin noch vier und ein Huhn zwei Kilo. Das Fleisch spendet auch noch weniger Kalorien als die Pflanzen, die zu Tierfutter verarbeitet wurden. Die Lust am Fleischgenuss nimmt global gleichwohl zu und so liegt es nahe, auch dieses Produkt alternativ zu produzieren.

Neben der Erzeugung naturidentischer Milch macht auch die Erzeugung naturidentischen Fleischs Fortschritte. Aus Pflanzen hergestelltes veganes Fleisch oder veganer Fisch, gibt es schon länger, konnte in puncto Geschmack bislang aber nicht exakt die lukullischen Nuancen des tierischen Originals treffen. Nun muss das zwar auch nicht zwingend der Fall sein, schließlich handelt es sich bei ihnen um eigenständige Lebensmittel. Doch werden die meisten den Übergang

---

14 Siehe http://www.muufri.com/ [letzter Zugriff: 09.10.2015].

15 Hanna L. Tuomisto u. a., Environmental impacts of cultured meat, in: Rita Schenck/Douglas Huizenga (Hg.), Proceedings of the 9th International Conference on Life Cycle Assessment in the Agri-Food Sector, San Fransisco 2014, S. 1360–1366. Verfügbar unter: http://lcafood 2014.org/papers/132.pdf [letzter Zugriff: 09.10.2015].

zu den pflanzlichen Varianten nur vollziehen, wenn diese so schmecken wie die Originale und nicht teurer als diese sind. Ein Team um den Biologen Patrick O. Brown beteuert es geschafft zu haben, Fleisch und Käse aus pflanzlichen Ingredienzien herzustellen, das in Aussehen und Geschmack den tierischen gleicht. Für die realistische Farbe und den Geschmack hat das Team Hämoglobin b, einen eisenhaltigen Farbstoff, der Blut rot färbt, aber auch in bestimmten Hülsenfrüchten vorkommt, eingesetzt.[16]

Aber auch an der künstlichen Herstellung echten Fleischs wird geforscht. Der Physiologe Mark Post von der Universität Maastricht hat 2013 einen Burger mit Rindfleisch vorgestellt, für das kein Rind getötet werden musste.[17] Dafür wurden einem Rind Stammzellen entnommen, in einer Nährlösung vermehrt und in streifenförmiges Muskelgewebe transformiert. Elektrische Stimulationen »trainierten« die Zellen und veranlassten sie zu wachsen. Nach drei Monaten wurden die fertigen Zellstreifen schließlich zu Frikadellen gepresst. In vitro-Fleisch (Post's Methode kann alle Fleischsorten synthetisieren) würde, wenn es Fleisch von Lebendtieren ersetzen sollte, tierethische, ökologische und die Ernährungssicherheit betreffende Probleme zu beseitigen helfen. Theoretisch könnte man mit einer Zellkultur, die sich beliebig vervielfältigen lässt, die gesamte Menschheit mit Fleisch versorgen. Allerdings können mit der Methode nur Frikadellen und Wurst, keine Steaks hergestellt werden. Für diese braucht es ein System von Blutadern oder Kanälen, die Nährstoffe in die Zellen hinein und Abfallstoffe aus ihnen heraus transportieren.

Bislang handelt es bei dem künstlichen Fleisch um reines Muskelfleisch. Dieses enthält kein Fett und da Fett ein Aromaträger ist, arbeiten Post und sein Team noch an der Herstellung von Fettzellen und an deren Verbindung mit dem Muskelfleisch. Der Herstellungsprozess ist überdies noch zu teuer, allerdings fiel der Preis für eine Post'sche Frikadelle von 250.000 Euro (2013) auf etwa zehn Euro (2015).

Einen anderen Weg, Fleisch ohne Tiere herzustellen, wählt das 2011 gegründete Unternehmen Modern Meadow. »Biofabrikation« nennt sich das Verfahren, mit dem Modern Meadow Fleisch, auch Steaks, aus dem 3D-Drucker produzieren möchte bzw. es nach eigenen Angaben bereits getan haben.[18] Zellen (z.B. Muskelzellen) von Schweinen oder Rindern werden in Bioreaktoren gegeben, wo sie sich in für sie idealen Bedingungen millionenfach vermehren. Die Zellen werden anschließend mit einer sie schützenden gelartigen Flüssigkeit vermengt und in eine druckbare Biotinte gewandelt. Ein 3D-Drucker sprenkelt tausende Tröpfchen der Biotinte, die jeweils zehntausende Zellen enthalten, in eine Struktur (etwa die eines Steaks). Abschließend wachsen die Zellen zusammen und das Produkt ist fertig.

---

16 Siehe http://impossiblefoods.com/; http://beyondmeat.com/; http://www.likemeat.de/[letzter Zugriff: 14.12.2015].

17 Mark J. Post, Cultured meat from stem cells, in: Meat Science 3 (2012), S. 297–301.

18 Siehe http://www.modernmeadow.com/. [letzter Zugriff: 09.10.2015]

Mindestens ein halbes Dutzend Unternehmungen arbeiten gegenwärtig an kultiviertem Fleisch, was die Vermutung erlaubt, dass dieses Produkt in ein oder zwei Jahrzehnten tatsächlich verkauft wird. Dabei ist weniger die technische Machbarkeit ein Problem, sondern die ökonomische Konkurrenzfähigkeit, denn kultiviertes Fleisch muss mit Billigfleisch aus der Massentierhaltung konkurrieren.[19] Wird diese Barriere künftig überwunden (und eine Steuer auf tierische Lebensmittel könnte hierzu beitragen), kann der Überschreitung planetarer Grenzen entgegengewirkt werden,[20] denn bei der Herstellung von kultiviertem, nicht aus Pflanzen hergestelltem Fleisch sinken die Treibhausgasemissionen und die beanspruchte Landfläche im Vergleich zu konventionellem Fleisch dramatisch. Auch der Wasserverbrauch ist deutlich geringer (keinen signifikanten Unterschied gibt es beim Wasserverbrauch aber im Vergleich mit Hühnerfleisch).[21]

Edler wäre wohl eine Zivilisation, die ob ihres Verantwortungsbewusstseins auf Fleisch verzichtete. Sind die Barrieren *vom Wissen zum Handeln* für viele dafür aber zu hoch, kann der Weg auch *vom Handeln zum Wissen* führen:[22] Der Konsum von im Labor kultiviertem Fleisch könnte, wenn er in Zukunft eine Konvention werden sollte, den Verzehr von tierischem Fleisch anstößig machen. Für tierische Milchprodukte könnte das gleiche gelten – und für Eier womöglich ebenfalls.

Über zehn Milliarden Hühner bevölkern die Erde, viele von ihnen bekommen diese jedoch nie zu Gesicht. Eng zusammengestaucht leben sie in langen Hallen unter künstlichem Licht. In einem israelischen Kibbuz habe ich vor Jahren in einem solchen »Stall« mit Hühnern und in einem zweiten mit Küken gearbeitet. Das Geschrei, die Hektik, der Geruch, die Masse, die Enge, die Kadaver – augenblicklich wird einem klar, dass das nicht richtig sein kann. Und diese Hühner und Küken hatte es noch nicht einmal am schlimmsten getroffen, wurden sie doch am Boden, nicht in Käfigen gehalten.

An kultiviertem Hühnerfleisch aus Gewebezellen der Hühnerbrust, die sich in Bioreaktoren selbst vermehren, wird an der Universität von Tel Aviv seit Anfang 2014 gearbeitet und das Unternehmen Hampton Creek Foods hat sich der Aufgabe gewidmet, Eimasse aus Pflanzen zu entwickeln. Diese enthält genauso viele Vitamine wie das Original, aber kein Cholesterin, ist haltbarer und günstiger als ein Hühnerei.[23] Hampton Creek Foods verkauft seit Ende 2013 eine Majonäse, die keine Eier, sondern die pflanzlichen Substitute enthält, der tierische Variante geschmacklich identisch ist. Der Verkauf diese Majonäse ist in den USA so erfolgreich gestartet, dass Unilever das Unternehmen verklagt hat, weil

---

19 Cor van der Weele/Johannes Tramper, Cultured meat: every village its own factory? in: Trends in Biotechnology 6 (2014), S. 294–296.
20 Steffen u. a., Planetaty Boundaries.
21 Tuomisto u. a.
22 Oliver Stengel, Suffizienz. München 2011, S. 292–325.
23 Siehe https://www.hamptoncreek.com/ [letzter Zugriff: 09.10.2015].

es seine Geschäfte mit einem Produkt schädige, dass sich Majonäse nur nennen dürfe, wenn es echte Eier enthält.

Auch mit einem Plätzchenteig ohne Eier und Milch, ist Hampton Creek Foods am Markt präsent. An ihrer größten Herausforderung arbeiten die Food-Ingenieure noch: eierloses Rührei. Ihre bereits entwickelte Eimasse soll zwar wie Ei schmecken, beim Kauen aber etwas gummiartig sein. 2.500 Pflanzen, vor allem eiweißhaltige Bohnen und Getreide, haben die Mitarbeiter schon zermahlen und für das Rührei getestet, denn Eier bestehen neben Wasser (ca. 75 %) und Fetten (ca. 11 %) aus Eiweiß (etwa 13 %), wobei das Protein Ovalbumin mehr als die Hälfe des Eiweißes ausmacht.

Insgesamt dienen den gegenwärtig 7,3 Milliarden Menschen rund 23 Milliarden Nutztiere[24] – hauptsächlich für den Verzehr von Fleisch, Milch und Eier. Gelänge es diesen Bestand nach und nach abzubauen, vielleicht sogar gänzlich, würde dies Ökosysteme weltweit entlasten. Denn die Viehwirtschaft ist einer der größten umwelttransformierenden Faktoren – ob sie »biologisch« oder konventionell praktiziert wird, macht zwar einen Unterschied, destruktiv wirken sich letztlich aber beide aus (zumal Bio-Anbau meist flächenintensiver ist).

Stellte sich heraus, dass diese Produkte nicht ungesünder als ihre »natürlichen« Pendants sind, würde die Verbraucherakzeptanz für diese Produkte die anfänglichen Bedenken überwinden und steigen, wäre dies im Sinne einer nachhaltigen Entwicklung und Ernährung, wie sie in der Einleitung definiert wurde. Für eine langfristig breitere Akzeptanz könnte sprechen, dass viele Menschen Gerichte der »Molekularküche« genießen, »Functional Food«, Marshmallows, Kaugummis, Tütensuppen und pulverisierte Treckingnahrung konsumieren, sowie Vitamin- und Mineralstoffpillen und Eiweißpulver zu sich nehmen. Außerdem, aus heutiger Sicht mag das zwar noch weit hergeholt sein, könnten die neuen quasi-tierischen Produkte für die Raumfahrt und künftige extraterrestrische Kolonien einmal sehr wichtig werden. Das gilt auch für pflanzliche Produkte, die ebenfalls auf neue Weise kultiviert werden können.

Landwirtschaft ohne Land

Seit Menschen vor rund 12.000 Jahren damit begannen, zu säen, um zu ernten, nahmen sie zunehmend mehr Land zum Anbau von Lebensmittel in Anspruch. Aber ebenso wie die Viehwirtschaft ohne Vieh in realisierbare Nähe rückt, wird auch die Landwirtschaft ohne Land eine zunehmend realistische Option. Auch diese könnte zur Renaturierung der Erdoberfläche beitragen und beide Entwicklungen ergeben zusammen die vierte landwirtschaftliche Revolution. Die erste

---

24 Timothy P. Robinson u. a., Mapping the Global Distribution of Livestock. in: PLOS One 9, 5 (2014). Verfügbar unter: http://journals.plos.org/plosone/article?id=10.1371/journal. pone.0096084[letzter Zugriff: 09.10.2015].

begann mit der Sesshaftigkeit, also mit dem Einsetzen der Landwirtschaft. Die zweite vollzog sich durch die Industrialisierung: Pferde, Ochsen und Menschen wurden durch Traktoren und Mähdrescher ersetzt, die dritte, die Grüne Revolution, brachte neue Düngemittel und Pestizide hervor.

Gegenwärtig verändert die Digitalisierung, Precision Farming genannt, die Landwirtschaft: Sensoren, Drohnen und Navigationssysteme ermöglichen automatisierte Agrarfahr- und -flugzeuge, ergänzen Futterberechnungssoftware, Melk- und Streichelroboter für das Vieh. Urban Gardening verlagert Landwirtschaft vom Land in die Stadt und schwimmende Gewächshäuser verlagern sie aufs Wasser.

In Kombination mit diesen Innovationen könnten neuartige Gewächshäuser die Landwirtschaft noch weiter verändern. Zunächst werden die neuen Anlagen den »klassischen« Anbau vieler Sorten nur ergänzen, dann aber vermutlich eine zunehmend größere Bedeutung erlangen. Mit ihnen wäre die Emanzipation von der Natur auch im Bereich des Ackerbaus vollzogen – neue Lebensräume für Flora und Fauna würden frei.

Bisher verwüstete die Landwirtschaft Land. Symbolisch dafür ist die »Fruchtbarer Halbmond« genannte Region, eines der ersten agrarischen Zentren der Erde. Die Region ist heute ein unfruchtbarer Halbmond, u. a. weil künstliche Bewässerung den Boden versalzte. Zwar wurde aus Fehlern gelernt, der jährlich große Verlust fruchtbaren Bodens weltweit zeigt jedoch, dass Erosion und Landwirtschaft miteinander verbunden sind, seit die ersten Bauern Land urbar machten. Die »Verwüstung« des Planeten, die fortschreitende Ausdehnung der Wüsten, ist nach wie vor eine Folge von Überweidung, Entwaldung, ackerbauliche Übernutzung und falscher Bewässerung. Eine Gegenstrategie könnte darum die Umkehrung der agrarischen Landnahme sein.

Landwirtschaft ohne Land kann sich aus vier Komponenten zusammensetzen: (1.) Die Verlagerung des Anbaus von Nutzpflanzen in geschlossene Räume. (2.) Vertikale Konstruktionen in oder von geschlossenen Räumen, um mehr Ertrag pro Grundfläche zu erzielen. (3.) Der Anbau der Nutzpflanzen ohne Erde, zumal die Entnahme fruchtbaren Bodens (z. B. Torferde) aus seiner natürlichen Umgebung ein erheblicher negativer Eingriff in ein Ökosystem ist. (4.) Die weitgehende Automatisierung der Produktion, um Kosten zu sparen, damit die Produkte konkurrenzfähig und mehr Menschen zugänglich werden. Diese vier Komponenten sind gewiss eine Herausforderung an die gewohnte Denkweise, ihre Vorzüge sind jedoch signifikant:

Zu den Vorteilen des Anbaus in geschlossen Räumen zählen die Regionalität des Anbaus, die exakten Steuerungsmöglichkeiten der zugeführten Nährstoffe, Licht- und Wassermenge, der Temperatur, die optimal auf die Bedürfnisse der Pflanzen abgestimmt sind. Die Sterilität in den Räumen – sie ist gleichbedeutend mit der Abwesenheit von Unkräutern und Krankheitserregern – macht den Einsatz umweltbelastender chemischer Schädlings- und Unkrautvernichtungsmittel unnötig. Das benötigte Licht wird durch spezielle LED-Lampen, die nur blaues und rotes Licht ausstrahlen (also den Teil des Lichtspektrums, den Pflanzen nutzen) und schon deswegen weniger Energie verbrauchen, kostengünstiger bereitgestellt. Durch die Autarkie von der Außenwelt kann prinzipiell zu jeder Jahreszeit, d. h. mehrmals im Jahr und an jedem Ort geerntet werden.

In London werden beispielsweise dreißig Meter unter der Erde in acht ehemaligen Luftschutzbunkern Erbsen, Rucola, Schnittlauch, Wiesenampfer, Koriander, Rettich und Pilze CO_2-neutral angebaut.[25] Ein hydroponisches System versorgt die Pflanzen mit Nährstoffen, statt auf Erde wächst das Grün auf wiederverwertbaren Kokosfasermatten. Der unterirdische, hydroponische Anbau spart Dünger, 70 % Wasser gegenüber dem konventionellen Anbau und 100 % Landfläche.

Sind Farmen im Untergrund noch eine relativ neue Erscheinung, sprießen vertikale Farmen schon seit einigen Jahren pilzartig aus den Böden, wobei der Vergleich insofern hinkt, als die Pflanzen bei dieser Form der »Landwirtschaft« ohne Boden auskommen. Sie unterscheiden sich von den alten Gewächshäusern, in denen Nutzpflanzen horizontal und in Erde angebaut wurden also in zweifacher Hinsicht. In den neuen Farmen gedeihen die Pflanzen aeroponisch, hydroponisch oder aquaponisch. »Vertikal« ist außerdem doppeldeutig zu verstehen. Zum einen können die Anbauflächen wie Regale übereinander gestapelt sein (was auch im Untergrund möglich ist), zum anderen können die Gewächshäuser hochhausgleich aufragen. Beide Varianten, die natürlich auch kombiniert werden können, sind verglichen mit dem horizontalen Ackerbau sehr flächeneffizient. Meist befinden sich die Gewächshäuser zudem in oder in der Nähe von urbanen Regionen, was die Wege zu den Verbrauchern verringert und damit den Energieaufwand für Transport und Kühlung.

AeroFarms hat ein Vertical Farming-Konzept entwickelt, bei dem die Pflanzen in gestapelten langen Spezialboxen aeroponisch, d. h. nicht im Wasser, nicht in Erde wachsen.[26] Wasser und Nährstoffe werden den frei hängenden Wurzeln durch einen feinen Nebel zugeführt. Ihre erste Farm für den Gemüseanbau richteten sie in einem ehemaligen New Yorker Nachtclub ein. Vertikale Farmen lassen sich gut in bereits bestehende Gebäude integrieren, z. B. alte Fabrikanlagen, ehemalige Tiefgaragen oder Park(hoch)häuser. Auch Flachdächer bieten sich zum (vertikalen) Anbau von Agrarpflanzen in Gewächshäusern an.[27] Statt bestehende Gebäude zu nutzen, baut das schwedische Unternehmen Plantagon seit 2012 in Linköping ein zwölf Etagen hohes Agrarhochhaus, in dem Blattgemüse angebaut und auf dem lokalen Markt verkauft wird. 300–500 Tonnen soll die jährliche Erntemenge betragen.[28]

---

25 Siehe http://growing-underground.com/ [letzter Zugriff: 09.10.2015].
26 Siehe http://aerofarms.com/ [letzter Zugriff: 09.10.2015].
27 Leibniz-Zentrum für Agrarlandschaftsforschung (ZALF) e. V./Institut für Stadt- und Regionalplanung der Technischen Universität Berlin (ISR), Es wächst etwas auf dem Dach. Berlin 2013. Verfügbar unter: http://www.zalf.de/htmlsites/zfarm/Documents/leitfaden/dachgewaechshaeuser_leitfaden.pdf [letzter Zugriff: 09.10.2015].
28 Siehe http://plantagon.com/ [letzter Zugriff: 09.10.2015].

In Singapur und Japan, wo Agrarfläche seit jeher knapp ist, sind vertikale Farmen bereits länger Realität. Allein in Japan sind mehr als 300 dieser Farmen in Betrieb. Dennoch sind Indoor-Farmen bislang nur eine (allerdings rasch wachsende) Nische, funktionieren manche von ihnen gut, andere hinsichtlich ihrer ökonomischen Rentabilität nicht. Sie befinden sich noch in der Experimentalphase, haben aber Potenzial, wenngleich bislang nicht alle Nutzpflanzen auf diese Weise kultiviert werden können (siehe nächstes Kapitel).

Prinzipiell lassen sich »biologische« Lebensmittel – hier gilt es ebenfalls umzudenken – umweltfreundlich besser in künstlichen Räumen als auf dem Feld anbauen: Zum einen entfällt der Einsatz von Pestiziden, zum anderen fällt der Flächenverbrauch geringer aus. Ferner ist der Indoor-Anbau wesentlich effizienter, da nahezu alle angebauten Pflanzen geerntet werden, während unter freiem Himmel Heuschrecken, Hagel, Sturm oder Dürre eine komplette Ernte vernichten können. Werden Düngemittel eingesetzt, gelangen sie nicht in Flüsse und Meere, wo sie zu deren Eutrophierung beitragen. Ferner verwenden die hier genannten Indoor-Farmen keine Muttererde zum Anbau ihrer Nutzpflanzen. Damit machen sie sich einerseits unabhängig von der weltweit schlechter werdenden Qualität der Böden und tragen andererseits auch nicht zu deren weiterer Erosion bei. Stattdessen werden die Pflanzen hydroponisch kultiviert, d.h. im Wasser und auf Substraten wie Kokosmatten, Kies, Steinwolle – was obendrein den Einsatz von Wasser spart und die Erntemenge erhöht. Fast alle Pflanzen können in Hydrokultur gedeihen, manche im Vergleich mit herkömmlicher Bodenkultur, etwas besser, andere etwas schlechter. Die Qualität der Ernte ist unter den richtigen Bedingungen, und die lassen sich regulieren, hoch, in Gourmetrestaurants einsetzbar und mit Bio-Produkten vergleichbar. Die Auszeichnung »Bio« erhalten dagegen nur solche Lebensmittel, deren pflanzliche Bestandteile in Erde gewachsen und damit im Grunde nicht »öko« sind.

Weltweit ziehen immer mehr Menschen vom Land in die Stadt, was es zusätzlich sinnvoll macht, die Lebensmittel dort zu produzieren, wo sie verbraucht werden. Allerdings wären, um eine Millionenstadt mit Produkten aus Vertical Farms zu versorgen, nach heutigen Anbaumethoden viele Dutzend Agrar-Hochhäuser und damit ein großer Ressourcenaufwand notwendig. Schon der oft hohe Grundstückspreis in vielen Städten ist ein erheblicher Kostenfaktor. Zudem ist der Energieverbrauch zur optimalen Temperierung der geschlossenen Räume in den meisten Fällen noch recht groß. Das ist nicht nur ein weiterer Kostenfaktor, basiert die benötigte Energie auf fossilen Energieträgern, verschlechtert sich dadurch die CO_2-Bilanz. Es ist zu vermuten, dass sich viele ärmere Länder die neuen High Tech-Farmen nicht werden leisten können.

Am MIT in Cambridge wird jedoch an der nichtkommerziellen Open Source-Version einer vertikalen Indoor-Farm gearbeitet. Jeder Interessierte kann an ihrer Entwicklung mitarbeiten deren Ziel ein Design für möglichst kostengünstige und ertragreiche »City Farmen« sind, die auch in ärmeren Ländern zum Einsatz kommen können. Dazu werden Methoden (Hydroponik, Aquaponik, Aeroponik) entwickelt, die den Wasserverbrauch um 98 % reduzieren, den Einsatz von Dünger und Pestiziden überflüssig machen, die eingesetzte Energie verringern, das Pflanzenwachstum vervierfachen, den Nährstoffertrag verdoppeln und den Geschmack mindestens erhalten sollen.[29]

Um Energie zu sparen, könnte der Anbau außerdem statt in der Höhe in der Tiefe, in ehemaligen Bergwerksstollen etwa, eine kostengünstigere Alternative oder Ergänzung sein. Die höhere Umgebungstemperatur dort liefert Wärmeenergie und Grundwasser fast zum Nulltarif und überdies das ganze Jahr hindurch konstante Bedingungen.

Kosten kann auch die Digitalisierung sparen, wodurch die Lebensmittel mehr Verbrauchern zugänglich würden. Mittels Internet und Software können die Bedingungen in den Innenraumfarmen von überall aus gesteuert werden. Digitale Farmer sind damit nicht länger an ihre Indoor-Scholle gebunden, sie können sich frei bewegen und dennoch über die Pflege ihrer Pflanzen wachen. Die digitalisierte Landwirtschaft schafft folglich kaum Arbeitsplätze und verdrängt sie die alte Landwirtschaft, reduziert sie sogar welche. Aber diese Entwicklung vollzieht sich schon seit Jahrhunderten: Arbeiteten um 1800 noch rund 80 % der Menschen in Europa in der Landwirtschaft, sind es heute ungefähr 3 %. Zwei Personen können heute schon den Betrieb eines Bauernhofs mit achtzig Kühen und umliegenden Maisfeldern zum Futtermittelanbau aufrechterhalten. Kultivierte tierische Erzeugnisse, Indoor-Farmen und die Digitalisierung setzen diesen Trend nur konsequent fort: Eine Gesellschaft, welche die Verwissenschaftlichung des Agrarsektors vorantreibt, benötigt irgendwann keine klassischen Bauern zur Lebensmittelproduktion, sondern vergleichsweise wenige Wissenschaftler, Techniker, Informatiker und Maschinen. Die von Karl Marx wegen der stumpfen, immer gleichen Tätigkeiten verunglimpfte »Idiotie des Landlebens« würde nun human – sofern die Existenz der Landwirte human gesichert werden kann.[30]

Nutzen ohne Nutzpflanzen

Eine Pflanzenwirtschaft ohne Pflanzen wäre eine weitere, jedoch weiter entwickelte Variante der Landwirtschaft ohne Land. Sie könnte langfristig sogar Indoor-Farmen unnötig machen. Generell wäre ohnehin darüber nachzudenken, wie man die Ernteprodukte jener Nutzpflanzen naturidentisch synthetisieren könnte, die der Menschheit als Hauptkalorienlieferant dienen. Denn ausgerechnet Weizen, Reis und Mais lassen sich bislang in geschlossenen Räumen nur sehr schwer und aufwändig anbauen. Gelingt es jedoch z. B. Reiskörner ohne Reispflanzen – wie Milch ohne Kühe – herzustellen, wären Umweltentlastung und Ernährungssicherheit am größten. Schließlich benötigen Menschen

---

29 Siehe http://mitcityfarm.media.mit.edu/ [letzter Zugriff: 09.10.2015].
30 Oliver Stengel, Jenseits der Marktwirtschaft, Berlin 2016.

primär das Reiskorn, nicht die Reispflanze. Diese ist lediglich die »Biofabrik«, welche Reiskörner aus Licht, Wasser und weiteren Nährstoffen zusammenbaut. Dieser eher langsame, flächen-, wasser- und methanintensive Prozess könnte vielleicht auf technische Weise schneller und umweltverträglicher rekonstruiert werden.

Für das Universaleinsatzmittel Palmöl gilt das bereits. Bislang werden für seine Gewinnung destruktiv und langwierig große Regenwaldflächen gebranntrodet und in Palmölplantagen transformiert. Ölpalmen im großen Stil in Innenräumen anzupflanzen ist jedoch nicht sehr effizient. Außerdem möchte man in den meisten Fällen nicht die Palme, sondern deren Öl. Die große Frage ist also, wie man das Öl ohne Palme herstellen kann. Und hier kommt die Vanille ins Spiel.

Vanillin, der Aromastoff der Vanille, ist das weltweit am meisten verwendete Aroma. In der Gegenwart wird Vanillin auch ohne Vanille-Pflanzen hergestellt – und zwar auf zwei Wegen: Das Aroma kann entweder *künstlich* (»naturidentisch«) hergestellt werden oder *synthetisch*. Das ist nicht das gleiche, denn künstlich wird es aus einem Mix *chemischer* Komponenten gewonnen, z. B. aus Sulfitablauge, einem Abfallprodukt der industriellen Papierherstellung, oder aus Erdöl. Künstliches Vanillin ist billig, ob es gesund oder umweltfreundlich ist, ist eine andere Sache. Synthetisch wird das Vanillearoma seit 2014 aber auch *biologisch* durch Hefezellen gewonnen. Ihre DNA wurde so umgeschrieben, dass sie nun das echte Vanillin der Vanillepflanze herstellen.[31] Um das zu tun, benötigen sie vor allem Wärme und Zucker als Nahrung, was sie im Bioreaktor beides bekommen. Hefezellen werden schon seit Jahrtausenden von Menschen eingesetzt, um aus Zucker Alkohol zu machen. Evolva hat Hefezellen nun so umprogrammiert, damit sie Zucker in Vanillin umwandeln.

Die Umprogrammierung bzw. Neuerschaffung von Mikroorganismen ist die Domäne der synthetischen Biologie. Und mittels der synthetischen Biologie, die freilich wachsam zu beäugenden Risiken hat, können nicht nur Vanille-Plantagen überflüssig gemacht werden (für die auf Madagaskar viel Regenwald geopfert wurde), sondern auch Palmölplantagen (für die in Indonesien und Malaysia viel Regenwald geopfert wurde): Der Öko-Waschmittel-Hersteller Ecover nutzt seit 2014 statt Palmöl der Ölpalme ein Palmöläquivalent von künstlich synthetisierten einzelligen Mikroalgen. Diese Algen leben in geschlossenen Tanks, machen aus Sauerstoff und Zuckerrohr oder aus Reststoffen der Forst- und Landwirtschaft ein Öl, dessen Zusammensetzung ähnlich und genauso hochwertig ist wie Palmöl.[32]

Ein anderes, bislang jedoch nur im Labor erprobtes Verfahren, nutzt Hefezellen, die auch bei niedrigen Temperaturen von 15–20°C in offenen Becken gut

---

31 Siehe http://www.evolva.com/ [letzter Zugriff: 09.10.2015].
32 Gerd Spelsberg, Synthetische Biologie: Eine bessere Welt durch »extreme Gentechnik«? Verfügbar unter: http://www.gute-gene-schlechte-gene.de/synthetische-biologie-regenwald-palmoel-gentechnik/ [letzter Zugriff: 09.10.2015].

gedeihen (weshalb ihre Nutzung nur geringe Energiemengen erfordert) und ein hochwertiges Palmöläquivalent produzieren, dessen Umweltbilanz der von konventionellem Palmöl deutlich überlegen zu sein scheint.[33]

Nun muss – wie bei der Vanillinproduktion – zumeist Zuckerrohr angebaut und an die Algen oder Hefen verfüttert werden (Zucker ist ggw. die für sie ergiebigste Futterquelle). Zuckerrohrplantagen vertilgen (sub-)tropischen Wald, Unmengen von Wasser, werden mit Gift besprüht, sind Orte zahlreicher Menschen verachtender Konflikte.[34] Die Herstellung von Zucker ist gewiss nicht nachhaltig, wird jedoch im großen Stil für viele Zwecke, u. a. für die Produktion von Bio-Sprit angebaut, und der Teil der Ernte, der von Hefezellen verstoffwechselt wird, verursacht in Bezug auf Biodiversität und Klimawandel geringere Schäden, als jene, die durch Vanille- und Ölpalmplantagen entstehen. Zwar kann Zucker aus Stroh oder Lebensmittelabfällen gewonnen werden, dennoch könnte auch die Erforschung eines synthetischen Zuckeräquivalentes eine lohnende Aufgabe sein.

Kritiker der Gentechnik werden gegen ölpalmenfreies Palmöl vermutlich ebenso sein, wie rigide Umweltschützer gegen kuhfreie Milch. Mit Gentechnik, wie sie z. B. seit den 1990ern aggressiv vom Agrarkonzern Monsanto im Bereich der Lebensmittelproduktion angewandt wird, hat jedoch nicht zu tun, was hier beschrieben wurde. Zwar setzten synthetische Biologen gentechnisch veränderte Organismen zur Lebensmittelerzeugung ein, die so erzeugten Lebensmittel sind gentechnisch jedoch *nicht* verändert. Allergien und andere gesundheitliche Beeinträchtigungen, die durch gentechnisch veränderte Nahrungsmittel verursacht werden können, treten folglich nicht auf.

Zu bedenken ist auch, dass seit wenigen Jahren Artemisinin, bislang *der* Wirkstoff gegen Malaria, biosynthetisch hergestellt wird. Bislang musste dazu ein Kraut, der Einjährige Beifuß, angepflanzt und der Wirkstoff aus ihm extrahiert werden. Aus einem Kilogramm getrockneter Blätter konnten dabei nur wenige Gramm der Substanz gewonnen werden. Große Anbauflächen waren ergo nötig, um den Bedarf zu decken (2010 wurden über 200 Millionen Malariafälle registriert). Die Pflanzen brauchen 18 Monate, um den Wirkstoff zu produzieren, der Wirkstoffgehalt in den Pflanzen schwankt, Ernten sind witterungsabhängig – alles in allem ist das nichtsynthetische ein aufwändiges, ineffizientes und ökologisch nachteiliges Verfahren. Mittlerweile stellen modifizierte Hefen eine Artemisininvorstufe her, die anschließend leicht in das gewünschte Endprodukt umgewandelt werden kann, das obendrein billiger als die natür-

---

33 Fabio Santamauro u. a., Low-cost lipid production by an oleaginous yeast cultured in nonsterile conditions using model waste resources, in: Biotechnology for Biofuels 7, 34 (2014), S. 34–43.

34 Marianne Falck, Die dunkle Seite des Zuckers, o. O. 2015, in: FAZ online. Verfügbar unter: http://www.faz.net/aktuell/wissen/natur/die-dunkle-seite-des-zuckers-multimedia-reportage-ueber-die-abgruende-des-zuckerrohranbaus-in-brasilien-13515865.html [letzter Zugriff: 09.10.2015].

liche Variante ist und damit erschwinglicher auch für ärmere Menschen.[35] Die Hefen sind nichts anderes als gentechnisch veränderte, lebende, aber in der Natur so nicht vorkommende, zelluläre Biofabriken, die schneller und ergiebiger als bisher einen Nutzen produzieren und dabei die Nutzpflanze umgehen. Die Parallelen dieser Arzneimittel- zur Lebensmittelherstellung sind nicht zu übersehen und wer die synthetische Biologie bei der Lebensmittelherstellung kritisiert, muss ihren Einsatz logisch konsequent auch in der Medizin in Frage stellen.

Kritiker könnten mit Verweis auf die soziale Dimension der Nachhaltigkeit auf das Schicksal der verdrängten Bauern hinweisen, das in der Tat so lange problematisch ist, wie es nicht gelingt, sie alternativ in die Gesellschaft zu integrieren. Und tatsächlich ist die Existenz von Bauern in Afrika und Asien bedroht, die sich bislang auf den Anbau des Einjährigen Beifuß spezialisiert hatten. Ohne Rücksicht auf Viehwirte hat man allerdings schon vor Jahrzehnten u. a. auf Grund der vereinfachten Herstellung und Versorgungssicherheit damit aufgehört, Diabetiker mit Insulin zu versorgen, das in den Bauchspeicheldrüsen von Schweinen und Rindern produziert wurde: Früher »verbrauchte« ein Diabetiker etwa 40 Schweine im Jahr. Um weltweit alle 366 Millionen Diabetiker (Stand 2011) mit Insulin zu versorgen, müssten jedes Jahr 14,6 Milliarden Schweine getötet werden (und die Zahl der Diabetiker nimmt weltweit rapide zu). Stattdessen produzieren gentechnisch modifizierte einzellige Organismen – E. coli oder Hefen – seit den 1980ern das menschliche Insulin.

Mit dem Verweis auf Arbeitsplätze ließe sich nun der ewige Fortbestand von Schlachthäusern wie der Rüstungsindustrie legitimieren. Generell sollte sich eine Gesellschaft aber nicht von Arbeitsplätzen abhängig machen, welche die Degradation des Planeten begünstigen und damit die Entwicklung der Menschheit gefährden. Sie sollte umgekehrt danach streben, von solchen Arbeitsplätzen unabhängig zu werden. Zum anderen ist das umweltfreundliche Potential beider neuen Produkte und Verfahren groß und von der höheren Versorgungssicherheit profitieren mehr Menschen, als vom Anbau jener Nutzpflanzen.

Darüber hinaus ist es grundsätzlich vorstellbar, Vanillin und Palmöl auch ohne modifizierte Mikroorganismen herzustellen. Dazu müsste die Molekularstruktur etwa des Palmöls »nachgebaut« werden. Palmöl besteht aus zehn verschiedenen Fettsäuren. Laurinsäure, eine gesättigte Fettsäure, macht dabei rund die Hälfte des Palmöls aus. Es setzt sich aus Kohlenstoff-, Wasserstoff- und Sauerstoffatomen zusammen. Moleküle nach dem Legosteinprinzip zu neuen Arrangements zusammenzusetzen ist in begrenztem Ausmaß schon in der Gegenwart möglich: 2013 gelang es z. B. Ribosomen (die Proteinfabriken der Zelle) Molekül für Molekül nachzubauen und damit simple Proteine aus Aminosäuren

---

35 Chris J. Paddon/Jay D. Keasling, Semi-synthetic artemisinin: a modelfor the use of synthetic biology in pharmaceutical development, in: Nature Reviews Microbiology 12, 5 (2014), S. 355–367.

herzustellen.[36] Diese Errungenschaft weiter gedacht, lässt sich auch ein Öl denken, das exakt die gleiche atomare Struktur wie das naturgewachsene Produkt hat, aber nanotechnisch konstruiert wurde. Einen anderen Weg, Moleküle nach dem Lego-Prinzip zusammenzusetzen, wählte das Team um den Chemiker Martin Burke. Sie entwickelten eine Maschine, die bislang rund 200 verschiedene Grundbausteine synthetisieren kann. Diese haben alle dasselbe Verbindungsstück, so dass man sie mit einer vergleichsweise simplen chemischen Reaktion zu organischen Molekülen zusammensetzen kann. Diese Grundbausteine können kombiniert und zu vielen verschiedenen natürlicher Moleküle verbunden werden.[37]

Im Grunde geht es also darum technisch das zu leisten, was die Natur biologisch schon seit Milliarden Jahren macht. Zwar liegt solch eine Option noch in ungewisser Zukunft, langfristig sollte es jedoch machbar sein, hochwertige, gesunde, genießbare und günstige menschliche Nahrung auf sichere Weise und in ausreichender Menge herstellen zu können, ohne dafür Makro- oder Mikroorganismen und natürliche Lebensräume in Anspruch nehmen zu müssen. Schließlich ist die beste biotische Ressource jene, die nicht benötigt wird. Dies wäre folglich der Königsweg der Lebensmittelproduktion und zugleich die fünfte landwirtschaftliche Revolution.

Schluss

Womöglich muten die hier vorgestellten Verfahren und Argumente befremdlich an. Man sollte sie aber unvoreingenommen beurteilen. In einer Zeit, in der rund eine Milliarde Menschen unterernährt sind, die Weltbevölkerung auf zehn Milliarden anschwellen könnte, die meisten von ihnen in Städten leben werden, viele von ihnen in unsicheren ökonomischen Verhältnissen, Arten und Ökosystemleistungen schwinden, Wetterextreme in Folge der Erderwärmung zunehmen, ist anzunehmen, dass jene Verfahren eine wichtiger werdende Rolle spielen.

Die Agrarwirtschaft sollte ihren ökologischen Fußabdruck umso mehr verringern, je mehr Menschen Lebensmittel nachfragen. Zugleich muss die Ernährungssicherheit höher werden, wenn die Versorgung einer zahlenmäßig größer werdenden Menschheit ermöglicht werden soll. Das schließt die Preise für die produzierten Lebensmittel ein: Auf mittlere oder längere Sicht werden die in künstlichen Umwelten erzeugten Lebensmittel ob des technischen Fortschritts günstiger, als die konventionellen. Vor diesem Hintergrund scheint die klassische Erzeugung von Lebensmitteln kein Weg zu sein, der in eine freundliche

---

36 Bartosz Lewandowski u. a., Sequence-Specific Peptide Synthesis by an Artificial Small-Molecule Machine, in: Science 6116 (2013), S. 189–193.
37 Junqui Li u. a., Synthesis of many different types of organic small molecules using one automated process, in: Science 6227 (2015), S. 1221–1226.

Zukunft führt. Lebensmittel, die dagegen aus postnaturalistischen Verfahren und Umwelten hervorgehen, sozial, ökologisch und gesundheitlich unbedenklich sind, sind zwar unkonventionelle, aber keine schlechten Lebensmittel.

»The only hope of conserving any semblance of a wild nature is to offer it the luxury of not serving us«,

bemerkt der Ökologe Erle Ellis.[38] Wenn überhaupt, kann vom Menschen unberührte Natur nur wieder gewonnen werden, wenn sie den Menschen nicht mehr dienen muss. Durch eine andere Ernährungsweise, einen anderen Umgang mit Lebensmitteln und eine andere Lebensmittelherstellung könnte agrarisch genutzte Fläche wieder Wildnis und Hunger Geschichte werden.

Schließlich muss etwas nicht morgen oder immer so sein, weil es gestern so war und heute so ist. Auch in der Natur gibt es keinen Stillstand, keine immerwährende Balance, sondern ständige Veränderung. Und so ist es auch in der Agrarwirtschaft: Erfindungen haben sie durch die Einführung des Pfluges und der Zuchtwahl schon in vorchristlicher Zeit gewandelt und in besonderem Maße haben dies Traktor, Treibhaus und Toxine im 20. Jahrhundert getan. Nun, im 21. Jahrhundert, könnte nicht die Erfindung eines neuen agrarwirtschaftlichen Hilfsmittels anstehen, sondern die Neuerfindung der Agrarwirtschaft.

---

38 Erle Ellis, Too Big for Nature, in: Ben A. Minteer/Stephen J. Pyne (Hg.) After Preservation, Chicago 2015, S. 24–31, S. 27.

Wilfried Bommert, Steven Engler und Oliver Stengel

Fazit: Von der Notwendigkeit nachhaltiger Ernährungssysteme

Am Ende dieses Sammelbandes zeigt sich die Welternährungslage in einem eigenartigem Licht: Fast die Hälfte der Menschheit ist unter- oder überernährt oder leidet an verborgenem Hunger. Zugleich ziehen immer mehr Menschen in die Städte. Sie orientieren sich am westlichen, fleisch- und milchlastigen Ernährungsstil. Um der zahlenmäßig größer werdenden Weltbevölkerung den steigenden Fleischverbrauch und Verbrauch anderer Lebensmittel zu ermöglichen, müssten die Ernten in den kommenden Jahrzehnten deutlich wachsen. Jedoch sinkt die Bodenfruchtbarkeit weltweit, müsste der Einsatz phosphor- und stickstoffhaltigen Düngers reduziert werden, stellen Wasserknappheit und Wetterextreme sichere Ernten zunehmend in Frage. Zwar könnten durch den Klimawandel polwärts neue Flächen urbar gemacht werden, doch gehen durch die Erderwärmung bereits agrarwirtschaftlich genutzte Flächen verloren. Schließlich verdrängen Energiepflanzen im steigenden Ausmaß die Pflanzen, die der menschlichen Ernährung dienen. Aus dieser Sicht schrumpft der »mögliche« Entwicklungskorridor der Weltbevölkerung jedes Jahr weiter.

Eine andere Sichtweise offenbart, dass die Menschheit ausgesprochen irrational, weil verschwenderisch und damit ineffizient mit ihren Nahrungsmitteln umgeht. Diese Ineffizienz der menschlichen Ernährungsweise, die die Beeinträchtigung von Ökosystemen und eine Reduktion der Artenvielfalt zur Folge hat, ergibt sich einmal durch den verschwenderischen Umgang mit Lebensmitteln: Gegenwärtig werden ca. 1,3 Milliarden Tonnen bzw. 30 % der weltweit erzeugten Lebensmittel vergeudet. Sie landen nicht auf den Tellern, sondern im Müll. Für den Anbau dieser Lebensmittel wird eine Fläche von rund 1,5 Milliarden Hektar vereinnahmt. Man könnte dem globalen Hunger begegnen, wenn konsequent gegen die Ursachen dieser Vergeudung angegangen würde: u. a. durch den Bau geeigneter Lebensmittellager in den Entwicklungsländern, wo große Erntemengen oft unter freiem Himmel gelagert werden und verschimmeln. Durch eine bessere Logistik, die Unterbrechungen der Kühlketten vermeidet, und in den Industrieländern durch den Abbau von Normen, die nur perfekt aussehende Lebensmittel in die Supermarktregale gelangen lassen. Belgien und Frankreich haben hier bereits reagiert. Sie schreiben Supermärkten vor, aussortierte, aber noch genießbare Lebensmittel karitativen Organisationen zu spenden und haben eine Reform des Verwirrung stiftenden Mindesthaltbarkeitsdatums auf vielen Lebensmittelverpackungen eingeleitet.

Die zweite Ursache menschlicher Ineffizienz im Umgang mit den Ressourcen unserer Ernährung betrifft die größer werdende Vorliebe für Fleisch und Milchprodukte: Sage und schreibe 70 % der weltweit genutzten fünf Milliarden Hektar Agrarfläche wird für den Anbau von Viehfutter oder als Weideflächen genutzt. Damit dient eine Fläche von 3,5 Milliarden Hektar – dies entspricht fast der Größe Afrikas plus Australiens – der Produktion tierischer Erzeugnisse. Obendrein verbraucht die Milch- und Fleischwirtschaft jährlich 77 Millionen Tonnen Protein mit dem mageren Erfolg von 58 Millionen Tonnen Protein. Damit entpuppt sich die Viehzucht als Senke und keineswegs als Quelle für Lebensmittel. Für eine gesunde menschliche Ernährung ist tierisches Protein nicht nur weitgehend vernachlässigbar, sondern sogar abträglich, wie die Internationale Krebsforschungsagentur feststellt.[1] Außerdem entfallen 71 % der agrarwirtschaftlichen Treibhausgas-Emissionen auf die Produktion von Futtermittel, Fleisch und Milch.

Der Einfluss der Viehwirtschaft auf die globale Umwelt ist letztlich weit negativer einzuschätzen als die Wirkungen des Energie-, Mobilitäts- und Bausektors. Die größten Nachhaltigkeitsprobleme resultieren folglich aus der Art und Weise unserer Ernährung. Hinzu kommen massive ethische Bedenken. »In den vergangenen zwei Jahrhunderten«, so der Historiker Yuval Harari, »haben wir Abermilliarden von Tieren in einem Regime industrieller Ausbeutung geknechtet, deren Grausamkeit in den Annalen des Planeten Erde ohne Gleichen ist. Wenn nur ein Bruchteil der Behauptungen von Tierschützern stimmen, dann ist die moderne industrielle Tierhaltung das größte Verbrechen der Menschheitsgeschichte.«[2]

Im vorliegenden Sammelband wurden drei Optionen genannt, um die globale Viehwirtschaft mit ihren negativen Effekten einzudämmen: Die deutliche Reduktion des Fleisch- und Milchkonsums, der Umstieg vom Verzehr von Säugetieren und Geflügel zum Verzehr von Insekten sowie die Synthetisierung von Fleisch- und Milcherzeugnissen.

Die Veränderung des persönlichen Ernährungsstils stößt jedoch auf Hindernisse. Synthetisches Fleisch und Insekten haben Akzeptanzprobleme, eine vegetarische oder gar vegane Ernährungsweise wird zwar toleriert, jedoch nur von einer Minderheit (im einstelligen Prozentbereich) praktiziert. Orientieren sich weltweit immer mehr Menschen am unnachhaltigen (zumeist »westlichen«) Ernährungsstil, müsste in puncto Eiweißversorgung der globale Süden mit seinem Insektenverzehr ein Vorbild werden.

Wie könnten diese Hindernisse überwunden werden? Ob es reicht, Insekten in Riegeln, Keksen oder in andere Formen anzubieten, oder synthetisches Fleisch auf das Geschmacks- und Preisniveau des Konventionellen anzuheben, ist fraglich. Beides schafft das zentrale Problem nicht aus der Welt: Das weithin immer noch zu positive Image von Fleisch, das es zu korrigieren gilt. Außer-

---

1 In einer knapp 800 Studien analysierenden Metastudie gelangte die Internationale Krebsforschungsagentur IARC zur Konklusion, dass der tägliche Verzehr von 50 Gramm verarbeitetem Fleisch wie Wurst oder Schinken sowie von rotem Fleisch (Rind, Schwein, Lamm, Kalb, Schaf u. a.) das Risiko, an Darmkrebs zu erkranken, um 18 % erhöht (Véronique Bouvard u. a., Carcinogenicity of consumption of red and precessed meat, in: The Lancet Oncology 114 (2015), S. 1599.

2 Yuval N. Harari, Eine kurze Geschichte der Menschheit, München 2013, S. 462.

dem ist Fleisch – gemessen an seinen ökologischen, ethischen und gesundheitlichen Nebeneffekten – preislich zu billig. Die FAO forderte darum schon 2010 eine Fleischsteuer.

Die dritte im Sammelband benannte Ineffizienz betrifft die Verschwendung von Böden: Einen immer größeren Teil der globalen Bodenvorräte sichern sich seit 2008 finanzstarke Energiekonzerne, um dort Biomasse als Erdölsubstitut (z. B. für Agrosprit, Biogas oder -kunststoffe) anzubauen. Das erhöht die Nutzungskonkurrenz der Flächen und wäre nur zu rechtfertigen, wenn große Anbauflächen durch den Stopp der Lebensmittelverschwendung und durch die Minimierung des Fleischkonsums für den Anbau von Grundnahrungsmitteln zur Verfügung gestellt würden. Tatsächlich aber prosperiert die Fleischindustrie und schwindet die Fruchtbarkeit der Böden. Pflug, künstliche Bewässerung, Abholzung und Wetterextreme treiben die Erosion fruchtbarer Böden weltweit in hohem Tempo voran. Ungefähr 24 Milliarden Tonnen fruchtbaren Bodens gehen jedes Jahr verloren. In dieser Situation ist es fahrlässig, Äcker für den Anbau von Energiepflanzen zu verwenden.

Um den Verlust fruchtbarer Böden auszugleichen wurden im Sammelband drei Strategien vorgeschlagen: Der Bio-Anbau bzw. die Reduktion anorganischen Düngers, der Einsatz von Biokohle zur Steigerung der Bodenfruchtbarkeit (und zur CO_2-Einlagerung) sowie die Verlagerung des Lebensmittelanbaus in Indoor-Farmen, in denen Lebensmittel vertikal im Wasser, auf Substraten wie Kokosmatten, Kies oder Steinwolle angebaut werden oder durch Nebel mit Nährstoffen versorgt werden – d. h. ohne Erde auskommen. Hinzu kommen weitere Strategien, die sich von Gunter Paulis Blue Economy-Konzept ableiten: die Vermeidung organischer Abfälle durch geschlossene Kreisläufe. Pilze könnten über- wie unterirdisch auf organischen Reststoffen (etwa Kaffeeabfällen) angebaut und die Pilzabfälle in Biogasanlagen verwertet werden. Ebenso lassen sich Brauereiabfälle in der Brotherstellung nutzen, das Brauereiabwasser ließe sich in Biogasanlagen zur Energieerzeugung einsetzen. Hier lassen sich gewiss noch viele weitere Möglichkeiten finden. Kurzum, es geht um eine systemische abfallfreie Ausrichtung der Ernährungsproduktion.

Ein weiterer Effizienzsprung ist durch Urban Farming zu erwarten. 2030 werden wohl fünf Milliarden Menschen in Städten leben und das wären dann über 60 % der Weltbevölkerung. Bislang werden in Städten Lebensmittel vor allem konsumiert, nicht produziert. So viel Lebensmittel wie möglich in Städten anzubauen, müsste jedoch in Zukunft das Ziel sein, zumal expandierende Städte meist auf Kosten umliegender Agrarflächen wachsen und dieser Verlust zumindest ausgeglichen werden sollte. Für den urbanen Anbau von Lebensmitteln können Dächer, Gärten, Brachflächen oder über- wie unterirdische Indoor-Farmen genutzt werden. Auf diese Weise verkürzen sich die Transportkilometer der erzeugten Lebensmittel, ferner erhöht sich die regionale Eigenständigkeit und Resilienz bei der Lebensmittelversorgung sowie die städtische Lebensqualität durch steigende Grünflächenanteile, bessere Luft und einen ausgeglicheneren Wasserhaushalt. Politisch unterfüttert wird dieser Trend durch die Einrichtung lokaler Ernährungsräte (Food Councils), die als lokale Food Think Tanks in manchen Städten Englands, Südafrikas, der USA sowie Kanadas bereits wirken und dort innovative Impulse für die urbane Lebensmittelversorgung geben.

Am Ende des Sammelbandes zeigt sich auch, dass planetare Grenzen (die Erderwärmung, das Artensterben, der Phosphor- und Stickstoffkreislauf, die Trinkwassernutzung) nicht wie bisher durch die Lebensmittelproduktion belastet werden und, dass Menschen nicht wie bisher an verborgenem oder manifestem Hunger leiden müssten. Selbst zehn oder elf Milliarden Menschen – die bis zum Ende des Jahrhunderts prognostiziert werden – könnten gesund ernährt werden, ohne den Ökosystemen neue Agrarflächen abzutrotzen. Allerdings geht diese Rechnung nur auf, wenn die Missstände beendet werden: die Verschwendung von Lebensmitteln, der (hohe) Verbrauch von Fleisch- und Milcherzeugnissen, der Anbau von Pflanzen für die Energiegewinnung. Auch das weltweit grassierende Problem zunehmender Leibesfülle ließe sich durch veränderte Ernährungsgewohnheiten in den Griff kriegen. Würden mehr Einsicht und Vernunft in unser Ernährungssystem einkehren und weniger Glaube an die Steuerungskräfte des Marktes, könnten dringende Nachhaltigkeitsprobleme aus der Welt geschafft werden. Doch so einfach die Lösungen in der Theorie oft sind, so schwierig sind sie in der Praxis umzusetzen und werden wohl erst akzeptiert, wenn der Druck der Probleme überhandnimmt.

Über die Herausgeber und Autoren

Monica Awuor Ayieko ist Professorin an der School of Agricultural and Food Sciences (Abteilung für Ernährungssicherheit und Biotechnologie) der Jaramogi Oginga Odinga University of Science and Technology (JOOUST), in Kenia. Sie forscht zu essbaren Insekten in der Lake Victoria Region und hat bereits etliche Publikationen zu Insekten als Futter- oder Nahrungsmittel veröffentlicht. Sie hat zu Fertigprodukten auf Insektenbasis gearbeitet und Lösungen für die massenhafte Zucht von Insekten in ruralen Kontexten entwickelt. Derzeit konzentriert sie sich auf die Insektenzucht für ökologische Nachhaltigkeit und verbesserte Ernährungssicherheit.

Nadine Bader hat Oecotrophologie an der Hochschule Fulda mit dem Schwerpunkt »International Nutrition« studiert. Anfang 2015 schloss sie das Studium mit ihrer Bachelorthesis zu Bedeutung und Einflussfaktoren der Doppelbelastung von Unter- und Überernährung sowie übertragbaren und nichtübertragbaren Krankheiten in Indien ab (Double Burden of Disease Problematik). Im Rahmen ihres Bachelorstudiums hat sie ihre Berufspraktischen Studien an der Technischen Universität München in der »Arbeitsgruppe Nachhaltige Ernährung« absolviert und ist seit 2014 Mitarbeiterin der Arbeitsgruppe. Seit 2015 studiert sie den Master of Science »Public Health Nutrition« an der Hochschule Fulda.

Anna Bönisch arbeitet seit Juli 2015 als Wissenschaftliche Mitarbeiterin am Kulturwissenschaftlichen Institut Essen, in der Projektreihe »Virtuelles Institut: Transformation – Energiewende NRW«. Davor arbeitete sie vor Allem in den Themenfeldern »Erneuerbare Energien« und »Energiepolitik in der Entwicklungszusammenarbeit«, unter anderem bei der Europäischen Kommission, GIZ, Universität Maastricht und Universität Bonn. Im interdisziplinären Studium in Maastricht, Santiago de Chile und London spezialisierte sich Frau Bönisch auf die Themen »Nachhaltige Entwicklung«, »Science and Technology Studies« und »Development Studies«.

Wilfried Bommert (Herausgeber) studierte Agrarwissenschaften in Bonn und kam 1979 als Journalist zum WDR. Dort war er viele Jahre Leiter des Landfunks und der ersten Umweltredaktion des WDR, die er maßgeblich geprägt hat. Seit dieser Zeit beschäftigt er sich intensiv mit den Themen Gentechnik, Klimawandel, Welternährung und demografische Entwicklung. 2009 erschien sein Buch »Kein Brot für die Welt«, 2011 »Bodenrausch – die globale Jagd nach den Äckern der Welt« und zuletzt 2014 »Brot und Backstein – wer ernährt die Städte der Zukunft?«

Steven Engler (Herausgeber) ist promovierter Geograph. Sein Forschungsfokus liegt auf der Interaktion zwischen Mensch und Umwelt und angrenzenden Themenfeldern. Das Hauptinteresse gilt dabei drei Forschungsthemen, nämlich der Energieforschung, der Erforschung nachhaltiger Ernährung und dem Zusammenhang zwischen Klima und Ernährung. Im Oktober 2013 schloss er seine Promotion zum Thema »Food (in) security and Famine – Understanding the interconnection of vulnerability, perception of affected populations, and their adaptation capacities in times of food scarcity« an der Justus-Liebig-Universität Gießen (JLU) ab. Derzeit ist er Projektkoordinator und Projektleiter im Projekt des Virtuelles Instituts (VI) »Transformation – Energiewende NRW« am Kulturwissenschaftlichen Institut Essen (KWI). Zudem ist er assoziiertes Mitglied am Institut für Geographie (Bereich: Klimatologie, Klimadynamik und Klimawandel) der JLU.

Volker Häring ist promovierter Bodenwissenschaftler und Geograph. Sein Fokus ist die Interaktion zwischen Böden, Landwirtschaft und Klimawandel. Seine Forschungsprojekte führten ihn bereits nach Asien, Südamerika und Afrika. Zurzeit forscht er im Rahmen des vom BMBF-geförderten Forschungsvorhabens Urban Food^{Plus} an der Optimierung der Nährstoffnutzungseffizienz durch Kompost und Biokohle in westafrikanischen Böden.

Ingo Haltermann hat sein Studium der Geographie, Politikwissenschaft und Landschaftsökologie an der Westfälischen Wilhelms-Universität Münster mit Diplom abgeschlossen. Seit 2009 ist er in unterschiedlichen Positionen am Kulturwissenschaftlichen Institut Essen und dem Käte Hamburger Kolleg Duisburg tätig. Derzeit arbeitet er unter anderem an seiner Promotion zur Katastrophenwahrnehmung in urbanen Hochrisikoräumen am Beispiel Accra, Ghana sowie an einem interdisziplinären Sammelband zu geisteswissenschaftlichen Aspekten von Umweltveränderungen in Afrika. Sein Forschungsinteresse gilt vor allem unterschiedlichsten Fragen der Mensch-Umwelt-Forschung in urbanen Kontexten. Seinem Afrika-Schwerpunkt ist er dabei bislang treu geblieben. Neben der Arbeit als Geograph verdient er seine Brötchen als Freelancer im Bereich Text- und Wissensdienstleitung.

Marc Hansen hat seine Masterabschlüsse (MSc) in International Relations und Economics and Econometrics an der Universität Loughborough (UK) erworben und promoviert am Institut für Entwicklungsforschung und Entwicklungspolitik (IEE) der Ruhr-Universität Bochum. Seit 2013 ist er Wissenschaftlicher Mitarbeiter am IEE. Im Rahmen des BMBF-geförderten Forschungsvorhabens Urban Food^{Plus} untersucht er die ökonomischen Wirkungen von Biokohle, mit Schwerpunkt auf Markt- und Wohlfahrtseffekte technischer Innovationen in der städtischen Landwirtschaft Westafrikas.

Karl von Koerber, Ernährungswissenschaftler, ist Leiter der »Arbeitsgruppe Nachhaltige Ernährung«. Sie war von 1998 bis Mai 2014 Teil der Technischen Universität München und ist jetzt am »Beratungsbüro für ErnährungsÖkologie« in München angesiedelt. Vorher war er 20 Jahre Mitarbeiter am Institut für Ernährungswissenschaft der Universität Gießen bei Prof. Claus Leitzmann. Er ist Mitbegründer der »Vollwert-Ernährung« und des Fachgebietes »Ernährungsökologie« und arbeitet zu Themen wie Klimaschutz und Welternährungssicherung. Er führte zahlreiche Vorträge und Fortbildungen sowie Lehraufträge an deutschsprachigen Hochschulen durch. Seine Arbeitsgruppe wurde von der UNESCO als »Offizielles Projekt der UN-Weltdekade Bildung für nachhaltige Entwicklung« ausgezeichnet.

Michael M. Kretzer hat sein 1. Staatsexamen in Geographie, Politikwissenschaften und Geschichte im Jahr 2010 erworben (JLU Gießen). Im Anschluss daran arbeitete er für das Molteno Institute for Language and Literacy (MILL) und die Reading Association of South Africa (RASA). Seine akademische Laufbahn begann er 2012 am Zentrum für internationale Entwicklungs- und Umweltforschung (ZEU) der JLU Gießen. Im gleichen Jahr startete er mit seiner Promotion am Institut für Geographie der JLU Gießen. Die Schwerpunkte seiner Arbeit sind Bildungssysteme und Sprachenpolitik in Sub-Sahara Afrika und die Vernetzung von Bildung und Landwirtschaft, v. a. in Südafrika, Malawi und Botswana. Er schreibt u. a. für das Universal Journal of Agricultural Research und das Marang Journal for Language and Literacy.

Stefan Kreutzberger, Journalist, Autor und Medienberater. Studium der Politikwissenschaften in Marburg. Gründer und Vorstand Verein foodsharing und Beirat Kommunale Nachhaltigkeit Köln und Taste of Heimat sowie der Deutschen Umweltstiftung. Gemeinsam mit Valentin Thurn schrieb er die Sachbücher »Die Essensvernichter« (2011) sowie 2014 »Harte Kost – Wie unser Essen produziert wird. Auf der Suche nach Lösungen für die Ernährung der Welt«.

Marianne Landzettel ist diplomierte klinische Psychologin (TU Braunschweig, UCL, London). Ihre journalistische Laufbahn begann sie in der Landfunk Redaktion des Süddeutschen Rundfunks. 1998 kam sie als ARD Korrespondentin für Großbritannien und Irland nach London. Es folgten 10 Jahre beim BBC World Service, u. a. als Süd-Asien Redakteurin. Seit 2013 arbeitet sie als freie Journalistin in London und hat sich auf Agrarthemen spezialisiert. Sie schreibt u. a. regelmäßig für die Bauernstimme, Bioland, das US Magazin In Good Tilth und bloggt für die britische Soil Association.

Claus Leggewie ist Professor für Politikwissenschaft und Direktor des Kulturwissenschaftlichen Instituts (KWI) in Essen sowie des Centre for Global Cooperation Research in Duisburg. Nach dem Studium der Sozialwissenschaften und Geschichte in Köln und Paris promovierte und habilitierte er an der Universität

Göttingen. Er lehrte dann als Professor an der Justus-Liebig-Universität Gießen sowie an den Universität Paris-Nanterre und der New York University. Darüber hinaus war er Fellow am Institut für die Wissenschaften vom Menschen in Wien, am Remarque Institute der New York University und am Wissenschaftskolleg zu Berlin. 2001 gründete er das Zentrum für Medien und Interaktivität an der Universität Gießen, wo er auch am SFB Erinnerungskulturen tätig war. Seit 2007 leitet er das KWI und seit 2008 ist er Mitglied des Wissenschaftlichen Beirats der Bundesregierung für Globale Umweltveränderungen (WBGU), der jährlich Haupt- und Sondergutachten herausbringt. Leggewie arbeitet in inter- und transdisziplinären Zusammenhängen zu Themen der Klima- und Interkultur. Er ist Mitherausgeber der Reihen »Climate & Cultures« (Leiden), »Interaktiva« (Frankfurt/New York) und der »Routledge Global Cooperation Series« (London) sowie der Zeitschriften Transit (Wien) und Blätter (Berlin). Leggewie ist Ehrendoktor der Theologie an der Universität Rostock und Träger des Universitätspreises der Universität Duisburg-Essen.

Wilhelm Löwenstein promovierte nach seinem Studium der Volkswirtschaftslehre in 1994 an der Universität Göttingen, wo er sich in 2003 auch habilitierte. Von 1995 bis 2005 arbeitete er als Geschäftsführer und Forschungskoordinator des Instituts für Entwicklungsforschung und Entwicklungspolitik (IEE) der Ruhr-Universität Bochum (RUB). Nach Ablehnung externer Rufe ist er seit 2005 Professor für Entwicklungsforschung an der RUB und Geschäftsführender Direktor des IEE. Seit 2013 forscht er mit seinem Team im Rahmen des BMBF-geförderten Verbundprojekts »UrbanFood^{plus}« über die über Nahrungsmittelmärkte vermittelten Mengen- und Preiseffekte des Biokohleeintrags in landwirtschaftliche Böden und die sich daraus ergebenden Konsequenzen für Ernährungssicherheit, Armut und Einkommen von Kleinlandwirten und Verbrauchern in Westafrika.

Jürg Luterbacher ist Ordinarius für Klimatologie, Klimadynamik und Klimawandel an der Justus Liebig Universität in Gießen und Direktor des Instituts für Geographie. Er hat in Bern diplomiert, doktoriert und habilitiert. Längere Forschungsauslandaufenthalte brachten ihn nach Tucson, Arizona, USA und Peking, China. Seine Arbeitsschwerpunkte sind die Paläoklimatologie, Klimawandel auf verschiedenen Zeit und Raumskalen, Wetter- und Klimaextreme und deren Auswirkungen auf die Gesellschaft. Zudem hat er über 140 peer-reviewed Publikationen, darunter in Nature und Science. Er hat am 5. Weltklimareport als ›lead author‹ mitgearbeitet.

Munyaradzi Mawere studierte Philosophie an der University of Zimbabwe bevor er an der University of Cape Town, Südafrika in Sozialanthropologie promovierte. Erdozierte an der University of Zimbabwe und der Universidade Pedagogica, Mozambique, wo er auch als stellvertretender Forschungsdirektor und Juniorprofessor tätig war. Derzeit ist er Professor im Department of Culture and

Heritage Studies der Great Zimbabwe University. Seine weitreichende Publikationserfahrung umfasst bereits mehr als100Buch- und Zeitschriftenbeiträge unter anderem zur afrikanischen Ideengeschichte und dem afrikanischen Kulturerbe, zu Umwelt- und Naturschutzthemen sowie zur Dekolonialisierung und dem Postkolonialismus.

Julian May ist der Direktor des Exzellenzcenters für Ernährungssicherung an der University of the Western Cape in Kapstadt, Südafrika, welches von der südafrikanischen National Research Foundation (NRF) seit 2014 gefördert wird. Im Jahr 2009 wurde er von der NRF auf den südafrikanischen Lehrstuhl für Angewandte Armutsbekämpfung an der Universität KwaZulu-Natal in Durban berufen. May verfügt über langjährige Erfahrung im Bereich der Entwicklungsforschung mit dem Schwerpunkt der Armutsreduktion. Er forscht in diesem Kontext insbesondere zu den Folgen und Wirkungen von Landreformen, Sozialbeihilfen, Informationstechnologien und urbaner Landwirtschaft. Die Entwicklung und Anwendung von Monitoringinstrumenten zur Begleitung von Policyinitiativen ist dabei integraler Bestandteil seiner Arbeit. May war bereits in zahlreichen süd-, ost- und westafrikanischen Ländern sowie auf Inseln im Indischen Ozean tätig. Er ist Autor und Herausgeber von vier Sammelbänden, von über 60 Beiträgen in Büchern und Fachzeitschriften sowie von mehr als 120 Working Papers, Berichten und weiteren Publikationen.

Motshwari Obopile ist außerordentlicher Professor für Entomologie am Botswana College of Agriculture in Gaborone. Er hält einen BSc in Pflanzenbiotechnologie der University of London sowie einen MSc und einen Doktortitel in Entomologie der Ohio State University. Sein Forschungsschwerpunkt liegt auf ökologischen Managementansätzen in der Bekämpfung von Schadinsekten im Feld- und Gartenbau und dem Einfluss menschlicher Aktivitäten auf die Insekten-Biodiversität in sommergrünen Waldökosystemen. In den letzten Jahren kümmerte er sich – motiviert durch drohende Lebensmittelknappheit oder fehlenden Zugang zu Nahrung in Entwicklungsländern – verstärkt um Ethno-Biologie und deren Rolle für unser Wissenschaftsverständnis sowie für die nachhaltige Produktion von Nahrungsmitteln.

Martina Shakya ist promovierte Humangeographin. Nach dem Studium absolvierte sie die Postgraduierten-Ausbildung am Deutschen Institut für Entwicklungspolitik und arbeitete sieben Jahre lang in Entwicklungsprojekten in Nepal und im südlichen Afrika. Seit 2004 ist sie wissenschaftliche Mitarbeiterin am Institut für Entwicklungsforschung und Entwicklungspolitik (IEE) der Ruhr-Universität Bochum. Als Postdoktorandin koordiniert sie seit 2013 ein Teilprojekt des BMBF-geförderten Forschungsvorhabens Urban Food^{Plus}, das die ökonomischen Wirkungen von Biokohle in der städtischen Landwirtschaft Westafrikas untersucht.

Anne Siebert ist Wissenschaftliche Mitarbeiterin am Institut für Entwicklungsforschung und Entwicklungspolitik (IEE) an der Ruhr-Universität Bochum und schreibt im Rahmen des interdisziplinären PhD-Programmes International Development Studies ihre Doktorarbeit zum Konzept der Ernährungssouveränität in Südafrika und Ghana. Neben ihren Aufgaben in der Forschung und Lehre am IEE, war sie als Koordinatorin des Trainings- und Masterprogrammes in Volkswirtschaftslehre mit afghanischen Universitäten tätig. Derzeit arbeitet sie als Stipendiatin eines Europäischen Mobilitätsprogramms an der University of the Western Cape, Kapstadt, Südafrika. Ihre Forschungsinteressen liegen im Bereich der globalen Ernährungs- und Wasserpolitik sowie der Evaluierung von Entwicklungsprojekten. Sie verfügt außerdem über internationale Arbeitserfahrungen in Uganda und Indonesien. Ihr Diplomstudium in Sozialwissenschaft absolvierte sie an der Justus-Liebig-Universität Gießen.

Christoph Steiner hat in Salzburg (Österreich) Biologie, und in Göttingen (Deutschland) Agrarwissenschaften studiert. An der Universität Bayreuth hat Herr Steiner in Geoökologie promoviert. In seiner Dissertation hat Herr Steiner die Produktion von Biokohle (slash-and-char) als eine Alternative zur Brandrodung beschrieben. Dazu war er mehrere Jahre in Brasilien wissenschaftlich tätig. Im Anschluss verbrachte Herr Steiner zwei Jahre an der University of Georgia. Dort hat an der Anwendung von Biokohle außerhalb der Tropen und in der Kompostierung gearbeitet. Herr Steiner war Forschungsdirektor von Black-Carbon in Dänemark und koordiniert seit August 2013 eine afrikanisch-deutsch Forschungskooperation (UrbanFoodPlus, GlobE, BMBF). Er dient als Gutachter für verschiedene Fachzeitschriften und ist Editor von »Open Agriculture« (De Gruyter).

Oliver Stengel (Herausgeber), Universitätsabschluss in Soziologie (2003), ist ein Postdoc Mitarbeiter am Lehr- und Forschungslabor Nachhaltige Entwicklung der Hochschule Bochum und ein Gastdozent an der Hochschule Münster. Vorher (2006–2014) war er Wissenschaftlicher Mitarbeiter am Wuppertal Institut für Klima, Umwelt und Energie in der Forschungsgruppe »Nachhaltiges Produzieren und Konsumieren«. Er erhielt 2010 die William Kapp Auszeichnung für Ökologische Ökonomie und einen Dissertationspreis der Universität Jena (2011). Sein Forschungsschwerpunkt liegt im Bereich der nachhaltigen Entwicklung, ökologischen Ökonomie, sozialen Normen und sozialer Wandel, Bildung für eine nachhaltige Entwicklung, nachhaltige urbane Entwicklung. Oliver Stengel studierte Ethnologie, Philosophie und Erziehungswissenschaften an der Heidelberger Universität (1995–1997) und Soziologie, Psychologie und Politikwissenschaften in Jena (1997–2003).

Philipp Stierand studierte Raumplanung in Dortmund und Newcastle. Für seine berufliche Laufbahn orientierte er sich in Richtung Naturkostbranche, wo er heute die Akademie eines führenden Biogroßhändlers leitet. Aus der Verbindung beider Professionen entstand 2004 bis 2008 eine Promotion zum Themenbereich Stadt und Ernährung. 2014 erschien sein Buch »Speiseräume: die Ernährungswende beginnt in der Stadt«. In seinem Blog »Speiseräume«, in Veröffentlichungen und Vorträgen beschäftigt er sich seit mittlerweile seit über zehn Jahren mit kommunaler Ernährungspolitik.

Carola Strassner ist Professorin am Fachbereich Oecotrophologie – Facility Management der Fachhochschule Münster. Bereits im Bachelor- und Masterstudium, welche Sie in Südafrika (Kapstadt und Durban) absolvierte, befasste sich Strassner mit dem Lebensmittelthema. Ihr Hauptfokus im Bereich der Lehre und Forschung liegt auf nachhaltigen Ernährungssystemen und der Ernährungsökologie. Diese Themenfelder deckt Sie auch als geschäftsführende Gesellschafterin in der Privatwirtschaft ab.

Valentin Thurn, Filmemacher und Publizist, Regisseur und Filmproduzent in Köln. Studium der Geographie in Aix-en-Provence, Frankfurt und Köln. Deutsche Journalistenschule in München. Gründer der »International Federation of Environmental Journalists« (IFEJ). Gründer und Vorsitzender der Vereine foodsharing und Taste of Heimat. Regisseur des Kinofilms »Taste the Waste« gegen die Lebensmittelverschwendung und gemeinsame Autorenschaft mit Stefan Kreutzberger beim Buch »Die Essensvernichter – Warum die Hälfte aller Lebensmittel im Müll landet und wer dafür verantwortlich ist«, sowie »Harte Kost«.

Sebastian Wagner ist diplomierter Geograph (Universität Würzburg) und promovierte im Fachbereich Geowissenschaften der Universität Hamburg im Jahre 2004. Seine Forschungsschwerpunkte sind gekoppelte globale und regionale Klimasimulationen während des Holozäns hinsichtlich des Zusammenwirkens intern und extern angetriebener Klimafaktoren sowie deren Vergleich mit empirisch abgeleiteten Klimarekonstruktionen. Regionale Schwerpunkte bilden Europa, Süd- und Nordamerika sowie Teile Asiens. Neben einem Forschungsaufenthalt am Meteorologischen Institut der FU Berlin innerhalb des Exzellenzcluster »TOPOI« arbeitet Sebastian Wagner in der Gruppe »Paläoklima und Statistik« im Institut für Küstenforschung am Helmholtz-Zentrum Geesthacht.

Johannes P. Werner studierte Physik an der Technischen Universität Darmstadt, mit einem kurzen Aufenthalt an der University of Saskatchewan (Kanada). Nach seiner Promotion in nichtlinearer Dynamik und stochastischer Modellierung bei Prof. Hartmut Benner am Fachbereich Physik der TU Darmstadt wechselte er an die Justus Liebig Universität Gießen. Dort arbeitete er mit Prof. Jürg Luterbacher an neuen Methoden zur raum-zeitlichen Klimarekonstruktion. Seit 2014 ist er Postdoc am Institut für Geowissenschaften und dem Bjerknes Centre for Climate Research der Universität Bergen (Norwegen). Sein Hauptarbeitsgebiet ist die Paläoklimatologie, insbesondere die Rekonstruktion des Klimawandels mittels Bayes'scher Inferenz von stochastischen Modellen.